联合作战科技基础系列教材

武器战斗部投射与毁伤

卢芳云　蒋邦海　李翔宇　张　舵　编著
田占东　林玉亮　冉宪文　陈　荣

科学出版社
北　京

内 容 简 介

本书以战斗部投射方式、结构原理、毁伤效应和目标易损性分析等知识为主体，较为系统地介绍了武器弹药、导弹战斗部和武器毁伤效应分析方面的有关概念和科学原理，内容包括：战斗部投射方式与精度、四种典型常规战斗部(爆破、破片、破甲和穿甲战斗部)的结构原理及其毁伤效应、新概念武器的原理及其毁伤效应、武器毁伤效能及目标易损性分析与评估方法。本书既有武器装备的现状和发展趋势介绍，又兼顾科学原理阐述和知识普及的平衡。

本书可作为军队院校学历教育合训类本科学员和普通工科院校弹药工程与爆炸技术专业本科生的教材，也可作为从事战斗部设计研制和武器毁伤效应分析的有关科研人员、工程技术人员和管理人员的参考书。

图书在版编目(CIP)数据

武器战斗部投射与毁伤/卢芳云等编著. —北京: 科学出版社, 2013

ISBN 978-7-03-036983-3

Ⅰ. ①武… Ⅱ. ①卢… Ⅲ. ①武器—战斗部—投射—研究 ②武器—战斗部—摧毁—研究 Ⅳ. ①TJ410.3

中国版本图书馆 CIP 数据核字 (2013) 第 043944 号

责任编辑: 刘凤娟 尹彦芳 / 责任校对: 钟 洋

责任印制: 赵 博 / 封面设计: 耕者设计

科学出版社出版

北京东黄城根北街 16 号

邮政编码: 100717

http://www.sciencep.com

北京凌奇印刷有限责任公司印刷

科学出版社发行 各地新华书店经销

*

2013 年 3 月第 一 版 开本: 720×1000 1/16

2025 年 2 月第八次印刷 印张: 19 3/4

字数: 450 000

定价: 99.00 元

(如有印装质量问题, 我社负责调换)

《联合作战科技基础系列教材》序言

大力加强联合作战指挥人才培养,是胡主席和军委总部着眼我军现代化建设和军事斗争准备全局提出的重大战略决策。当代科学技术特别是以信息技术为主要标志的高新技术的迅猛发展及其在军事领域的广泛应用,深刻改变着战斗力要素内涵和战斗力生成模式，科技素质已经成为高素质新型军事人才必备的核心素质之一。军队院校特别是学历教育院校必须着眼培养军队信息化建设的未来领导者和未来信息化战争的指挥者，切实打牢联合作战指挥人才的科技素质。

国防科学技术大学认真贯彻落实胡主席和军委总部重要指示精神,以信息化条件下联合作战需求为导引，积极探索联合作战指挥人才培养的特点规律，充分发挥学校人才和科技密集的优势，着力打牢学员适应未来联合作战所必需的科技素质。2008年,学校原校长张育林同志亲自策划实施联合作战科技基础系列教材编著计划,以教学内容体系建设为突破口,积极推进教育教学改革向联合作战指挥人才培养聚焦，大力培养理想信念坚定、联合作战意识强烈、科技素质扎实、指挥管理能力过硬的高素质新型指挥人才。在总部机关的关心指导下，学校组织精干教学与科研力量，历时四载，完成了首批四部联合作战科技基础系列教材《战场环境概论》、《军事信息技术基础》、《武器装备系统概论》和《武器战斗部投射与毁伤》的编著工作。

本系列教材适应信息化条件下联合作战的发展趋势,立足我军建设和训练改革实践，紧扣基于信息系统的体系作战能力建设和集成训练问题研究，重点阐述了联合作战相关科技要素的核心知识概念、科学技术原理、武器装备体系和联合作战应用等方面的内容。教材教学定位明确、内容科学先进、时代特色鲜明，较好地满足了当前联合作战指挥人才科技素质培养之急需。

联合作战指挥人才培养是军队现代化建设的战略性工程，也是复杂的系统工程，需要学历教育、任职培训、岗位锻炼等诸多环节的协调统一。四部联合作战科技基础教材的出版，是学校联合作战指挥人才培养实践取得的阶段性成果。抛砖引玉，期待更多有识之士参与，提出宝贵意见和建议，让我们共同为加快推进我军联合作战指挥人才培养作出新的更大贡献。

中国人民解放军
国防科学技术大学　校长　杨辉

2012年9月

前言

现代战争是核威慑条件下的信息化战争，在这种战争样式中，信息和火力是两大重要支柱。如果说信息主导了现代战争的侦察、监视、通信和指挥控制等环节，那么火力则与武器运用的终极目的——对目标实施毁伤密切相关。因此可以说，武器毁伤是信息化战争中武器运用多个环节的“临门一脚”，是打击防护的核心，也是决定战争胜负的重要因素，值得各级军事指挥员、武器操作员和武器研制人员去了解、学习、掌握和研究。

在这个大形势下，加强武器毁伤领域的人才培养工作具有重要的现实意义。为此，我们在国内外相关的优秀教材基础上，结合当前武器毁伤领域的教学和人才培养需求以及自身的教学经验，编著了本书。本书以战斗部投射方式、结构原理、毁伤效应、目标易损性分析等知识为主体，通过介绍有关概念和科学原理，使读者获得有关武器弹药、导弹战斗部的基础知识，并对武器毁伤领域形成较全面、系统和科学的认识。

全书共分为 8 章，其主要内容和基本逻辑关系如下。第 1 章为绪论，介绍战斗部、目标易损性和毁伤效应的基本知识和概念，该章为全书的基础。第 2 章为战斗部的投射方式与精度，介绍几种典型的投射方式及其科学原理和精度特点，该章主要从投射的角度传达出武器毁伤受到投射方式、弹目交会条件、精度等因素影响的思想。第 3 章到第 6 章在内容上较为平行，分别介绍爆破、破片、破甲、穿甲这四种典型常规战斗部的结构原理、毁伤效应及其发展趋势，这四章也是本书的重点。我们认为爆炸冲击与侵彻是常规战斗部最基本的毁伤效应，其他毁伤效应都是该两种毁伤效应的组合与衍生。所以第 3 章系统介绍爆炸与冲击的相关知识和基本理论，形成了爆炸冲击毁伤效应的理论基础；第 4 章、第 5 章和第 6 章则落脚在侵彻效应，分别对破片、金属射流 (射弹) 和穿甲侵彻体的驱动方式、运动特点和毁伤效应进行讨论，部分内容也涉及侵彻–爆炸联合毁伤效应。第 7 章则介绍新概念武器的科学原理及其毁伤效应，扩展关于武器毁伤的视野；第 8 章为武器毁伤效能分析与评估，从目标易损性分析、武器毁伤预测的角度阐述武器毁伤的运用问题，是武器毁伤与实际相结合的运用与提升。

本书的编写思想可以用“清晰简练阐述科学原理、系统细致普及知识信息、贴近实际结合装备应用”来概括，在内容上不求大而全，但求以点带面和举一反三效果，宗旨是从原理上解决应用需求问题。本书可作为军事指挥人员系统理解武器战斗部及其毁伤效应相关知识的读本，也可用于战斗部技术和武器毁伤相关专业本科生的教材，还可为从事武器毁伤试验和其他相关专业研究的工程技术人员提供参考。

本书是团队智慧和辛勤劳动的成果，若干青年教员参与了本书的写作和研讨工作，并付出了极大的努力。本书的第 1 章、第 2 章由蒋邦海编写，第 3 章、第 4 章由李翔宇编写，第 5 章由田占东编写，第 6 章、第 8 章由张舵编写，第 7 章由林玉亮、冉宪文编写，全书由卢芳云统稿、定稿，陈荣进行了全文校对。写作过程中，段晓君、谢美华参与了部分章节的内容规划。徐佳、胡玉涛、王马法、曹雷、丁育青、陈华、李干、覃金贵、文学军、王松川等老师和学生也参与了资料收集和部分文字校对工作。

本书的编写过程中，参考了国内外大量的书籍和资料 (已在参考文献中列出)，此外，王正明教授、任辉启研究员、汪德武研究员、午新民研究员、张建德教授、汤文辉教授对本书的编写提出了很多宝贵的意见，在此我们特别对参考文献和资料的作者以及上述专家表示衷心的感谢。同时，本书编写得到国防科学技术大学训练部重点课程建设项目的资助，在编写过程中也得到了国防科学技术大学校首长、校训练部教务处和理学院各级领导的关怀和支持，在此也深表谢意。

由于编者知识水平有限，尽管倾注了极大的精力和努力，但书中难免存在不妥之处，敬请读者批评指正，从而使得本书在使用过程中得到不断完善。

编著者

2013 年 1 月于长沙

目录

第1章 绪 论

战斗部是各类弹药 (包括导弹) 等武器系统毁伤目标的最终毁伤单元。各类弹药都是借助于各自相应的投射系统，将战斗部准确地投射到预定目标处或其附近，然后适时引爆战斗部并产生毁伤元素 (冲击波或高速侵彻体等)，从而实现对目标的毁伤。毫无疑问，战斗部是各类弹药的一个重要部件。

通常可以将战斗部分为常规战斗部和核战斗部两大类①。常规战斗部内部装填高能炸药，以炸药的化学能或者战斗部自身的动能作为毁伤目标的能量；核战斗部内部装填核装料 (核裂变或核聚变材料)，以核裂变或核聚变反应释放的核能为毁伤目标的能量。虽然核战斗部威力巨大，但由于众所周知的原因，在实际作战中的应用概率较低。目前常规战斗部仍然是应用最广泛的战斗部。本章将对常规战斗部、核战斗部的结构组成、基本原理和分类等知识进行介绍。

在战斗部的实际作战应用中，除了解其结构组成和原理外，还需要知道战斗部对目标的毁伤效果，即判断是否达到了预期的毁伤目的，这就是毁伤效应分析需要解决的问题。毁伤效应分析包括两个方面的内容，一方面是战斗部威力分析，即基于战斗部的结构原理，分析战斗部产生的毁伤元素特点及其与目标的相互作用过程，获得毁伤元素对目标的毁伤机制；另一方面是目标易损性分析，即研究在不同毁伤元素作用下，目标对毁伤的敏感性，并建立目标的毁伤标准，获得目标的毁伤评估结论。本章将对毁伤效应分析的基本知识进行介绍，主要包括战斗部的基本毁伤效应和目标易损性的有关知识。

需要注意，战斗部的结构组成原理和毁伤效应分析是相互联系的。战斗部结构原理是其毁伤效应分析的主要出发点，而毁伤效应分析不仅能够得到战斗部对目标的毁伤效果，也能够反馈战斗部的设计研制，同时还是指导战斗部战术使用的科学依据。所以，要实现战斗部对目标的高效毁伤，必须对战斗部结构组成原理及其毁伤效应分析都具有充分的认识和掌握。

1.1 战斗部结构组成和分类

1.1.1 战斗部的结构组成

在弹药和导弹系统中，关于战斗部的界定，有狭义和广义的两种观点。狭义的

① 此外还有一些难以归入这两大类的特种战斗部，以实现一些特殊功能。

观点认为，战斗部一般只由壳体、装填物和传爆序列所组成；广义的观点认为，战斗部是弹药或导弹的一个子系统，除了包含狭义的战斗部以外，还包括一些必要的辅助部件 (主要是保险装置和引信)。战斗部子系统是弹药和导弹的重要子系统之一，有的弹药系统甚至仅由战斗部子系统单独构成，如地雷、水雷、手榴弹等。除了个别特殊设计外，在大多数情况下，不同的战斗部和战斗部子系统的结构组成大体相近。在应用中，上述关于战斗部的狭义和广义的观点并不矛盾，这两种观点只是反映了研究的侧重不同。在本书中，把狭义的战斗部就称为战斗部，把广义的战斗部称为战斗部子系统。

一、战斗部

战斗部一般由壳体、装填物和传爆序列所组成，图 1.1.1 是典型战斗部的结构组成示意图。

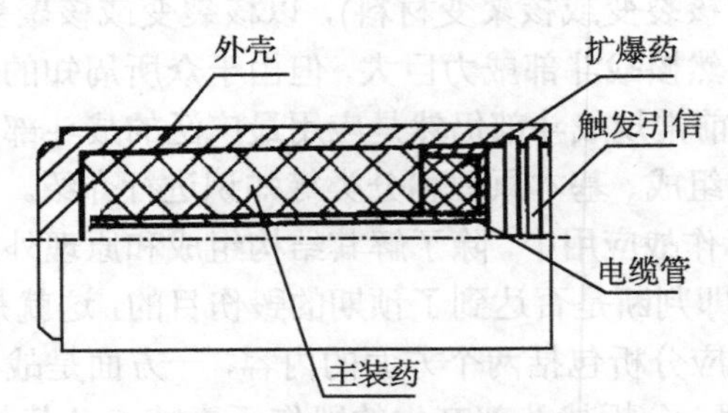

图 1.1.1　典型战斗部结构组成示意图

1. 壳体

壳体是战斗部的基体，是容纳装填物的容器，也起到支撑体和连接体的作用 (在有的导弹上，壳体使战斗部与导弹舱体连接，并成为导弹外壳的一部分，是导弹的承力构件之一)。另外，在战斗部被引爆后，壳体破裂可形成能毁伤目标的高速破片或其他形式的毁伤元素。

战斗部壳体需要满足各种过载条件下 (包括弹药发射和飞行过程中、重返大气层和碰撞目标时) 的强度要求；若战斗部位于弹药的头部，还应具有良好的气动外形。战斗部壳体形状因其性能和毁伤机制的不同而有所不同，一般有圆柱形、鼓形和截锥形等。所用材料根据不同实际需求，可采用优质金属合金或新型复合材料等。对于重返大气层的战斗部，一般还要在壳体外面加装热防护层。

2. 装填物

装填物是战斗部毁伤目标的能源物质，其作用是将本身储藏的能量 (如化学能或核能) 通过剧烈的反应 (化学反应或核反应) 释放出来，产生毁伤目标的毁伤元素。

常规战斗部的主要装填物为高能炸药 (high explosive)，在引爆后，炸药通过剧烈的化学反应释放出能量，并产生金属射流、破片、冲击波等毁伤元素。核战斗部的主要装填物为核装料 (核裂变和核聚变材料)，引爆后，核装料通过剧烈的核反应 (核裂变和核聚变反应) 释放出巨大能量，并引发一系列复杂的物理过程，产生热辐射 (光辐射)、冲击波、核辐射、核电磁脉冲以及放射性尘埃等毁伤元素。对于其他特种战斗部，其装填物还可能是各种化学、生物战剂，如化学毒剂、细菌、病毒以及燃烧剂、发烟剂等。

3. 传爆序列

战斗部的传爆序列是把引信所接收到的起始信号转变为爆轰波(或火焰)，并逐级放大，最终引爆战斗部主装药的装置。它通常由雷管、主传爆药柱、辅助传爆药柱和扩爆药柱等组成。其工作过程一般是当引信受到触发并输出电脉冲或其他物理信号时，雷管、传爆药柱和扩爆药柱相继爆炸，最后引发主装药的爆炸，如图 1.1.2 的 II 部分所示。在传爆序列中，雷管是非常重要的火工品。常用的雷管有电雷管，电雷管内部装有适量的对热能较敏感的起爆药，并在其中埋置桥式电阻丝。当电雷管接收到引信输出的电脉冲时，电阻丝被灼热，使起爆药爆炸，从而把电脉冲转化为爆炸脉冲，继而引发后续传爆药柱和其他爆轰元件的爆炸。

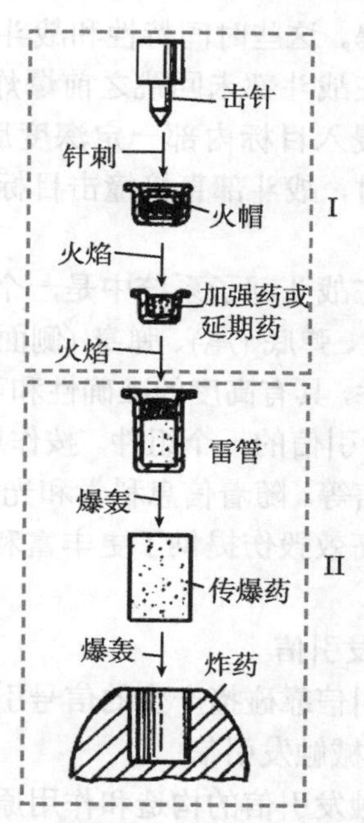

图 1.1.2 机械触发引信 (I) 及传爆序列 (II) 工作过程示意图

对传爆序列的要求是：结构简单、便于储存，平时安全，作用可靠。传爆序列通常作为战斗部的一个单独组件设计，对于现代智能化的战斗部，可能还需要采用更加复杂的传爆序列，以实现多功能或保证起爆的可靠性，如采用爆炸逻辑网络。

二、战斗部子系统

战斗部子系统由战斗部、保险装置和引信组成。

1. 保险装置

战斗部子系统中有大量的火工品，在平时日常维护中，需要保证其安全，而在战时应用中 (战斗部与目标交会时)，需要保证其可靠工作。这个任务就是由保险装置来完成的。保险装置通常是一个机械系统，主要由底座、活塞、壳体、惯性块和电磁装置等组件组成。保险装置在平时通过隔离引信的信号来保证安全，战时可通过弹药发射时的后座力、弹簧储能和气压的变化来触发并自动解除。

2. 引信

引信是使战斗部按预定的策略 (预定的时间和地点) 实施起爆的控制装置。引信对战斗部起爆的优化控制能够对目标实现最大程度的毁伤。例如，引信可以根据需要，控制战斗部在撞击目标之前 (距离目标一定距离处)、撞击的瞬时和撞击之后起爆。这些时间特性和战斗部的毁伤机制有关，如聚能破甲战斗部要求一触即发，在战斗部未回跳之前爆炸而将目标毁伤；深侵彻战斗部要求引信延时，待战斗部侵入目标内部一定深度后再起爆，以达到更好的毁伤效果；而当毁伤飞行目标时，战斗部直接撞击目标是困难的，此时则要求一定距离非接触引爆，等等。

引信在战斗部子系统中是一个非常重要的专用装置，可置于弹体内的不同位置，如弹头、弹底 (尾)、弹身 (侧面引爆)、复合位置 (多向引爆) 等。它是一个小型的精密器件，具有高度的准确性和可靠性。有时火工品和主传爆药柱都装设在引信里面，成为引信的一个组件。按作用原理，引信的种类可分为触发引信、近炸引信和执行引信等。随着信息科学和光电技术的发展，先进的引信系统不断涌现，为战斗部实现高效毁伤提供了更丰富和有效的技术支撑。下面介绍几种主要引信的结构和原理。

1) 触发引信

触发引信靠碰撞产生的信号引爆战斗部。

(1) 机械触发引信

机械触发引信的构造和作用原理可参见图 1.1.2。这类引信的结构类型非常多，图 1.1.3 是一种机械触发引信的结构图。该引信当弹着角较大时，惯性撞针座在引信碰击目标时使撞针刺入火帽。当弹着角较小时，惯性力的侧向分量使惯性环压倒叉头保险装置后产生侧移，迫使环上的衬筒连同撞针座一起上移，完成针刺动作。图上的安全销是在发射前预先拔除掉的。机械触发引信常用于各类炮弹、火箭弹、航空炸弹及导弹上。

(2) 电触发引信

在触发引信中，也可以设计成电触发方式。例如, 采用电流通过时引发电雷管，而不是由击针引发火帽再起爆雷管。电流的接通是当战斗部碰撞目标时通过一个触点被闭合而实现的。电触发引信主要应用于破甲战斗部等。

(3) 压电引信

压电晶体在碰撞压力下能产生高压电流将电雷管引爆。利用压电触发的引信瞬发性很好，完成引爆只需几十微秒。压电引信的作用原理如图 1.1.4 所示，图上两个开关的实线位置是短路保险状态，虚线位置是解除保险状态。

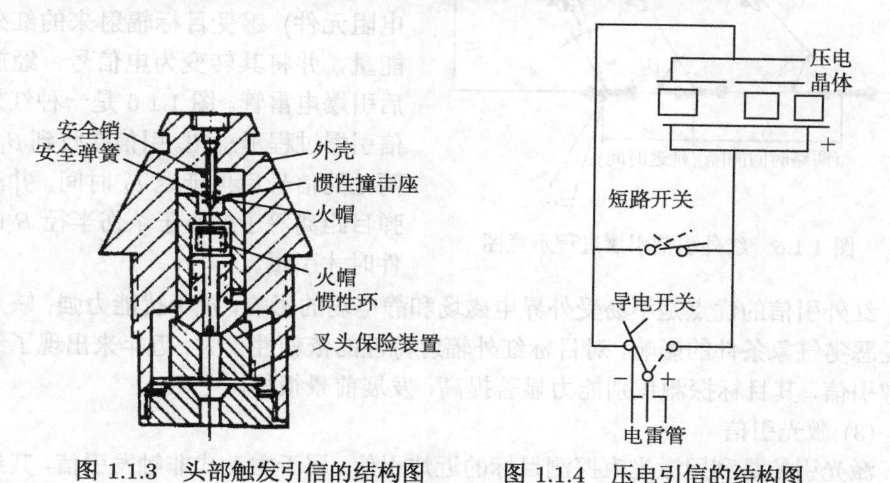

图 1.1.3 头部触发引信的结构图　　图 1.1.4 压电引信的结构图

2) 非触发引信

非触发引信不靠碰撞引爆，而是受传媒信息的作用引爆战斗部，有时也称为近炸引信或近感引信。根据信息的形成方式有主动式、被动式和半主动式非触发引信，根据传媒信号不同可分为无线电引信、红外引信、激光引信等。

(1) 无线电引信

无线电引信，又称雷达引信，是指利用无线电波感应目标的近炸引信，一般是主动式非触发引信，其工作原理与雷达相同。其中米波多普勒效应无线电引信，由于简单可靠，应用较为广泛，其结构组成框图如图 1.1.5 所示。目前，随着微电子技术的发展，无线电引信朝新频段、集成化、多选择、自适应的方向发展，而提高抗干扰能力始终是其发展过程中要解决的关键问题。

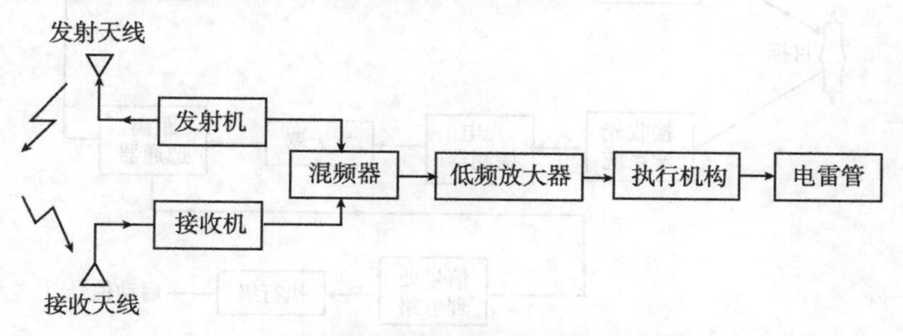

图 1.1.5 无线电引信的组成及工作原理示意图

(2) 红外引信

红外引信是指依据目标本身的红外辐射特性工作的近炸引信，通常特指被

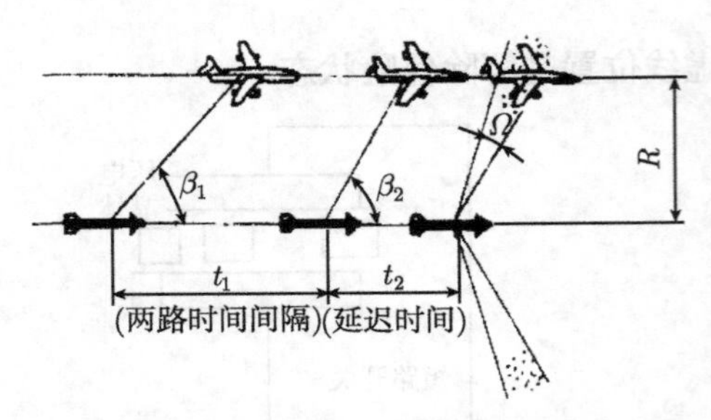

图 1.1.6　红外引信引爆过程示意图

动红外引信。引信的红外接收器 (光敏电阻元件) 感受目标辐射来的红外线能量，并将其转变为电信号，经放大后引爆电雷管。图 1.1.6 是一种红外引信引爆过程示意图。引信接收到 β_1、β_2 两处的信号后再延迟 t_2 时间，并满足弹目距离等于或小于杀伤半径 R 的条件时才引爆。

红外引信的优点是不易受外界电磁场和静电场的影响，抗干扰能力强；缺点是易受恶劣气象条件的影响，对目标红外辐射特性的依赖性较大。近年来出现了红外成像引信，其目标探测识别能力显著提高，发展前景很好。

(3) 激光引信

激光引信是利用激光束探测目标的近炸引信，属于主动式非触发引信，其结构组成和工作框图如图 1.1.7 所示，激光引信具有全向探测目标的能力和良好的距离截止特性。对于周视探测的激光引信和前视探测的激光引信都可采用光学交叉的原理实现距离截止。

激光引信对电磁干扰不敏感，因此可广泛配用于反辐射导弹。配用于空空导弹、地空导弹的多象限激光引信，与定向战斗部相匹配，对提高导弹对目标的毁伤效能具有重要作用。激光引信配用于反坦克导弹，可进一步提高定距精度，并避免与目标碰撞引起的弹体变形。激光引信的缺陷是易受到干扰，主要是在中、高空受阳光背景干扰，在低空受云、雾、烟、尘等大气悬浮颗粒的影响及地、海杂波干扰和人工遮蔽式干扰等，所以激光引信的进一步发展是提高抗干扰能力。

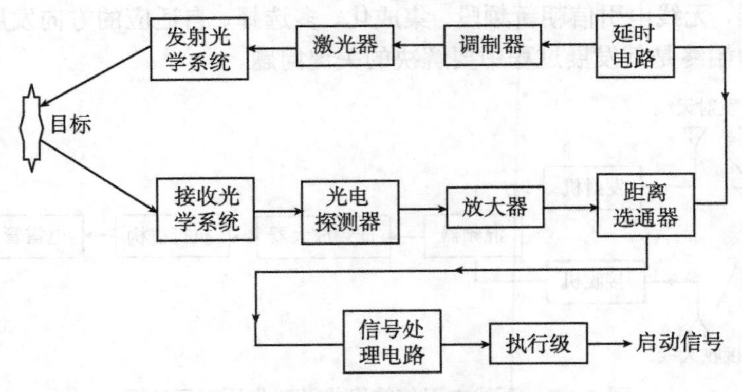

图 1.1.7　激光引信的组成和工作原理

3) 执行引信

执行引信是指直接获取专门设备发出的信号而作用的引信，按获取的方式可分为时间引信和指令引信。

时间引信：指按预先装订的时间而作用的引信。该引信的计时方式有机械式 (钟表式)、火药式 (火药燃烧药柱长度计时) 和电子式 (电子计时) 等。

指令引信：指利用接受遥控 (无线或有线遥控) 系统发出的指令信号 (电、光信号) 而作用的引信，该引信需要设置接受指令信号的装置。指令引信一般用在雷达指令制导的地空导弹上，雷达根据测到的弹目运动参数，发出制导指令将导弹导引到目标附近，在达到合适的弹目交会条件时，雷达再发出引信发火指令，触发导弹战斗部爆炸。

4) 现代先进的引信系统

在实际应用中，上述不同原理的引信组成相应的引信系统，可实现战斗部起爆的可靠控制。

(1) 触发、近炸引信的智能化复合引信

触发、近炸引信的复合化和智能化，在提高弹药、导弹跟踪目标能力和控制战斗部可靠起爆方面具有很多优点，能够推动弹药、导弹的整体水平的显著提高。例如，俄罗斯的 “SA-16” 便携式防空导弹引信就采用触发和激光近炸复合引信。其激光近炸引信动作带有一定延迟，在此延迟时间内如果触发引信动作，就断开激光近炸引信的起爆电路，触发引信从动作到引爆战斗部也有一定延迟，保证导弹深入目标内部爆炸。其激光近炸引信的延迟时间自适应可调，以保证和触发引信的最佳配合。

(2) 灵巧智能引信

灵巧智能引信包括能控制侵彻弹药炸点的硬目标智能引信和末端敏感的近炸引信等。

硬目标智能引信是以加速度计为基础的电子引信，常配用于侵彻弹药 (战斗部) 以打击地下单层或多层硬目标。在弹药 (战斗部) 侵彻硬目标的瞬态冲击过程中，该引信不但能够承受强烈的冲击载荷，而且还能感知弹体周围介质的力学性能，并将侵彻过程的有关测量值和弹内的数据库进行比较，能够确定弹药所处位置的介质类型、探知介质内的空洞以及对多层介质的层数进行计数，以便在最佳的深度位置起爆弹药，达到最好的毁伤效果。配装该类引信的侵彻弹药是打击防护工事、地下指挥所、通信中心和舰船 (具有间隔多层结构) 的有力装备。

末端敏感弹药近炸引信是利用毫米波或厘米波无线电、红外线或复合光电探测原理，能够对目标进行探测、识别的智能引信。通常，配装该类引信的弹药被投射到地面目标 (坦克、装甲车) 的上空，弹药在目标上空对目标区域进行螺旋式扫描探测和实时识别。当判定为真实目标时，该引信起爆战斗部，形成初速为1400~3000m/s的爆炸成型弹丸射向目标，从顶部攻击目标。

(3) 弹道修正引信

弹道修正引信是指测量载体空间坐标或姿态，对其飞行弹道进行修正，同时具有传统引信功能的引信。弹道修正引信配用于榴弹炮、迫击炮、火箭炮等地面火炮弹药，特别是增程弹药上，用以提高对远距离目标的毁伤概率。

1.1.2　战斗部的分类

通常可以将战斗部分为常规战斗部和核战斗部两大类。常规战斗部依据其结构原理的差异，主要分为爆破战斗部、聚能破甲战斗部、破片战斗部、穿甲侵彻战斗部、子母弹战斗部。核战斗部依据其主要的核反应类型，主要分为核裂变战斗部与核聚变战斗部。除了常规战斗部和核战斗部而外，也存在一些特种战斗部，以实现一些特殊功能。这一类战斗部随着多样化军事任务的需求，正得到快速发展。下面对这些战斗部的情况进行一个简单介绍，详细情况将在后续章节中展开。

一、常规战斗部

1. 爆破战斗部

爆破战斗部主要用于摧毁地面或水面、地下或水下的目标，如各类作战阵地、机场、舰船、交通枢纽以及人员等。

爆破战斗部对目标的破坏主要依靠爆轰产物 (高温高压气体)、冲击波等的作用。在爆破战斗部中，炸药占战斗部质量的绝大部分，而壳体只是在满足强度要求的前提下，作为炸药的容器。也可把壳体加厚，使之兼有破片杀伤作用，以增大战斗部的破坏力。图 1.1.8 给出的是一种典型的爆破战斗部结构。

2. 破片战斗部

破片战斗部主要用于攻击空中、地面和水上作战装备及有生力量，如飞机、导弹、地面武器、舰船和人员等。

破片战斗部是应用爆炸方法产生高速破片群，利用破片对目标的高速撞击、引燃和引爆作用来杀伤目标。破片的分布密度与战斗部的结构和材料有关，为了形成一定的破片分布密度，可以通过各种结构设计来实现，如自然破片和预制破片。破片也可以设计成不同的形状，常规的有球形、立方体或多面体等，后来又发展了如离散杆和自锻破片之类的杀伤元素，还可以用特殊材料 (如引燃材料、反应材料等) 制成破片，实现引燃引爆等其他功能。

图 1.1.9 是一种典型预制破片战斗部的结构示意图。前苏联的萨姆-2 系列、萨姆-6，美国的霍克、爱国者、响尾蛇等导弹都装备了这类战斗部。

3. 聚能破甲战斗部

聚能破甲战斗部主要用于反装甲目标和复合结构战斗部的前期开坑。

破甲战斗部是利用带金属药型罩的成型装药 (也称为空心装药) 爆轰后形成金属射流，侵彻穿透装甲目标造成破坏效应。这种射流的能量密度大，头部速度可达 7~9 km/s，对装甲的穿透力很强，破甲深度可达数倍甚至十倍以上药型罩口径。破甲战斗部典型结构如图 1.1.10 所示。

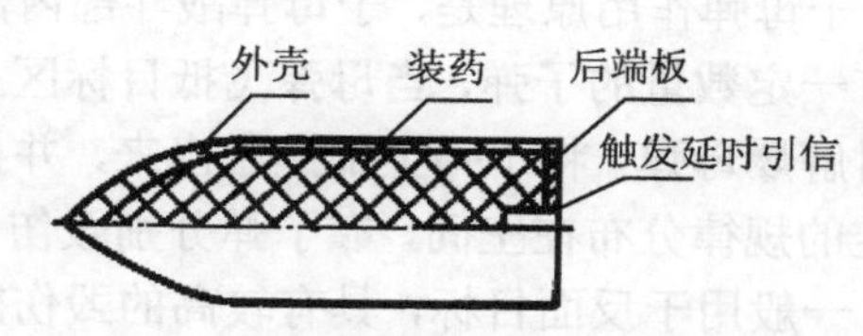

图 1.1.8 典型爆破战斗部结构示意图

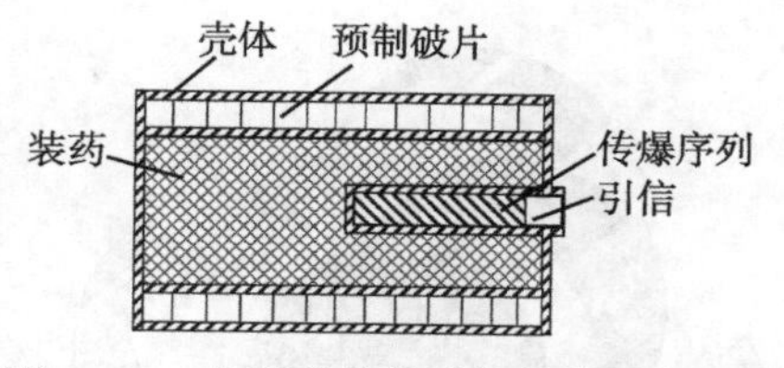

图 1.1.9 典型破片战斗部结构示意图

聚能破甲原理在战斗部结构中应用很广，除了破甲毁伤作用以外，还用于形成半预制破片、导弹开舱解锁机构和反恐攻坚装置等，在石油工业和采矿中也有应用。

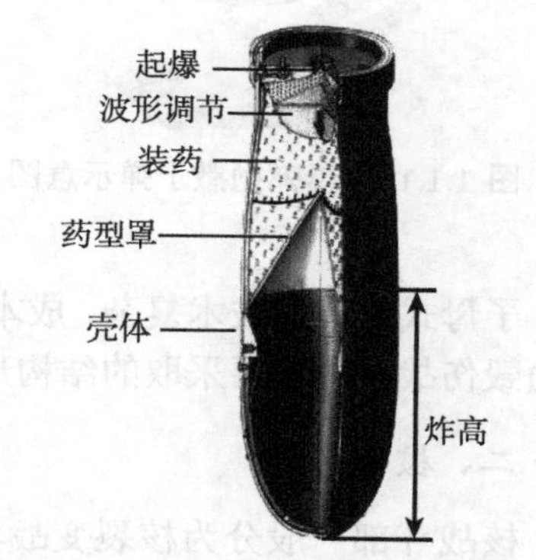

图 1.1.10 典型聚能破甲战斗部结构示意图

4. 穿甲/侵彻战斗部

穿甲战斗部用于反地面重装甲目标、反舰和钻地武器等。

穿甲战斗部对目标的毁伤原理是，硬质合金弹头以足够大的动能进入目标，然后靠冲击波、破片和燃烧等作用毁伤目标。其作用特点是，穿甲能力强，穿甲后效好。所谓穿甲后效是指撞击效应、破片杀伤、爆破和燃烧作用等。

图 1.1.11 是典型穿甲战斗部结构示意图。穿甲战斗部一般靠动能先穿入装甲一定深度再爆炸，以达到较好的毁伤效果。图 1.1.12 是一种半穿甲战斗部，所谓半穿甲，即指先穿甲后杀伤，因此半穿甲弹的装药量也是一个重要指标。法国 AS-15TT 反舰导弹就采用了半穿甲战斗部。

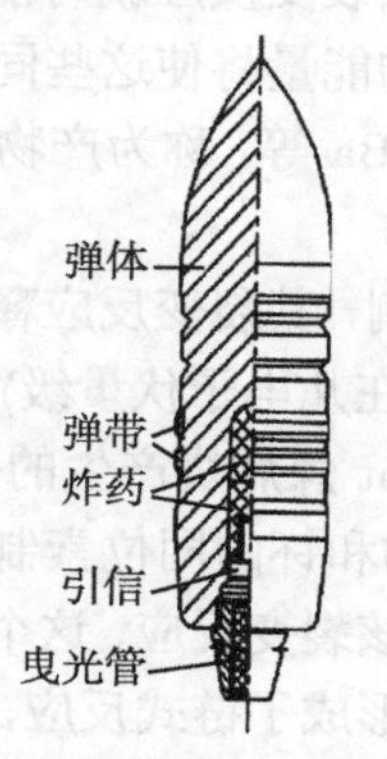

图 1.1.11 尖头穿甲战斗部结构示意图

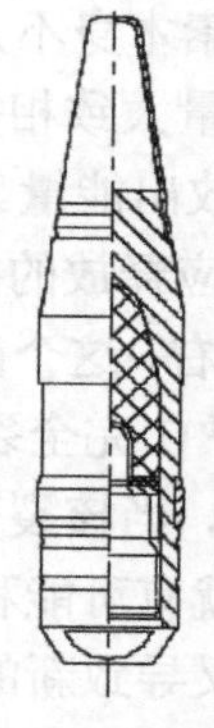

图 1.1.12 半穿甲战斗部结构示意图

5. 子母弹战斗部

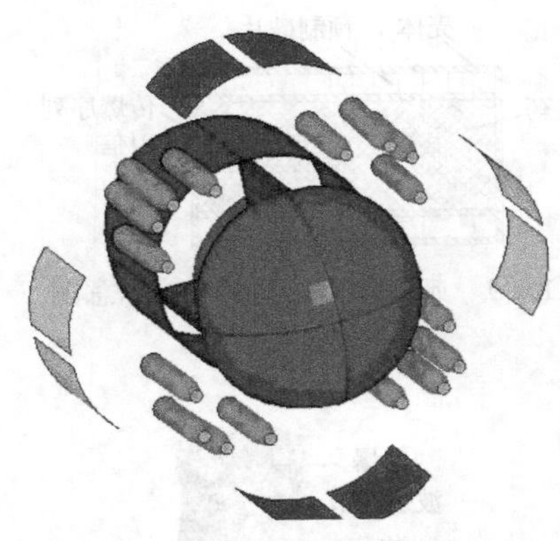

图 1.1.13　母弹抛撒子弹示意图

子母弹作用原理是，子母弹战斗部内部装有一定数量的子弹，当母弹飞抵目标区上空时解爆母弹，将子弹全部抛撒出来，并按一定的规律分布在空间，靠子弹分别毁伤目标，一般用于反面目标，具有较高的毁伤效率。图 1.1.13 是典型的母弹抛撒子弹示意图。子弹可以是破片杀伤弹、爆破弹、侵彻弹或其他弹种以及多种子弹的组合。每个子弹带有自己的引信，子弹内也可装有定向和稳定系统以及遥感传感器，能自动捕获和跟踪目标，适时引爆子战斗部 (或子弹)，如末敏末修子弹。

子母式战斗部技术复杂，成本昂贵，体积、质量都较大，但效率高，可靠性好，是面毁伤战斗部主要采取的结构形式。打击机场跑道的侵彻弹多采用子母弹。

二、核战斗部

核战斗部一般分为核裂变战斗部与核聚变战斗部两大类，它们分别主要以核裂变和核聚变反应所释放出的巨大能量作为其毁伤能量的来源。

核战斗部爆炸后还会引发一系列复杂的物理过程，从而造成多种毁伤效应。本小节将对核战斗部结构原理等知识进行简单介绍。

1. 核裂变战斗部

1) 核裂变及其链式反应原理

核裂变反应是核反应的一种。当某些重原子同位素 (如铀和钚的同位素：${}^{235}_{92}\mathrm{U}$ 和 ${}^{239}_{94}\mathrm{Pu}$) 的原子核受到中子轰击并捕获中子时，核裂变反应就可能发生。由于这些重原子同位素本身不太稳定，捕获中子时，中子的能量将使这些同位素的原子核分裂成两个质量大致相等的较轻的原子核 (如 Kr、Ba 等，称为产物或碎片)，同时产生中子，释放出能量。图 1.1.14 说明了这个过程。

核裂变反应释放的能量非常巨大，以 ${}^{235}_{92}\mathrm{U}$ 为例，其裂变反应释放的平均能量在 200MeV 左右，这个能量比原子的化学反应能 (在几电子伏量级) 要大得多。经测算，1g 的 ${}^{235}_{92}\mathrm{U}$ 完全裂变所释放的能量相当于 2.5t 煤燃烧产生的热量。

在理论上，当核裂变反应所释放的中子在由铀和钚的同位素制成的核装料中继续运动时，就有可能和另外的同位素原子核发生核裂变反应，这个核裂变又再放出中子，中子又导致新的核裂变反应……于是这就形成了链式反应，如图 1.1.15 所示。链式反应使得参与反应的原子核数量在很短的时间内 (0.1～1μs 量级) 呈指数增长，其结果是一系列核裂变反应所释放的能量在有限的空间内急剧累积，最后导致巨大的爆炸发生。这就是核裂变战斗部的爆炸原理。

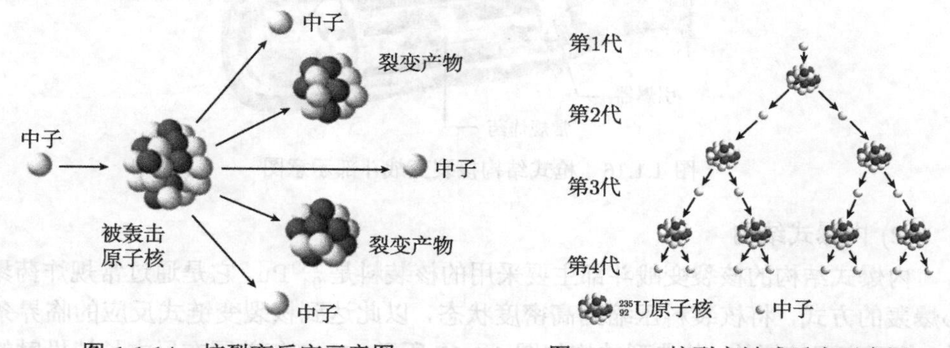

图 1.1.14　核裂变反应示意图　　图 1.1.15　核裂变链式反应示意图

在工程上，实现核裂变的链式反应是有条件的，即要求参与下一代核裂变反应的中子总数要大于本代参与核裂变反应的中子总数 (图 1.1.15)，否则链式反应就不能自持，这个条件称为超临界条件。要实现超临界条件，首先要采用高纯无杂质的核装料 (如超浓缩铀，其中铀的同位素 $^{235}_{92}$U 达到 90% 以上)，以减少中子被杂质捕获的概率；同时增大核装料块体的质量，即增大体积，减少边界表面积，以减少中子从边界泄露的概率；增大核装料的密度，以增加中子与核装料原子核发生核裂变反应的概率。做到以上几点，就可实现核裂变链式反应而导致的核爆炸。

2) 核裂变战斗部的典型结构

使用核裂变战斗部的弹药 (或导弹) 有时也俗称为原子弹，它以核裂变反应能量为主要能量来源。按实现核裂变链式反应超临界条件的方法，核裂变战斗部可分为以下两种典型结构。

(1) 枪式结构

枪式结构的核裂变战斗部主要采用的核装料是 $^{235}_{92}$U，它是通过利用常规炸药的能量，将一块次临界质量的核装料，高速发射到另一块中，从而使核装料迅速达到超临界质量，与此同时中子源释放出中子，触发核裂变链式反应的产生，实现核爆炸，其典型结构如图 1.1.16 所示。1945 年美国在日本广岛投射的原子弹 (绰号“小男孩”) 就是这种结构的典型代表。但是这种结构的核裂变战斗部对核装料的利用率偏低，爆炸威力也偏小①，在现代核战斗部设计中，枪式结构已经很少采用了。

① 原子弹“小男孩”的 TNT 当量达 14.5 kt，核装料利用率约为 1.5%，即其核装料在爆炸解体前有 1.5% 的质量参与了核裂变反应。

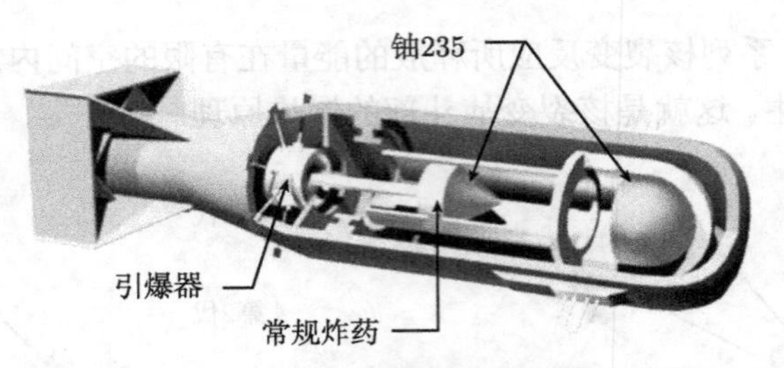

图 1.1.16　枪式结构核裂变战斗部示意图

(2) 内爆式结构

内爆式结构的核裂变战斗部主要采用的核装料是 $^{239}_{94}$Pu，它是通过常规炸药聚心爆轰的方式，将核装料压缩到高密度状态，以此达到核裂变链式反应的临界条件，从而实现核爆炸，其典型结构如图 1.1.17 所示。1945 年美国在日本长崎投射的原子弹 (绰号“胖子”) 就是这种结构的典型代表。这种结构的核裂变战斗部对核装料的利用率较高，爆炸威力也较大①。内爆式核裂变战斗部的设计和制造涉及装药形状设计、起爆时间控制等一系列问题，比枪式结构具有更高的技术水平。在现代核战斗部设计中，内爆式结构仍然是一个主要的设计方案，并在此基础之上进行了一系列的改进。

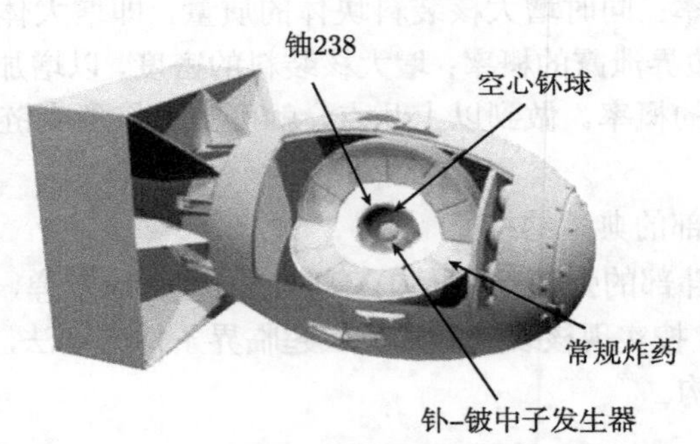

图 1.1.17　内爆式结构核裂变战斗部示意图

2. 核聚变战斗部

1) 核聚变反应原理

当某些轻原子同位素 (如氘 $^{2}_{1}$D 和氚 $^{3}_{1}$T) 的原子核在一定条件下聚合在一起，形成一个较重的原子核 (如氦 $^{4}_{2}$He 或者其同位素 $^{3}_{2}$He)，同时释放出中子和能量，这就是核聚变反应。典型的核聚变反应有 $^{2}_{1}$D-$^{2}_{1}$D 聚变和 $^{2}_{1}$D-$^{3}_{1}$T 聚变。核聚变战斗部主要使用的是 $^{2}_{1}$D-$^{3}_{1}$T 聚变反应，图 1.1.18 是其反应过程示意图。

要实现 $^{2}_{1}$D-$^{3}_{1}$T 聚变反应，需要将 $^{2}_{1}$D、$^{3}_{1}$T 加热到很高的温度 (10^8K 以上)，在

① 原子弹“胖子”的 TNT 当量达 23 kt，核装料利用率为 17%。

这种温度下已经被电离的 $^2_1$D、$^3_1$T 离子 (原子核) 剧烈运动，当 $^2_1$D、$^3_1$T 的密度达到一定的要求，同时能够维持一定的约束时间，$^2_1$D-$^3_1$T 聚变反应就能够发生。由于需要很高的温度，所以这种核聚变反应也称为热核反应。

2) 核聚变战斗部的典型结构

使用核聚变战斗部的弹药 (或导弹) 有时也俗称为氢弹，它以核聚变反应能量为主要能量来源。要说明一点，从技术上讲，实际上没有纯粹的仅利用核聚变反应能量的核战斗部，核聚变战斗部也需要使用核裂变反应的能量来加热聚变装料，从而触发核聚变反应的发生。所以严格地讲，核聚变战斗部都是核裂变–核聚变混合型的核战斗部。

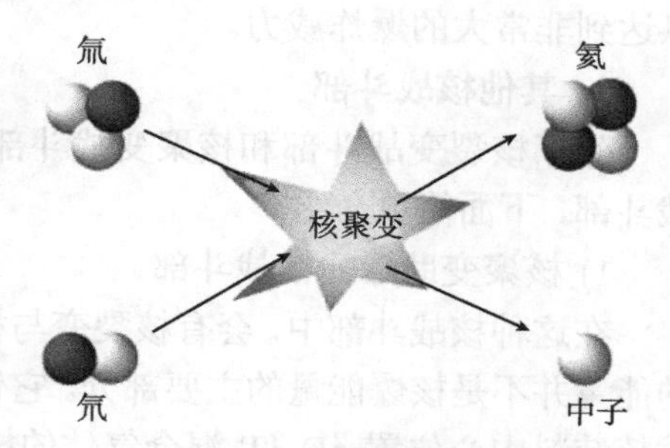

图 1.1.18 核聚变反应示意图

核聚变战斗部的典型结构为两级起爆式结构，这种结构又称为 Teller-Ulam 结构，它由以 Edward Teller 和 Stanislaw Ulam 为首的美国科学家于 1951 年首先设计研制成功，随后，前苏联、英国、法国和中国的科学家也通过独立研究相继掌握了这种核战斗部技术。Teller-Ulam 结构的核战斗部是现代大威力核战斗部的主流，下面对其结构原理进行简单介绍。

典型的 Teller-Ulam 结构如图 1.1.19 所示，其核心是采用了两级起爆结构。第一级是球形内爆式核裂变起爆炸装置 (原子弹)，位于图 1.1.19 的上部，第二级是柱状的核聚变燃料箱，中心还有一个核裂变材料 ($^{239}_{94}$Pu 或 $^{235}_{92}$U) 制成的芯，位于图 1.1.19 的下半部分。两级起爆结构封装在由重金属 (如铅) 制成的容器中，容器中的其他空间填充聚苯乙烯 (polystyrene) 泡沫。

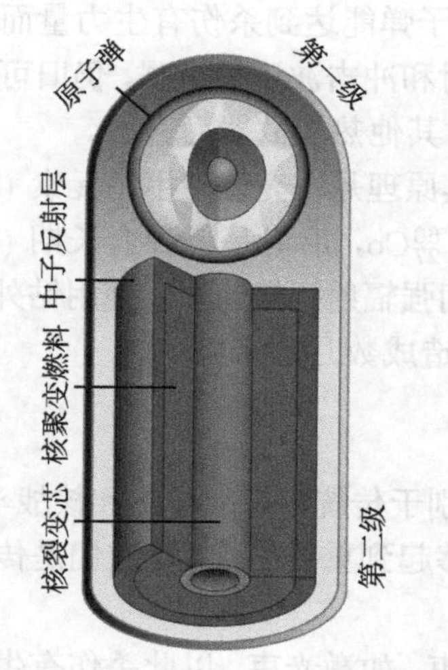

图 1.1.19 Teller-Ulam 结构的核聚变战斗部示意图

Teller-Ulam 结构在起爆时，第一级结构首先起爆，并形成核裂变链式反应从而导致核爆炸，这个过程产生了大量的高能 X 射线。射线在容器内多次反射，在射线作用下，容器内的材料气化电离，具有极高的温度和压力，从而对第二级的柱形核聚变燃料箱进行聚心压缩，获得核聚变反应所需要的高温、高压环境，并最终实现 $^2_1$D-$^3_1$T 聚变，迅速释放出巨大能量，最终实现核爆炸。

需要说明，根据两级起爆的 Teller-Ulam 结构原理，还可以扩展到三级 (第三级又是核裂变反应，起爆过程为核裂变 — 核聚变 — 核裂变) 或更多级，理论上可以达到非常大的爆炸威力。

3. 其他核战斗部

除了核裂变战斗部和核聚变战斗部之外，现实中还有以下几种较为特殊的核战斗部，下面简单介绍。

1) 核聚变助爆式核战斗部

在这种核战斗部中，会有核裂变与核聚变两种反应发生，但是核聚变反应产生的能量并不是核爆能量的主要部分。它依靠内爆式的核裂变反应产生高温，可以触发核装料中心位置 ${}_1^2\mathrm{D}$-${}_1^3\mathrm{T}$ 混合气体的核聚变反应发生。但是核聚变反应的主要作用仅是提供高能量中子流，利用高能中子流可以使已经处于超临界条件的核装料的核裂变链式反应加剧，以达到充分利用核装料和提高核爆当量的目的。

2) 中子弹和钴核弹

中子弹是一种小型的核聚变战斗部，在这种战斗部中通过一定设计，使核聚变反应所产生的高能中子能够尽量辐射出来，主要利用中子的辐射对目标进行毁伤。由于中子不带电荷，具有更强的穿透能力，一般能防护 γ 射线的材料通常不足以防护中子流。因为只有水和电解质才能吸收中子，而生物体中含大量水分，所以中子流对生物产生的伤害比 γ 射线更大，因而中子弹能达到杀伤有生力量而不毁伤装备的目的。但事实上中子弹爆炸产生的热辐射和冲击波还是很强，仍旧可以对各种装备造成毁伤，所谓 "杀人不毁物" 只是相对其他热核武器而言的。

钴核弹也是一种小型的核聚变核战斗部，其原理是在壳体使用钴元素 (cobalt，${}_{27}^{59}\mathrm{Co}$)，核聚变反应释放的中子会令 ${}_{27}^{59}\mathrm{Co}$ 变成 ${}_{27}^{60}\mathrm{Co}$，后者是一种会长期 (约 5 年内) 辐射强烈射线的同位素，所以能实现长时间强辐射污染。除了使用钴外，也可使用金造成数天污染，或用锌及钽 (tantalum) 造成数月的污染。

三、特种、新型战斗部

特种和新型战斗部在结构和毁伤机制上有别于传统常规战斗部和核战斗部，但是在特定的战场环境下，特种和新型战斗部能够起到重要的作用，它们是传统常规战斗部和核战斗部的重要补充。

特种战斗部有光辐射战斗部，能释放强光束，如激光束，以此杀伤有生力量或使精密武器致盲；有化学毒剂战斗部，能施放毒剂，如芥子气 (糜烂性毒剂)、二甲胺基氰磷酸乙酯 (神经麻痹性毒剂)、氢氰酸 (全身中毒性毒剂)、苯氯乙酮 (催泪剂) 等；有生物战剂战斗部，也称细菌战斗部，能施放生物战剂，如细菌、病毒等；其他还有燃烧战斗部、发烟战斗部和侦察用战斗部等。

近年来各国不断发展新型和新概念武器。已经出现了携带导电复合 (碳) 纤维、燃料空气炸药、温压炸药等装填物的新型战斗部，并研发了电磁脉冲、强光致盲、复合干扰与电子诱饵等新概念武器。这些新型武器的有效性已得到现代战争的验证。有的武器正在从概念研究转向应用研究，如激光武器、高功率微波武器。有的还在不断地更新观念，如金属风暴和粒子束武器等。当前的现代战争形势下，战场目标特点翻新，作战需求多种多样，某些民用目标如桥梁、发电厂、交通枢纽等在战时也可能成为重要的军事打击对象，同时国防安全与公共安全并重正成为各国安全策略的共识，所以除积极发展传统的武器战斗部以外，开展软杀伤武器战斗部技术的研究也成为目前战斗部发展的一个重要方向。典型的软杀伤武器技术有声能武器、激光致晕致眩武器以及用于反恐防暴的各种非致命武器等。

1.2　毁伤效应分析

1.2.1　毁伤效应分析的内涵

毁伤效应分析的主要作用是研究武器战斗部对目标的毁伤效果，可用于武器打击效果的预测与评估。毁伤效应分析的有关成果还能够反馈战斗部的设计研制，指导武器战术使用。当前，毁伤效应分析已经成为火力打击作战指挥中一个不可或缺的重要环节，是对目标实施高效毁伤的重要支撑。

毁伤效应分析主要包括战斗部威力分析和目标易损性分析两个方面的内容。

战斗部威力分析是指根据战斗部的结构原理，分析战斗部产生的毁伤元素及其与目标的相互作用过程，研究该过程中所涉及的物理、力学现象，获得毁伤元素对目标的毁伤机制，揭示其中的毁伤规律。这实质上是从战斗部出发来研究它对目标的毁伤效应，所以战斗部威力分析也可以称为战斗部毁伤效应分析，这两个术语本书将不加区分，混合使用。战斗部毁伤效应分析起源于热兵器在战争中的应用。早期热兵器最主要的毁伤元素是动能实心弹丸，因此威力分析研究主要集中在弹丸侵彻各种介质 (土壤、岩石、装甲) 的问题。由于弹丸侵彻过程发生在其飞行弹道的终点处，所以与此相关的科学被称为终点效应学 (或者终点弹道学)。随着研究的进展，终点效应除了包括弹丸的侵彻效应，还包括爆炸效应和其他效应 (如热效应和应力波效应等)。所以，就大多数常规战斗部而言，终点效应也可以作为其毁伤效应的代称。

目标易损性分析是指，在特定的毁伤元素作用下，研究目标对毁伤的敏感性。该敏感性就是目标易损性，它反映了目标被毁伤的难易程度。目标易损性分析不但是毁伤效应分析的重要组成部分，同时也是目标防护设计的重要依据。目标易损性分析包括狭义和广义的两个层面。狭义的目标易损性分析，主要是根据目标的物理力学特性，分析目标对特定毁伤元素 (如冲击波和高速侵彻体) 的毁伤敏感性，重点关注毁伤元素对目标造成的物理毁伤，并建立毁伤标准。广义的目标易损性分析，不但要建立毁伤标准，还要结合目标的实际结构和功能，完成目标毁伤等级划分、目标要害部件分析、部件毁伤评估、目标总体毁伤评估等多个环节的工作，重点关注毁伤元素对目标造成的功能毁伤。本章将只对狭义的目标易损性分析进行介绍。

实际上，战斗部威力分析和目标易损性分析在概念上存在交集或相似性，只是前者更多是对战斗部而言 (所以战斗部威力分析也称为战斗部毁伤效应分析)，后者更多是对目标而言。在进行毁伤效应分析时，有些情况下宜于采用前者，而另一些情况下采用后者更为方便，两者的最终目的都是给出武器战斗部对目标的毁伤效果。在英文中，lethality 意为威力，vulnerability 意为易损性，所以在有的文献中，也将毁伤效应分析称之为 V/L 分析。

在历史上，战斗部威力 (战斗部毁伤效应) 分析和目标易损性分析两个方面从来都是密切相关，并互相促进发展的。自 1829 年法国工程师彭赛勒 (Poncelet) 关于炮弹侵彻土壤、岩石介质的实验研究开始，人们广泛地研究了实心弹丸对船只、地面工事以及钢甲的撞击和侵彻效应。到 20 世纪初期，由于飞机在军事上的应用，人们开展了对飞机易损性的研究，并促进了破片战斗部毁伤效应的研究进展。第二次世界大战期间，由于聚能装药的采用，人们获得了有效毁伤坦克等装甲目标的手段，金属射流对装甲的毁伤效应受到关注，坦克等装甲目标的易损性也成为各国军工生产企业在有关防护设计中需要重点考虑的问题。

近几十年来，随着技术的飞速进步，各种新的目标、各种新的毁伤手段不断涌现，毁伤效应和目标易损性都呈现出新的内容。但必须认识到，目标易损性总是和一种或几种毁伤效应相对应，并存在最适合、最高效的毁伤效应，这就使得在作战中需要根据目标的情况选择最有效的武器实现高效毁伤。这是作为军事指挥员必须了解和掌握的基本问题。

1.2.2　战斗部的基本毁伤效应

一、常规战斗部的基本毁伤效应

在弹道终点处，常规战斗部将发生爆炸或与目标撞击，依托爆炸能产生毁伤元素 (冲击波、破片和射流等) 或利用其自身的动能，对目标进行力学的、热学的效应破坏。所以，常规战斗部的基本毁伤效应主要是爆炸冲击效应和侵彻效应，其他毁伤效应可归为这两种毁伤效应的组合与派生。

1. 爆炸冲击效应

爆炸冲击效应主要是指战斗部在介质 (空气、水、岩石等) 中爆炸产生的爆轰产物、冲击波对目标形成的破坏作用，是常规战斗部最基本的毁伤效应，并以空气中的爆炸冲击效应最为典型，多用于毁伤地面有生力量 (人员)、建筑物等目标。下面主要针对空气中的爆炸冲击效应进行讨论。

爆轰产物和冲击波是爆炸冲击效应中毁伤目标的主要元素，它们的具体情况将在后续章节讨论，这里仅作简单介绍。爆轰产物是常规战斗部炸药爆炸产生的高温高压气体，爆炸发生后它将向四周急速膨胀。由于爆轰产物的膨胀而对四周空气做功，空气中将被激发出冲击波向四周传播。冲击波是一个空气压力、密度、温度等物理参数发生突变的高速运动界面。常规战斗部爆炸产生的爆轰产物和冲击波如图 1.2.1 所示。图中发光的部分就是爆轰产物，这是由于其高温而产生的光辐射；图中的一个清晰界面就是冲击波的波阵面，这是由于波前波后空气密度发生突变，使得波前波后空气对光的折射率不同，所以能够被拍摄出来。

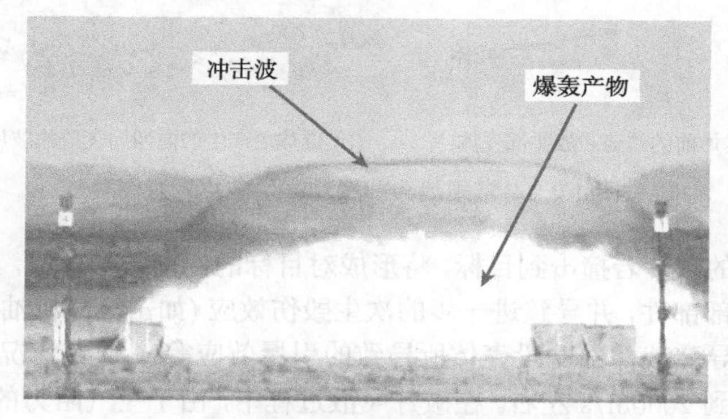

图 1.2.1 常规战斗部地面爆炸初期高速摄影照片

一般军用炸药的爆轰产物的温度可达约 3000K，压力为 20~40GPa，其膨胀速度约 1500m/s，其膨胀距离比较有限，能对离爆点较近的目标实施力–热效应的毁伤。冲击波超压 Δp，即冲击波波后压力 p 超过环境压力 p_0(大气压) 的大小 ($\Delta p = p - p_0$)，是描述冲击波特性的重要参数之一，它表征了冲击波的强度。冲击波超压与炸药爆炸能量、传播距离都有关，爆炸能量越大超压越大，并随传播距离增加而显著衰减。相对于爆轰产物而言，冲击波能够传播到较远的距离，能对离爆点较远的目标实施力学效应的毁伤 (如使目标变形、移动、抛掷等)。

2. 侵彻效应

侵彻毁伤效应是指侵彻体 (如高速飞行的破片、射流、穿甲弹等) 利用其动能，对目标实施撞击并贯穿而产生的破坏作用。侵彻体的动能可以来自于战斗部炸药爆炸的能量，也可以来自于战斗部的发射和推进过程。侵彻毁伤效应也是常规战斗部的基本毁伤效应之一，可用于毁伤有生力量 (人员) 和轻、重装甲目标和硬目标等。

侵彻体是侵彻毁伤效应的毁伤元素。按照侵彻体的不同，侵彻毁伤效应可分为破片毁伤效应、破甲毁伤效应和穿甲毁伤效应。这里仅对破片毁伤效应进行介绍，破甲和穿甲毁伤效应将在后续章节详细讨论。

前面讲述战斗部结构时已谈到，炸药一般被装入由战斗部壳体构成的容器中。炸药爆炸时，爆炸能量能够使得战斗部壳体破裂并形成若干碎片。在爆轰产物的驱动下，壳体破裂后形成的碎片向四周高速飞散，这就是破片，如图 1.2.2 所示。按破片大小是否可控，可以分为自然破片和预制破片 (或半预制)，前者由壳体自然破裂产生 (图 1.2.2 就是这种情况)，破片大小随机分布，后者人为预制了破片的大小，破片尺寸较为均匀。更多关于自然破片和预制破片的内容将在后续章节介绍。

(a) 爆炸前的炸药和战斗部壳体　　(b) 爆炸后产生的向四周飞散的破片

图 1.2.2　常规战斗部爆炸产生破片示意图

高速飞散的破片若撞击到目标，将形成对目标的侵彻毁伤效应，主要是击穿目标的表层或内部部件，并导致进一步的次生毁伤效应 (如击穿飞机油箱所导致的引燃效应、击穿导弹战斗部舱段壳体所导致的引爆效应等)。通常情况下，破片的初始速度可以达到 2000m/s 左右。在破片飞散过程中，由于空气阻力的作用，其速度将很快衰减，从而破片动能下降，毁伤能力下降。因此破片也只能在有限距离内毁伤目标，但这个距离比爆轰产物和冲击波的作用距离要大得多。

二、核战斗部的基本毁伤效应

由于核爆炸具有极大的能量密度，而且还伴随着剧烈的核反应过程 (核裂变与核聚变)，同时放射出高能粒子流和高能射线脉冲，因此核战斗部爆炸不但跟常规战斗部爆炸一样产生冲击波 (冲击波更强，毁伤区域更大)，而且还产生其他多种毁伤元素，这些元素造成的毁伤效应有些是瞬时的，有些则可持续达数天、数十天、数月甚至数十年。从这一点来讲，核战斗部的毁伤效应比常规战斗部的毁伤效应更为复杂，影响也更为深远。

从核爆炸的发展过程可知，核战斗部爆炸产生的毁伤元素主要有热辐射 (光辐射)、冲击波、核电磁脉冲、早期核辐射和放射性沾染 (剩余核辐射)，这几种毁伤元素将各自导致不同的毁伤效应。其中热辐射 (光辐射)、冲击波、核电磁脉冲、早期核辐射在核爆炸后几秒或几分钟内发生，称为瞬时毁伤元素，一般产生瞬时毁伤效应，而放射性沾染则形成较长期的毁伤效应。

值得指出，不同的核爆炸方式 (指核战斗部在地下或水下、地面、空中爆炸等)，其产生毁伤元素的能量分配有差异。对空中爆炸而言，以核裂变型核战斗部为例，其毁伤元素的能量分配如图 1.2.3 所示。普通核爆的核电磁脉冲所占能量份额很小，在 1%以下 (所以没有在图中体现出来)。对核聚变型核战斗部，放射性沾染 (剩余核辐射) 的能量相对很小，早期核辐射能量所占份额不变，冲击波和热辐射 (光辐射) 所占能量份额增加到 95%。对其他核爆方式，各毁伤元素所占能量份额将有所不同，部分数据可参考表 1.2.1。

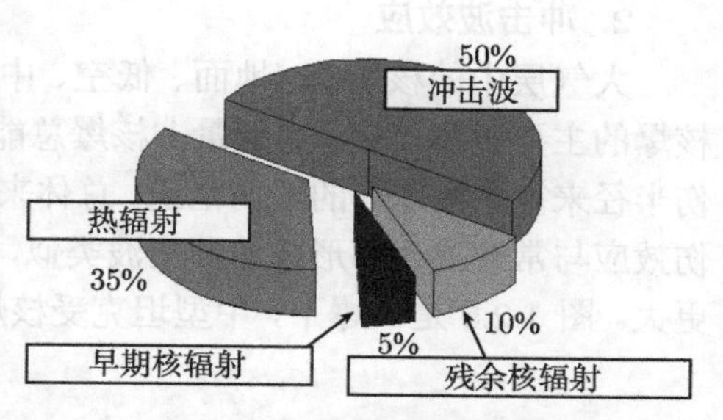

图 1.2.3　核爆毁伤元素能量分配

表 1.2.1　几种核爆方式下毁伤元素的能量分配

核爆方式	冲击波	热辐射 (光辐射)	早期核辐射
高空核爆 (10km< h <80km)	25%	60%～70%	5%
超高空核爆 (h > 80km)	15%	70%～80%	5%
空间 (太空) 核爆	5%	70%～90%	5%

注：h 是核战斗部炸点海拔高度

下面对核战斗部爆炸产生的几种主要毁伤元素所造成的毁伤效应进行简要介绍，更具体的情况可以参考其他相关专著。

1. 热辐射 (光辐射) 效应

核爆炸瞬时产生闪光，随即形成明亮的火球，闪光和火球就是核爆炸光辐射的光源。由于光辐射是热传导的方式之一，它使被辐照的材料受热并迅速升温，从而使材料焦化或燃烧造成毁伤，因而核爆炸的光辐射也称为热辐射。核爆的热辐射 (光辐射) 是引起人员烧伤，造成武器装备、物资器材和其他易燃物燃烧的主要原因。如果是打击城市，核爆的热辐射 (光辐射) 还是引起城市火灾的重要因素，因为热辐射 (光辐射) 可能引燃建筑物表面雨棚、窗帘等附属设施，如图 1.2.4 所示，也可能透过窗户引燃屋内的家具，造成屋内的大火。

(a) 受热辐射(光辐射)

(b) 窗帘等附属物被引燃

图 1.2.4　核爆热辐射 (光辐射) 对建筑物附属设施的引燃

2. 冲击波效应

大气层中的核爆炸 (地面、低空、中空核爆) 都会形成空气中的冲击波，这是核爆的主要毁伤元素，其能量占核爆总能量的一半。在军事上，通常以冲击波的毁伤半径来衡量核爆炸的毁伤范围。总体来讲，核战斗部爆炸冲击波的主要特征和毁伤效应与常规战斗部形成的冲击波类似，但是核爆炸冲击波的压力更高，毁伤范围更大。图 1.2.5 是核爆下，中型坦克受核爆冲击波毁伤的效果。

(a) 炮塔脱落

(b) 炮塔掀翻，底盘倒扣

图 1.2.5　核爆冲击波对中型坦克的毁伤效果

3. 早期核辐射效应

核爆炸将释放出高能粒子流和高能射线，形成核辐射效应，依据我国的试验经验和研究结论，核爆炸后 15s 以内的核辐射具有瞬时毁伤效应，称为早期核辐射，15s 以后核辐射其瞬时毁伤效应已经不明显，称为剩余核辐射 (放射性沾染形成的核辐射)。核爆的早期核辐射主要是中子流和 γ 射线辐射。

早期核辐射将对有生力量 (人员) 和武器装备、物资造成毁伤。人员受早期核辐射超过一定剂量后，大量的人体细胞将死亡，人体生理机能发生改变或失调，人员会患上急性放射病 (acute radiation syndrome)，从而丧失战斗力或死亡。武器装备受到早期核辐射，会产生感生放射性，可导致照相感光器材或光学观瞄系统失效、电子电气设备故障等问题。对含盐、含碱量较高的腌制食品和含有钠、钾等金属元素的药品，早期核辐射较容易导致其产生感生放射性，需要谨慎使用。

4. 核电磁脉冲效应

核电磁脉冲是核战斗部爆炸时，产生的强 γ 射线与空气分子、地磁场相互作用而形成的辐射瞬变电磁场。当这个瞬变电磁场作用于适当的接收体 (如电子系统) 时，可以在电子器件内产生很高的电压和很强的电流，毁伤电子元器件，使通信、指挥控制和计算机系统失灵。有时，核电磁脉冲在适当条件下还可能点燃燃料、引爆弹药，造成严重的后果。

5. 放射性沾染效应

放射性沾染是核战斗部爆炸产生的放射性物质对地面、水源、空气和各种物质的污染。放射物质具有核辐射效应，同样可以使人员得放射病。由于此时的核辐射作用时间较晚，为了与早期核辐射相区别，称为剩余核辐射。剩余核辐射通过 γ 射线的外照射、β 射线对皮肤的烧伤、摄入放射性沾染的食物或吸入放射性沾染的空气引起的内照射等方式对人员造成长期的伤害。

1.2.3　目标易损性

这里的目标是指战争中需要打击的军事目标，它们是战斗部要实施毁伤的对象。在作战中，目标所囊括的范围非常广，它可以是一个地区、一座综合性建筑物、一个设施、一种装备、一支部队，甚至是一种作战能力和功能，可以有多种的分类体系和分类方法。不同的目标，对特定的毁伤元素，其发生毁伤的难易程度有所不同，这就是目标的易损性，也即目标对毁伤的敏感性。

一、目标分类

如前所述，有很多种目标分类方法。本节中，按目标的位置和易损性特点两种标准来对目标分类，并对各类目标的性质作简单描述。

1. 按位置分类

按目标位置可分为空中目标、地面目标和水上目标，它们具有各自的特征。

1) 空中目标

广义的空中目标，包括各种类型的飞机、飞航式导弹、洲际导弹、高空间谍卫星等空中飞行器。狭义的空中目标是指各类飞机、飞航式导弹，包括直升飞机和比飞机更轻的飞行器等。

空中目标的特点是：目标尺寸较小，运动速度大，机动性好，部分目标具有一定的坚固性 (如低空飞行的武装直升机具有一定的装甲防护)。此外，具有致命杀伤的要害部位，如飞机的驾驶舱、仪表、发动机、储油箱等，飞航式导弹的战斗部舱、仪表舱等。为了攻击空中目标，导弹武器系统应满足以下要求：首先防空雷达网要迅速发现目标，其次拦击目标的时间尽应可能短，在敌机投弹前 (飞航式导弹应在飞行弹道上) 把它击毁。因此，导弹的射程必须大于敌机所用武器的射程，导弹上升的高度必须大于敌机可能飞行的高度，导弹的速度和机动性必须大于目标的速度和机动性，导弹命中精度应与其战斗部的威力半径相匹配，以保证所要求的摧毁概率。

对付空中目标的战斗部一般采用破片杀伤效应。从 20 世纪 50 年代以来，随着科学技术的发展和导弹制导技术的日益完善，有些战斗部采用了冲击波效应、连续杆杀伤效应和聚能破甲效应等。当前新发展的所谓“全能型”或“多任务”防空导弹，可以既对付高速目标，又对付低速目标，既对付大目标，又对付小目标，已成为实现武器高效毁伤的一种有效途径。例如为一种防空导弹装备两种 (或两种以上) 不同类型的战斗部，以满足不同的作战需要，比较常见的有，既装备破片式战斗部，又装备连续杆式或子母式战斗部的导弹，如美国的麻雀 - Ⅲ、马克和奈基 - Ⅲ等导弹。

2) 地面目标

地面目标类型较多，按照防御能力分为硬目标与软目标，按照集结程度分为集结目标与分散目标。集结的硬目标包括混凝土、掩体工事、水坝、桥梁、地下发射井、隧道、装甲车辆群等；集结的软目标包括机车群、地面飞机和建筑物等；分散的硬目标有地下工厂、地下指挥所等；分散的软目标有铁路、公路、炼油厂、弹药库、供应站等，还有地面上有生力量。

地面目标的特点是活动范围在有限的二维平面域内。大多数目标是固定的建筑物，面积较大，结构形式多，坚固程度不一。少数有如坦克之类的运动点目标。可认为地面目标大部分是在后方或阵地后方，距离发射阵地远，只有点目标在离前沿阵地不远的地方。

对付地面硬目标的战斗部必须直接命中而且要求有一定的侵彻能力，通常采用聚能破甲战斗部、侵彻爆破战斗部。对付地面软目标的战斗部，一般采用子母式战斗部和杀伤爆破战斗部，能产生较大的杀伤面。

3) 水面/水下目标

水面/水下目标指各种水面舰艇和潜艇，包括航空母舰、巡洋舰和各种轻型舰艇 (轻型驱逐舰、护卫舰和快艇等)。

军舰目标的特点是：面积小、生命力强、装甲防护强和火力装备强。近现代军舰的长度一般为 270~360m，宽度为 28~34m。当机房和舱室遭到严重毁伤时仍能保持不沉，这是因为军舰有很多不透水的船舱，而且具有向未毁船舱强迫给水的系统，可以保持军舰平衡防止舰舷倾覆。军舰上还装有防护装甲，如巡洋舰和航空母舰就有两层或三层防弹装甲 (典型的第一层厚为 70~75mm，第二层厚为 50~60mm，两层间隔为 2~3m)。

对付军舰的战斗部可以分为打击舰艇水面以上结构和水面以下结构的两种类型，前者多用于导弹，具有较强的侵彻能力和较高的爆炸能量，目前最常用的是半穿甲战斗部、爆破战斗部和聚能破甲战斗部三种类型；后者多用于鱼雷，为爆破战斗部，常在水面以下对舰艇实施近场非接触爆炸毁伤，由于水中爆炸压力非常高，对舰艇整体结构影响大，所以水中爆炸对舰船生命力带来了巨大的挑战①。

2. 按易损性特点分类

依据目标的易损性特点，一般可将目标分为有生力量 (人员)、轻装甲目标、重

① 2010 年，韩国“天安”号轻型警戒舰被不明水中爆炸物爆炸毁伤，舰体折断，整舰迅速沉没。

装甲目标、建筑物和其他类型目标。可以看出，对一定能量的爆炸冲击波或高速侵彻体 (这是常规战斗部所产生的两种最基本的毁伤元素) 而言，有生力量 (人员)、轻装甲目标、重装甲目标、建筑物的毁伤敏感性大体上逐渐减小，所以这种分类方法也能够大体反映目标的防护特性。

有生力量目标主要包括战场上裸露的人员，其特点是通常无装甲防护，移动速度慢。

轻装甲目标主要包括轻型装甲车辆、普通车辆、雷达、防空导弹发射架、导弹、各类飞机等，其特点是具有轻型防护装甲，部分目标具有很强的机动性。

重装甲目标主要包括各类重型坦克、战车、舰艇、自行火炮等，其特点是装甲防护能力强、机动能力较强、对抗性强。

建筑物目标主要包括各类仓库、防御工事、指挥所、桥梁及其他军用建筑物等，其特点是采用混凝土、钢筋等材料构建，结构复杂，通常比较坚固，位置固定，可位于地面和地下。

其他类型目标主要包括电网、机场等，其特点是面积大，同时功能齐全，形成系统。

以上所述这些目标，根据其易损性特点，都存在最适合、最高效的战斗部来实施毁伤，简单地列表如表 1.2.2 所示，因此战斗部与目标易损性相匹配才能达到高效毁伤的战术目的。

表 1.2.2　目标与常规战斗部的对应关系

战斗部类型	主要毁伤元素	军事目标
爆破战斗部	爆炸冲击波	有生力量、轻装甲目标、建筑物等
破片战斗部	高速破片	有生力量、轻装甲目标等
破甲战斗部	金属射流	重装甲目标、建筑物等
穿甲战斗部 (包括半穿甲和钻地战斗部)	高速侵彻体、爆炸冲击波	重装甲目标 (坦克、舰船)、轻装甲目标、建筑物 (深层防护工事) 等
子母战斗部	组合毁伤元素	地面集群、机场跑道等
	……	……

二、典型目标的易损性

如前所述，目标的易损性是指目标在特定的毁伤元素打击下，考虑特定的交会条件时，目标对毁伤的敏感性，该性质反映了目标被毁伤的难易程度。易损性不但是目标本身的特性 (与其自身的材料、结构有关)，也与毁伤元素 (以及相应的战斗部) 和弹目交会条件有关。

由于目标易损性的复杂性，本小节仅对几种典型目标在常规战斗部基本毁伤效应作用下的易损性数据进行列表说明。

1. 人员和建筑物在冲击波作用下的易损性

冲击波对人员和地面建筑物造成毁伤，冲击波超压是描述目标在冲击波作用下易损性的重要参数。有关易损性数据列表见表 1.2.3。另外，冲击波的持续时间及其传递给目标的比冲量 (超压对持续时间的积分) 也是冲击波重要的毁伤机制。囿于篇幅，人员和建筑物构件对冲击波比冲量的易损性数据见后续章节。

表 1.2.3　人员和建筑物构件的易损性

超压/MPa	人员毁伤程度	超压/MPa	可毁伤的建筑物构件
0.0138~0.0276	耳膜失效	0.05~0.10	装配玻璃
0.0276~0.0414	出现耳膜破裂	0.05	轻隔板
0.1035	50%耳膜破裂	0.1~0.16	木梁上楼板
0.138~0.241	死亡率 1%	0.25	1.5 层砖墙
0.276~0.345	死亡率 50%	0.45	2 层砖墙
0.379~0.448	死亡率 99%	3.0	0.25m 厚钢筋混凝土墙

2. 人员和部分武器装备在破片侵彻下的易损性

破片对目标的力学毁伤使用比动能作为易损性描述参数；引燃效率使用比冲量；而对于有生力量则普遍使用能量标准。这里比动能是指目标单位面积上接受到的动能，比冲量是指目标单位面积上接受到的冲量。表 1.2.4 给出了破片对典型目标的毁伤标准。

表 1.2.4　破片对目标的毁伤标准

目标	破片最小能量或比动能
人员	78J
飞机自封油箱 (低碳钢板)	2.715MJ/m^2
飞机非密封油箱 (低碳钢板)	0.36MJ/m^2
飞机的冷却系统、供给系统等 (铝合金)	2.45MJ/m^2
飞机发动机、机身 (机身蒙皮)	$3.90\sim4.90\text{MJ/m}^2$
火炮大梁、操纵杆等 (4mm 防护装甲)	7.85MJ/m^2
装甲 (12mm 装甲)	35.00MJ/m^2

1.2.4　毁伤效应分析的研究方法

与大多数的工程科学研究一样，战斗部毁伤效应分析常用的研究方法主要有毁伤试验、理论分析和数值模拟三类方法。

毁伤试验是最重要的研究方法，在大多数情况下，战斗部的研制和毁伤效应分析必须依靠毁伤试验进行。战斗部毁伤效应试验通过试验战斗部打击相应目标的情况，来验证战斗部的各个子系统工作情况及其毁伤效应。从毁伤效应分析来看，战斗部毁伤试验的优点是方法直接、效果直观，但是耗资巨大，且不易调整有关毁

伤条件 (包括环境条件和弹目交会条件)，部分毁伤数据的试验测量也是个难题。

理论分析方法是基于各种数学、物理和力学的基本理论，建立分析模型来研究战斗部的毁伤效应。理论分析法不排除使用某些经验公式、经验系数和使用计算机进行少量数值计算的可能。理论分析法能检验研究者是否抓住了研究对象的物理力学本质，一个较好的理论分析模型既能告诉我们如何去预测某一毁伤效应，又能告诉我们这一终点效应的本质是什么。但是在处理实际问题时，由于实际情况非常复杂，难以找到主要矛盾，理论分析方法往往面临很大困难。

当前，在战斗部毁伤效应分析研究中，数值模拟已成为一个重要的研究方法。战斗部毁伤效应数值模拟是指在已知 (或设定) 弹靶几何特征参数、材料性能参数、交会条件参数等情况下，根据质量守恒、动量守恒和能量守恒方程以及材料物态方程和本构关系，利用计算机数值模拟方法，对高速碰撞、侵彻或剧烈爆炸情况下的弹靶行为及产生效果进行数值模拟。跟大多数的计算手段一样，毁伤效应数值模拟技术是计算机技术发展的必然产物，并成为传统的毁伤试验研究及理论分析研究的重要补充，它具有能够节省经费和研究周期、具备较高的自由度和灵活性等突出优点。但是数值模拟仍然不是万能的方法，其所需的初始数据需要试验提供，其材料模型需要理论分析来建立，其计算结果的准确性也需要理论和试验的验证。

在实际的工程应用中，以上三种研究方法是相辅相成的，综合运用以上三种方法，才能正确分析战斗部对目标造成的毁伤效应。

思考与练习

1. 战斗部子系统由哪些部分组成？各部分有什么作用？
2. 战斗部可分为哪几大类？
3. 试简述常规战斗部的基本毁伤效应及其武器运用。
4. 核爆炸有哪些效应？大气层核爆炸与高空核爆炸的效应有什么区别？
5. 核战斗部的能量来源是什么？
6. 调研我国第一枚原子弹是枪式还是内爆式结构。
7. 战斗部的毁伤效应有哪些？各有什么特点？
8. 你认为武器实现高效毁伤的途径有哪些？
9. 请说明目标易损性分析和战斗部威力分析的区别和联系。
10. 请自行调研战斗部及其毁伤效应研究的发展历史，撰写读书报告。

主要参考文献

[1] 卢芳云, 李翔宇, 林玉亮. 战斗部结构与原理. 北京：科学出版社, 2009.
[2] 王志军, 尹建平. 弹药学. 北京：北京理工大学出版社, 2005.
[3] 《爆炸及其作用》编写组. 爆炸及其作用 (上、下册). 北京：国防工业出版社, 1979.

[4] 王儒策, 赵国志, 杨绍卿. 弹药工程. 北京：北京理工大学出版社, 2002.
[5] 欧育湘. 炸药学. 北京：北京理工大学出版社, 2006.
[6]《炸药理论》编写组. 炸药理论. 北京：国防工业出版社, 1982.
[7] 李向东, 钱建平, 曹兵. 弹药概论. 北京：国防工业出版社, 2004.
[8] 曼·赫尔德. 曼·赫尔德博士著作译文集. 张寿齐, 译. 绵阳：中国工程物理研究院, 1997.
[9] 隋树元, 王树山. 终点效应学. 北京：国防工业出版社, 2000.
[10] 美国陆军装备部. 终点弹道学原理. 王维和, 李惠昌, 译. 北京：国防工业出版社, 1988.
[11] 赵文宣. 终点弹道学. 北京：兵器工业出版社, 1989.
[12] 张国伟. 终点效应及其应用. 北京：国防工业出版社, 2006.
[13] 总装备部军事训练教材编辑工作委员会. 核爆炸物理概论 (上、下册). 北京：国防工业出版社，2003.
[14] 总装备部电子信息基础部. 现代武器装备知识丛书，核武器装备. 北京：原子能出版社等联合出版，2003.
[15] 崔占忠, 宋世和, 徐立新. 近炸引信原理. 北京：北京理工大学出版社, 2009.
[16] 维基百科 (英文版) 之 “核武器 (nuclear weapon)” 及 “核武器设计 (nuclear weapon design)” 词条.
[17] http://www. atomicarchive. com(原子档案网站).

第 2 章　战斗部投射方式与精度

在各类弹药和导弹武器系统中，投射系统是非常重要的子系统之一，它的作用是将各类弹药和导弹的战斗部准确地投射到目标处或附近，这是战斗部毁伤目标最基本的条件。本章将对战斗部投射方式的种类、涉及的科学原理、典型装备与应用进行介绍，并对投射精度的共性知识以及部分投射方式的精度特点和影响因素进行讨论。

2.1　投射方式

战斗部投射方式可以有多种分类方法。例如可以按照投射平台的不同，分为陆基、海基 (舰载) 和空基 (机载) 投射等，也可以按照投射特性和原理的差异，分为投掷式、射击式、自推式和布设式四个基本方式。本节按照后者对投射方式进行分类。

2.1.1　投掷式

一、特点与科学原理

投掷式投射方式是指，战斗部或弹药依靠人力或其他装置，在无身管膛内作用的条件下，以较小的初速 (或相对初速) 离开武器平台 (地面发射装置、载机和舰艇等)，在重力、气动力或水动力的作用下，在空气或水中以一定的弹道无动力飞行 (或下落、下潜) 并命中目标的投射方式。投掷式投射又可以分成地面投掷、航空投掷和水面–水下投掷等类型。下面主要介绍地面投掷和航空投掷的有关知识和科学原理①。

1. 地面投掷

在地面投掷中，战斗部或弹药的体积和质量都较小，投掷的能量来自于人力、特定的机械装置或火药燃气。由于这个能量一般比较低，所以战斗部或弹药的初速较低 (最高在 300m/s 左右)，因而其射程也非常有限。在离开投射平台之后，战斗部或弹药自身没有动力，在重力、气动力的作用下自由飞行。

由于战斗部或弹药的初速低，各种随机因素 (如阵风和投掷装置的机械稳定性等) 对其飞行弹道的影响较为明显，所以地面投掷有精度不高的缺点。考虑到这个原因，在实际应用中，一般不需要对地面投掷弹药的飞行弹道进行精确分析，只需

① 水面–水下投掷的科学原理将涉及空中弹道、入水弹道、水中弹道等较多知识，所以本章不进行讨论。

以近似计算结果作为参考即可。所以为了简化计算，通常忽略气动力的影响，只考虑重力的作用。在把弹药作质点近似的情况下，根据牛顿第二定律，其运动方程为

$$m\frac{\mathrm{d}v}{\mathrm{d}t} = mg \tag{2.1.1}$$

式中，m 是弹药质量，v 是弹药飞行速度矢量，t 是飞行时间，g 是重力加速度。事实上，(2.1.1) 式等号两端的 m 可以约去，写在这里是为了体现其物理意义，并与后面表达式保持一致。根据 (2.1.1) 式，很容易分析出，在忽略气动力时，地面投掷弹药沿抛物线弹道飞行。

2. 航空投掷

航空投掷一般依靠飞行的机载平台来提供战斗部或弹药的投掷初速。战斗部或弹药在重力和气动力的作用下离开载机，初始时其绝对速度和机载平台接近，但是相对速度较低。投掷后，战斗部或弹药同样在重力和气动力的作用下沿一定下落弹道接近地面或水面目标。

航空投掷的弹药，由于其体积和质量较大，分析其下落弹道时不能忽略气动力的影响。下面对航空投掷弹药下落弹道的力学描述进行讨论。以下内容将涉及弹箭飞行力学和外弹道学的有关知识，部分概念和分析方法在本章后续内容中还要多次用到。

1) 弹药受力分析

图 2.1.1 是典型航空投掷弹药在下落中的受力示意图。从图中可以看到，弹药在下落中，其速度方向不一定与自身弹轴方向平行，速度方向和弹轴的夹角为 δ，称之为攻角 (或者迎角、冲角)。下落中，如果忽略地球自转所引起的惯性力，弹药主要是受到重力 mg 和气动力 R 的共同作用。重力作用于弹药的任何位置，就平均效果而言，可以认为重力作用于弹药上的 B 点，该点即为弹药的质心。气动力 R 是空气作用于弹药表面的分布压力的合力，同样就平均效果而言，可以认为气动力作用于弹药上的 A 点，该点称为弹药的气动力中心 (以下也称为压心)①。气动力 R 一般可沿弹药速度的相反方向和垂直方向进行分解。如图 2.1.1 所示，气动力 R 在弹药速度的相反方向的分量就是阻力 X，在弹药速度垂直方向的分量就是升力 Y(阻力 X 方向和升力 Y 方向相互垂直，并以右手法则定义与这两个方向相垂直的方向为 Z 方向)。

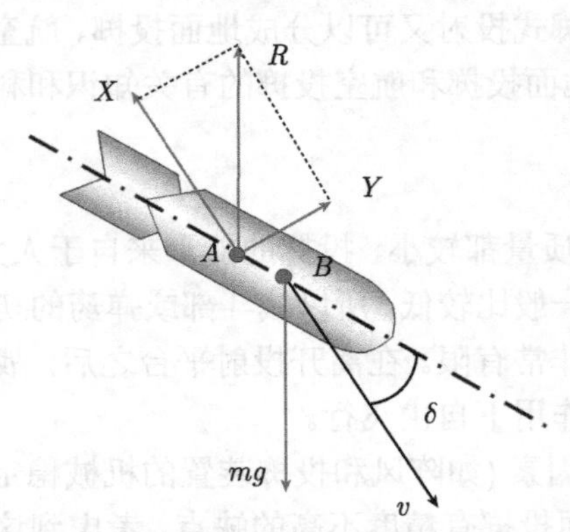

图 2.1.1　航空投掷弹药在下落中受到的力

① 严格地讲，重心和气动力中心分别是重力力矩和气动力力矩为 0 的参考点。

另外，还可以看到，弹药下落中，如果以弹药质心 B 为参考点，阻力 X 和升力 Y 还对弹药产生力矩 M_z，使得弹药的攻角 δ 发生变化，这个力矩也称为俯仰力矩或翻转力矩。在小攻角的条件下 (多数情况下如此)，阻力 X 相对于质心 B 的力臂很小 (图 2.1.1)，所以俯仰力矩的主要贡献是升力 Y。弹药上受到的力决定了弹药质心运动的弹道，弹药上受到的力矩决定了弹药的姿态和飞行稳定性，同时弹药姿态的变化也会造成气动力的变化，又反过来影响弹药质心运动的弹道。

图 2.1.1 中的重力方向、阻力方向、升力方向都处于由弹药速度方向和弹药自身轴线方向所决定的平面上，所以此时弹药的下落弹道是二维曲线弹道。但是实际上由于横风、弹药自身的不对称性等原因，还存在横向的气动力对弹药作用 (并产生相应的力矩)，弹药的实际下落弹道是三维曲线弹道。出于简化问题的需要，下面的讨论暂不考虑横向气动力的作用。

2) 气动力表达式

根据流体力学的伯努利 (Bernoulli) 方程，并在考虑多种影响因素 (包括飞行体各部分表面压力差、空气摩擦、附面激波等) 后进行修正，可以得出空气中的飞行体受到的气动力大小表达式，如下

$$R = C_R \cdot \frac{1}{2}\rho v^2 \cdot S \tag{2.1.2}$$

式中，v 是飞行体速度大小，C_R 是气动力系数 (与飞行体形状和飞行速度都有关系)，可以通过实验测得，ρ 是当地空气密度 (与海拔高度有关)，S 是迎风面积 (与飞行体形状有关)。考虑到气动力 R 可以分解为阻力 X 和升力 Y，根据 (2.1.2) 式，可以分别写出阻力 X 和升力 Y 的表达式，如下

$$\begin{cases} X = C_X \cdot \dfrac{1}{2}\rho v^2 \cdot S \\ Y = C_Y \cdot \dfrac{1}{2}\rho v^2 \cdot S \end{cases} \tag{2.1.3}$$

式中，C_X 和 C_Y 分别是阻力系数和升力系数，其他变量的意义与 (2.1.2) 式一致。显然，阻力系数和升力系数都与弹药速度、形状和攻角相关。

3) 飞行稳定性

前面已经提到，升力 Y 将会对弹药产生以质心为参考的俯仰力矩 M_z，使得弹药的攻角 δ 发生变化。可以简单分析出，弹药受到气动力的压心和其质心的相对位置不同，所产生的俯仰力矩 M_z 对攻角 δ 变化将带来不同的影响。

通常，考虑弹药形状具有对称性，压心和质心都处于弹药轴线上。如果弹药的压心 A 在质心 B 的前面，如图 2.1.2(a) 所示。从图中容易看出，升力 Y 产生的俯仰力矩 M_z 将对攻角 δ 产生激励作用，在弹药飞行中，随着时间的推移，初始攻角

将越变越大，如图 2.1.3(a) 所示。这样，飞行中弹药就会产生翻滚，不能保证以预设的姿态着陆，这就是说弹药没有飞行的稳定性。

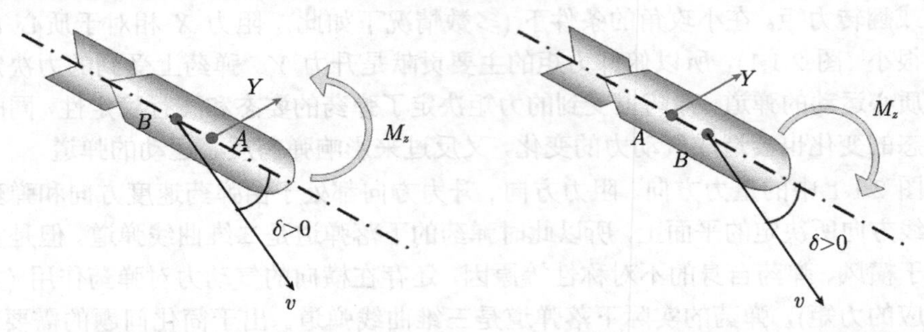

图 2.1.2 航空投掷弹药的飞行稳定性示意图

而如果弹药的压心 A 在质心 B 的后面，如图 2.1.2(b) 所示。从图中容易看出，升力 Y 产生的俯仰力矩 M_z 将对攻角 δ 产生抑制作用，在弹药飞行中，随着时间的推移，初始攻角将越变越小，如图 2.1.3(b) 所示。这样，飞行中弹药就能保证以稳定的姿态飞行，这就是说弹药具有飞行的稳定性。在实际应用中，航空投掷弹药只有稳定飞行才能保证能够以预设姿态着陆，从而才能被可靠引爆，发挥应有的毁伤作用。所以飞行稳定性是航空投掷弹药的必备条件之一。

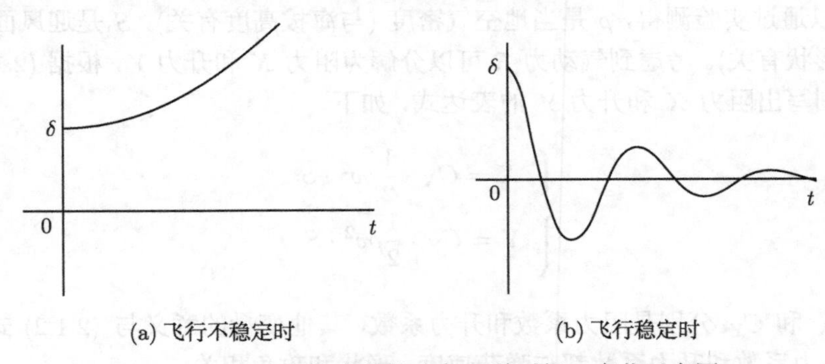

图 2.1.3 航空投掷弹药的攻角 δ 随时间 t 变化示意图

所以一般可以通过在航空投掷弹药尾部加装宽大尾翼，以改变其气动外形，使得压心 A 处于质心 B 的后面，让弹药具备飞行稳定性的条件。在这种情况下，随着时间推移，攻角 δ 将越来越小，直至为 0，这时，弹药的速度方向和弹药轴线方向平行，并将稳定地保持这个姿态飞行①。

① 本处所述的飞行稳定性，严格地讲是静态稳定性，实际上空气中飞行体的稳定性还有动态稳定性，这部分内容在此不作深入讨论。

4) 阻力规律

在如前所述的稳定飞行状态下，攻角 δ 为 0。此时弹药的速度方向和弹药轴线方向平行，气动力 R 指向速度反方向，所以此时气动力仅有阻力 X 分量，升力 Y 为 0，因此弹药运动仅受到重力 mg 和阻力 X 的影响①。阻力 X 的方向与速度方向相反，大小如下所示

$$X = C_{X0} \cdot \frac{1}{2}\rho v^2 \cdot S \tag{2.1.4}$$

式中，C_{X0} 特指 0 攻角时的阻力系数。

下面对阻力的有关规律进行讨论。阻力来源于飞行体头尾的压力差、表面空气摩擦和激波 (对超声速飞行体而言) 等因素，可将这些因素的影响都包含在由实验测出的阻力系数 C_{X0} 中。如前所述，阻力系数与飞行体形状和飞行速度有关。在工程上，飞行速度通常用马赫 (Mach) 数 Ma 来表征，其计算方法如下

$$Ma = \frac{v}{c_0} \tag{2.1.5}$$

式中，v 是飞行体速度，c_0 是当地声速 (标准大气条件下，约为 340m/s)。

对不同的飞行体形状，在飞行速度马赫数变化的情况下，其阻力系数的变化曲线如图 2.1.4 所示。

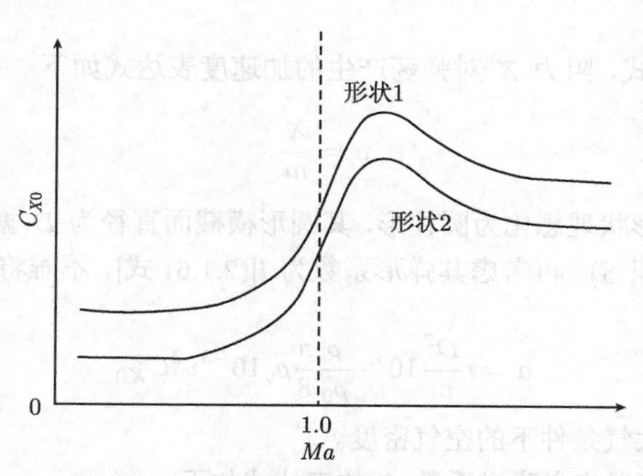

图 2.1.4　不同形状下，阻力系数随飞行速度的变化曲线示意图

从图 2.1.4 中可以看出，阻力系数与飞行速度的关系有以下两个特点：① 对一定的飞行体形状，在飞行速度显著低于声速时 ($Ma \ll 1$)，阻力系数随飞行速度几乎没变化，在飞行速度接近声速时 ($Ma \approx 1$)，阻力系数随飞行速度急剧增加，随着速度进入超声速状态并持续增加 ($Ma > 1$)，阻力系数在达到极大值之后开始有

① 在有的情况下，当航空投掷弹药稳定飞行时，其攻角 δ 和升力 Y 也是不为 0 的，而能保持一个相对固定的值，尤其是对加装了弹翼的滑翔增程弹药而言。本节将不涉及这个问题，仅对攻角 δ 为 0 的情况进行讨论，所以气动力只考虑阻力 X 的影响。

所减小，并稳定在一定的数值；② 对不同的飞行体形状 (在相互之间形状差异不是太显著的条件下)，飞行速度由小变大时，其阻力系数变化曲线趋势较为接近，相互之间的比值能基本保持常数。

根据上述的第一个特点，考虑到航空投掷弹药一般飞行速度不大 (大多在声速以下)，所以在形状一定的条件下，可以将阻力系数当常数看待①。根据上述的第二个特点，可以定义弹形系数 i 的概念，其表达式如下

$$i = \frac{C_{X0}}{C_{X0}^{s}} \tag{2.1.6}$$

式中, C_{X0} 是任一弹形的阻力系数，C_{X0}^{s} 是以某型弹药作为标准弹形而测得的阻力系数。这样弹形系数 i 就可以表征任一弹形与标准弹形的外形相似程度，i 越接近于 1 就表明其对应弹形在弹道学意义上与标准弹形越相似。

5) 航空投掷弹药的弹道性能

航空弹药从空中投掷落下时，阻力 X 影响弹药运动的性能叫做弹道性能。所谓弹道性能的好坏，就是指弹药飞行时受到阻力 X 影响的大小，弹道性能越好，受阻力 X 影响越小；反之，受阻力 X 影响越大。工程上常采用弹道系数、标准下落时间和极限速度来表示航空投掷弹药的弹道性能，用的最多的是标准下落时间。

(1) 弹道系数

根据 (2.1.4) 式，阻力 X 对弹药产生的加速度表达式如下

$$a = \frac{X}{m} \tag{2.1.7}$$

如果把弹药形状理想化为圆柱形，其圆形横截面直径为 D(据此可以得到 0 攻角飞行的迎风面积 S)，再考虑其弹形系数为 i[(2.1.6) 式]，不难将 (2.1.7) 式写成如下形式

$$a = i\frac{D^2}{m}10^3 \cdot \frac{\rho}{\rho_0}\frac{\pi}{8}\rho_0 10^{-3} v^2 C_{X0}^{s} \tag{2.1.8}$$

式中, ρ_0 是标准大气条件下的空气密度。

根据上式，可以定义弹道系数 C 的表达式如下

$$C = i\frac{D^2}{m}10^3 \tag{2.1.9}$$

由弹道系数表达式可以看出，由于 D^2 具有面积量纲，它与质量的比值 (简称面质比) 成为影响空气阻力加速度的重要因素。从弹道系数的大小可以看出炸弹受阻力的影响程度。弹道系数越小，受阻力影响越小，弹道性能就越好；反之，受阻力影响越大，弹道性能越差。

① 部分航空投掷弹药也能进行跨声速或超声速飞行，出于简化内容考虑，本章不涉及。

(2) 标准下落时间

在相同条件下投掷各种弹药，其下落着地的时间不同。所谓弹药的标准下落时间，是指在标准大气条件下，从 2000m 高度、航速为 40m/s 作水平飞行的飞机上投下弹药的下落时间。标准下落时间越短，说明炸弹受阻力的影响越小，弹道性能越好。在真空中，所有炸弹从 2000m 高度落下的时间等于 20.197s，因此，标准下落时间越接近这个数值，弹道性能就越好。航空弹药的标准下落时间一般在 20.25~22.00s。弹药标准下落时间 T(单位：s) 与弹道系数 C 的关系可用下面经验公式表示如下

$$T = 20.197 + bC \tag{2.1.10}$$

式中, b 是根据预先求出的弹药标准下落时间和弹道系数推算出来的系数。计算表明，当确定标准下落时间和弹道系数所采用的标准弹形不同时 (阻力规律也不同)，b 的大小不同。一般在弹药标准下落时间不大于 25s 的情况下，b 为 1.87。

可看出，炸弹标准下落时间是弹道系数的单值函数，其大小与弹道系数 C 有关，根据弹道系数的概念，弹形较好的炸弹 (头部尖锐，尾部锥角小，表面光洁度好)，其迎面阻力系数小，弹道系数小，则标准下落时间短。

(3) 极限速度

航空投掷弹药在下落过程中，由于重力作用弹速不断地增大，同时受到的阻力也不断地增加。当弹药所受阻力增大到等于它的重力时，弹药的下落速度就将保持不变，不再增大，此时弹药的速度叫做极限速度。由此可知，受阻力影响大的弹药，在速度比较小时，阻力和重力就达到了平衡，因而极限速度较小；受阻力影响小的弹药，速度较大时阻力和重力才达到平衡，因而极限速度较大。可见，弹药的极限速度越小，说明弹药受阻力影响越大，弹道性能就越差；反之，说明弹药受阻力影响越小，弹道性能越好。

弹道系数、标准下落时间和极限速度是从不同的角度反映阻力对航空投掷弹药的影响程度。弹道系数反映弹药本身条件与阻力的关系；标准下落时间反映弹药在标准条件下的下落时间与阻力的关系；而极限速度则反映弹药在下落过程中速度变化快慢情况与阻力的关系。它们三者之间有着密切的联系，可以相互换算。

6) 航空投掷弹药的弹道 (轰炸弹道) 计算

基于前面的讨论，当航空投掷弹药以攻角 δ 为 0 的状态稳定飞行时，仅受到重力 mg 和阻力 X，由于此时阻力 X 产生力矩为 0，可以认为气动压心 A 和弹药质心 B 重合，如图 2.1.5 所示。这样可将弹药用质点来近似，其运动方程如下

$$m\frac{\mathrm{d}v}{\mathrm{d}t} = mg + X \tag{2.1.11}$$

式中，阻力 X 的方向与速度方向相反，大小如 (2.1.4) 式所示，跟弹药零攻角阻力系数、迎风面积和速度大小有关。严格地讲，式中的重力加速度 g 不是个常数，其方向受到地球曲率的影响，大小跟地球纬度和海拔高度都有关。如果航空投掷弹药的飞行距离不是太长，可以忽略这些因素的影响，认为重力加速度 g 是常数，其方向总是竖直向下，大小约为 9.8m/s^2。

通过求解由 (2.1.11) 式和 (2.1.4) 式组成的常微分方程组，就可以计算出航空投掷弹药的质心运动弹道。求解方法可以是解析法，也可以是数值方法 (如 Euler 法、Rung-Kutta 方法等)，后者更具有通用性。求解后的典型弹道如图 2.1.6 所示。

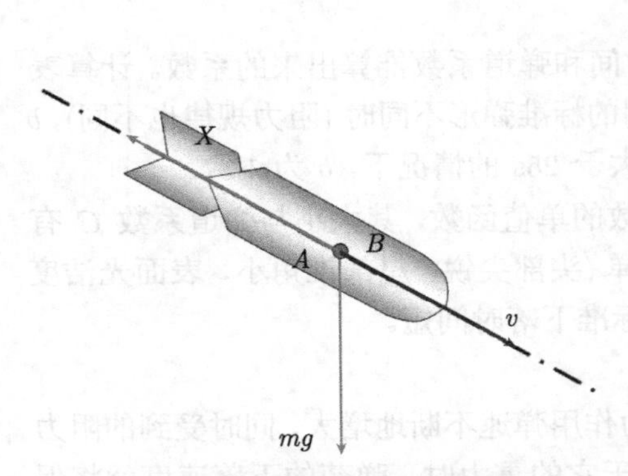

图 2.1.5　0 攻角时航空投掷弹药受力情况

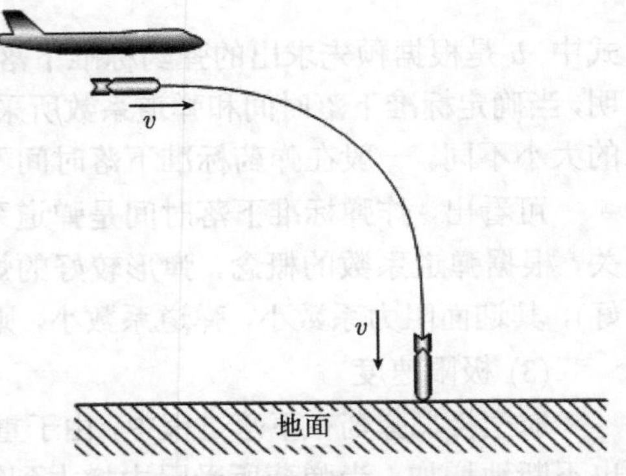

图 2.1.6　航空投掷弹药的典型弹道示意图

二、典型装备与应用

1. 地面投掷式弹药

1) 手榴弹

手榴弹是通过人力用手投掷的弹药。手榴弹通常具有金属壳体并刻有槽纹，内装炸药，配用 3~5s 定时延期引信，投掷距离可达 30~50m，弹体破片能杀伤 5~15m 范围内的有生力量和毁伤轻型技术装备。典型装备如图 2.1.7 所示。

2) 枪榴弹

枪榴弹是现代步兵携带使用的一种近距离弹药，主要用于杀伤有生力量、无装甲和轻型装甲车辆、永久火力点等野战工事。

枪榴弹是借助枪射击普通子弹或空包弹从枪口部投掷出的超口径弹药，它由超口径战斗部及外部安装的尾翼片和内部安装的弹头吸收器 (收集器) 尾管构成。发射时，将尾管套于枪口部特制的发射器上，利用射击空包弹的膛口压力或者实弹产生的膛口压力或者子弹头的动能实现对枪榴弹的投掷。枪榴弹初速一般在 60~70m/s 左右，射程一般在 300~400m，该装备填补了手榴弹和迫击炮弹之间的火力空白，大大提高了步兵在现代战场的防御和进攻能力。典型装备如图 2.1.8 所示。

图 2.1.7　手榴弹

图 2.1.8　枪榴弹

2. 航空投掷弹药

航空投掷弹药有很多类型，其中最重要的一类是航空投掷炸弹 (可简称为航空炸弹或航弹)。航空炸弹是空军的主要机载弹药，主要用于空袭，可轰炸机场、桥梁、交通枢纽、武器库及其他重要目标，或对付集群地面目标。

一般还可以根据所受空气阻力的影响程度，将航空炸弹分为高阻炸弹和低阻炸弹。高阻炸弹的特点是：外形短粗、长细比小、流线型差，所以空气阻力系数大，适合于低速飞机 (通常是大型轰炸机) 内挂使用；低阻炸弹的外形细长、长细比大、流线型好，所以阻力系数小，适合于高速飞机 (通常是战斗机或战斗轰炸机) 外挂使用，如图 2.1.9 所示。

(a) 高阻炸弹

(b) 低阻炸弹

图 2.1.9　在不同机载平台上使用的高阻炸弹和低阻炸弹

航空炸弹弹体上一般有供飞机内外悬挂的吊耳以及起飞行稳定作用的尾翼。某些炸弹的头部还装有固定的或可卸的弹道环，以消除跨声速飞行易发生的失稳现象。超低空水平投掷的炸弹，在炸弹尾部还加装有金属或织物制成的伞状装置，投弹后适时张开，起增阻减速，增大落角和防止跳弹的作用，同时使载机能充分飞离炸点，确保安全。航空炸弹具有类型齐全的各类战斗部，其中爆破、破片 (杀伤) 战斗部应用最为广泛。

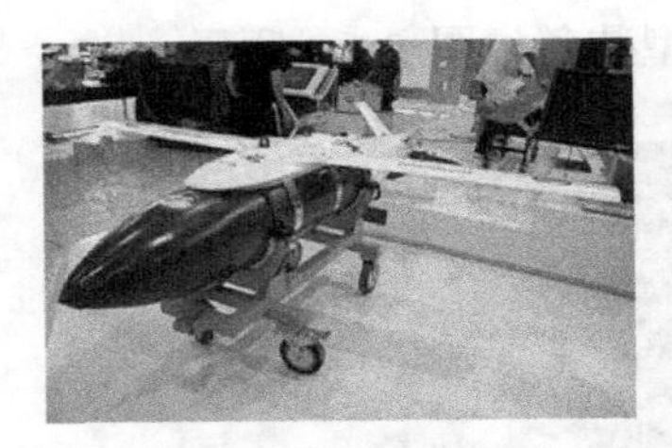

图 2.1.10　国产先进的航空制导炸弹“雷石 6”

早期的航空炸弹存在命中精度低的缺点，现代的航空炸弹，采用了激光制导、电视制导、卫星制导等多种制导方式。有的炸弹还加装了舵机和弹翼，在制导系统的控制下，弹翼使炸弹能作较长距离的滑翔飞行，舵机使炸弹精确地导向目标，因而不但具有很高的命中精度，还具有防区外投射能力，大大地保证了载机的安全。如图 2.1.10 所示即为加装了弹翼的国产航空制导炸弹 “雷石 6”。

2.1.2　射击式

一、特点与科学原理

射击式投射是指战斗部或弹药在各类身管式武器 (枪、火炮) 的膛管内向外发射，并依靠膛管内火药燃气的压力获得较高的初速，经过无动力弹道飞行而命中目标的投射方式。下面以火炮为例，对射击式投射的有关科学原理进行讨论。

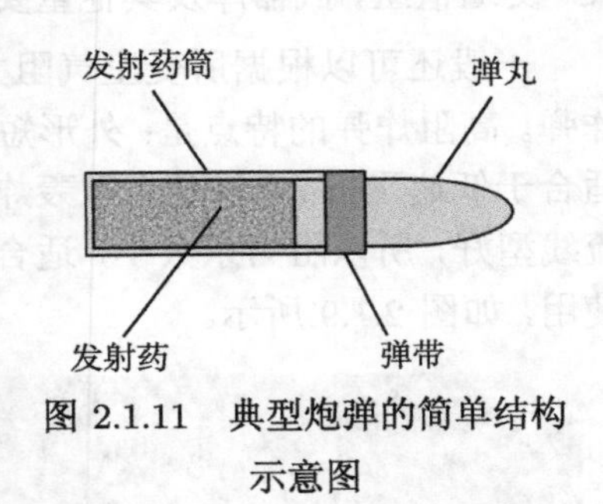

图 2.1.11　典型炮弹的简单结构示意图

火炮射击的弹药是炮弹，典型的炮弹主要包括发射药筒和弹丸两大部分，发射药筒位于炮弹的后部，用于发射炮弹的发射药就装在药筒里面；弹丸位于炮弹头部，它就是炮弹的战斗部，如图 2.1.11 所示。

要使弹丸在飞行中保持稳定，一般有使之绕轴线旋转和加装尾翼两种方法。若使用前一种方法，炮膛内要有膛线 (这样的火炮称为线膛炮)，弹丸上要有弹带，由弹带和膛线相互作用而使弹丸旋转。弹带一般由延性金属制成，位于弹丸的中后部，如图 2.1.11 所示。炮弹射击前在炮膛内的初始状态如图 2.1.12 所示。若使用后一种方法，炮膛内光滑没有膛线 (这样的火炮称为滑膛炮)，但是弹丸上要有尾翼。火炮射击的全过程主要包含有内弹道、中间弹道和外弹道三个阶段。

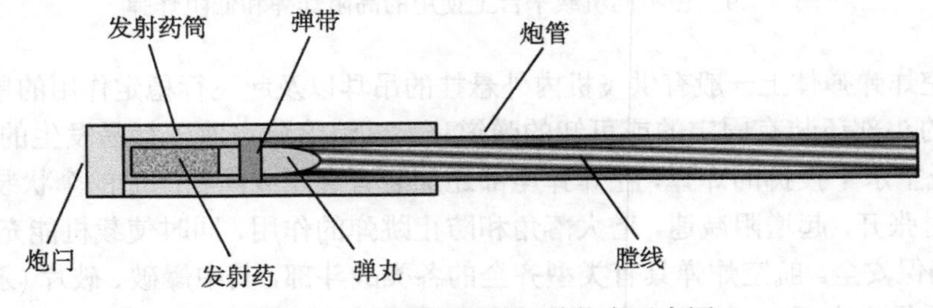

图 2.1.12　炮弹发射前初始状态示意图

1. 内弹道阶段

内弹道阶段是火炮射击过程中的初始阶段，它涉及火药点火与燃烧、弹带受力变形、弹丸和炮管运动、热能–动能转化等多方面的复杂物理过程或现象。目前已经形成了专门的内弹道学学科，它是弹道学的一个重要分支。内弹道学的主要任务是揭示火炮 (或者其他类似的装置) 发射过程中的重要规律，并利用相关数学模型构建和求解内弹道方程组，对弹丸运动规律进行描述。本节将以线膛炮为例，对火炮射击内弹道学所涉及的主要物理过程进行简单介绍。火炮射击内弹道阶段主要包含以下三个过程。

1) 点火过程

炮弹从炮尾装入并关闭炮闩后，便处于待发状态。射击式从点火开始，通常是利用机械作用使火炮的击针撞击药筒底部的底火，使底火药着火，底火药的火焰又进一步使底火中的点火药燃烧，产生高温高压的气体和灼热的小粒子，并通过小孔喷入装有火药的药室，从而使火药在高温高压的作用下着火燃烧，这就是所谓的点火过程，如图 2.1.13(a) 所示。

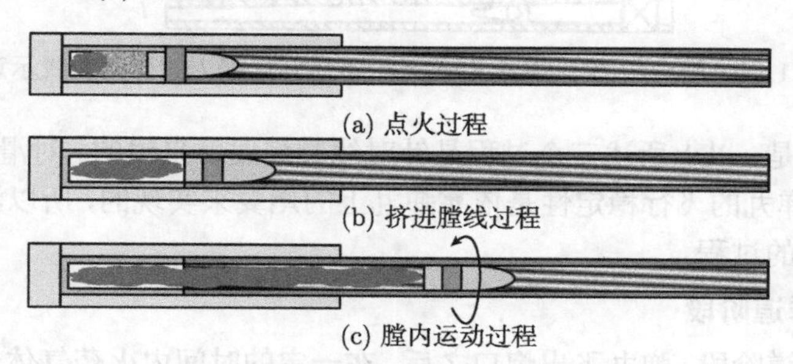

图 2.1.13　炮弹发射的内弹道阶段各过程示意图

2) 挤进膛线过程

在完成点火过程后，火药燃烧，产生大量的高温高压气体，并推动弹丸运动。此时，弹丸上的弹带将和炮膛内的膛线发生相互作用。所谓膛线，就是缠绕炮管并与炮管轴线成一个角度的一系列齿槽线，凸起的齿称为阳线，凹进的槽称为阴线。由于弹丸的弹带直径略大于膛内的阳线直径，因而在弹丸开始运动时，弹带是被逐渐挤进膛线的，阻力不断增加，而当弹带被全部挤进 (嵌入) 膛线后，阻力达到最大值，这时弹带被划出沟槽并与膛线完全吻合，这个过程称为挤进膛线过程，如图 2.1.13(b) 所示。这个过程能够使在膛内运动的弹丸受膛线作用而产生旋转，从而具有陀螺效应，保证了弹丸飞行的稳定性。

3) 膛内运动过程

弹丸的弹带全部挤进膛线后，阻力急剧下降。随着火药的继续燃烧，不断产生具有很大做功能力的高温高压气体，在这样的气体压力作用下，弹丸一方面沿炮管轴线方向向前运动，另一方面又受膛线约束做旋转运动。在弹丸运动的同时，正在燃烧的火药气体也随同弹丸一起向前运动，而炮身则向后运动。所有这些运动都是同时发生的，它们组成了复杂的膛内射击现象，如图 2.1.13(c) 所示。

随着这种过程进行，膛内气体压力从起动压力 p_0 开始，升高到最大膛压 $p_{\rm m}$ 后开始下降，而弹丸的速度不断增加，在弹底到达炮口瞬间，弹丸的速度称为炮口速度。在这之后，弹丸离开炮口而在空中飞行。弹丸在膛内运动时，膛内压力 p 和弹丸速度 v 随弹丸行程 l 的变化曲线如图 2.1.14 所示。

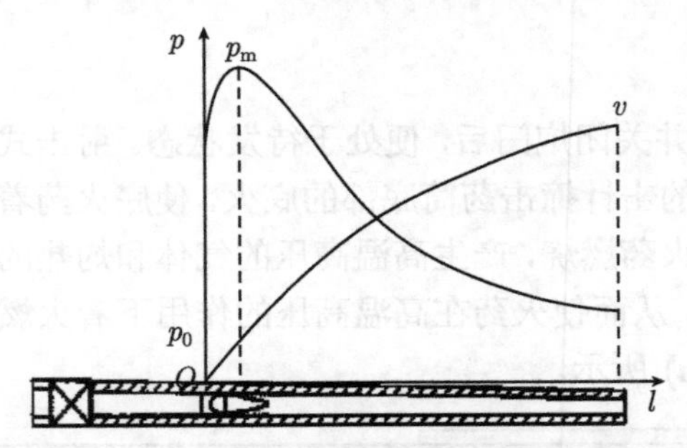

图 2.1.14　膛内压力 p 和弹丸速度 v 随弹丸行程 l 的变化曲线示意图

要说明的是，以上所述三个过程是针对线膛炮发射来说的。对滑膛炮，由于膛内没有膛线，弹丸的飞行稳定性是依靠弹丸上的尾翼来实现的，所以滑膛炮发射时没有挤进膛线的过程。

2. 中间弹道阶段

经过内弹道阶段，弹丸飞出炮口之后，在一定的时间内火药气体仍将对弹丸产生后效作用，这个作用过程就归为中间弹道阶段。弹丸飞出炮口的瞬时，火药气体也随之冲出，此时气体的运动速度大于弹丸的运动速度，对弹丸仍将起着推动作用，使弹丸继续加速。但是由于气体流出后将迅速向四周扩散 (膨胀)，因而在距离炮口的某一距离处，火药气体的运动速度将变得小于弹丸的运动速度，对弹丸不再起推动作用。对弹丸来说，当火药气体的推动力同空气对弹丸的气动力和重力的影响相平衡时，弹丸的加速度为零，此时速度将达到最大值。这就是说，弹丸运动的最大速度不是在炮口处，而是在出炮口以后的某一弹道点上。尽管弹丸飞出炮口后，火药气体对弹丸运动继续起作用的这段弹道不长，但对弹丸运动的影响却是不可忽视的。中间弹道阶段的试验图像如图 2.1.15 所示。

传统上，曾经把中间弹道作为内弹道的一个组成部分来对待。在处理具体弹道问题时，将炮口作为内、外弹道的分界，把在外弹道某点处的速度测出以后，考虑弹丸的受力情况，然后再折算到炮口，并把这一折算后的速度 (初速 v_0) 作为弹丸外弹道的起始条件。这样，火药气体在中间弹道对弹丸运动速度的影响也就被间接地考虑了。在现代，为了进一步认识火炮发射弹丸的物理机制，将中间弹道作为一个单独的阶段来研究，并形成专门的学科，这对火炮炮口结构的设计以及弹丸射击精度的提高都具重要意义。

图 2.1.15　中间弹道阶段的试验图像

3. 外弹道阶段

弹丸从受火药气体后效作用终止后，到飞行命中目标前，这阶段的弹道过程都属于外弹道阶段。外弹道阶段是火炮射击过程中弹丸行程最长的阶段，也是最主要的阶段，目前已经形成了较为成熟的火炮射击外弹道学，用于研究和处理外弹道阶段的有关物理问题。下面简要讨论有关知识。

1) 弹丸受力分析

弹丸在飞行过程中，与航空投掷弹药类似，如果忽略地球自转引起的惯性力，则弹丸受到重力 mg 和气动力 R 的作用，如图 2.1.16 所示。图中各符号所表达的意义与图 2.1.1 中完全一致，在此不再赘述。要说明的是，对由线膛炮发射的旋转弹丸来说，它还将不可避免地受到 Z 方向横向气动力的作用。这个横向气动力的来源可能是横风、马格努斯 (Magnus) 效应和动平衡角分量引起的偏流。总体上来说，横向气动力对弹丸外弹道的影响是相对较小的，为简明起见，图 2.1.16 中暂时没有将横向气动力标出，以下的分析中也将其暂时忽略，这已经能满足原理性分析的需要。

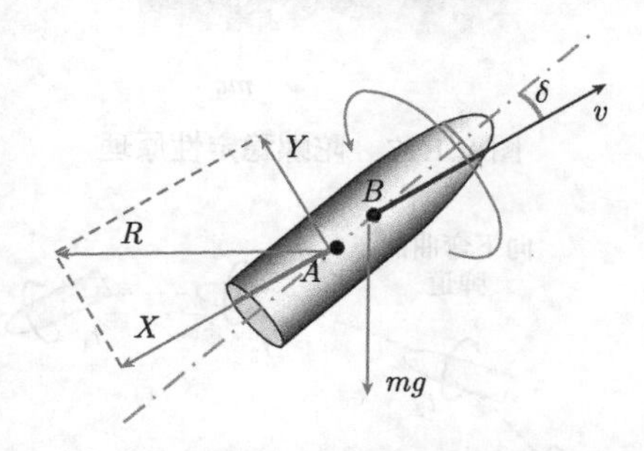

图 2.1.16　弹丸飞行中受力示意图

2) 弹丸飞行的稳定性

所谓飞行稳定性，就是指弹丸在飞行中受到扰动后其攻角能逐渐减小，或保持在一个小角度范围内的性能。毫无疑问，飞行稳定是对弹丸的基本要求。如果不能保证稳定飞行，攻角将很快增大，弹丸翻转，这样不但达不到预定射程，而且会使落点散布很大。

如前所述，要使弹丸在飞行中保持稳定，一般有使之绕轴线旋转和加装尾翼两种方法。对加装了尾翼的弹丸，其飞行稳定性原理和加装尾翼的航空投掷弹药一致，都是使压心 A 位于质心 B 之后，以便形成抑制攻角发散的力矩 M_z，达到飞行稳定的目的。对旋转弹丸，其飞行稳定性是依靠陀螺稳定性原理来实现的。

根据理论力学的知识可以知道，当旋转的陀螺在地面上处于倾斜状态时，相对于其地面支撑点，它受到重力力矩的作用，该力矩倾向于使之倒下，但是由于刚体的回转效应，陀螺不会因为重力力矩而倾倒，反而会绕垂直于地面的一个轴线进动，这就是陀螺稳定性原理，如图 2.1.17 所示。飞行中旋转的弹丸就是使用了这个原理。由于其自身旋转，在气动力矩的作用下，弹丸并不会发生翻转，而是绕其速度方向进动 (事实上是摆线进动)。在这个过程中，其攻角 δ 将一直发生变化，虽不能减小到 0，但是却可以保持在一个较小的范围内，从而使得弹丸具有飞行稳定性，这也称为弹丸的陀螺稳定性，如图 2.1.18 所示。

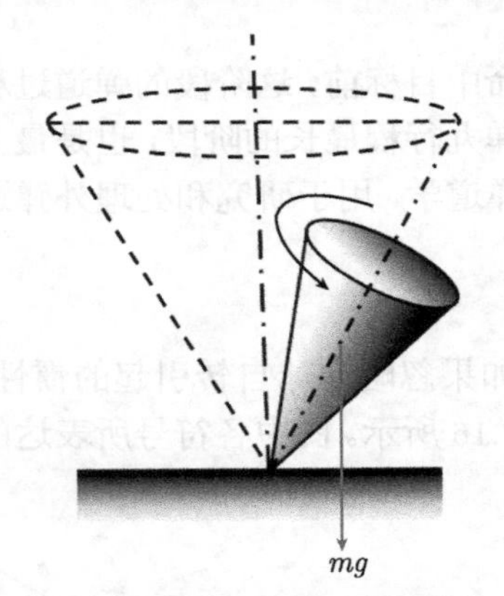

图 2.1.17　陀螺稳定性原理

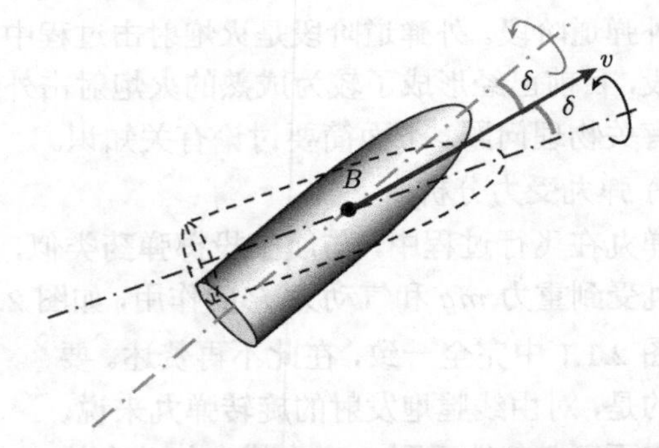

图 2.1.18　旋转弹丸的陀螺稳定性示意图

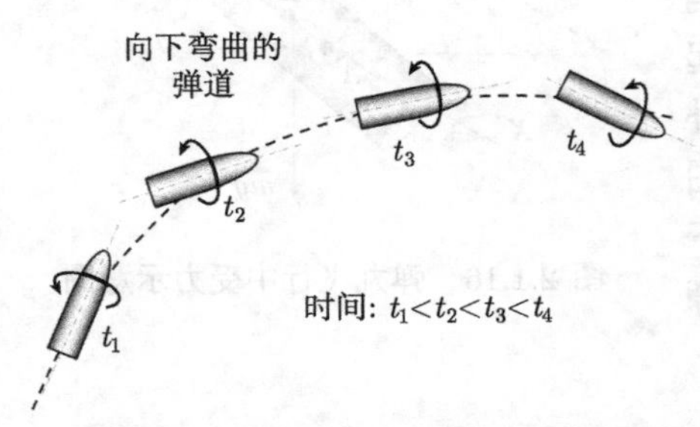

图 2.1.19　旋转弹丸的追随稳定性示意图

另外，对旋转弹丸，它的飞行稳定性除了上述的陀螺稳定性外，还有追随稳定性的问题。所谓追随稳定性，就是指在弹丸飞行过程中，由于重力的作用，其飞行弹道将向下弯曲 (弹道切线向下转动)，为使弹丸攻角不至于增大，弹丸的轴线方向必须追随弹道切线向下转动，以保证稳定飞行，如图 2.1.19 所示。当弹丸旋转角速度适当时，能够自然满足追随稳定性。

旋转弹丸的陀螺稳定性和追随稳定性都对其飞行稳定性产生影响。要达到稳定飞行的状态，弹丸的陀螺稳定性要求其旋转角速度高于一个下限值，但是不能太高，太高的旋转角速度将造成弹丸陀螺稳定性太强，而失去追随稳定性。弹丸的追随稳定性要求其旋转角速度低于一个上限值，但是不能太低，太低的旋转角速度将造成弹丸陀螺稳定性不强而发生翻转。只有当弹丸旋转角速度适当时，其陀螺稳定性和追随稳定性都能够较好地满足，从而才具有较好的飞行稳定性。弹丸旋转角速度的上下限将是火炮膛线缠度 (以口径的倍数表示的膛线旋转一周前进的距离) 上下限设计的基础。

3) 质点弹道

根据前面对弹丸受力和飞行稳定性方面的描述，如果进一步忽略对弹丸运动影响较小的力和全部力矩，就可以把弹丸当成质点来看待，这样弹丸的外弹道就可以近似为质点弹道，对质点弹道的研究将有助于处理简化条件下的弹道计算问题，分析弹道的影响因素，并初步分析形成散布和产生射击误差的原因。

质点弹道近似用到的几个主要假设有：① 弹丸质量分布均匀，外形对称；② 弹丸攻角 δ 为 0；③ 无风 (符合标准气象条件)；④ 忽略地球自转、地表曲率以及重力加速度 g 随纬度和海拔高度变化的影响。

根据前一小节所讨论的知识可知，在弹丸质量分布均匀、外形对称且攻角 δ 为 0 的情况下，不考虑横风的影响，气动力只有阻力 X。由于攻角 δ 为 0 时阻力 X 产生的力矩也为 0，所以可以认为气动力压心 A 与弹丸质心 B 重合，如图 2.1.20 所示。这时将弹丸的运动用质点模型来近似是合理的。

将弹丸作质点近似后，其运动方程和 (2.1.11) 式一致，联合 (2.1.4) 式就可以对弹丸的外弹道进行求解，得到的是弹丸有空气阻力的弹道。在求解中要注意，由于炮弹弹丸的速度比较大，可能作跨声速飞行，弹丸的阻力系数不能当作常数看待，要根据如图 2.1.4 所示的阻力系数变化曲线进行取值。如果进一步将弹丸受到的空气阻力忽略，其运动方程就和 (2.1.1) 式一致，此时的弹道被称作弹丸的真空弹道，容易分析出，弹丸的真空弹道是抛物线。弹丸的有空气阻力的弹道和真空弹道如图 2.1.21 所示，显然空气阻力对弹丸的弹道性能 (如射程和最大射高) 有较大影响。对确定形状的弹丸，空气阻力对其弹道性能影响的程度同样可以用前面介绍的弹形系数 i 和弹道系数 C 来描述。

二、典型装备与应用

1. 射击式弹药

枪弹和炮弹是常见的依靠射击式进行投射的弹药，它们具有初速大、射击精度高、经济性好等特点，是战场上应用最广泛的弹药，适用于各军兵种。

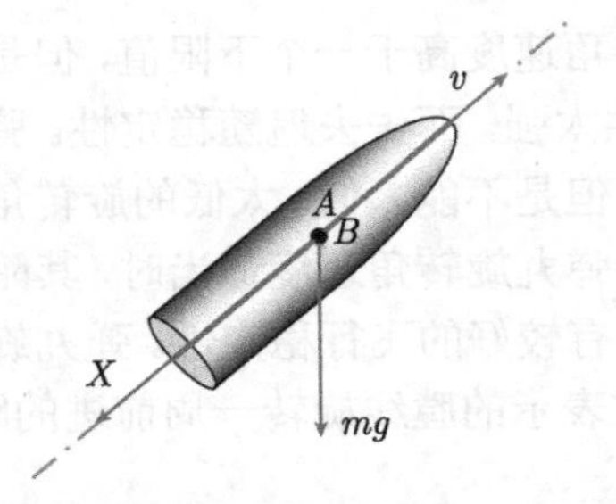

图 2.1.20　质点近似时弹丸的受力示意图

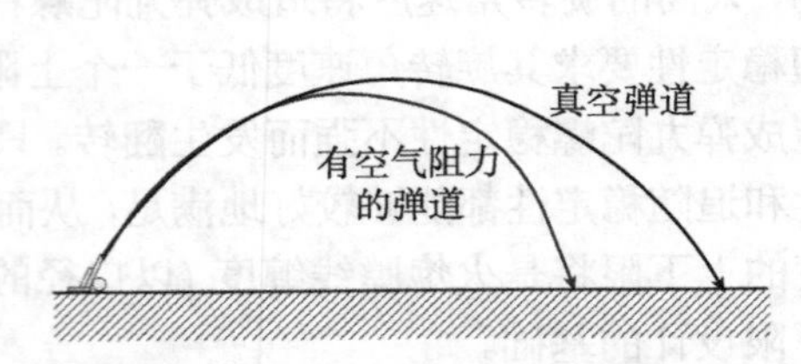

图 2.1.21　弹丸的典型质点弹道示意图

枪弹是指口径在 20mm 以下的射击式弹药，多用于步兵。从严格意义上来讲，枪弹可以不归为战斗部的范畴。

炮弹是指口径在 20mm 以上 (含 20mm) 的射击式弹药。炮弹具有战斗部系统的多项特征，属于战斗部的范畴。炮弹通过火炮射击后，能够在目标处或附近形成冲击波、破片和其他高速侵彻体等毁伤元素，主要用于压制敌人火力、杀伤有生力量、摧毁工事、毁伤坦克、飞机、舰艇和其他装备。

炮弹有多种类型，按炮弹实现飞行稳定的方式，可分为旋转稳定炮弹和尾翼稳定炮弹，如图 2.1.22 所示。

(a) 旋转稳定炮弹

(b) 尾翼稳定炮弹

图 2.1.22　典型的炮弹实图

如果按照发射装药的结构差异，炮弹又可以分为定装式炮弹和分装式炮弹，前者的发射药筒和弹丸整装为一个整体，发射药量固定不变，射击一次只需一次装填；后者的发射药和弹丸分开，发射药量可根据需要调整，射击一次需要按弹丸、发射药的顺序实施两次装填。

2. 火炮

火炮是用于射击炮弹的装备，能够打击几千米到数十千米范围内的目标，在各军兵种都有重要的应用，图 2.1.23 是火炮射击实图。火炮有很多种类，分类方式也多样。对陆军常用的火炮，一般按照炮弹的弹道特性，分为加农炮、榴弹炮和迫击炮。加农炮的弹道低伸平直，名称中的"加农"系英语 cannon 的音译，高射炮、反坦克炮、坦克炮、机载和舰载火炮都具有加农炮的弹道特性；榴弹炮的弹道较为弯曲，射程较远；迫击炮的弹道非常弯曲，射程较近。在有的情况下，加农炮被称为平射炮，榴弹炮和迫击炮被统称为曲射炮。这三种火炮的弹道特性如图 2.1.24 所示，其他有关性能的对比见表 2.1.1。要注意，以上根据弹道特性对火炮的分类只是一种大致参考，不能绝对化，有时各类型之间的差异并不明显。例如，现在有的火炮可兼具有加农炮和榴弹炮的弹道特性，所以也被称为"加农榴弹炮"或"加榴炮"。

图 2.1.23　火炮射击实图

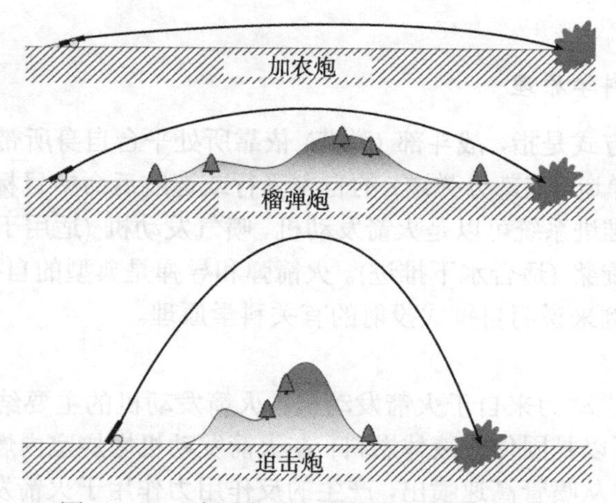

图 2.1.24　陆军常用火炮的弹道特性示意图

表 2.1.1 陆军常用火炮的性能对比

种类	弹道形状	性能特点	结构特点 (d 为火炮口径)
加农炮	低伸	初速大 (>700m/s)，射角小 (<45°)，一般采用定装式炮弹，大口径火炮也可采用分装式炮弹	炮身长 (>40d)，比同口径其他火炮重
榴弹炮	弯曲	初速小 (<650m/s)，射角大 (>75°)，多采用分装式炮弹	炮身短 (20~30d)，全炮较轻
迫击炮	很弯曲	初速大，射角范围大 (45°~85°)，多用尾翼稳定炮弹	炮身短 (10~20d)，结构简单，全炮很轻

3. 射表

在炮兵操作火炮进行射击时，都需要参考一个专用的手册——射表，每种火炮都有与其对应的射表。射表可以为炮兵提供决定射击诸元的数据，同时也是火炮瞄准仪和指挥仪设计的重要依据。

完整的射表包括基本诸元、修正诸元、散布诸元以及有关说明。基本诸元包括在标准射击条件下，某射角所对应的射程、最大弹道高、全飞行时间、落角、落速等数据；修正诸元包括各种修正数据，可根据弹丸实际质量、初速、气象条件、海拔高度等情况，在标准弹道基础上进行修正；散布诸元包括多种落点偏差数据，可用于预测射击精度、密集度和计算弹药用量。每一种火炮的射表都是它重要的数据手册，需要以理论分析和大量试验为基础来编制。在现代，已有各种电子射表出现，通过计算机的辅助分析和决策，火炮射击的信息化和自动化水平已经大为提高。

2.1.3 自推式

一、特点与科学原理

自推式投射方式是指，战斗部 (弹药) 依靠所处平台自身所带的推进系统产生的推力，经过全弹道 (或部分弹道) 的自主飞行或巡航后命中目标的投射方式。自推式投射使用的推进系统可以是火箭发动机、喷气发动机 (适用于空中推进)，或者是电力驱动的螺旋桨 (适合水下推进)。火箭弹和导弹是典型的自推式投射的弹药，下面以火箭弹为例来说明自推式投射的有关科学原理。

1. 推进动力

火箭弹的推进动力来自于火箭发动机。火箭发动机的主要结构组成是燃烧室和喷管。燃料 (可以是固体或液体燃料) 在火箭发动机燃烧室内燃烧，生成大量高温、高压燃气，并从喷管高速喷出，产生的反作用力作用于火箭发动机上，形成推力使火箭弹向喷射气流相反方向运动，如图 2.1.25 所示。

根据动量守恒定律，不难分析出火箭发动机推力公式如下

$$F = \dot{m}v_{\rm e} + A_{\rm e}(p_{\rm e} - p_0) \tag{2.1.12}$$

式中，F 是火箭发动机推力，$\dot{m}$ 是喷管单位时间排出的气体质量 (流量)，$v_{\rm e}$ 是喷管出口排气面上的排气速度，$A_{\rm e}$ 是喷管出口排气面面积，$p_{\rm e}$ 是喷管出口排气面上的气体压力，p_0 是外界环境气体压力 (在外层空间可以认为是 0)。

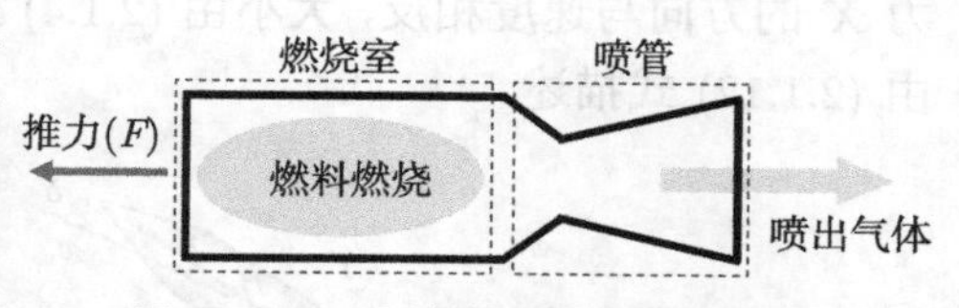

图 2.1.25　火箭发动机原理示意图

由推力公式 (2.1.12) 可知，火箭发动机推力由 (2.1.12) 式等号右边两项所代表的两部分组成，其中第一项代表动量推力，它是由高速喷射出的燃气动量变化率产生的，是推力的主要部分，占总推力的 90%以上。第二项代表静推力，这是由喷管出口排气面上气体压力与环境气体压力不平衡引起的。

2. 火箭弹飞行弹道

火箭弹飞行时，其飞行弹道可以根据时间先后顺序显著地分为主动段和被动段两个阶段。在主动段，火箭发动机处于工作状态，给火箭弹以推进动力；在被动段，火箭发动机由于燃料耗尽而停止工作 (或按照预定程序自动关机)，火箭作无动力的被动飞行，在大多数情况下，这个阶段是火箭弹飞行弹道的主要阶段。火箭弹在主动段终点处的速度大小、方向和自身的质量、姿态将很大程度上决定了被动段飞行的弹道。在被动段，火箭在气动力和重力作用下飞行，一般不对自身弹道进行控制，所以火箭弹也被称为无控火箭弹①。下面从力学原理上来讨论火箭弹的飞行弹道。

1) 火箭弹受力分析

与前面讨论相类似，火箭弹飞行时，作用在火箭弹上的力有重力 mg、气动力 R(包括升力 Y 和阻力 X，理想情况下暂不考虑 Z 方向横向气动力) 和自身的推力 F(在主动段)，由于攻角 δ 的存在，还有气动力矩作用在火箭弹上，使火箭的姿态 (攻角 δ) 发生变化，如图 2.1.26(a) 所示。由于火箭弹通常都带有尾翼，基于前面的分析，通过尾翼将压心 A 控制在质心 B 之后，火箭弹能够实现攻角很小的稳定飞行。因此，在原理性的分析中，可以认为火箭弹飞行时的攻角 δ 为 0，因而升力 Y 为 0，火箭弹只受重力 mg、阻力 X 和自身推力 F 的作用，如图 2.1.26(b) 所示。如果再采用与炮弹弹丸质点弹道相一致的假设，火箭弹的弹道也可以理想化为质点弹道。如果火箭弹处于飞行的被动段，其推力 F 为 0，其他受力情况与主动段一致。

2) 火箭弹飞行运动方程

在质点弹道近似的条件下，在主动段，火箭弹的飞行运动方程如下

$$m\frac{\mathrm{d}v}{\mathrm{d}t} = mg + X + F \tag{2.1.13}$$

① 现代先进的火箭弹也具有根据目标位置对自身弹道进行控制的功能，本章不涉及。

(2.1.13) 式与 (2.1.11) 式相比，既考虑了重力 mg 和阻力 X，还考虑了推力 F。阻力 X 的方向与速度相反，大小由 (2.1.4) 式描述，推力 F 的方向与速度一致，大小由 (2.1.12) 式描述。

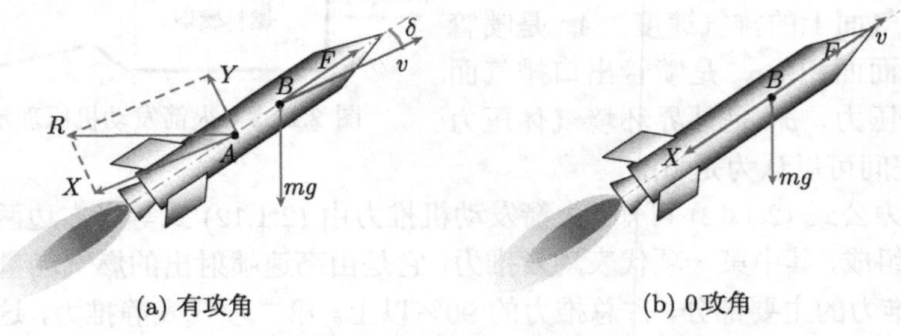

(a) 有攻角　　(b) 0攻角

图 2.1.26　火箭弹主动段飞行时受力示意图

要注意，在 (2.1.13) 式中，质量 m 不是一个常数而是与时间有关的变量，这是因为火箭发动机在不断消耗燃料提供推力 F，所以还有必要引入如下的质量变化方程

$$m = m_0 - \int_0^t \dot{m} \mathrm{d}t \tag{2.1.14}$$

式中，m_0 是火箭弹的初始总质量。

这样，联立 (2.1.13) 式、(2.1.4) 式、(2.1.12) 式和 (2.1.14) 式，就可以对主动段火箭弹的飞行弹道进行求解。在被动段，要设定推力 F 为 0，同时火箭弹质量为定值 (总质量减去消耗掉的燃料质量)，其他方程不变。

3) 火箭弹的弹道特性

如前所述，火箭弹的飞行弹道与普通炮弹的外弹道相比，最大的特点是火箭弹的弹道具有先后两个连续的阶段 —— 主动段和被动段。在主动段中，火箭发动机工作并提供推力 F，这个推力 F 克服火箭弹受到的重力 mg 和阻力 X，使得火箭弹逐渐上升和加速。在主动段的末端，火箭弹的速度方向与地面形成预定的倾角，速度大小达到最大值，在这之后，火箭发动机关机，火箭弹进入被动段。在被动段中，由于失去动力，火箭弹在重力和阻力作用下开始立即减速，但是在一段时间内，火箭弹仍将继续上升。在上升到弹道顶点处，火箭弹的速度方向与地面倾角为 0，速度大小达到最小值，然后火箭弹开始下降，并又将在重力作用下开始加速，直至到达地面落点。火箭弹的飞行弹道特性如图 2.1.27 所示，其中 x 表示火箭弹的水平射程，y 表示相对高度，v 表示速度大小。

从图 2.1.27 中可以看到，主动段只占火箭弹飞行弹道的一小部分，被动段是弹道的主要部分。所以在有的分析中，常常忽略主动段，将火箭弹在主动段末端的运动状态作为其弹道飞行的初始条件，这样火箭弹的飞行弹道特性和炮弹比较类似。如果进一步忽略空气阻力的影响，可知火箭弹的弹道是抛物线。

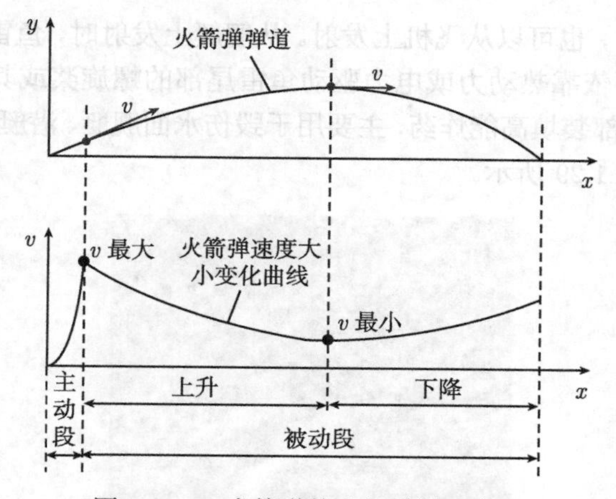

图 2.1.27　火箭弹的飞行弹道示意图

二、典型装备与应用

火箭弹、鱼雷和导弹就是对战斗部实施自推式投射的典型装备。自推式投射的特点是在发射时过载低，发射装置对战斗部 (弹药) 的限制因素少，易于实现制导，能够实现远程投射，具有广泛的战略和战术价值。

1. 火箭弹

火箭弹是指非制导或无控的火箭推进弹药，它利用火箭发动机从喷管中喷出的高速燃气产生推力。重型火箭弹一般采用车载发射，可多发联射，火力猛，突袭性强，适用于压制地面集群目标。轻型火箭弹可采用便携式发射筒以单兵肩扛式发射，射程近，机动灵活，易于隐蔽，特别适用于步兵反坦克作战。典型火箭弹装备如图 2.1.28 所示。

(a) 车载式火箭弹

(b) 单兵肩扛式火箭弹

图 2.1.28　典型的火箭弹装备

2. 鱼雷

鱼雷是能在水中自航、自控和自导的，并在水中爆炸来毁伤目标的武器。鱼雷可以从舰艇上发射，也可以从飞机上发射。从舰艇上发射时，鱼雷以较低的速度从发射管射入水中，依靠热动力或电力驱动鱼雷尾部的螺旋桨或其他动力装置在水中航行。鱼雷战斗部装填高能炸药，主要用于毁伤水面舰艇、潜艇和其他水中目标。典型的鱼雷如图 2.1.29 所示。

图 2.1.29　典型的鱼雷

3. 导弹

导弹是依靠自身动力系统 (可以是固体或液体火箭发动机、喷气发动机) 推进，在大气层或空间飞行，有制导系统导引、控制其飞行路线并导向目标的武器。在现代战争中，导弹是兼有战略和战术价值的重要武器装备。

1) 导弹的分类

导弹有多种分类方式，通常根据弹道特点的不同，导弹可分为弹道导弹和巡航导弹。弹道导弹依靠火箭发动机推力在弹道初始段加速飞行，在获得一定的速度，并达到预定的姿态后，火箭发动机关机，弹头与弹体分离并依靠惯性飞行，直至命中目标。弹道导弹一般要离开大气层进入空间，然后再入大气层。在再入大气层后的弹道末段，现代先进的弹道导弹弹头还具有机动和末制导能力。弹道导弹具有飞行速度快、突防能力强、射程远 (能打击几百到上万千米范围内的目标) 等特点，可搭载核弹头成为战略导弹，也可搭载常规弹头成为战术导弹。图 2.1.30(a) 是我国先进的弹道导弹。

与弹道导弹不同，巡航导弹的弹道一般全部处于大气层内部，所以其发动机可以是火箭发动机，也可以是涡轮或冲压喷气发动机。在飞行中，巡航导弹发动机一直处于工作状态，并可以根据需要进行较大范围的机动，因而其弹道曲线复杂多样。常见的地–空、空–空、空–地、空–舰等导弹都属巡航导弹。现在先进的地–地巡航导弹，能进行远距离大范围机动飞行 (在几百千米的量级)，能采用多种方式制导 (惯性制导、卫星制导、地形匹配制导、景象匹配制导等)，能以较高精度打击目标，是高水平导弹研制技术的集中体现，典型代表如美国的“战斧”巡航导弹 [图 2.1.30(b)]。

(a) 弹道导弹

(b) 巡航导弹

图 2.1.30　典型的导弹

2) 导弹的发射方式

所谓导弹发射，是指导弹在自身推力或外部动力作用下飞离发射装置 (或发射平台) 的过程。导弹的发射方式多样，有多种分类标准，按发射时导弹的姿态分，有垂直和倾斜发射，按发射平台的差异分，有地基、海基 (舰载) 和空基 (机载) 发射等，而且不同的导弹都有与之适应的发射方式。

(1) 弹道导弹

由于弹道导弹的射程远，所以装载的燃料较多，导弹的起飞重量较大。因此在发动机推力有限的情况下，大多数弹道导弹的推重比 (发动机推力和导弹起飞重量之比) 不可能很高 (在 2~3)。在这种情况下，如果实施倾斜发射，在发射后的初始弹道，导弹稳定性差且容易出现下沉，严重时可能导致发射失败，所以弹道导弹一般实施垂直发射，如图 2.1.31 所示。

图 2.1.31　弹道导弹垂直发射

(2) 巡航导弹

巡航导弹的发射方式比较多样，如果其发射平台处于地面 (地下) 或舰船上，可以进行垂直或倾斜发射，两种发射方式各有其优缺点；如果发射平台是飞机，则发射方式还有其他一些考虑。

对地 (海) 基巡航导弹，实施垂直发射的优点有：① 对发动机推重比要求不高，因而发动机质量小，这有助于减小导弹总质量；② 发射迅速且发射速率高，发射装置不用事先导向目标方向，当目标方位尚未确定时，可以先发射导弹，以争取战机，每分钟可发射多发导弹；③ 发射装置安排紧凑，发动机喷流影响区域小。垂直发射的缺点是导弹升空后根据目标位置有可能需要立即转弯，转弯角度大、时间短，因而导弹过载大，对弹体强度要求高。

对地 (海) 基巡航导弹，实施倾斜发射，它的优缺点可以与垂直发射相对应。优点有：① 导弹发射后弹道平稳，不需要较大的转弯就能进入巡航飞行状态；② 对于有些制导方式，倾斜发射有利于导弹很快进入导引弹道。缺点有：① 对发动机推重比要求高；② 发射装置需要事先导向目标方向，反应较慢，有可能会贻误战机；③ 倾斜发射的喷流影响范围大，装置较为复杂。

图 2.1.32　反舰导弹倾斜发射

对比以上垂直和倾斜发射的优缺点，可以根据巡航导弹的实际情况 (包括发射平台、动力、制导系统、打击目标的远近等) 选择发射方案。现在常见的地 (岸)–舰导弹、舰–舰导弹，都采用倾斜发射，如图 2.1.32 所示。

而地–空导弹，根据不同的应用需要，采用垂直和倾斜发射都可以，通常是打击高空目标采用垂直发射，如图 2.1.33(a) 所示，打击低空目标采用倾斜发射，如图 2.1.33(b) 所示。

(a) 垂直发射

(b) 倾斜发射

图 2.1.33　地–空导弹的发射

对现代舰船所装备的先进舰–空导弹来说，垂直发射是重要的发射方式。这是因为舰船空间有限，垂直发射有利于布置舰上设备，同时在高海情条件下，能保证军舰具备快速反应能力和足够的防空火力，以应对空中力量对军舰的饱和攻击，如图 2.1.34 所示。图 2.1.35 是我国先进的驱逐舰，其前甲板上的垂直发射装置清晰可见。除了舰–空导弹而外，舰船上的垂直发射装置还可以发射舰–地 (岸) 导弹。当前，是否具有导弹垂直发射装置，已经成为评价军舰先进性的指标之一。

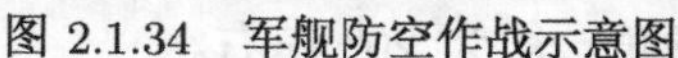

图 2.1.34　军舰防空作战示意图

图 2.1.35　我国先进的驱逐舰及其垂发装置

如果巡航导弹从飞机上发射，要考虑发射过程中导弹和载机的相互影响。一方面是导弹发射后，会造成载机所受气动力发生变化，从而影响载机的飞行稳定性。另一方面，载机附近的空气流动也会干扰发射后的导弹飞行，严重时甚至引起载机和导弹的相互碰撞，造成危险。所以，一般来讲，从飞机上发射的导弹有以下两种发射方式：① 导轨式发射，导弹在自身推力的作用下，沿导轨向前发射，尽可能使导弹远离载机；② 投掷式发射，载机将导弹投掷出来，导弹在远离载机后，其发动机开始工作。两种方式各有优缺点，前者更适合用于空–空导弹，后者更适合用于空–地导弹。

3) 导弹的弹道

(1) 弹道导弹

弹道导弹的飞行原理跟火箭弹大体类似，但它涉及的科学技术和工程环节要复杂得多。弹道导弹的飞行弹道也可以按先后分为主动段和被动段，而根据弹道特性的显著差异，弹道导弹的主动段和被动段又可以分为若干子段，下面分别进行介绍。

在主动段，火箭发动机和各种制导控制系统处于工作状态，导弹将按照预定的程序飞行，所以主动段也称为程控飞行段，该段的飞行时间在几十到几百秒的范围内。主动段又可以分为垂直上升段、转弯飞行段和发动机关机段。

弹道导弹实施垂直发射，所以垂直上升段是弹道导弹飞行的初始段。在火箭发动机启动后，只要推力大于起飞重量，导弹就可以缓缓垂直上升，并开始加速。垂直上升段的飞行时间在 4~10s 内，完成该段飞行后，导弹高度达到 100~200m，速度大小达到 30~40m/s。

然后导弹进入转弯飞行段。在这一段，导弹将在控制系统的作用下 (通过偏转尾翼空气舵面或改变发动机喷气方向) 开始脱离垂直上升飞行状态，进行缓慢转弯飞行，导向目标方向。为防止出现较大的过载，导弹转弯较慢。在转弯飞行完成后，导弹要达到预定的速度大小和弹道倾角 (导弹速度方向与地面切线的夹角)，如图 2.1.36(a) 所示。为达到所需速度大小，导弹有可能使用多级火箭推进的技术。

接下来导弹进入发动机关机段，这是主动段的最后一段。这一段中导弹将保持弹道倾角不变 (速度方向不变) 进行直线飞行，直到发动机关机，且飞行时间不长。在发动机关机后，弹道导弹一般要实现弹头和弹体的分离，如图 2.1.36(b) 所示。通过精确控制发动机的关机时刻，可以在保持弹道倾角的情况下，根据射程和其他需求，控制弹头在主动段终点的速度大小，此时的速度大小和弹道倾角将在很大程度上决定了弹头的后续飞行弹道。在主动段终点，导弹弹头的速度达到几千米每秒，高度距地面几十到几百千米，弹道倾角在 40° 左右，如果射程增大，则弹道倾角减小，如远程战略弹道导弹 (洲际导弹) 的弹道倾角一般为 20° 左右。

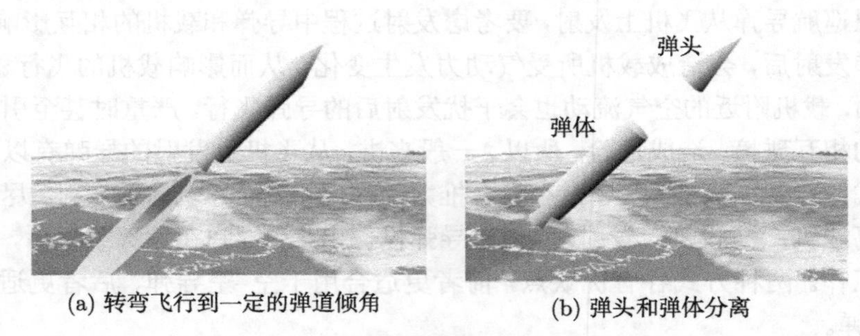

(a) 转弯飞行到一定的弹道倾角　　(b) 弹头和弹体分离

图 2.1.36　弹道导弹转弯飞行和头体分离示意图

主动段完成后，弹道导弹进入被动段，被动段是弹道导弹弹道的主体，占总弹道长度的 80%~90%。在被动段，导弹的火箭发动机关机，弹头和弹体已经分离，弹头依靠主动段所获得的运动状态进行惯性飞行。被动段又可以细分为自由飞行段和再入段。

在自由飞行段，弹头处于距地面很高的高空，空气稀薄，气动力可以忽略，弹头只受到重力的作用。在这一段，由于弹头飞行高度高、飞行距离长，所以不能把重力看作是常数，而应该基于万有引力定律，根据弹头距地心的距离计算重力的大小，并把重力方向考虑为指向地心。因此弹头在这一段的弹道飞行类似于航天飞行器 (如人造卫星和飞船) 的轨道飞行，各种理论力学和轨道力学专著中已对这一段弹道有较深入的分析，在此不再赘述。

但是弹道导弹和人造卫星等航天器的飞行又有所不同，那就是弹道导弹的飞行要以落回地球为目的 (而不是进入绕地球飞行的轨道)，所以弹道导弹的自由飞行段要满足一定的条件，即：① 飞行弹道是椭圆轨道；② 椭圆轨道的近地点与地心的距离要小于地球半径，如图 2.1.37 所示。以上条件可以通过调整主动段终点时刻的弹头速度大小和弹道倾角来实现。

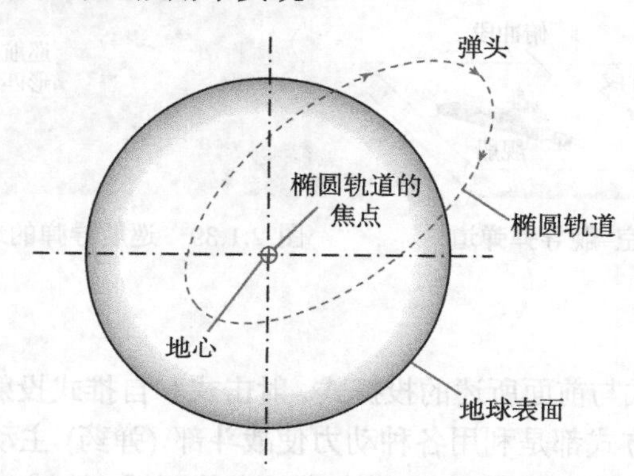

图 2.1.37　弹道导弹自由飞行段椭圆轨道示意图

当弹头经过自由飞行段再次回到大气层时，则进入再入段。在这一段中，弹头高速进入大气层，将经历剧烈气动阻力、气动热烧蚀、电磁黑障、粒子云侵蚀等恶劣环境。有的弹头上安装的控制发动机会开始工作，使得弹头作机动飞行，以对抗导弹防御系统的拦截并提高打击精度。当弹头到达目标处或附近发生爆炸时，再入段终止。

(2) 巡航导弹

与弹道导弹相比，巡航导弹的弹道要复杂得多，不同类型的导弹 (地–地、地–空、空–地等)，其弹道特点也有很大区别，而且它的自主飞行弹道和导引弹道 (根据制导系统导向目标的弹道) 是耦合在一起的，所以难以形成较为统一的描述，下面只对巡航导弹弹道的一些典型特征进行介绍。

巡航导弹在大气层内飞行，所以像飞机一样，它可以处于平飞状态，因此具有平飞段是巡航导弹的弹道特征之一。在巡航导弹离开发射平台后，根据飞行的需要，导弹要爬升或下滑，以达到所需的飞行状态，所以巡航导弹具有爬升和下滑段。另外，有的巡航导弹 (尤其是反舰导弹) 为了增加突防成功率，在接近目标时会突然爬升进而俯冲攻击目标，所以巡航导弹还有俯冲段，如图 2.1.38 所示。另外，现代先进的对地打击巡航导弹能采用包括地形匹配在内的多种制导方式以较高的精度打击目标，它的弹道可能更加复杂，如图 2.1.39 所示。由于巡航导弹的弹道变化多样，在飞行弹道变化时导弹要承受各种过载，所以对巡航导弹进行弹道规划时要考虑弹体强度是否能承受过载的问题。

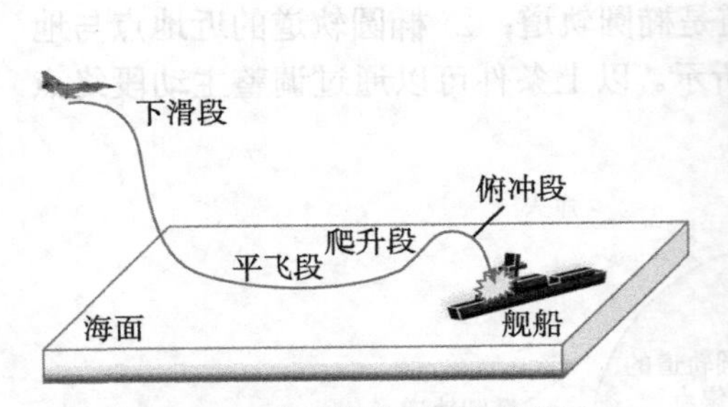

图 2.1.38　典型的空–舰导弹弹道

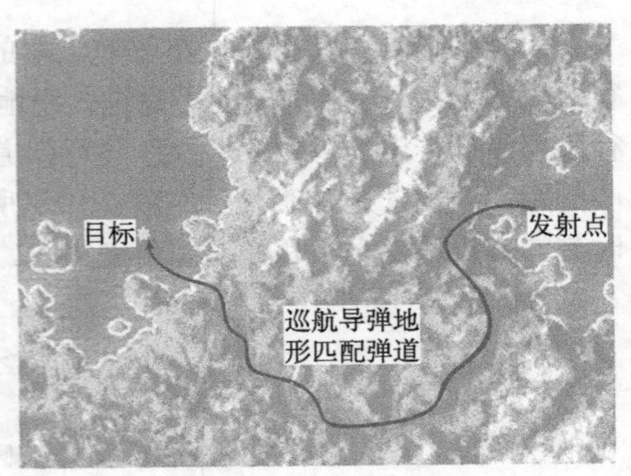

图 2.1.39　巡航导弹的地形匹配复杂弹道

2.1.4　布设式

布设式投射方式与前面所述的投掷式、射击式和自推式投射方式都有差异，前面所述的三种投射方式都是利用各种动力使战斗部 (弹药) 主动接近目标，而布设式投射方式是将战斗部 (弹药) 预先设定在一定的区域 (地域、空域或海域)，然后等待目标接近或通过。在目标接近或通过时，弹药上的引信收到感应信号并被触发，战斗部 (弹药) 发生爆炸以毁伤目标。

布设式投射方式在将战斗部 (弹药) 预先设定在一定区域时，可以使用到前面所述的投掷、射击和自推式等投射方式，所以投射过程中的力学原理与前面所述的三种投射方式类似，因此本节不再展开叙述。

在典型装备与应用上，地雷、水雷是典型的利用布设式投射的弹药，它们可以利用空投、炮射、火箭布撒或人工布设 (埋设) 等方式预设于一定的地域或海域，用于杀伤步兵、毁伤坦克和水面、水下舰艇等。

地雷是撒布或浅埋于地表待机作用的弹药。反坦克地雷内装高能炸药，能炸坏坦克履带及负重轮；内装聚能装药的反坦克地雷，能击穿坦克底甲或侧甲，还可杀伤乘员及炸毁履带。防步兵地雷还可装简易反跳装置，跳离地面 0.5~2m 高度后在空中爆炸，增大杀伤效果。典型地雷如图 2.1.40(a) 所示。水雷是布设于水中待机作用的弹药。有自由漂浮于水面的漂雷、沉底水雷以及借助雷索悬浮在一定深度的锚雷，其上安装触发引信或近炸引信。近炸引信可感受舰艇通过时一定强度的磁场、音响及水压场等而作用；某些水雷中还装有计数器和延时器，在目标通过次数或通过时间到达一定数值时才爆发，起到迷惑敌人，干扰扫雷的作用。典型的水雷如图 2.1.40(b) 所示。

2.1.5　其他投射方式

在战斗部 (弹药) 打击目标的实际作战应用中，其投射方式实际上是多种多样的。大多数的战斗部 (弹药) 将单纯采用前面所述的投掷、射击、自推和布设式投射方式之一，也有部分战斗部 (弹药) 采用的是以上几种投射方式的组合。近年来，随着技术进步，传统的投射方式有新的发展，同时也有新的投射方式出现。下面就其他投射方式的情况进行简要讨论。

(a) 地雷　(b) 水雷

图 2.1.40　典型的布设式弹药

一、组合式投射

在应用中，部分战斗部 (弹药) 采用的是前面几种投射方式的组合，以达到提高打击精度和毁伤效能的目的。使用组合式投射的典型的战斗部 (弹药) 是子母弹。

图 2.1.41　母弹开舱抛射子弹

子母弹是以母弹作为载体，内装有一定数量的子弹，投射后母弹在预定位置开舱抛射子弹，利用子弹以完成毁伤目标和其他特殊战斗任务的弹药。图 2.1.41 是子母弹的母弹开舱抛射子弹示意图。

子母弹的母弹和子弹可以分别有不同的投射方式，所以其投射方式是组合式的。母弹的投射可以是投掷式 (如航空投掷子母弹)、射击式 (如炮射子母弹) 和自推式 (如火箭或导弹子母弹)。母弹抛撒子弹后，若子弹无动力，子弹的投射是投掷式的 (如集束式子母弹)；若子弹有动力，并可作机动飞行，则子弹的投射又有自推式的特点 (如分导式多机动弹头)。如果一定数量的子弹是预先投射到一定区域，并等待目标接近或通过，那么子弹的投射又是布设式的 (如区域封锁子母弹)。在现代战争中，子母弹以其较高的毁伤效能，已经成为压制、杀伤步兵集团、毁伤装甲集团、封锁军用机场的主要弹药，具有重要的实用价值，关于子母弹的分类、结构和毁伤效能分析，可见后续章节的内容，在此不再赘述。

除子母弹之外，采用多种投射方式的弹药还有末制导炮弹、炮射导弹、火箭增程炮弹等，这些弹药采用了射击式、自推式、投掷式几种投射方式的组合，具有更高的打击精度、更远的打击距离等优点，已形成了多种著名弹药型号，如美国的

155mm“铜斑蛇” 半主动激光末制导反装甲炮弹和苏联的 152mm “红土地” 半主动激光末制导杀伤爆破火箭增程弹以及德国的 155mm“伊夫拉姆”(EPHRAM) 毫米波制导的反装甲制导炮弹、英国的 “灰背隼” 毫米波制导迫击炮弹等。

由此看来，战斗部 (弹药) 的投射方式是多样的，在应用中需要根据需要采用多种投射方式的组合，以实现打击精度和毁伤效能的提升。

二、新型投射方式

随着技术的进步，各种新的战斗部 (弹药) 投射方式不断出现，如遥控投射、无人平台 (无人机) 投射等。这些新的方式，一般都可归于前面所述四种投射方式之一，但其涉及的科学原理有所不同，下面针对两个例子进行简单介绍。

1. 电能投射 (或称电发射)

电能投射是利用电能 (通常是脉冲放电) 来提供全部或部分能量，从而赋予弹药初速的投射方式。就目前来看，电能投射常用于射击式投射中，典型的装备有电热炮和电磁炮。

1) 电热炮

电热炮是指全部或部分利用电能加热一定的工质从而产生等离子体推进弹丸的发射装置。电热炮又可以分为直热式和间热式电热炮两类。直热式电热炮利用特定的高功率脉冲电源向某些惰性工质放电，通过电的加热效应使工质转变成等离子体，利用等离子体所具有的热能和动能推进弹丸运动。间热式电热炮同样利用高功率脉冲电源对一定的初级工质放电并使其离化成为等离子体，但是这个初级工质等离子体并不直接推进弹丸，而是对次级工质 (或者是其他含能化学材料，如发射药) 进行加热，再使次级工质离化成为等离子体 (或者是使含能化学材料发生化学反应)，借助热气体的膨胀做功来推进弹丸。从能量使用来看，直热式电热炮全部利用电能来推进弹丸，而间热式电热炮不但使用了电能，还使用了化学能 (电能和化学能的比值一般约为 1:4)，所以又称为电热化学炮，其原理如图 2.1.42 所示。

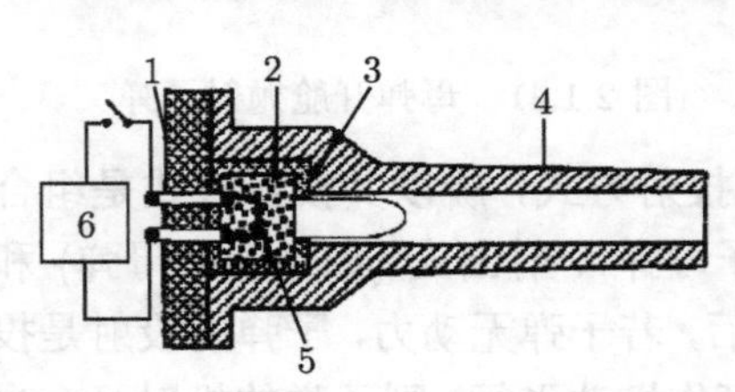

图 2.1.42　电热化学炮工作原理图

1. 电级; 2. 第二工质; 3. 药筒; 4. 身管; 5. 第一工质; 6. 电源

电热炮具有弹丸初速高、内弹道可控性好、有利于改变射程等多个优点，但是电热炮还有一系列的工程问题需要解决，如脉冲电源的小型化问题。目前电热炮仍处于研制试验当中。

2) 电磁炮

电磁炮又称为电磁发射器，是指完全依靠电能产生电磁效应发射弹丸的新型高速发射装置。根据工作原理的不同，电磁炮又可以分为电磁线圈炮和电磁轨道炮两类。电磁线圈炮的工作原理为：炮的身管由许多个同口径、同轴线圈构成，弹丸上也有线圈，当身管的第一个线圈输送强电流时形成磁场，弹丸上的线圈产生感应电流，磁场与感应电流相互作用，推动弹丸前进；当弹丸到达第二个线圈时，向第二个线圈供电，再推动弹丸前进，如此反复，逐级将弹丸加速到较高的速度。电磁线圈炮的优点是弹丸与炮管的摩擦小、弹丸质量大、电能利用率高等优点，但供电系统复杂，如图 2.1.43(a) 所示。

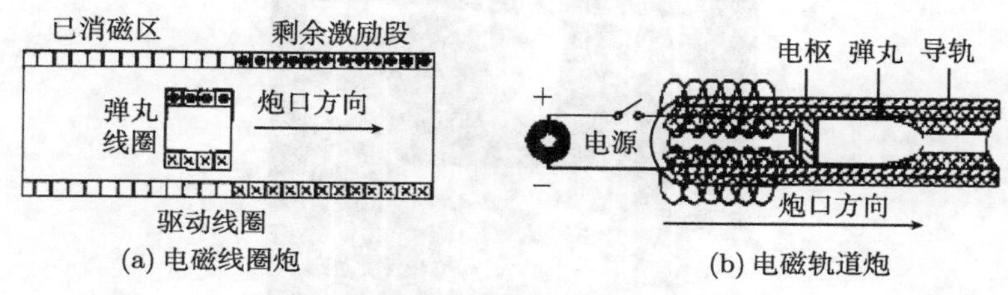

(a) 电磁线圈炮 (b) 电磁轨道炮

图 2.1.43 电磁炮工作原理图

电磁轨道炮的工作原理为：弹丸位于两根平行的金属导轨中间，当强电流从一根导轨经弹丸底部的电枢流向另一根导轨时，在两根导轨之间形成强磁场，磁场与流经电枢的电流相互作用，产生安培力，推动炮弹从导轨之间发射出去，理论上可推动弹丸达到 6000~8000m/s 的速度，其原理如图 2.1.43(b) 所示。电磁轨道炮具有弹丸初速高、结构简单等优点。

考虑到将来的军舰大多是核动力的，在军舰上使用电磁炮具有能源上的优势，所以近年来，美国海军对电磁轨道炮加紧开展了一系列的研制和试验工作，并取得一定的成果。图 2.1.44 是美国海军电磁轨道炮的部分试验图片。

(a) 发射轨道

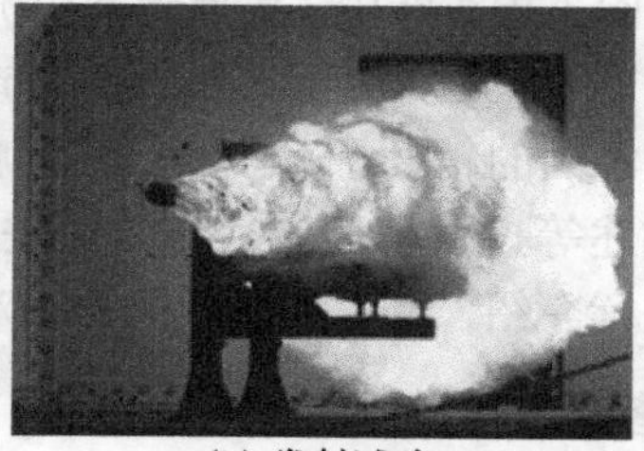
(b) 发射试验

图 2.1.44 美国海军试验的电磁轨道炮

2. 空间投射

据报道，美国空军正在制订计划开展无人空间投射系统技术的研究。在该计划中，美国空军设想一旦有作战需要，将在 48h 内利用一种小型的卫星发射系统将携带 450~900kg 载荷的卫星送入轨道，该卫星在轨飞行并根据需要机动变轨，如果接到对地打击命令，将在几分钟之内对地面目标实施打击，其想象图如图 2.1.45 所示。如果这样的计划成为现实，空间在轨运行的卫星，将实现从对地观测、侦察平台向对地打击平台的转变。随着技术的成熟，这样的空间投射系统将具有深远的战略意义。

图 2.1.45　空间投射系统想象图

2.2　投射精度

从实际应用角度来看，完全可以预见，由于受到多种因素的影响，任何一种投射方式都不可能使战斗部 (弹药) 百分之百地命中目标，因此都存在精度问题。人们在长期的工程实践中，基于概率和统计理论，对精度描述已形成了具有共性的概念和计算方法，可以用于对各投射方式的精度进行分析和计算。当然，不同的投射方式具有不同的精度特点，相应的影响因素也不相同。所以下面先对落点散布、落点误差描述等投射精度的共性知识进行讨论，再对部分投射方式的精度特点和影响因素进行介绍，最后根据以上知识对命中概率的计算方法进行讨论。

2.2.1　落点散布及误差描述

在实际应用中，战斗部 (弹药) 的投射终点 (或弹道终点) 可能是在水平地面上或斜坡上，也可能是在空中 (如高炮炮弹和地–空导弹的投射终点)，对投射精度进行描述和分析将主要针对这些投射终点的特性进行研究。由于绝大多数的目标位于地面上，因此水平地面上的投射终点具有典型意义，并且对水平地面上投射终点的有关分析结论不难推广到其他情况。本小节中，为简明起见，只对战斗部 (弹药) 在水平地面上的投射终点进行讨论，这时水平地面称为靶平面，靶平面上的投射终点也称为落点。

一、落点散布特点

通过实践可以知道，若对战斗部进行多次投射，在多种因素 (随机和非随机因素) 的影响下，在靶平面上总会形成如图 2.2.1 所示的落点散布。图中 “•” 表示落点，如果在靶平面上建立 x-y 平面坐标系，并对所有落点的 x、y 坐标分别进行平均，就得到落点散布中心坐标 $(\bar{x},\bar{y})$(落点散布中心也称为平均落点，用 “★” 表示)。

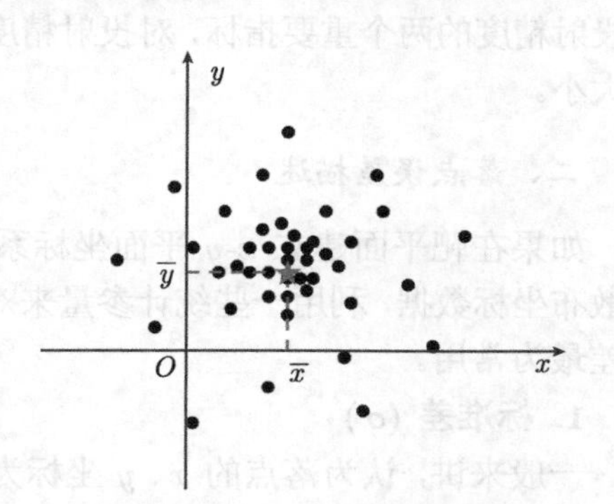

图 2.2.1　落点散布示意图

根据散布中心与瞄准点的关系以及落点散布的疏密程度，一般有准确度和精密度的概念来对落点散布的特点进行描述。不同准确度和精密度下的落点散布特点如图 2.2.2 所示，图中 “+” 表示瞄准点，一般作为靶平面原点。

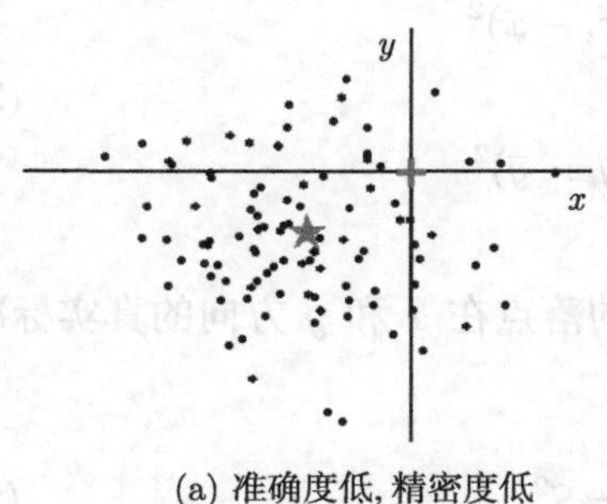

(a) 准确度低, 精密度低

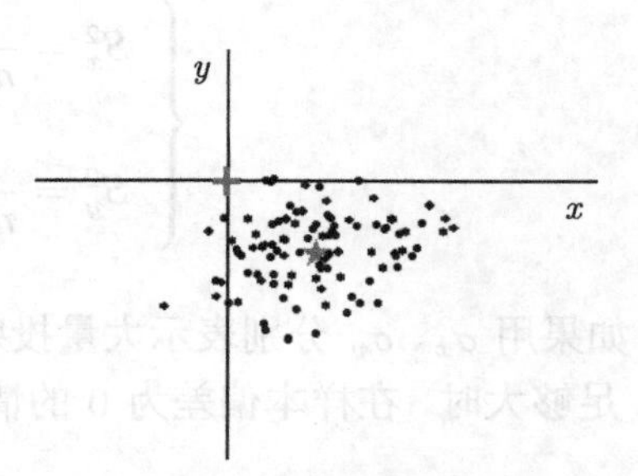

(b) 准确度低, 精密度高

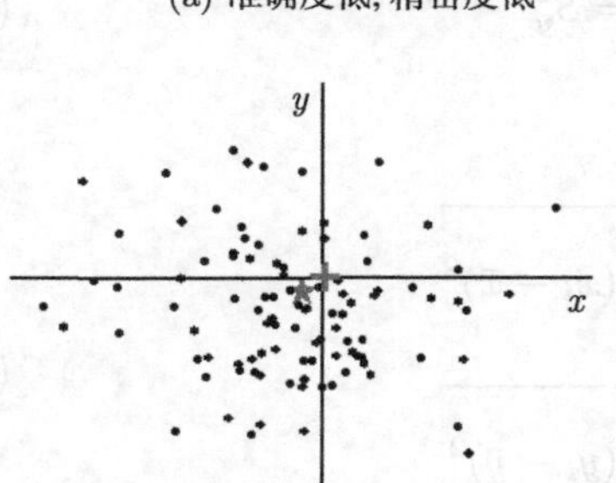

(c) 准确度高, 精密度低

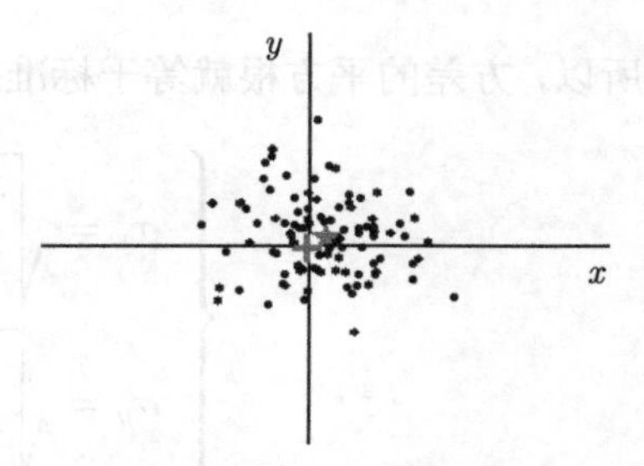

(d) 准确度高, 精密度高

图 2.2.2　不同准确度和精密度 (密集度) 下的落点散布特点示意图

从图 2.2.2 所示的落点散布可以看出，落点散布是与投射误差相联系的，其中准确度与投射的系统误差相联系，投射系统误差越小，则落点散布中心与瞄准点越接近，表明准确度越好 [图 2.2.2(c)、图 2.2.2(d)]，反之就越差；精密度与投射的随机误差相联系，投射随机误差越小，则落点越密集，表明精密度越好 [图 2.2.2(b)、图 2.2.2(d)]，反之就越差，所以精密度有时也称为密集度。落点的准确度和精密度是投射精度的两个重要指标，对投射精度进行评价，必须综合考虑准确度和精密度的大小。

二、落点误差描述

如果在靶平面建立 x-y 平面坐标系并设定瞄准点为原点，这样就可以根据落点散布坐标数据，利用一些统计参量来对落点误差进行描述，其中标准差和圆概率误差最为常用。

1. 标准差 (σ)

一般来讲，认为落点的 x、y 坐标为相互独立的随机变量，且都关于散布中心服从高斯正态分布。若投射次数为 n，每次投射的落点坐标为 (x_i, y_i)，当投射次数足够多时，x、y 两个方向的落点方差为

$$\begin{cases} S_x^2 = \dfrac{1}{n-1}\displaystyle\sum_{i=1}^{n}(x_i - \bar{x})^2 \\ S_y^2 = \dfrac{1}{n-1}\displaystyle\sum_{i=1}^{n}(y_i - \bar{y})^2 \end{cases} \tag{2.2.1}$$

如果用 σ_x、σ_y 分别表示大量投射次数下的落点在 x 和 y 方向的真实标准差，当 n 足够大时，在样本偏差为 0 的情况下，有

$$\sigma_x^2 = S_x^2,\quad \sigma_y^2 = S_y^2 \tag{2.2.2}$$

所以，方差的平方根就等于标准差，有

$$\begin{cases} \sigma_x = \sqrt{\dfrac{1}{n-1}\displaystyle\sum_{i=1}^{n}(x_i - \bar{x})^2} \\ \sigma_y = \sqrt{\dfrac{1}{n-1}\displaystyle\sum_{i=1}^{n}(y_i - \bar{y})^2} \end{cases} \tag{2.2.3}$$

这样 σ_x、σ_y 就成为描述落点随机误差的重要参数，当投射次数 n 越大时，σ_x、σ_y 的值就越准确。

按照二维高斯正态分布规律，如果随机变量 x、y 是独立的，而且暂不考虑系统误差时，落点位于目标所处平面的分布概率密度函数为

$$P(x,y)=\frac{1}{2\pi\sigma_x\sigma_y}\exp\left(-\frac{x^2}{2\sigma_x^2}-\frac{y^2}{2\sigma_y^2}\right) \tag{2.2.4}$$

当有系统误差存在时，考虑落点散布中心坐标为 $(\bar{x},\bar{y})$，以上分布概率密度函数为

$$P(x,y)=\frac{1}{2\pi\sigma_x\sigma_y}\exp\left(-\frac{(x-\bar{x})^2}{2\sigma_x^2}-\frac{(y-\bar{y})^2}{2\sigma_y^2}\right) \tag{2.2.5}$$

(2.2.4) 式和 (2.2.5) 式描述了投射落点散布的统计特征量 σ_x、σ_y、$(\bar{x},\bar{y})$ 与概率密度函数之间的关系。实际上 (2.2.4) 式和 (2.2.5) 式的重要意义还在于，利用它们可以计算投射落点对某一目标区域的命中概率。

当目标区域的面积为 S_T 时，在投射落点散布概率密度函数已知的情况下 [(2.2.4) 式或 (2.2.5) 式]，就可以利用概率密度函数在目标区域的积分得到命中概率 P_m，即

$$P_\mathrm{m}=\iint\limits_{S_\mathrm{T}}P(x,y)\mathrm{d}x\mathrm{d}y \tag{2.2.6}$$

代入 (2.2.5) 式，有

$$P_\mathrm{m}=\frac{1}{2\pi}\iint\limits_{S_\mathrm{T}}\exp\left(-\frac{(x-\bar{x})^2}{2\sigma_x^2}-\frac{(y-\bar{y})^2}{2\sigma_y^2}\right)\mathrm{d}\left(\frac{x}{\sigma_x}\right)\mathrm{d}\left(\frac{y}{\sigma_y}\right) \tag{2.2.7}$$

(2.2.7) 式说明，如果通过大量的投射试验，获得落点散布中心坐标 $(\bar{x},\bar{y})$ 以及 x、y 方向的落点标准差 σ_x、σ_y，就可以得到落点散布概率密度函数 [(2.2.5) 式]。这样，只要给定目标或目标区域的外形特征，就能通过对面积 S_T 的积分计算得到某次投射对目标的命中概率。

2. 圆概率误差 (CEP)

在有的情况下，战斗部投射落点分布不会在 x、y 方向存在显著差异，所以从统计上来讲，(2.2.4) 式和 (2.2.5) 式中 x、y 方向的标准差参数应该一致，即 $\sigma_x=\sigma_y=\sigma$，这样，在暂不考虑系统误差时，有如下圆形正态分布概率密度函数

$$P(x,y)=\frac{1}{2\pi\sigma^2}\exp\left(-\frac{x^2+y^2}{2\sigma^2}\right) \tag{2.2.8}$$

所以，当落点分布在 x、y 方向存在的差异可以忽略时，一般定义圆概率误差

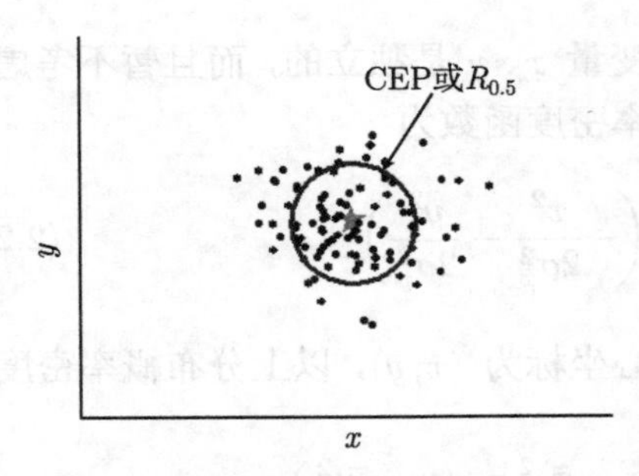

图 2.2.3　落点的 CEP 示意图

(circular error probability，CEP) 来描述投射落点精度。圆概率误差是指，在暂不考虑系统误差时，以瞄准点为中心，以半径 R 画一个圆形，在稳定投射条件下多次投射，将有 50%的落点位于这个圆形之内。圆概率误差大小一般就用这个圆形的半径 R 来度量，有时也记作 $R_{0.5}$，称作 CEP 半径，或直接简称为 CEP，其值越小表明投射精度越高，如图 2.2.3 所示。

下面讨论在落点呈圆形正态分布的情况下，其标准差 σ 和 CEP 半径的相关性。根据 CEP 的定义，利用 (2.2.8) 式在原点位于瞄准中心的圆形区域内积分，就可以计算得到圆概率，如下

$$P_{\mathrm{m}} = \iint\limits_{x^2+y^2\leqslant R^2} P(x,y)\mathrm{d}x\mathrm{d}y \tag{2.2.9}$$

通过变量变换：$x = r\cos\theta$、$y = r\sin\theta(0 \leqslant \theta \leqslant 2\pi)$，再将 (2.2.8) 式代入 (2.2.9) 式中，则得圆概率

$$P_{\mathrm{m}} = \frac{1}{2\pi\sigma^2}\int_0^R\int_0^{2\pi}\mathrm{d}\theta\exp\left(-\frac{r^2}{2\sigma^2}\right)r\mathrm{d}r \tag{2.2.10}$$

积分得

$$P_{\mathrm{m}} = 1-\exp\left(-\frac{R^2}{2\sigma^2}\right) \tag{2.2.11}$$

按 CEP 的定义，可以令圆概率 P_{m}=0.5，于是可得 CEP 半径为

$$R_{0.5} = \sigma\sqrt{2\ln 2} \approx 1.1774\sigma \tag{2.2.12}$$

由此可得，CEP 半径是标准差的 1.1774 倍。通常认为标准差 σ 实际上是单变量，或一个方向上的散布量度，而圆概率误差常被认为是弹着点的二维散布的量度。

根据命中概率，对 CEP 半径又可以作另一种解释。即假定投射系统的设计误差散布等于标准差 σ，如果用该投射系统对一个半径为 $R \approx 1.1774\sigma$，且圆心位于期望弹着点上的圆形目标进行射击，则命中这样一个特定目标的概率是 0.5。由此可以预料，将会有一半的投射命中目标，而另一半则脱靶。

利用圆概率误差作为投射精确性的量度是很方便的。因为 $R_{0.5} \approx 1.1774\sigma$，它与标准差之间有依赖关系，可以互相转换。因此，各类投射方式都广泛应用圆概率误差作为落点散布误差的量度。

3. 概率误差 (PE)

在有的情况下，比较关注落点处于平行于靶平面上 x 轴或 y 轴的无限长带状区域内的概率 (该区域要以散布中心为中心)，由此可以定义概率误差 (probability error，PE)。概率误差是指，在暂不考虑系统误差时，以瞄准点为中心，以 $2E$ 的宽度平行于 x 轴 (或 y 轴) 画一个无限长带状区域，在稳定投射条件下多次投射，将有 50% 的落点位于这个带状区域之内。概率误差大小一般就用这个带状区域宽度的一半，即 E，来度量，有时也记作 $E_{0.5}$，其值越小表明投射精度越高。一般来讲，根据平行于 x 轴方向的带状区域所获得的概率误差 $E_{0.5(y)}$ 与根据平行于 y 轴方向的带状区域所获得的概率误差 $E_{0.5(x)}$ 有所不同，如图 2.2.4 所示。

在描述炮兵射击的落点散布时，概率误差这个概念用得较多，并被称为中间偏差。如果靶平面 x 方向正向是火炮射击方向，对应的 $E_{0.5(x)}$ 此时被称为距离中间偏差；相应地，$E_{0.5(y)}$ 被称为方向中间偏差。

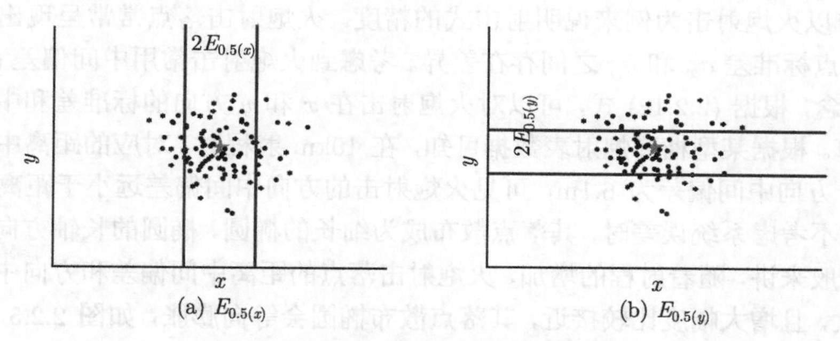

图 2.2.4　落点的 PE 示意图

同样，根据概率论，可知概率误差 PE 和标准差 σ 的关系如下

$$E_{0.5(x)} \approx 0.6745\sigma_x, \quad E_{0.5(y)} \approx 0.6745\sigma_y \tag{2.2.13}$$

4. 其他误差描述

在实际使用中，还常常使用其他统计量对落点误差进行描述，如径向标准差、平均半径等，这些量在特定应用中具有统计简单、使用方便的特点。

2.2.2　各投射方式的精度特点及影响因素

如前所述，投掷式、射击式和自推式这三种投射方式都是使战斗部 (弹药) 主动地接近目标，而布设式投射则是预设战斗部 (弹药) 在一定区域并等待目标靠近。所以从主动命中目标这一点来考虑，下面只对投掷式、射击式和自推式这三种投射方式的精度特点及影响因素进行讨论。

一、投掷式的精度

总体来讲，单纯的、不依靠制导的投掷式投射的精度是比较低的。对地面投掷来说，一般谈不上定量精度的概念。如手榴弹的投掷，由于其射程短，投掷装置 (人力投掷) 的重复性不好，不会在定量上考虑精度问题。对航空投掷，早期 (20 世纪中期以前) 的投射精度也很低，当时主要以增大弹药杀伤半径和增加投掷弹药数量来弥补精度低的问题。影响航空投掷精度的因素有载机的飞行稳定性 (速度大小和方向的稳定性)、弹药自身的弹道性能、气象条件 (风力和风向) 等。

在现代，为提高航空投掷精度，多个国家已经研制和装备了制导炸弹，一般有激光制导炸弹 (如美军的 "宝石路III")，其 CEP 最高可以达到 0.3~0.6m，也有 GPS/INS 制导 (全球定位和惯性导航组合制导) 炸弹 [如美军的 "杰达姆"(JDAM)]，它相比起激光制导炸弹有全天候作战能力和射程远的特点，最大射程可达到 75~110km，其 CEP 设计值为 13m。

二、射击式的精度

本节以火炮射击为例来说明射击式的精度。火炮射击落点常常呈现出椭圆散布，即落点标准差 σ_x 和 σ_y 之间存在差异。考虑到火炮射击常用中间偏差 (概率误差) 的概念，根据 (2.2.12) 式，可以对火炮射击在 x 和 y 方向的标准差和中间偏差进行换算。根据某型榴弹炮射表数据可知，在 10km 射程时，对应的距离中间偏差为 35m，方向中间偏差为 6.1m，可见火炮射击的方向中间偏差远小于距离中间偏差。在暂不考虑系统误差时，其落点散布成为细长的椭圆，椭圆的长轴方向是射击方向。一般来讲，随着射程的增加，火炮射击落点的距离中间偏差和方向中间偏差都会增大，且增大幅度比较接近，其落点散布椭圆会等向膨胀，如图 2.2.5 所示。

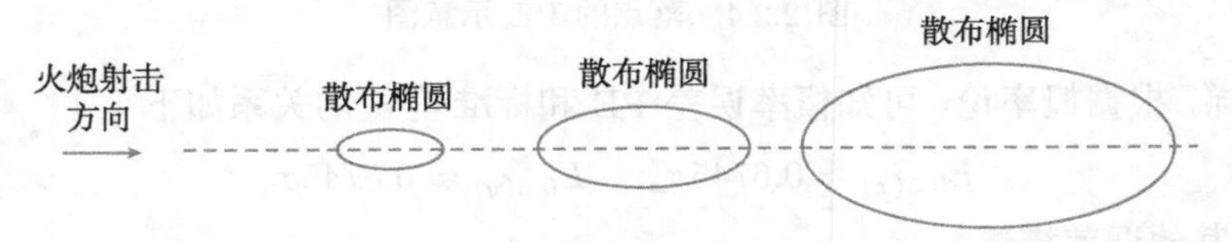

图 2.2.5　火炮射击落点散布随射程增加的变化情况

影响火炮射击精度 (或落点散布) 的因素有很多，归纳起来，通常可以分为以下几个方面。在火炮方面，每次射击时炮管的温度、炮膛的干净程度和炮膛的磨损烧蚀程度的不同，会导致弹丸的初速大小不一致；同时每次射击时，火炮震动引起的火炮方向指向的细微变化，会导致弹丸初速方向不一致。在弹药方面，发射药的质量、温度的细微差异，会引起发射药燃烧速度和火药气体压力的变化，从而引起弹丸初速大小变化；弹丸自身重量、形状、质心位置和表面光洁程度等细微差异，会导致弹丸的气动阻力的差异。在炮手操作方面，每次射击时诸元装订也会有细微差异，导致弹丸初速的方向变化。在气象方面，每次射击时的风、气温、气压都会对弹丸飞行弹道形成影响。以上几方面的因素综合作用，导致了火炮射击落点的散布，在应用中应该根据实际情况分析有关因素的影响权重，合理进行修正，减小落点散布以提高射击精度。

三、自推式的精度

对自推式投射，以不加制导的火箭弹为例，比起火炮射击来说，其射程远得多但是精度差，尤其是密集度差。所以火箭弹落点的散布范围大，不适用于对点目标进行打击，否则在弹药用量上将非常不经济。火箭弹比较适用于对面目标或集群目标进行打击，它能够在较短时间内比较均匀地覆盖目标区域，获得很好的毁伤效果。

与火炮射击一致，火箭弹的落点散布也通常采用距离中间偏差和方向中间偏差来描述。在射程增加时，火箭弹落点的距离中间偏差和方向中间偏差都会增大，所不同的是，方向中间偏差的增加较快，其落点散布椭圆会在垂直于射击方向的方向上拉长，如图 2.2.6 所示。

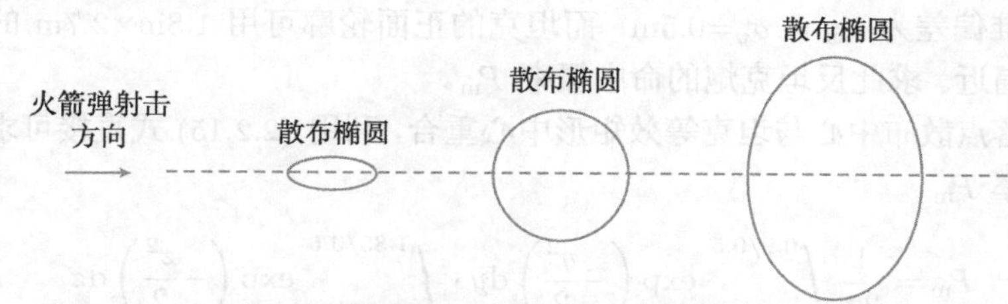

图 2.2.6　火箭弹落点散布随射程增加的变化情况

影响火箭弹精度的因素也大体上可以从弹和气象条件两方面来说明。在弹方面，推进剂质量差异、比冲量差异、弹的质量差异会影响火箭弹初速大小；弹的质量偏心、推力偏心、弹发射离轨的初始扰动会影响火箭弹初速方向。在气象条件方面，主要是风、气温及气压的变化，会影响火箭弹飞行弹道。在工程上，现在也有一些可行的办法来减小火箭弹落点散布，并考虑在火箭弹上加装制导系统来提高打击精度。

对导弹来说，由于它伴有制导系统在发挥作用，所以其精度是制导精度，与制导体制密切相关，限于篇幅，本小节不对导弹的精度进行讨论。

2.2.3　命中概率

下面利用前面所述的知识，讨论单发和多发投射命中概率的计算方法。

一、单发命中概率

1. 对矩形目标的命中概率

假定对矩形目标投射或射击，瞄准点与散布中心 (期望弹着点) 重合，即没有瞄准误差存在，或者说不考虑系统误差的影响时，求命中此目标的概率。

用上一节由正态分布定律推得的 (2.2.6) 式和 (2.2.7) 式，设散布中心、瞄准中心、矩形中心三者重合点为原点，且矩形的边长分别为 $2a$、$2b$，于是概率在区域 $-a \leqslant x \leqslant a$ 和 $-b \leqslant y \leqslant b$ 积分，即在矩形区域内积分，此时命中概率为

$$P_{\mathrm{m}} = \frac{1}{2\pi}\int_{-a}^{a}\int_{-b}^{b}\exp\left(-\frac{x^2}{2\sigma_x^2}-\frac{y^2}{2\sigma_y^2}\right)\mathrm{d}\left(\frac{x}{\sigma_x}\right)\mathrm{d}\left(\frac{y}{\sigma_y}\right) \tag{2.2.14}$$

如果 $\sigma_y = \sigma_z = \sigma$，并将 (2.2.8) 式写成标准形式，则

$$P_{\mathrm{m}} = \left[\frac{1}{\sqrt{2\pi}}\int_{-a/\sigma}^{a/\sigma}\exp\left(-\frac{x^2}{2}\right)\mathrm{d}x\right]\cdot\left[\frac{1}{\sqrt{2\pi}}\int_{-b/\sigma}^{b/\sigma}\exp\left(-\frac{y^2}{2}\right)\mathrm{d}y\right] \tag{2.2.15}$$

(2.2.15) 式中包括两个量的乘积，此两个量均可从标准正态分布表中查到，进而直接求得对矩形目标射击的命中概率。

例 2.1 在利用反坦克炮射击坦克时，设反坦克炮在有效射程范围之内的着点散布标准偏差为 $\sigma_x = \sigma_y$=0.5m，而坦克的正面轮廓可用 1.8m×2.7m 的等效矩形面积来逼近。求此反坦克炮的命中概率 P_{m}。

假定落点散布中心与坦克等效矩形中心重合，利用 (2.2.15) 式直接可求得导弹的命中概率 P_{m}

$$\begin{aligned}P_{\mathrm{m}} &= \frac{1}{2\pi}\int_{-0.9/0.5}^{0.9/0.5}\exp\left(-\frac{y^2}{2}\right)\mathrm{d}y\cdot\int_{-1.35/0.5}^{1.35/0.5}\exp\left(-\frac{z^2}{2}\right)\mathrm{d}z\\ &= 2\phi(1.8)\times 2\phi(2.7)\end{aligned}$$

式中，$\phi(x)$ 是从中心算起的标准正态分布函数。即

$$\phi(x) = \frac{1}{\sqrt{2\pi}}\int_0^x \exp\left(-\frac{x^2}{2}\right)\mathrm{d}x$$

依靠数学手册查表或数值积分算法，都可得到本例中的 $\phi(1.8) = 0.4641$，$\phi(2.7) = 0.4965$，代入上式即得

$$P_{\mathrm{m}} = 0.9217$$

2. 对圆形目标的命中概率

当对于半径为 R，圆心在原点上的圆形目标射击，无瞄准误差存在，瞄准中心与期望弹着点重合时，由方程 (2.2.4) 式及 (2.2.6) 式，在 $\sigma_x = \sigma_y = \sigma$ 的情况下有

$$P_{\mathrm{m}} = \frac{1}{2\pi\sigma^2}\int_0^R\int_0^{2\pi}\mathrm{d}\theta\exp\left(-\frac{r^2}{2\sigma^2}\right)r\mathrm{d}r = 1-\exp\left(-\frac{R^2}{2\sigma^2}\right) \tag{2.2.16}$$

例 2.2 利用地空导弹射击飞机，设该导弹战斗部的毁伤半径是 50m，根据脱靶量分析，得出圆概率误差为 20m，求该导弹对飞机射击的毁伤概率。

假设飞机在战斗部的毁伤半径范围内，导弹即可命中目标，且命中即毁伤，那么毁伤概率可由一发导弹落在以目标中心为原点，以战斗部毁伤半径为半径的圆内的概率求得。

因为圆概率误差半径 $R_{0.5}=20\text{m}$，由 (2.2.12) 式有 $R_{0.5}=1.1774\sigma$，由此可得 $\sigma=17\text{m}$，并将毁伤半径 $R=50\text{m}$ 代入 (2.2.16) 式，则得

$$P_{\mathrm{m}}=1-\exp[-(50)^2/2\,(17)^2]=0.987$$

同上例，若战斗部毁伤半径为 30m，圆概率误差仍为 20m，则

$$P_{\mathrm{m}}=1-\exp[-(30)^2/2\,(17)^2]=0.789$$

从这个算例可看出，相同命中精度下，杀伤半径是影响毁伤概率的重要因素。

3. 对正方形目标的命中概率

当目标外廓是正方形时，不考虑系统误差的情况下，导弹瞄准目标中心射击，其命中概率可根据 (2.2.15) 式计算，令其中 $x=y,a=b$，则

$$P_{\mathrm{m}}=\left[\frac{1}{\sqrt{2\pi}}\int_{-a/\sigma}^{a/\sigma}\exp\left(-\frac{x^2}{2}\right)\mathrm{d}x\right]^2 \text{或}$$
$$P_{\mathrm{m}}=\left[\frac{1}{\sqrt{2\pi}}\int_{-b/\sigma}^{b/\sigma}\exp\left(-\frac{y^2}{2}\right)\mathrm{d}y\right]^2 \tag{2.2.17}$$

例 2.3　同前例，并设目标正方形外廓面积等于前例中的圆形外廓之面积，即 $\pi R^2=(2a)^2$，由前例 $\sigma=17$，若 $R=50\text{m}$，则 $\pi 50^2=4a^2$，$a=44.311\text{m}$，$a/\sigma=2.6$，代入 (2.2.17) 式有

$$P_{\mathrm{m}}=\left[\frac{1}{\sqrt{2\pi}}\int_{-2.6}^{2.6}\exp\left(-\frac{y^2}{2}\right)\mathrm{d}y\right]^2=[2\phi(2.6)]^2=[2\times0.4953]^2=0.9813\approx0.981$$

若 $R=30\text{m}$，则 $\pi 30^2=4a^2$，$a=26.587\text{m}$，$a/\sigma=1.564$，同样代入 (2.2.17) 式有

$$P_{\mathrm{m}}=\left[\frac{1}{\sqrt{2\pi}}\int_{-1.564}^{1.564}\exp\left(-\frac{y^2}{2}\right)\mathrm{d}y\right]^2=[2\phi(1.564)]^2$$
$$=[2\times0.4406]^2=0.7766\approx0.777$$

从这两个例子比较可以看出，命中圆形目标的概率与命中面积相等的正方形目标的概率相差很小。这个结论可以用来进行一些近似计算。

二、多发命中概率

一般情况下，进行单发投射的命中概率不可能达到 100%，所以不能保证首发命中目标。在有些情况下，为了保证命中概率，需要进行多发投射。但是多发投射

时，消耗弹药也要增加。所以，在实际应用中，多发投射时除了考虑命中概率外，也必须考虑弹药消耗的情况 (也就是投射的总次数，或者说是射击弹药的发数)，以达到一定的平衡。

多发投射有两种方式，一种方式是连续投射，是指第一发投射后，经过判断它没有命中目标，则进行第二发投射，如果还没有命中目标，再进行第三发，以此类推，直到命中目标为止，这种投射简称 "连射"；另一种方式是同时投射，是指若干发弹药同时投射，简称 "齐射"。连射和齐射，在不同的单发命中概率下，其多发命中概率和弹药消耗都有所不同。

对于连射，如果单发投射命中概率都为 P_{m0}，根据概率论知识分析，其平均命中一个目标需要的射击弹药发数为

$$N_0 = 1/P_{\mathrm{m0}} \tag{2.2.18}$$

对于齐射，同样如果单发投射命中概率都为 P_{m0}，根据概率论知识分析，一次进行 n 发弹药齐射时，其命中概率为

$$P_{1n} = 1-(1-P_{\mathrm{m0}})^n \tag{2.2.19}$$

其平均命中一个目标需要的射击弹药发数为

$$N_n = \frac{n}{P_{1n}} = \frac{n}{1-(1-P_{\mathrm{m0}})^n} \tag{2.2.20}$$

根据 (2.2.18) 式和 (2.2.20) 式，可以得到

$$\frac{N_n}{N_0} = \frac{nP_{\mathrm{m0}}}{1-(1-P_{\mathrm{m0}})^n} \tag{2.2.21}$$

由 (2.2.19) 式和 (2.2.21) 式，考虑典型的单发毁伤概率，可得图 2.2.7。图 2.2.7(a) 说明了齐射命中概率与消耗弹药发数之间的关系，图 2.2.7(b) 则说明了齐射与连射用弹量之比关于单发命中概率的关系。由图 2.2.7 可知，当单发命中概率较大时，

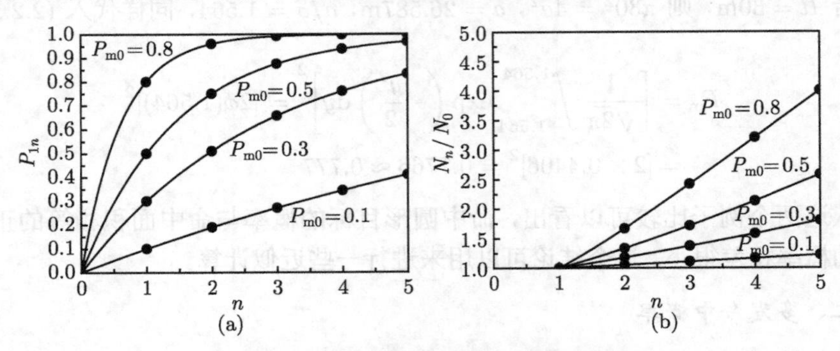

图 2.2.7 齐射命中概率和与消耗弹药发数之间的关系

齐射不如连射经济，因为对目标的命中要消耗更多的导弹，而对多发命中率的提升有限；当单发命中概率较小时，齐射比连射有利，因为此时只要稍许增加弹药发数，就能够使得命中概率显著提高。

思考与练习

1. 为什么要采取不同的投射方式实现对战斗部的运送？几种投射方式的应用各有什么优缺点？
2. 典型的战斗部的投射方式有哪几种？它们各自有什么特点？
3. 你认为投掷式与射击式的区别在哪？请分别列举几个实例。
4. 攻角是一个什么概念？
5. 航空弹药飞行稳定性条件是什么？
6. 根据本章的原理，试分析一下为什么弓箭的尾部要插上翎羽？
7. 火炮射击分为哪三个阶段？
8. 某型 122mm 加农炮的炮弹，其弹丸质量为 27.3kg，针对某标准弹的弹形系数 i 为 0.957，该弹丸在海拔 1000m 处 (此高度空气密度为 1.094kg/m^3) 以 776m/s 的速度飞行，在此条件下标准弹的零攻角阻力系数 C_{x0}^{s} 恰为 0.298，试计算弹丸此时受到空气阻力的大小。(答案：1097.5N)
9. 信息化对武器投射与毁伤可产生哪些影响？你认为现代战争对投射技术有些什么新的要求？
10. 在导弹出现以后，导弹以其射程远、突防能力强等优点，成为远程弹药投射的重要手段，其受关注程度曾经一度大大超过依靠飞机的航空投掷手段，甚至在有的国家还出现了取消航空投掷仅单纯依靠导弹的极端言论。请调研导弹和航空投掷这两种投射方式的优缺点，对这个“机–弹之争”做出自己的评论。
11. 你认为武器投射的作战运用中应如何体现信息化的作用？
12. 试对巡航弹的发展状况进行调研分析。
13. 请说明圆概率误差的概念？试调研典型的火炮、导弹的 CEP 半径数值。
14. 若某型弹药的 CEP 半径为 10m，请依据此数值编程产生 1000 个符合此精度描述的随机落点，并作图表示。
15. 试利用概率论的知识，分析连射和齐射在命中概率上的差异。

主要参考文献

[1] 曹柏桢. 飞航导弹战斗部与引信. 北京：宇航出版社，1995.
[2] Lloyd R M. Conventional warhead systems physics and engineering design. Tewksbury: the AIAA Inc, 1998.
[3] 谭东风. 高技术武器装备系统概论. 长沙：国防科学技术大学出版社，2009.
[4] 文仲辉. 导弹系统分析与设计. 北京：北京理工大学出版社，1989.
[5] 王志军，尹建平. 弹药学. 北京：北京理工大学出版社，2006.
[6] 赵承庆，姜毅. 火箭导弹武器系统概论. 北京：北京理工大学出版社，1996.
[7] 文仲辉. 战术导弹系统分析. 北京：国防工业出版社, 2000.
[8] 王敏忠. 炮兵应用外弹道学及仿真. 北京：国防工业出版社, 2009.

第3章 爆炸基础理论及爆破战斗部毁伤效应

炸药是战斗部毁伤目标的能源物质，广泛应用于装填多种战斗部，如爆破战斗部、破甲战斗部、破片战斗部等。炸药通过剧烈的化学反应将自身的化学能释放出来，形成毁伤目标的毁伤元素。因而，炸药在爆炸及其对周围介质作用过程中，主要包括两个阶段，第一阶段是炸药自身能量释放过程，涉及爆轰波相关理论；第二阶段是炸药爆炸形成的冲击波和爆轰产物对周围介质的破坏作用，涉及爆轰波、冲击波传播的理论。

本章以炸药及其爆炸为切入点，简要讨论炸药爆炸三要素、炸药分类及其标志性参量、炸药起爆和感度等基本概念。根据经典的流体动力学理论，建立冲击波基本关系式，讨论冲击波在介质中的传播规律及性质。爆轰波是伴有化学反应的冲击波，基于冲击波基本理论，本章还将建立爆轰波传播的理论模型和基本关系式，讨论爆轰波传播规律及其性质。

爆破战斗部主要以炸药爆炸形成的冲击波和爆轰产物对目标进行毁伤，本章将根据炸药周围介质的不同，对炸药在空中、水中和岩土中爆炸现象、相关参数计算及其典型应用进行讨论，最后对云爆弹、温压弹等新型的爆破战斗部的结构、毁伤原理、典型装备进行简要介绍。

3.1 炸药及其爆炸

爆炸是一种极为迅速的能量释放过程，在此过程中，物质系统的能量转变为机械功及光和热辐射等。爆炸做功的根本原因是系统原有的高压气体或爆炸瞬间形成的高温高压气体的骤然膨胀。一般将爆炸过程分为两个阶段，第一阶段是某种形式的能量以一定的方式转变为原物质或产物的压缩能，属于内部特征；第二阶段是物质由压缩态膨胀，在膨胀过程中使周围介质变形、位移、破坏，属于外部特征。

把由物理变化引起的爆炸称为物理爆炸，物理爆炸过程没有新物质生成，如闪电、蒸气锅炉或高压气瓶的爆炸、地震等。把由化学变化引起的爆炸称为化学爆炸，化学爆炸过程中有新物质生成，如炸药爆炸、瓦斯爆炸、煤矿粉尘爆炸等。除此之外还有核爆炸，如第1章所介绍的。本课程重点讨论炸药的爆炸，后面提到的爆炸均指化学爆炸。

3.1.1　炸药爆炸三要素

利用雷管引爆炸药时可看到这样一种爆炸现象：炸药瞬时化为一团火光，形成烟雾并产生轰隆巨响，附近形成强烈的冲击波，有生力量、建筑物等被杀伤、破坏或受到强烈振动。从炸药的爆炸现象可看出，一团火光表明炸药爆炸过程是放热的，形成高温而发光；爆炸瞬间完成说明爆炸过程的速度极高；仅用一个雷管就可将炸药完全引爆，说明雷管爆炸后炸药中所产生的爆炸化学反应过程能够自动传播；烟雾表明炸药爆炸过程中有大量气体产生，而气体的迅速膨胀是产生冲击波，毁伤有生力量、建筑物等目标的主要原因。

综上所述，炸药爆炸过程具有如下三个要素，即反应的放热性、快速性和生成大量气体产物，三者互相关联、缺一不可，是炸药爆炸必备的三要素。

一、反应的放热性

反应的放热性是炸药发生爆炸反应的第一个必要条件。按照爆炸的定义，如果反应不伴随能量的释放，则不能称为爆炸。因此只有放热反应才可能具有爆炸性。只有当物质在爆炸过程中释放的热量能够持续激发下一层炸药的爆炸时，爆炸过程才可以自行传播。

显然，依靠外界供给能量来维持其分解的物质，不可能具有爆炸的性质。不放热或放热很少的反应 (不能提供作功的能量) 不具有爆炸性质。例如，草酸盐 (如草酸锌、草酸铜) 的分解反应有

$$ZnC_2O_4 \longrightarrow 2CO_2\uparrow + Zn - 250kJ/mol \quad (\text{I})$$

$$CuC_2O_4 \longrightarrow 2CO_2\uparrow + Cu + 23.9kJ/mol \quad (\text{II})$$

反应 (Ⅰ) 为吸热反应，只有在外界不断加热的条件下才能进行，不具有爆炸性质；反应 (Ⅱ) 为放热效应，可具有爆炸性。

二、反应的快速性

反应的快速性也是炸药发生爆炸的必要条件，是爆炸过程区别于一般化学反应的重要标志。爆炸反应一般都是以 3~8km/s 的速度传播的，当取反应传播速度为 7000 m/s 时一块 10cm 长药柱反应完毕仅需要约 14μs 的时间。

由于反应速率极大，同时由于爆炸反应无需空气中的氧参加，在反应所进行的短暂时间内反应放出的热量来不及散出，因此可以认为全部热量都集聚在炸药爆炸前所占据的体积内。这样，单位体积所具有的热量就达到 10^6J/L 以上，比一般燃料的燃烧放热要高数千倍。

虽然炸药的能量储藏量并不一定比一般燃料大，但由于反应过程的快速性，使炸药爆炸时能够达到比一般化学反应高得多的能量密度。例如，1kg 煤燃烧可以放

出 32.66MJ 热量，比 1kgTNT 炸药爆炸放出的热量 (4.118MJ) 要多几倍，但是该煤块的燃烧大约需要几分钟到几十分钟才能完成，在这段时间内放出的热量不断以热传导和辐射的形式散发出去，所以虽然煤燃烧时放热总量很多，但是单位时间内释放的热量并不多。同时煤的燃烧是与空气中的氧进行化学反应而完成的，1kg 煤完全反应需要 2.67kg 的氧，需由 $9m^3$ 的空气才能提供，因而作为燃烧原料的煤和空气的混合物，单位体积所放出的热量也只有 3.6kJ/L，能量密度很低。由此可见，反应的快速性使炸药所具有的能量在极短的时间内释放出来，并达到极高的能量密度，所以炸药爆炸具有巨大的功率。

即使是同一物质，其反应是否具有爆炸性，首先取决于反应过程是否能放出热量，然后是放热反应是否具有快速性。例如，硝酸氨 (NH_4NO_3)，在其爆炸特性被发现之前，通常将其作为农业用的肥料，因为它在低温加热的条件下只能发生分解反应

$$NH_4NO_3 \longrightarrow NH_3\uparrow + HNO_3 - 170.8kJ/mol \quad \text{(低温加热)}$$

如果在雷管引爆条件下，NH_4NO_3 能够发生快速的爆炸性反应，其反应方程式为

$$NH_4NO_3 \longrightarrow N_2\uparrow + \frac{1}{2}O_2\uparrow + 2H_2O\uparrow + 126.4kJ/mol \quad \text{(雷管引爆)}$$

三、生成气体产物

炸药爆炸时能够对周围介质造成破坏作用，其根本原因是炸药爆炸时，能在极短的时间内生成大量气体产物，其密度比正常条件下气体的密度大几百倍至几千倍。同时，由于反应的放热性和快速性，处于高温、高压下的气体产物必然急剧膨胀，将炸药的化学能转变成气体的能量对周围介质做功。在此过程中，气体产物既是造成高压的原因，又是对周围介质做功的物质。

在有些化学反应过程中，虽然反应过程具有快速性和放热性，但是无气体产物生成，同样不具有爆炸性。如铝热反应

$$2Al + Fe_2O_3 \longrightarrow 2Fe + Al_2O_3 + 828kJ/mol$$

尽管反应非常迅速且放出的热量足以把反应产物加热到 3000°C，但因无气体产物生成，没有将热能转变为机械能的介质而无法对外做功，所以不具有爆炸性。

由上可知，放热性、快速性和生成气体产物是决定炸药爆炸现象基本特征的三个要素。放热性给爆炸反应提供了能源，快速性则是使有限的能量集中在较小容积内产生大功率的必要条件，反应生成的气体则是能量转换的工作介质，所以这三个要素是互相联系的。

综上所述，炸药的爆炸现象可作如下定义：炸药的爆炸现象是一种以高速进行的能自动传播的化学反应过程，在此过程中放出大量的热量并生成大量的气体产物。

3.1.2　炸药基本概念

炸药是在高温和高压条件下能迅速反应并放出气体产物的亚稳态化合物或混合物。它可以是固态、液态或气态，军用和工业炸药多为固态。炸药能发生极快的爆炸反应，可在瞬间生成压力达几十吉帕、温度达数千开尔文的气体，这种气体向爆炸点周围急剧膨胀而做功。

一、炸药的分类

炸药的种类繁多，它们的组成、物理化学性质及爆炸性质各不相同。因此，为了认识它们的本质、特性，以便进行研究和使用，炸药通常有两类分类方法。一种是按炸药用途分类，这种分类方法对于应用炸药的工程技术人员 (如武器设计人员、工程爆破人员等) 选用炸药时较为方便；另一种是按炸药组成分类，这种分类方法对于炸药的研制人员较为方便，便于掌握炸药在组成上的特点和规律，以进行新型炸药的研究和合成。

1. 按炸药用途分类

按炸药用途可将炸药分为起爆药、猛炸药、火药和烟火药四大类。起爆药用于起爆猛炸药，猛炸药用于产生爆轰，火药和烟火药用于产生燃烧和爆燃。通常所说的炸药是指猛炸药。

1) 起爆药

起爆药是一种易受外界能量激发而发生燃烧或爆炸，并能迅速转变成爆轰的敏感炸药。它不但在比较小的外界作用下就能发生爆炸反应，而且反应速率可以在很短的时间内达到最大值，并能输出足够的能量，引爆猛炸药或引燃火药。起爆药广泛应用于装填各种火工品和起爆装置，如雷管、火帽等。起爆药作为始发装药，也称为初发炸药。常用的起爆药主要有叠氮化铅、斯蒂酚酸铅等。

2) 猛炸药

猛炸药又称高能炸药 (high explosive)，它是一种能量密度极高的炸药。猛炸药对外界作用比起爆药钝感，只有在相当强的外界作用下才能发生爆炸，通常用起爆药的爆炸来激发爆轰。爆轰是一种能自持传播的爆炸现象。猛炸药一旦爆轰，将比起爆药具有更高的爆炸传播速度，即爆轰波速度 (简称爆速)，可达几千米每秒，对周围介质有强烈的破坏作用，主要用于装填弹药以及爆破器材。通常需要一定量的起爆药作用才能引起猛炸药爆轰，所以猛炸药又称为次发炸药。常用的单质猛炸药有梯恩梯、黑索金、奥克托金、特屈儿等。

3) 火药

火药主要是指以燃烧的形式做抛射功的一类炸药。它们在枪炮膛内或火箭及导弹的发动机内，在没有外界助燃剂的参与下，进行有规律的快速燃烧，产生高温高压气体推动弹头或战斗部做功。因此，火药主要用作枪炮发射药或火箭、导弹的推进剂。火药的主要代表有溶塑火药 (单基、双基及多基火药)、复合火药等。

4) 烟火药

烟火药是指在隔绝外界空气的条件下能燃烧，并产生光、热、烟、声或气体等不同烟火效应的混合物。它们通常由氧化剂、可燃剂或金属粉及少量黏合剂组成，有的还有附加物。军事上用来装填特种弹药和器材；民间用于制造烟火、爆竹以及其他工业制品。常用的烟火药有照明剂、烟幕剂、燃烧剂、曳光剂等。

应当注意到，以上四种炸药在正常作用时的化学反应形式不同，如猛炸药为爆轰，起爆药为燃烧或爆轰，火药和烟火药则为燃烧，但在一定条件下，火药及烟火药也能产生爆轰，这在使用安全上是必须注意的。

2. 按炸药组分分类

按炸药的组分分类，可分为单质炸药和混合炸药。单质炸药是一种均一的相对稳定的化学系统。在一定的外界能量作用下，能导致分子内键的断裂，发生迅速的爆炸反应，生成热力学稳定的新化合物。混合炸药是由两种以上化学性质不同的组分组成的系统，可以是气态、液体或固态。

1) 单质炸药

典型的单质炸药有梯恩梯、黑索金、泰安、奥克托金和特屈儿等。下面作简单介绍。

(1) 梯恩梯

梯恩梯 (TNT) 外观为淡黄色，吸湿性小，不溶于水，但可溶于丙酮、乙醇。梯恩梯能抗酸但不能抗碱，与一般金属及其氧化物不起反应。梯恩梯感度较低，具有易储存和使用安全等优点，但爆炸释能相对较低，可用注装、压装、塑态装等方式进行装填。

(2) 黑索金

黑索金 (RDX) 外观为白色晶体，不溶于水，易溶于丙酮。纯黑索金的化学安定性好，与各种金属不起作用，爆炸释放能量高，但比较敏感，需经钝化才能进行装填，或者与其他炸药混合后用注装法装填战斗部。

(3) 奥克托金

奥克托金 (HMX) 外观为白色晶体，不溶于水，易溶于丙酮，化学反应性几乎与黑索金一样，但化学安定性比黑索金好。奥克托金冲击感度和摩擦感度与黑索金相当，热感度比黑索金低，具有爆速高、密度大等特点，有良好的高温热安定性，常与黑索金或梯恩梯混合用来装填战斗部。

(4) 泰安

泰安 (PETN) 外观为白色晶体，几乎不溶于水，但溶于丙酮。不吸湿，遇湿后不影响其爆轰性能。泰安机械感度高，压装时必须钝化，主要用于压制传爆药柱。

(5) 特屈儿

特屈儿 (Tetryl) 外观为淡黄色，不吸湿，不溶于水，易溶于丙酮、醋酸乙酯等有机溶剂，主要用于传爆药柱、导爆索及雷管。

上述几种单质炸药对皮肤都有一定的着色发炎作用，粉尘有毒性，空气中超过一定浓度对人体有害。

2) 混合炸药

混合炸药的种类繁多，而且其组成可以根据不同的使用要求加以变化和调整。它们可以由炸药与炸药、炸药与非炸药等混合而成。下面对目前常用的几种混合炸药作简单介绍。

(1) 钝化黑索金炸药

钝化黑索金炸药 (I-RDX) 组分与配比为黑索金钝：钝感剂 =95:5(钝感剂为苏丹红、硬酯酸、地蜡)，颜色为橙红色，压药密度为 1.64~1.67g/cm^3。钝化黑索金的高温储存性能不好，成型性能差，抗压强度低 (6.1~7.1MPa)。一般采用压装方式用于聚能破甲战斗部。

(2) 以黑索金为主体的塑料黏结炸药

这类塑料黏结炸药 (PBX) 的组分为黑索金、钝感剂和黏结剂，有的加增塑剂。钝感剂可采用硬酯酸、硬脂酸锌、蜂蜡、石蜡和地蜡等；黏结剂可选用聚乙酸乙烯脂、丁腈橡胶等，增塑剂可采用二硝基甲苯、梯恩梯等。这类炸药的可压性好，压制密度高，药柱强度高，爆轰性能较好。

(3) 以奥克托金为主体的塑料黏结炸药

这类塑料黏结炸药 (PBX) 以奥托克金为主要炸药成分，其他成分有钝感剂和黏结剂等。奥克托金具有优越的爆轰性能以及在高温下的热安定性。美国从 20 世纪 60 年代起，在许多混合炸药中以奥克托金代替黑索金，形成了系列军用猛炸药。这类炸药常以压装或注装方式用于破片战斗部和聚能破甲战斗部。

(4) 梯恩梯与黑索金或奥克托金组成的注装混合炸药

这是一类由梯恩梯和黑索金以各种比例组成的炸药，是当前弹药中应用最广泛的一类混合炸药。破片、爆破、聚能破甲等战斗部均可用此类炸药装填。梯恩梯与黑索金混合后具有更高的爆速、爆压和威力，其提高程度与黑索金含量有关，爆轰感度也会提高。由于梯恩梯的存在大大改善了装药的工艺性能，混合后热安定性好。两种炸药混合时常用的梯恩梯与黑索金质量百分比有 50/50、40/60(B 炸药) 和 25/75，对应的撞击感度分别为 45%、29%、33%。梯恩梯还可与奥克托金混合。

(5) 含铝炸药

含铝炸药是指由炸药和铝粉组成的混合炸药。含铝炸药具有爆热大、爆温高、做功能力强等特点。含铝炸药爆炸时，铝与爆轰产物中的水、氮及碳的氧化物发生二次反应，放出大量热，使爆炸作用的持续时间延长，爆炸作用的范围扩大。在水中爆炸时，还可以使分配在冲击波上的能量减少，而分配在气泡脉动上的能量增加，有利于对水下目标的破坏。含铝炸药的爆热随铝含量的增加在一定范围内增高，如果铝加入过多，炸药爆速和猛度将显著降低，同时由于产物中的气态组分减少，还将导致做功能力下降。含铝炸药主要用于对空武器、水中兵器的装药。

(6) 特种混合炸药

特种混合炸药是指塑性炸药、挠性炸药和弹性炸药等。这些炸药均以 RDX 或 PETN 为主体再加增塑剂组成。一般在民用工业上用得较多，军用方面碎甲战斗部采用了塑性炸药，有些战斗部的辅药需要采用挠性炸药，在钻地武器中常采用变形性能较好的低易损性高能炸药。另外，在某些特殊装置和爆炸控制件上，如火箭发动机点火用的导爆索以及使火箭舱段分离的切割索常采用挠性炸药。

(7) 燃料空气炸药

燃料空气炸药是由燃料与空气混合而成的炸药，是一种液–气或固–气悬浮炸药。燃料空气炸药中的燃料应具有较低的点火能量，与空气混合时易达到爆炸极限浓度，且爆炸极限浓度范围较宽广，爆炸时所产生的热值较高，常采用环氧乙烷、环氧丙烷、甲烷等混合物。燃料空气炸药的爆轰大多为液–气或固–气两相爆轰，爆轰波在空间云雾区内传播，爆轰产物可直接作用于目标，冲击波持续时间长，威力大，作用面积也较大，还可产生局部窒息效应。实验表明，环氧乙烷–氧爆轰时所放出的能量比等质量的 TNT 高，其冲击波作用面积比 TNT 大 40%。燃料空气炸药常用于装填航空炸弹、火箭弹以实现面杀伤，也可用于核爆炸模拟和地震探测等领域。

(8) 温压炸药

温压炸药采用了与燃料空气炸药相似的爆炸原理，都是通过药剂和空气混合生成能够爆炸的云雾；爆炸时都形成强冲击波，对人员、工事、装备可造成严重毁伤；都能将空气中的氧气燃烧掉，造成爆点区域暂时缺氧。不同之处是温压弹采用固体炸药，而且爆炸物中含有氧化剂，当固体药剂呈颗粒状在空气中散开后，形成的爆炸杀伤力比云爆弹更强。在有限的空间里，温压弹可瞬间产生高温、高压和冲击波及窒息效应，对藏匿于地下的设备和系统可造成严重的损毁。

二、炸药的标志性参量

常采用五个标志性参量评定炸药的爆炸性能，即爆热 Q_v、爆温 T、爆容 V、爆速 D 和爆压 p，简称五爆，这也是炸药的典型物性参数。

(1) 爆热 Q_v 是指定容条件下爆炸反应时单位质量炸药放出的热量，通常用 J/kg 或 J/mol 表示，它是炸药对外界做功的最大理论值。爆热的数值取决于炸药元素组成、化学结构和爆炸反应条件。一般猛炸药的爆热大约在 4MJ/kg 以上。

(2) 爆温 T 是指炸药爆炸时，全部爆热用来定容加热爆轰产物所达到的最高温度，单位通常用 K 表示。爆温的高低取决于爆热和爆轰产物组成。一般猛炸药的爆温为 3000~5000K。

(3) 爆容 V 是指单位质量炸药爆炸时，生成的气体产物在标准状态 (1.01×10^5Pa，273K) 下所占据的体积，通常用 L/kg 或 L/mol 表示。气体产物是炸药爆炸时对外做功的工质，爆容大的炸药更容易将爆热转化为功。一般高能炸药的爆容为 700~1000L/kg。

(4) 爆速 D 是指爆轰波在炸药中稳定传播的速度，单位为 m/s。爆速是炸药对外界作用能力的重要参数。一般猛炸药的爆速为 6500~9000m/s。

(5) 爆压 p 是指炸药爆炸时爆轰波阵面的压力，单位为 Pa。爆压是炸药爆炸猛度的标志。一般猛炸药的爆压为 20~40GPa。

上述几个参数可以通过爆炸力学的基本理论相互关联起来，这将在本章 3.2 节中进行介绍。表 3.1.1 给出了几种典型单质炸药的爆炸性能参数值。

表 3.1.1 几种单质炸药的爆炸性能参数值

名称	装药密度/(g/cm^3)	爆热/(MJ/kg)	爆温/K	爆容/(L/kg)	爆速/(m/s)	爆压/GPa
TNT	1.64	4.221	3010	750	6930	21.0
RDX	1.78	6.311	3700	890	8700	33.8
HMX	1.89	6.190	4100	782	9110	39.0
PETN	1.73	6.215	4200	790	8300	33.5
Tetryl	1.71	4.848	3700	740	7910	28.5

除了采用上述五爆参量外，在实际工作中还经常采用威力和猛度这两个概念来表示爆炸作用性能。

威力是指炸药爆轰产物对外做功的能力，常用炸药的潜能和爆热来表示。炸药的潜能是炸药内部储存的全部化学能量。严格地说，潜能是在理想情况下爆轰产物气体无限绝热膨胀而冷却到热力学零度时所完成的最大功。实际上爆轰产物不可能冷却到热力学零度，且由于化学反应的不完全，必然存在化学损失，因此炸药的潜能不可能全部释放出来，其爆热小于潜能。炸药的爆热是炸药爆炸时所释放出来的能量，该能量也不可能全部转化为机械功，原因在于高温高压的爆轰产物是以冲击压缩的形式对外做功的。在此过程中，一方面使周围介质的温度升高；另一方面在做功结束时，爆轰产物内部仍会留有一部分残余能量。由于上述几种热损失的存在，炸药对外所做的机械功会小于炸药的爆热。

猛度是指爆炸瞬间爆轰产物对外作用的猛烈程度，即炸药局部破坏作用的能力。猛度反映了爆轰产物对邻近相接触物体的局部破坏能力，这个能力是由于高温、高压的爆轰产物对邻近炸药的物体猛烈冲击而造成的。经常可以用炸药爆炸时爆轰产物对所接触物体单位面积的冲量来表示，冲量定义为炸药爆压对爆轰作用时间的积分。

3.1.3　炸药的感度和起爆机理

一、炸药的感度

炸药是一种能够发生爆炸的物质，但是要引起炸药爆炸还必须给予一定的外界作用。把炸药在外界作用下发生爆炸反应的难易程度称为炸药的感度。

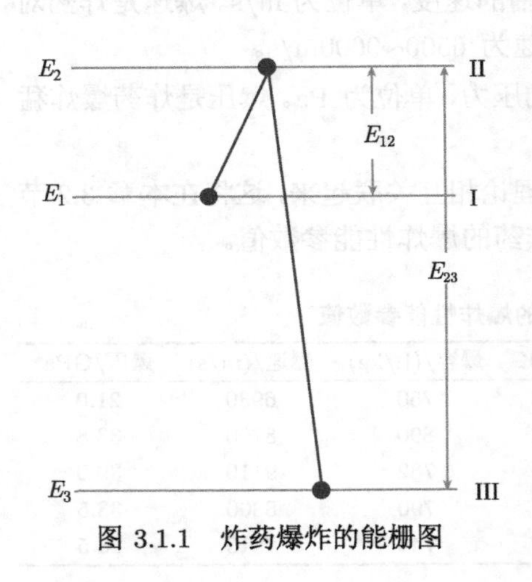

图 3.1.1　炸药爆炸的能栅图

炸药感度可由图 3.1.1 的化学反应能栅图来表示。通常炸药处于图中 I 的状态 (炸药稳定平衡状态)，在受到足够的外界作用后，位能由 I 上升到 II(炸药激发状态)，这时发生爆炸反应释放热量，最后炸药转变为反应产物，处于 III 状态 (爆轰产物状态)。这说明，炸药由状态 I 激发到状态 II 发生爆炸必须吸收能量 E_{12}，称 E_{12} 为活化能；炸药从激发态到爆轰产物状态释放的热量为 E_{23}。称 E_{13} 为炸药的爆热。引起炸药发生爆炸反应的活化能一般为 126~210kJ/mol。这说明炸药是具有一定稳定性的物质，要使其发生爆炸反应必须从外界获取一定的能量。

引起炸药发生爆炸反应的外界作用一般称为起爆能，外界作用能量的表现形式可以为热、机械撞击、摩擦、冲击波、光、电等。根据外界作用形式的不同，感度也可分为热感度、火焰感度、机械感度 (撞击、摩擦、针刺)、冲击波感度、静电火花感度等。

炸药的热感度是指炸药在热作用下发生爆炸的难易程度，主要分为热感度和火焰感度。炸药的机械感度是指炸药在机械作用下发生爆炸的难易程度，按照炸药对机械作用形式不同，炸药的机械感度主要有撞击感度、摩擦感度、针刺感度和枪弹射击感度等。炸药的冲击波感度是指炸药在冲击波作用下，发生爆炸的难易程度，主要采用大隔板实验或小隔板实验来测量炸药的冲击波感度。炸药的静电火花感度是指炸药在静电火花作用下炸药发生爆炸的难易程度。对炸药感度总的要求是，一方面在意外的外界作用下不发生爆炸，另一方面使用时能在预定的作用下准确可靠地点火或起爆。

二、炸药的起爆机理

炸药在热、光、电、机械、冲击波、辐射等外界能量作用下可激发爆炸，那么外界作用是怎样激发炸药的呢？其化学物理过程的本质又是怎样的呢？这是炸药起爆理论需要回答的问题。研究炸药的起爆及感度，对于炸药的安全储存、运输、加工处理以及炸药的使用，都具有很重要的意义。

炸药在外界能量作用下发生爆炸反应的过程称为炸药的起爆。根据外界能量的不同，炸药的起爆方式主要有热起爆、机械起爆、冲击起爆、光起爆和电起爆等，目前公认的起爆机理主要有热爆炸机理和热点起爆机理。

炸药的热爆炸机理是指当炸药受到外界作用时，其温度达到爆发点而引起爆炸。热爆炸理论的基本观点是，在一定条件 (如温度、压力或其他作用) 下，若爆炸物中发生了热积累，并且受载区域整体达到临界温度，将导致爆炸。

炸药热点起爆机理的基本观点是，爆炸物中产生的热来不及均匀分布到全部体积中，而是集中在爆炸物中的一些局部，如气泡处、裂纹面处等。当这些局部温度达到爆发点时，首先引发爆炸，而后扩展到整个炸药爆炸。这种温度很高的局部区域称为热点。

在冲击起爆下，均质炸药 (如注装炸药) 一般遵循热爆炸机理，非均质炸药 (如压装炸药) 遵循热点爆炸机理。

3.2　冲击波与爆轰波

冲击波是炸药爆炸引发的重要现象之一。从物理上讲，冲击波是介质中宏观状态参量发生急剧变化的一个相当薄的区域，也就是说冲击波阵面是一个强间断面。冲击波在炸药介质中传播时，炸药受到冲击波压缩作用发生剧烈的化学反应，把这种伴有剧烈化学反应的冲击波称为爆轰波。本节将基于经典的流体动力学理论，建立冲击波基本关系式，讨论冲击波在介质中的传播规律及性质；并基于冲击波基本理论，建立爆轰波基本关系式，讨论炸药的爆轰过程及爆轰波传播规律。

3.2.1　冲击波基本理论

一、波的概念

波的本质是扰动的传播，主要分为机械波、电磁波等。说话时发出的声波、石子投入水中时形成的水波、炸药爆炸瞬间由于爆炸产物膨胀压缩周围空气所形成的冲击波等，都属于机械波。广播电台发射的无线电波、太阳发射出的光波以及电磁武器的微波等，都是电磁波。本书讨论的是机械波。

在一定条件下，介质 (如气、液、固体) 都是以一定的热力学状态 (如一定压力、温度、密度等) 存在的。如果由于外部的作用使介质的某一局部发生了变化，如压力、温度、密度等的改变，则称为扰动，而波就是扰动的传播。空气、水、岩石、土壤、金属、炸药等一切可以传播扰动的物质，统称为介质。介质的某个部位受到扰动后，便立即通过波由近及远地逐层传播下去，即介质状态变化的传播称为波。在传播过程中，总存在着已扰动区域和未扰动区域的分界面，此分界面称为波阵面。波阵面在一定方向上移动的速度就是波传播的速度，简称波速。扰动引起的质点运动速度称为质点速度。波速是扰动的传播速度，并不是质点的运动速度，波的传播是状态量的传播而不是质点的传播。

扰动前后状态参数变化量与原来的状态参数值相比很微小的扰动称为弱扰动，其波形如图 3.2.1(a) 所示。声波就是一种弱扰动。弱扰动的特点是状态变化是微小的、逐渐的和连续的。状态参数变化很剧烈或介质状态呈突跃变化的扰动称为强扰动，其波形如图 3.2.1(b) 所示。冲击波就是一种强扰动。冲击波是一种强烈的压缩波，波阵面前后介质的状态参数发生突跃变化。冲击波实质上是一种状态突跃变化的传播。

压缩波是指介质受扰动后，压力、密度、温度等参数都增加的波。稀疏波是指介质受扰动后，压力、密度、温度等参数都降低的波。它们都是纵波，即介质质点振动方向与波传播方向平行的波。

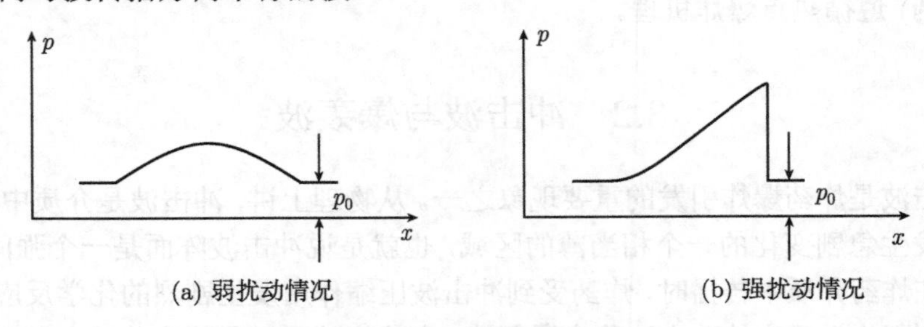

图 3.2.1　波扰动传播示意图

下面以无限长管中活塞推动气体的运动来说明压缩波和稀疏波性质，由此引出冲击波的概念。已知在初始时刻 τ_0，活塞位于 R_0 处，介质初始状态为 (ρ_0, p_0)。

(1) 若轻推活塞向右运动，如图 3.2.2 所示。τ_1 时刻，活塞运动到位置 R_1，扰动传播到 A_1 处。$R_0 \sim R_1$ 气体受到压缩而挤压到 $R_1 \sim A_1$。在 $R_1 \sim A_1$ 介质状态参量为 $\rho_0 + \Delta\rho$，$p_0 + \Delta p$，而 A_1A_1 面右边的气体仍保持原有的状态。显然，介质质点的运动方向与波阵面运动方向一致。轻推活塞以后，若活塞保持匀速，压缩区 $R_1 \sim A_1$ 的气体不再受到扰动，压力、密度、质点速度等将维持不变，但 A_1A_1 面将继续向介质中推进，于是压缩过程将逐层进行下去。

(2) 若将活塞向左轻拉，如图 3.2.3 所示。τ_1 时刻，活塞位于位置 R_1'，气体为了占据活塞向左移动留出的空间，必然向左膨胀，从而气体质点产生向左运动的速度。而膨胀扰动的传播速度是向右的，这种膨胀扰动在 τ_1 时刻影响到 $A_1'A_1'$ 面，受到扰动影响的 $R_1' \sim A_1'$ 区的状态参量均下降。因此介质质点的运动方向与扰动传播方向相反。

从上述的分析可看出：压缩波波阵面所到之处，介质状态密度和压力提高，且波的传播方向与介质质点的运动方向一致；稀疏波波阵面所到之处，介质状态密度和压力下降，且波的传播方向与介质质点的运动方向相反。

声波可以描述为弱扰动在介质中的传播，其传播速度为声速。理论分析表明压缩波或稀疏波相对于波前介质以声速传播。在波前气体静止的前提下，它以当地声速 c_0 传播；否则，其传播速度为在当地声速的基础上，再叠加一个当地速度 u_0，即 $u_w = u_0 + c_0$。

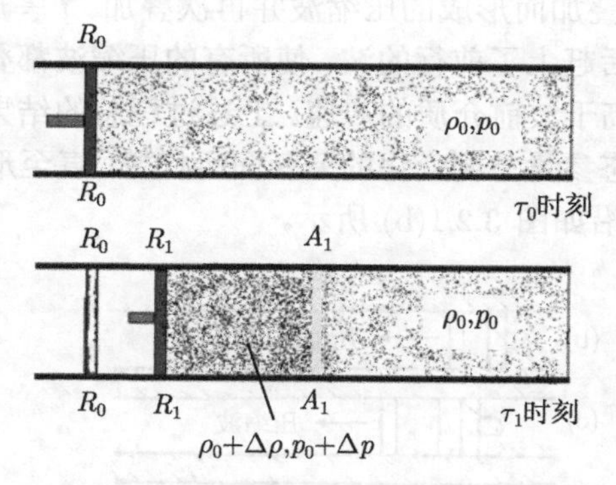

图 3.2.2　活塞向右推动形成压缩波

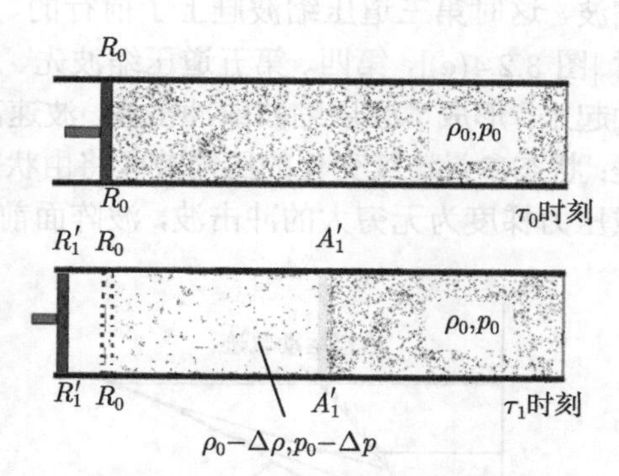

图 3.2.3　活塞向左拉动形成稀疏波

二、冲击波形成过程

冲击波产生方法有很多种。如炸药爆炸时，高温高压的爆轰产物迅速膨胀在周围介质中形成冲击波；飞机、火箭以及各种弹丸超音速飞行时，在其头部形成冲击波；穿甲战斗部、破甲战斗部聚能射流撞击装甲，陨石高速冲击地面等都在介质中形成冲击波。下面利用一个例子具体说明冲击波的形成过程。

在一个装满气体的直管中向右推进活塞，紧靠着活塞的气体层首先受压，然后这层受压的气体又压缩下一层相邻的气体，使下一层气体压力升高，这样层层传播下去形成压缩波。当这种状态变化剧烈化时，压缩波便转变为冲击波。冲击波是一种强压缩波，其波前后介质的状态参量发生急剧变化，状态参量急剧变化的分界面称为冲击波阵面。冲击波形成的过程如图 3.2.4 所示。

下面具体分析冲击波的形成过程。当活塞不动时，管中气体是静止的，设其状

态参量为 p_0、ρ_0、T_0；当推动活塞以速度 u 向右移动时，邻近活塞处的气体状态参量达到 p_1、ρ_1、T_1。将活塞由静止到速度达到 u 的整个加速过程分成若干个阶段，每一个阶段，活塞增加一个微小的速度量 Δu 并产生一道弱压缩波，波后气体状态参量增加一个微量 Δp、$\Delta\rho$、ΔT。

为简便起见，仅取活塞运动后的四个时刻进行分析，如图 3.2.4(a) 所示。图 3.2.4(b)~(e) 表示图 3.2.4(a) 中对应的四个时刻管道内的波传播情况。当 $t=t_1$ 时，如图 3.2.4(b) 所示，所产生的第一道、第二道压缩波分别以当地声速向右传播。$t=t_2$ 时，如图 3.2.4(c) 所示，第二道压缩波已赶上第一道压缩波并发生了叠加而形成一道新的以当地声速继续向右传播的压缩波。由于经过第一道波压缩后，第二道波的当地声速增加，即波速增加了，因此叠加形成的压缩波速度比原始状态下的波速要高。即叠加形成的压缩波相对于波前介质以超声速传播。由于活塞的压缩，此时产生了第三道和第四道压缩波。$t=t_3$ 时 [图 3.2.4(d)]，产生了第五道压缩波，这时第三道压缩波赶上了前行的、叠加而形成的压缩波并再次叠加。$t=t_4$ 时 [图 3.2.4(e)]，第四、第五道压缩波先、后赶上了前行的波，使所有的压缩波都叠加起来，形成了强压缩波或冲击波，波速高于波前介质的声速。上述过程总的结果是：状态参量连续变化的压缩波区将由状态参量急剧变化的突跃面所代替，直至形成压力梯度为无穷大的冲击波，波阵面前沿如图 3.2.1(b) 所示。

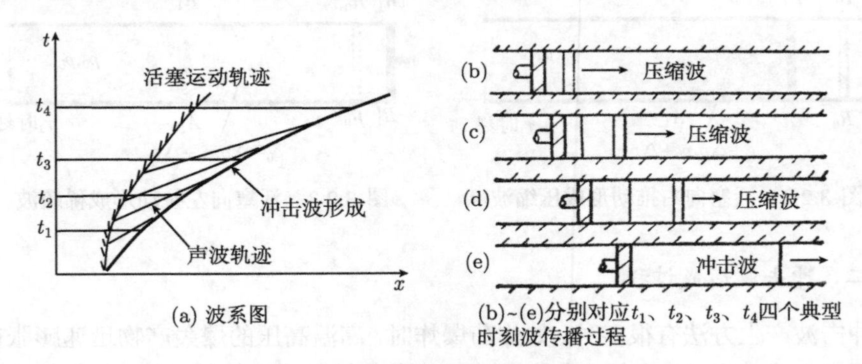

(a) 波系图

(b)~(e)分别对应t_1、t_2、t_3、t_4四个典型时刻波传播过程

图 3.2.4 冲击波的形成过程示意图

三、冲击波参数

1. 冲击波基本关系式

冲击波阵面前后介质的各个物理参量都是突跃变化的，并且由于波速很快，可以认为波的传播是绝热过程。这样，利用质量守恒、动量守恒和能量守恒三个守恒定律，便可以把波阵面前介质的初态参量与波阵面后的终态参量联系起来，冲击波基本关系式就是联系波阵面两边介质状态参数和运动参数之间关系的表达式。有了冲击波基本关系式就可以从已知的未扰动状态计算扰动过的介质状态参数，研

究冲击波的性质。

为简化起见，从最简单的情况——理想气体中平面正冲击波出发，推导冲击波的基本关系式。活塞在一维管中运动时，形成的冲击波可以看成平面正冲击波，其特点是波阵面是平面、波阵面与未扰动介质的流动方向相垂直，并且不考虑介质的黏滞性和热传导。

如图 3.2.5(a) 所示，假设一平面冲击波以速度 D 在介质中向右传播，其波前气体的状态参量为 p_0、ρ_0、T_0、u_0；波后气体具有一个运动速度 u_1，其状态参量为 p_1、ρ_1、T_1。为了更方便地研究问题，取冲击波阵面为控制体，建立与波阵面一起运动的坐标系，使得未扰动的气体以速度 $D-u_0$ 向左流入波阵面，已扰动的气体以速度 $D-u_1$ 向左流出波阵面，如图 3.2.5(b) 所示。

此时波前波后介质状态参量间关系应满足一维定常流动条件。实验室坐标系下，所有参量是 (x,t) 的函数，而在相对坐标系中，这时参数仅是 x 的函数，与时间 t 无关。

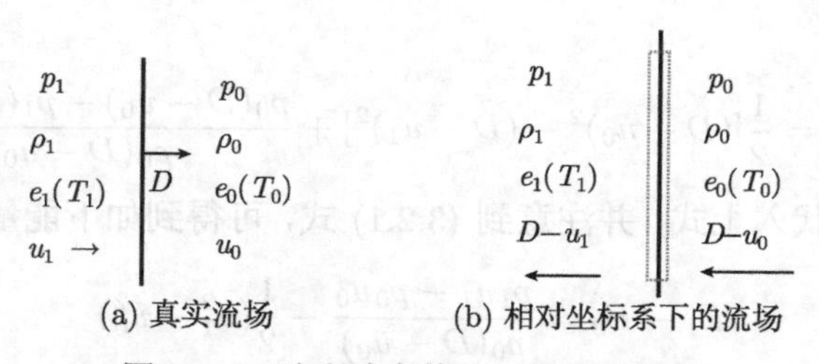

图 3.2.5　冲击波在静止气体中的传播

(1) 质量守恒定律。由质量守恒定律知，单位时间内流入控制体的质量等于流出控制体的质量，即

$$\rho_0(D-u_0)=\rho_1(D-u_1) \tag{3.2.1}$$

(2) 动量守恒定律。由动量守恒定律知，控制体内动量的变化等于控制体所受作用力的冲量，即

$$F\Delta\tau=m\Delta u$$

式中，F 为作用于介质的力，$\Delta\tau$ 为作用时间，m 为被作用介质的质量，Δu 为时间 $\Delta\tau$ 内质点速度的变化。介质运动的力是波阵面两边的压力差 (p_1-p_0) 与作用面积 A 的乘积。单位时间内流入波阵面被作用的介质质量为 $\rho_0(D-u_0)A$，其速度的变化为 u_1-u_0，故得到

$$p_1-p_0=\rho_0(D-u_0)(u_1-u_0) \tag{3.2.2}$$

(3) 能量守恒定律。由能量守恒定律知，系统内能量的变化应等于外力所做的功。在没有热量加入的情况下，介质的能量包括内能和动能。

单位时间内右边流入波阵面的介质的能量为

$$\rho_0(D-u_0)\left[\frac{1}{2}(D-u_0)^2+E_0\right]$$

式中，E_0 为未扰动介质中单位质量的内能。同样，向左流出波阵面的介质的能量为

$$\rho_1(D-u_1)\left[\frac{1}{2}(D-u_1)^2+E_1\right]$$

考虑到波阵面两边的介质状态，单位面积上所受的外力为波阵面右边未扰动介质的压力 p_0 和波阵面左边已扰动介质的压力 p_1，单位时间内前者所做的功为 $p_0(D-u_0)$，后者所做的功为 $-p_1(D-u_1)$(因作用力和运动方向相反，故为负号)，故能量守恒方程可表示为

$$\rho_1(D-u_1)\left[\frac{1}{2}(D-u_1)^2+E_1\right]-\rho_0(D-u_0)\left[\frac{1}{2}(D-u_0)^2+E_0\right]=p_0(D-u_0)-p_1(D-u_1)$$

整理后得到

$$E_1-E_0=\frac{1}{2}[(D-u_0)^2-(D-u_1)^2]+\frac{p_0(D-u_0)-p_1(D-u_1)}{\rho_0(D-u_0)}$$

将 (3.2.2) 式代入上式，并注意到 (3.2.1) 式，可得到如下能量守恒方程

$$E_1-E_0=\frac{p_1u_1-p_0u_0}{\rho_0(D-u_0)}-\frac{1}{2}(u_1^2-u_0^2) \tag{3.2.3}$$

(3.2.1) 式、(3.2.2) 式、(3.2.3) 式是冲击波基本关系式，其物理意义为：质量方程表示，每个断面的质量流密度 $\rho(D-u)$ 相等；动量方程表示，冲击波突跃引起的动量流的变化等于作用于流体的合力；能量方程表示，介质总能量的变化 (内能加动能) 等于作用于介质的力所做的功。

2. 冲击波参数的计算

(3.2.1) 式 ~(3.2.3) 式是冲击波基本关系式，它表示冲击波压缩前后介质状态参数之间的关系。这些关系还可以通过代数变换，得到直观的表达式，用于计算求解实际问题。

由 (3.2.1) 式，得到

$$D=\frac{\rho_1u_1-\rho_0u_0}{\rho_1-\rho_0}$$

所以

$$D-u_0=\frac{\rho_1(u_1-u_0)}{\rho_1-\rho_0}$$

由 (3.2.2) 式，得到

$$D-u_0=\frac{p_1-p_0}{\rho_0(u_1-u_0)}$$

令比容 $v_0=\dfrac{1}{\rho_0}$、$v_1=\dfrac{1}{\rho_1}$，联立上述两式，可得到

$$u_1-u_0=\sqrt{(p_1-p_0)(v_0-v_1)} \tag{3.2.4}$$

将 (3.2.4) 式代入动量守恒方程 (3.2.2) 式，得到冲击波速度

$$D-u_0=v_0\sqrt{\frac{p_1-p_0}{v_0-v_1}} \tag{3.2.5}$$

将 $\rho_0(D-u_0)=\dfrac{p_1-p_0}{u_1-u_0}$ 代入 (3.2.3) 式，可得

$$E_1-E_0=\frac{(p_1u_1-p_0u_0)(u_1-u_0)}{p_1-p_0}-\frac{1}{2}(u_1^2-u_0^2)=\frac{1}{2}\frac{p_1+p_0}{p_1-p_0}(u_1-u_0)^2$$

将 (3.2.4) 式代入上式，可得

$$E_1-E_0=\frac{1}{2}(p_1+p_0)(v_0-v_1) \tag{3.2.6}$$

方程 (3.2.6) 称为冲击绝热方程，又称冲击波雨贡纽方程。

在推导冲击波基本关系式时只用到三个守恒定律，未涉及冲击波是在何种介质中传播，因此这三个基本方程式适用于任意介质中传播的冲击波。当计算冲击波在某一具体介质传播时，还需要与该介质的状态方程联系起来，以便求解冲击波阵面上的参数。下面以理想气体为例具体说明冲击波参数计算过程。

理想气体[①]状态方程为

$$pv=RT \tag{3.2.7}$$

式中，R 为气体常数。进一步假定气体为多方气体[②]，定义多方指数 k 为定压比热 c_p 与定容比热 c_v 之比，即 $k=c_p/c_v$，若假定冲击波前后气体的 k 不变，即 $k_0=k_1=k$，则内能表达式可写为

$$E_0=c_vT_0=\frac{R}{k-1}T_0;\quad E_1=c_vT_1=\frac{R}{k-1}T_1$$

利用状态方程 (3.2.7)，上式写成

$$E_0=\frac{p_0v_0}{k-1};\quad E_1=\frac{p_1v_1}{k-1}$$

将 E_0、E_1 表达式以及 (3.2.4) 式、(3.2.5) 式代入能量守恒方程 (3.2.6) 得

$$\frac{p_1v_1}{k-1}-\frac{p_0v_0}{k-1}=\frac{1}{2}(p_1+p_0)(v_0-v_1)$$

① 理想气体是指其粒子 (分子或原子) 之间的相互作用力很微弱，以至可以忽略不计这个作用的气体，是一种遵从热力学定律 $pv=RT$ 的气体。

② 多方气体是指内能与温度成正比 ($e=c_vT$) 的理想气体。

上式两边同乘以 $\dfrac{k-1}{p_0 v_0}$ 并整理得

$$\frac{v_1}{v_0}\left(\frac{k+1}{2}\cdot\frac{p_1}{p_0}+\frac{k-1}{2}\right)=\frac{k-1}{2}\cdot\frac{p_1}{p_0}+\frac{k+1}{2}$$

据此可得冲击波前后气体压力比和密度比的关系

$$\frac{\rho_1}{\rho_0}=\frac{(k+1)\cdot\dfrac{p_1}{p_0}+(k-1)}{(k-1)\cdot\dfrac{p_1}{p_0}+(k+1)} \tag{3.2.8}$$

$$\frac{p_1}{p_0}=\frac{(k+1)\cdot\dfrac{\rho_1}{\rho_0}-(k-1)}{(k+1)-(k-1)\cdot\dfrac{\rho_1}{\rho_0}} \tag{3.2.9}$$

(3.2.8) 式、(3.2.9) 式称为理想气体的冲击绝热方程。

(3.2.4) 式、(3.2.5) 式、(3.2.8) 式中共有四个未知数，即 p_1、v_1(或 ρ_1)、u_1 和 D。一般来说介质的初始状态是给定的，多方指数 k 已知，即 p_0、ρ_0、u_0 和 k 是已知的，故求解冲击波波后状态参量 p_1、v_1(或 ρ_1)、u_1、D 时，还必须给定一个冲击波波后参量，方可封闭求解，或者说，只要给定一个冲击波波后参量，即可封闭求解。事实上，一个波后参量就反映了冲击波的强度。这也说明，对应一个冲击波强度，波后流场是确定可解的，并且解是唯一的。

例 3.1 已知未扰动空气的初始参量为 $p_0=9.8\times10^4\text{Pa}$，$\rho_0=1.25\text{kg/m}^3$，$u_0=0$，$T_0=288\text{K}$。如果冲击波的超压 $\Delta p=p_1-p_0=9.8\times10^6\text{Pa}$，试用理想气体的冲击波关系式计算冲击波的其他参量。

解 对于空气，$k=1.4$，$p_1=p_0+\Delta p$

$$\begin{aligned}\frac{\rho_1}{\rho_0}&=\frac{v_0}{v_1}=\frac{(k+1)p_1+(k-1)p_0}{(k+1)p_0+(k-1)p_1}=\frac{(k+1)(p_0+\Delta p)+(k-1)p_0}{(k+1)p_0+(k-1)(p_0+\Delta p)}\\&=\frac{2.4\times(9.8\times10^4+9.8\times10^6)+0.4\times9.8\times10^4}{2.4\times9.8\times10^4+0.4\times(9.8\times10^4+9.8\times10^6)}=5.67\end{aligned}$$

$$\rho_1=5.67\rho_0=7.09\text{kg/m}^3$$

$$v_1=\frac{1}{\rho_1}=0.14\text{m}^3/\text{kg}$$

$$u_1=u_1-u_0=\sqrt{(p_1-p_0)(v_0-v_1)}=\sqrt{9.8\times10^6\times(0.8-0.14)}=2543(\text{m/s})$$

$$D=D-u_0=v_0\sqrt{\frac{p_1-p_0}{v_0-v_1}}=0.8\sqrt{\frac{9.8\times10^6}{0.8-0.14}}=3082(\text{m/s})$$

$$c_1=\sqrt{kp_1v_1}=\sqrt{1.4\times(9.8\times10^4+9.8\times10^6)\times0.14}=1392(\text{m/s})$$

$$T_1=\frac{p_1v_1}{p_0v_0}T_0=\frac{(9.8\times10^4+9.8\times10^6)\times0.14}{9.8\times10^4\times0.8}\times288=5090(\text{K})$$

四、冲击波的性质

为了便于讨论冲击波的性质，以多方气体为例，对冲击波基本关系式进行变换，将主要参量 u_1、p_1 和 v_1 表示为未扰动介质声速 c_0 和冲击波速度 D 的函数。

声速

$$c_1^2 = kp_1v_1 = k\frac{p_1}{\rho_1}, \quad c_0^2 = kp_0v_0 = k\frac{p_0}{\rho_0} \tag{3.2.10}$$

因为

$$D - u_0 = v_0\sqrt{\frac{p_1 - p_0}{v_0 - v_1}} \tag{3.2.11}$$

所以

$$p_1 - p_0 = \rho_0(D - u_0)^2\left(1 - \frac{v_1}{v_0}\right) \tag{3.2.12}$$

将 (3.2.8) 式代入 (3.2.12) 式，得到

$$p_1 - p_0 = \rho_0(D - u_0)^2\left[1 - \frac{(k+1)p_0 + (k-1)p_1}{(k+1)p_1 + (k-1)p_0}\right] \tag{3.2.13}$$

由 (3.2.13) 式得到

$$p_1 + \frac{k-1}{k+1}p_0 = \frac{2}{k+1}\rho_0(D - u_0)^2 \tag{3.2.14}$$

所以

$$p_1 - p_0 = \rho_0(D - u_0)^2\frac{2}{k+1} - \frac{2k}{k+1}p_0 = \frac{2}{k+1}\rho_0\left[(D - u_0)^2 - \frac{kp_0}{\rho_0}\right] \tag{3.2.15}$$

即

$$p_1 - p_0 = \frac{2}{k+1}\rho_0[(D - u_0)^2 - c_0^2] \tag{3.2.16}$$

由 (3.2.4) 式、(3.2.5) 式可知，$u_1 - u_0 = \dfrac{p_1 - p_0}{\rho_0(D - u_0)}$，得到

$$u_1 - u_0 = \frac{2}{k+1}(D - u_0)\left[1 - \frac{c_0^2}{(D - u_0)^2}\right] \tag{3.2.17}$$

$$\frac{v_0 - v_1}{v_0} = \frac{2}{k+1}\left[1 - \frac{c_0^2}{(D - u_0)^2}\right] \tag{3.2.18}$$

(3.2.16) 式、(3.2.17) 式、(3.2.18) 式即为以 c_0、D 表示的冲击波阵面前后介质参量突跃变化的表达式，也可以运用它们进行冲击波参量的计算。

如果波前介质为静止状态，即 $u_0 = 0$，则可得到

$$p_1 - p_0 = \frac{2}{k+1}\rho_0 D^2\left(1 - \frac{c_0^2}{D^2}\right) \tag{3.2.19}$$

$$u_1-u_0=\frac{2}{k+1}D\left(1-\frac{c_0^2}{D^2}\right) \tag{3.2.20}$$

$$\frac{v_0-v_1}{v_0}=\frac{2}{k+1}\left(1-\frac{c_0^2}{D^2}\right) \tag{3.2.21}$$

马赫数 M 是流体力学中的一个重要概念，在定义流体力学现象时具有十分关键的作用。若定义冲击波马赫数为 $M=\dfrac{D-u_0}{c_0}$，其中 $c_0^2=kp_0/\rho_0$，则 (3.2.16) 式、(3.2.17) 式、(3.2.18) 式还可表示成下列形式

$$\begin{cases}\dfrac{u-u_0}{c_0}=\dfrac{2}{k+1}\left(M-\dfrac{1}{M}\right)=\dfrac{2}{k+1}\dfrac{M^2-1}{M}\\ \dfrac{p-p_0}{p_0}=\dfrac{2k}{k+1}(M^2-1)\\ \dfrac{\rho-\rho_0}{\rho_0}=\dfrac{2(M^2-1)}{(k-1)M^2+2}\end{cases} \tag{3.2.22}$$

下面简要证明平面正冲击波的两个基本性质。

性质 1　相对波前未扰动介质，冲击波的传播速度是超声速的，即满足 $D-u_0>c_0$ 或 $M>1$；而相对于波后已扰动介质，冲击波的传播速度是亚声速的，即 $D-u_1<c_1$。

证明：

(3.2.16) 式可写成

$$\left(\frac{D-u_0}{c_0}\right)^2=\frac{(k+1)p_1/p_0+(k-1)}{2k} \tag{3.2.23}$$

由质量守恒方程

$$\left(\frac{D-u_1}{v_1}\right)^2=\left(\frac{D-u_0}{v_0}\right)^2$$

并运用 $c^2=kpv$，得到

$$\left(\frac{D-u_1}{c_1}\right)^2=\frac{(D-u_0)^2v_1^2p_0}{v_0^2kp_1v_1p_0}=\frac{(D-u_0)^2}{c_0^2}\frac{p_0v_1}{p_1v_0} \tag{3.2.24}$$

将 (3.2.21) 式代入 (3.2.24) 式可得

$$\left(\frac{D-u_1}{c_1}\right)^2=\frac{(k+1)p_0/p_1+(k-1)}{2k} \tag{3.2.25}$$

对冲击波 $\dfrac{p_1}{p_0}>1$ 且 $k>1$，故

$$\left(\frac{D-u_0}{c_0}\right)^2=\frac{(k+1)p_1/p_0+(k-1)}{2k}>1$$

$$\left(\frac{D-u_1}{c_1}\right)^2=\frac{(k+1)p_0/p_1+(k-1)}{2k}<1$$

即

$$|D-u_0|>c_0,|D-u_1|<c_1$$

证毕。

性质 2　冲击波的传播速度不仅与介质初始状态有关，而且还与冲击波强度有关。

证明:

令冲击波强度 $\varepsilon=\frac{p_1-p_0}{p_0}=\frac{p_1}{p_0}-1$，于是 $\frac{p_1}{p_0}=\varepsilon+1$。

将其代入 (3.2.23) 式得

$$\left(\frac{D-u_0}{c_0}\right)^2=1+\frac{k+1}{2k}\varepsilon$$

即

$$D-u_0=c_0\sqrt{1+\frac{k+1}{2k}\varepsilon}$$

故 $D=f(c_0,\varepsilon)$，即冲击波速度不仅与介质初始声速 c_0 有关，而且与冲击波强度 ε 有关。

对于声波，有 $\varepsilon\approx 0$，则 $D-u_0\approx c_0$，因此声波传播速度只与介质状态有关，证毕。

3.2.2　爆轰波

一、基本概念

冲击波在炸药中传播可能有两种情况，一种是不引起炸药的化学反应，这种情况与一般介质中冲击波无异；另一种情况是由于冲击波的剧烈压缩而引起炸药的快速化学反应，反应放出的热量又支持冲击波的传播，使其维持恒速而不衰减，这种紧跟着化学反应的冲击波，或伴有化学反应的冲击波称为爆轰波。爆轰是爆轰波在炸药中传播的过程，是一种稳定传播的爆炸现象。

爆轰波结构示意图如图 3.2.6 所示。从图中可看出，炸药爆轰时，前沿冲击波波阵面上的压力从 p_0 突跃到 p_1，使炸药介质受到剧烈的压缩，进而温度升高，引发迅速的化学反应；在化学反应时释放能量，压力下降，至反应结束后压力下降到 p_2。由化学反

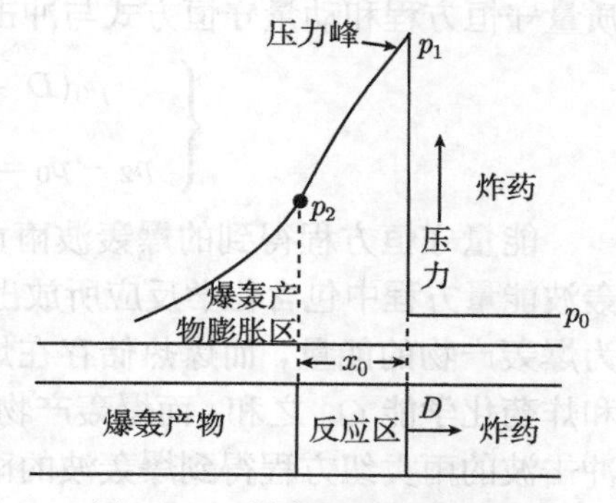

图 3.2.6　爆轰波结构示意图

应开始到反应结束的这个区域称为化学反应区。化学反应区的宽度对于一般凝聚炸药取 0.1~1mm。在反应结束后爆轰产物发生等熵膨胀，压力平稳下降。化学反应区内的放热反应提供了冲击波传播的能量，支持了爆轰波的稳定传播。

二、爆轰波理论模型

1. 基本方程的建立

假设一个刚性圆管内均匀装填着炸药，在圆管的一端面同时起爆，那么爆轰波在圆管内以一维平面波传播，爆轰波传播示意如图 3.2.7 所示。按照爆轰波传播示意图，将爆轰波划分出三个控制面。0-0 面之前，炸药未受到扰动；0-0 面和 1-1 面之间，炸药被前沿冲击波压缩，但尚未开始化学反应，一般冲击波阵面厚度与分子自由路程的长度在同一数量级，因此 0-0 面和 1-1 面也可合起来看成是一个间断面；1-1 面和 2-2 面之间是化学反应区；2-2 面之后为爆轰产物区域。在化学反应区结束端面 (2-2 面)，爆轰产物的参数为 p_2、ρ_2、u_2、T_2，称为炸药的爆轰参数。

由于爆轰过程是稳定的，以 0-0 面、1-1 面、2-2 面表示的三个控制面在传播过程中都是定常的，即都是以同样的速度 D 传播，D 是爆轰波传播的速度，也是化学反应区的移动速度，简称爆速。

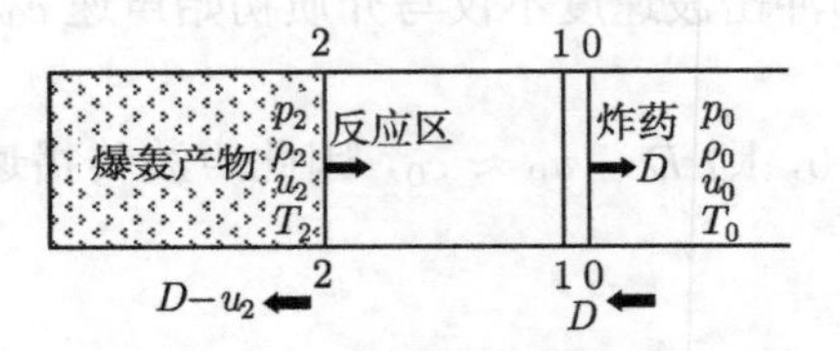

图 3.2.7 爆轰波传播示意图

为了建立炸药的初始参数与爆轰参数之间的关系，需要建立爆轰波基本关系式。这里不考虑前沿冲击波阵面和化学反应区内状态的变化，跨 0-0 面和 2-2 面建立控制体。可以采用与冲击波关系式完全相同的方法建立爆轰波基本关系式，其中质量守恒方程和动量守恒方式与冲击波基本关系式相同，可直接采用，即

$$\begin{cases} \rho_0(D-u_0)=\rho_2(D-u_2) \\ p_2-p_0=\rho_0(D-u_0)(u_2-u_0) \end{cases} \tag{3.2.26}$$

能量守恒方程得到的爆轰波雨贡纽方程与冲击波雨贡纽方程不同，主要是爆轰波能量方程中包含化学反应所放出的能量，即爆热。因为在爆轰过程中爆热转化为爆轰产物的能量，而爆热储存在炸药中，故炸药的总内能 e_0 为炸药的内能 E_0 和炸药化学能 Q_v 之和，而爆轰产物的总内能 e_2 即为该状态下的内能 E_2，这样从冲击波的雨贡纽方程得到爆轰波的雨贡纽方程的表达式为

$$e_2-e_0=\frac{1}{2}(p_2+p_0)(v_0-v_2)$$

将相应状态的内能代入上式，可得

$$E_2 - E_0 = \frac{1}{2}(p_2 + p_0)(v_0 - v_2) + Q_v \tag{3.2.27}$$

式 (3.2.27) 为爆轰波能量方程。式中，Q_v 表示爆轰化学反应区所释放的热量，$E_2 - E_0$ 表示爆轰波通过前后由于介质状态参数变化所引起的内能的变化。对于爆炸性气体，假设爆轰波通过前后都符合多方气体定律，并且假设气体的多方指数 k 不变，则有

$$E_0 = \frac{p_0 v_0}{k-1}; E_2 = \frac{p_2 v_2}{k-1}$$

$$\frac{p_2 v_2}{k-1} - \frac{p_0 v_0}{k-1} = \frac{1}{2}(p_2 + p_0)(v_0 - v_1) + Q_v$$

2. 爆轰参数的计算

无论是气体炸药还是凝聚炸药，在给定的初始条件下，爆轰波都以某一特定的速度稳定传播，而三个守恒方程无法描述该稳定传播现象。为此 Chapman 和 Jouguet 提出了爆轰波稳定传播的条件，即著名的 CJ 条件

$$D = u_2 + c_2 \tag{3.2.28}$$

式中，c_2 为爆轰产物的当地声速，u_2 为爆轰产物质点速度。

CJ 条件对应的参数与图 3.2.7 中 2-2 面上的参数是一致的，均称为爆轰参数，也称为 CJ 参数。根据上述爆轰波基本关系式 (3.2.26)~(3.2.28) 式以及爆轰产物的状态方程 $p = f(v_2, T_2)$，由五个方程组成的方程组可以求解出五个未知数，即当炸药的初始参数 p_0、ρ_0、u_0、T_0 给定时，可以计算爆轰参数。

采取与冲击波参数计算相同的方法，可以得到爆轰波参数表达式为

$$p_2 - p_0 = \frac{1}{k+1}\rho_0\left[(D-u_0)^2 - c_0^2\right] \tag{3.2.29}$$

$$v_0 - v_2 = \frac{1}{k+1}v_0\left[1 - \frac{c_0^2}{(D-u_0)^2}\right] \tag{3.2.30}$$

(3.2.29) 式、(3.2.30) 式是利用爆轰波质量守恒和动量守恒基本方程导出的，若与冲击波的关系式 (3.2.19) 相比，可看出爆轰波前沿冲击波阵面上的参数为 C-J 面上参数的二倍，即 $p_1 - p_0 = 2(p_2 - p_0)$。这进一步证明了被冲击波压缩的炸药在开始化学反应以后发生膨胀，到反应完毕时，其压力仅为前沿冲击波阵面上压力的一半。

采取与冲击波基本理论相同的方法求解爆轰参数，由于 $p_2 \gg p_0$，$D^2 \gg c_0^2$，则爆轰波参数的计算公式分别为

CJ 比容

$$v_2 = \frac{k}{k+1}v_0 \tag{3.2.31}$$

CJ 压力 (或称为爆轰压力)

$$p_2 = \frac{1}{k+1}\rho_0 D^2 \tag{3.2.32}$$

CJ 质点速度

$$u_2 = \frac{1}{k+1}D \tag{3.2.33}$$

CJ 声速

$$c_2 = \frac{k}{k+1}D \tag{3.2.34}$$

另外，炸药爆速与爆热之间存在关系式

$$D = \sqrt{2(k^2-1)Q_v} \tag{3.2.35}$$

3. 冲击波与爆轰波的异同

爆轰波是一种强冲击波，具有与冲击波相同的性质。

(1) 爆轰波过后，状态参量 (如压力、温度、密度等) 急剧增加。

(2) 爆轰波传播速度与冲击波一样，相对于波前介质 (炸药) 是超声速的。

但由于爆轰波具有化学反应区，它又有与冲击波的不同之处。

(1) 爆轰波是由冲击波和紧跟其后的化学反应区组成，它们是一个不可分割的整体，而且以同一速度在炸药中传播。

(2) 由于爆轰波具有化学反应区，炸药在发生化学反应的过程中不断释放出能量，使得爆轰波在其传播过程中不断得到能量补充而不衰减；而冲击波只是一个强间断面，没有化学反应区，没有能量的补充，而且冲击波过程伴随着熵增，引起能量耗散，因而冲击波在传播过程中可能会不断地衰减，最终成为声波。

(3) 冲击波相对波后介质是亚声速的，而爆轰波传播速度相对于波后介质为当地声速，即 $D = u_2 + c_2$。

3.3 爆破战斗部结构及其毁伤效应

爆破战斗部利用炸药爆炸产生的爆轰产物和冲击波破坏目标，可用于打击空中、地面、地下、水上和水下的多种目标，特别是有生力量、建筑物及轻装甲目标等。爆破战斗部内一般装填高能炸药，炸药在各种介质 (如空气、水、岩土和金属等) 中爆炸时，介质将受到爆轰产物的强烈冲击。爆轰产物具有高压、高温和高密度的特性，对于一般高能炸药，爆轰产物的压力可达 20~40GPa，温升可达 3000~5000°C，密度可达 2.15~2.37g/cm³。爆轰产物作用于周围介质，还将在介质内形成爆炸冲击波的传播，爆炸冲击波携带着爆炸的能量可使介质产生大变形、破碎等破坏效应。

爆破战斗部在空气中爆炸时，炸药能量的 60%~70%通过空气冲击波作用于目标，给目标施加巨大压力和冲量。在爆炸的同时，爆破战斗部金属壳体还将破裂成许多向周围飞散的破片。在一定范围内，具有一定动能的破片也能起到杀伤作用，但与冲击波的作用威力相比，这种作用从属于第二位。

爆破战斗部在水中爆炸时，以水中冲击波、气泡脉动和二次压力波为主要特征，形成的水中冲击波和二次压力波可对较远距离目标实施破坏作用，而被水介质包围的爆轰产物形成的气泡脉动和气泡溃灭产生的水射流对水下近距离目标可实施破坏作用。

爆破战斗部在岩土中爆炸时，在岩土介质中形成爆炸冲击波，产生局部破坏作用和地震效应。局部破坏作用造成爆腔和破坏性漏斗坑，爆炸冲击波的传播和由此引起的地震效应能引起地面建筑物和防御工事的震塌和震裂。一般认为，爆破战斗部在空中爆炸主要靠空气冲击波作用，在水中爆炸主要靠水中冲击波和气泡脉动，在岩土中爆炸主要靠局部破坏产生毁伤效应。

3.3.1　爆破战斗部典型结构

一、基本结构

爆破战斗部是指通过炸药爆炸后形成的高温、高压、高速膨胀的爆轰产物及介质中冲击波对目标实施破坏的战斗部，典型结构如图 3.3.1 所示，主要由壳体、高能炸药、传爆序列组成。爆破战斗部按照对目标作用状态的不同可分成内爆式和外爆式两种。

内爆式战斗部是指进入目标内部后才爆炸的爆破战斗部，如打击建筑物的侵彻爆破弹，破坏地下指挥所的钻地弹和打击舰船目标的半穿甲弹等。内爆式战斗部对目标产生由内向外的爆破性破坏，可能同时涉及多种介质中的爆炸毁伤效应。显然，装备内爆式战斗部的导弹必须直接命中目标。

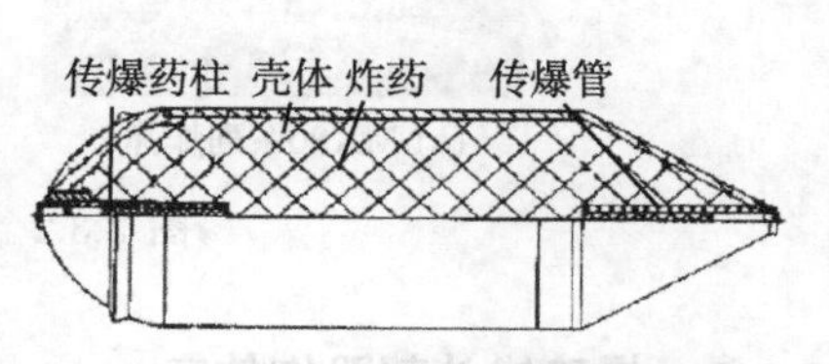

图 3.3.1　爆破战斗部典型结构图

外爆式战斗部是指在目标附近爆炸的爆破式战斗部，它对目标产生由外向内的挤压性破坏，主要涉及空中、水中爆炸效应。与内爆式相比，它对导弹的制导精度要求可以降低，但其脱靶距离应不大于战斗部冲击波的破坏半径。外爆式战斗部的外形和结构与内爆式战斗部相似，但有两处差别较大：一是战斗部的强度仅需要满足导弹飞行过程的受载条件，其壳体可以较薄，主要功能是作为装药的容器；二是通常采用非触发引信，如近炸引信。

内爆式爆破战斗部是进入目标内后发生爆炸的，因而炸药能量的利用比较充分，能够依靠冲击波和迅速膨胀的爆轰产物来破坏目标。外爆式爆破战斗部的情况则不同，当脱靶距离超过 10~15 倍装药半径时，爆轰产物的压力已经衰减到环境大气压，这时爆轰产物对目标基本不起破坏作用，但冲击波仍具有破坏目标的能力，成为主要的破坏因素。而且由于目标只可能出现在爆炸点某一侧 (指单个目标)，呈球形传播的冲击波作用场只有部分能量能对目标起破坏作用，因而炸药能量的利用率较低。在其他条件相同的前提下，要对目标造成相同程度的破坏，外爆式爆破战斗部需要的炸药量是内爆式的 3~4 倍。

二、典型装备

爆破战斗部是最常用的战斗部类型之一，装备爆破战斗部的弹药种类非常多，如陆军使用的榴弹、云爆弹；空军使用的空对舰、空对地、空对空等爆破战斗部；海军使用的鱼雷、水雷、沉雷等。本书仅给出爆破战斗部的典型装备。

图 3.3.2 是典型的爆破战斗部图片，其中 (a) 为 MK80 系列炸弹，(b) 为宝石路激光制导炸弹。美军 MK80 系列炸弹是美国于 1950 年投资研制的自由落体非制导低阻杀爆炸弹，包括 113.4kg 级 MK81、227kg 级 MK82、454kg 级 MK83 和 907kg 级 MK84，服役于美国空军、海军和海军陆战队。它们也成为许多国家炸弹生产的制式产品。这些炸弹广泛用于对付炮兵阵地、车辆、碉堡、导弹发射装置、早期预警雷达和后勤供给系统等多种目标。

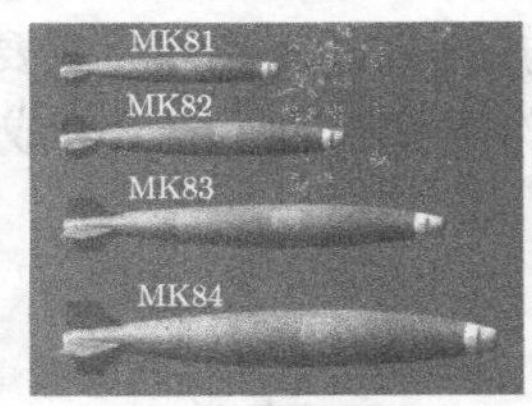

(a) MK80系列炸弹

(b) 宝石路激光制导炸弹

图 3.3.2　典型爆破战斗部装备

3.3.2　爆破战斗部毁伤效应

爆破战斗部利用炸药爆炸产生的爆轰产物和冲击波对目标产生的破坏作用称为爆炸冲击效应。炸药爆炸时，除了产生高温高压的爆轰产物以外，还形成强大的冲击波向四周运动，以很高的压力作用在目标上，给目标很大的冲量和超压，使其遭受到不同程度的破坏。根据爆破战斗部爆炸时周围介质的不同，将爆破战斗部的毁伤效应分为空中爆炸、水中爆炸和岩土中爆炸三种情况。

一、空中爆炸

1. 空中爆炸现象

空中爆炸是爆破战斗部的主要作用形式，即使是内爆式侵爆战斗部在目标内部爆炸，当作用于建筑物和舰船内部时，仍以空中爆炸效应为第一形式。炸药在空气中爆炸，瞬时转变为高温、高压的爆轰产物。由于空气的初始压力和密度都很低，爆轰产物急剧膨胀，使其内部压力和密度下降；同时，爆轰产物高速膨胀，强烈压缩周围空气，在空气中形成空气冲击波，具体过程如下。

假设爆轰由装药中心引发，当爆轰波到达炸药和空气界面时，瞬时在空气中形成强冲击波，称为初始冲击波，其参数由炸药和介质性质决定。初始冲击波作为一个强间断面，其运动速度大于爆轰产物–空气界面的运动速度，造成压力波阵面与爆轰产物–空气界面的分离。初始冲击波构成整个压力波的头部，其压力最高，压力波尾部压力最低，与爆轰产物–空气界面压力相连续。由于惯性效应，爆轰产物会产生过度膨胀，其压力将低于邻近空气的压力，即刻在压力波的尾部形成稀疏波，并开始第一次反向压缩。此时，压力波和稀疏波与爆轰产物分别独立地向前传播。这样就形成一个尾部带有稀疏波区 (或负压区) 的空气冲击波，称为爆炸空气冲击波。爆炸空气冲击波的形成和压力分布如图 3.3.3 所示。

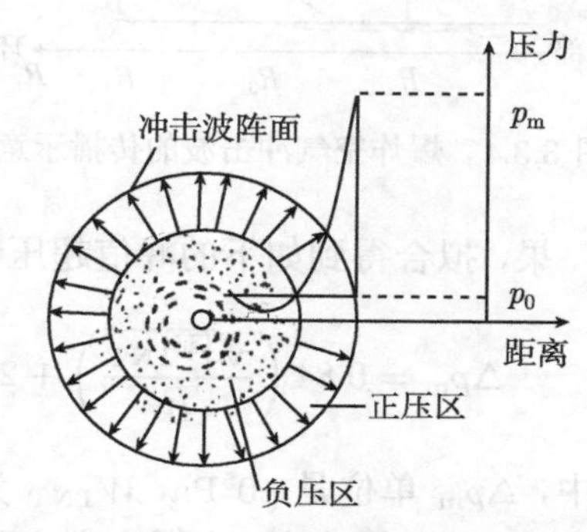

图 3.3.3　空气冲击波的形成和压力分布

爆炸空气冲击波形成以后，脱离爆轰产物独立地在空气中传播。在传播过程中，波的前沿以超声速传播，而正压区的尾部则以与压力 p_0 相对应的声速传播，所以正压区被不断拉宽。爆炸空气冲击波的传播如图 3.3.4 所示。随着爆炸空气冲击波的传播，其峰值压力和传播速度等参数迅速下降。原因是：首先，爆炸空气冲击波的波阵面随传播距离的增加而不断扩大，即使没有其他能量损耗，其波阵面上单位面积的能量也迅速减小；其次，爆炸空气冲击波的正压区随传播距离的增加而不断拉宽，受压缩的空气量不断增加，使得单位质量空气的平均能量不断下降；此外，冲击波的传播是熵增过程，因此在传播过程中始终存在着因空气冲击绝热压缩而产生的不可逆的能量损失。爆炸空气冲击波传播过程中波阵面压力在初始阶段衰减快，后期减慢，传播到一定距离后，冲击波衰减为声波。

冲击波压力随时间的变化如图 3.3.5 所示。$\Delta p = p - p_0$ 为冲击波超压，τ_+ 表示正压持续时间，$I_+ = \int_0^{\tau_+} \Delta p(t)\mathrm{d}t$ 为比冲量。冲击波超压峰值 $\Delta p_{\mathrm{m}} = p_{\mathrm{m}} - p_0$、$\tau_+$ 和 I_+ 构成了爆炸空气冲击波的三个基本参数。

2. 爆炸空气冲击波参数

1) 冲击波超压

球形或接近球形的 TNT 裸装药在无限空中爆炸时，根据爆炸理论和试验结

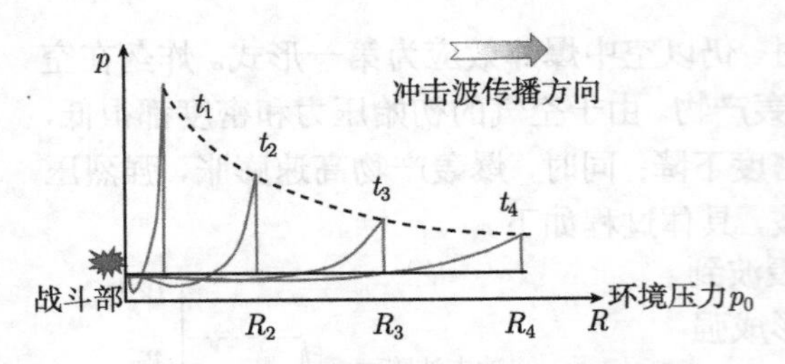

图 3.3.4　爆炸空气冲击波的传播示意图

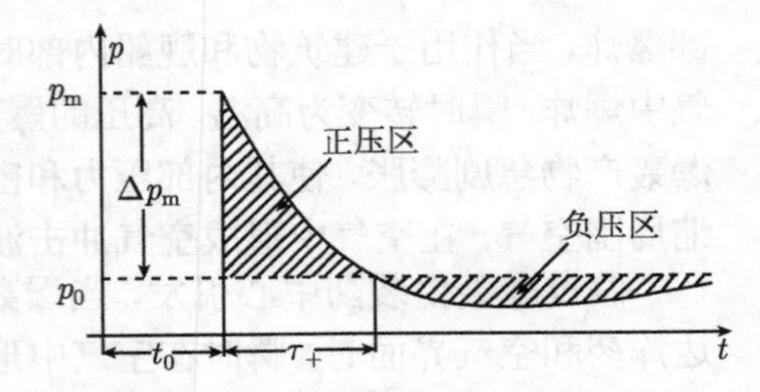

图 3.3.5　冲击波压力随时间的变化示意图

果，拟合得到如下的峰值超压计算公式，即著名的萨道夫斯基公式

$$\Delta p_m = 0.84\left(\frac{\sqrt[3]{W_{TNT}}}{R}\right) + 2.7\left(\frac{\sqrt[3]{W_{TNT}}}{R}\right)^2 + 7.0\left(\frac{\sqrt[3]{W_{TNT}}}{R}\right)^3 \tag{3.3.1}$$

式中，Δp_m 单位是 10^5Pa，W_{TNT} 为等效 TNT 装药质量 (kg)，R 为测点到爆心的距离 (m)。一般认为，当爆点高度系数 $\overline{H}$ 符合下列条件时，称为无限空中爆炸。

$$\overline{H} = \frac{H}{\sqrt[3]{W_{TNT}}} \geqslant 0.35 \tag{3.3.2}$$

式中，H 为爆炸装药离地面的高度 (m)。令

$$\overline{R} = \frac{R}{\sqrt[3]{W_{TNT}}} \tag{3.3.3}$$

则 (3.3.1) 式可写成组合参数 $\overline{R}$ 的表达式

$$\Delta p_m = \frac{0.84}{\overline{R}} + \frac{2.7}{\overline{R}^2} + \frac{7.0}{\overline{R}^3} \tag{3.3.4}$$

此式适用于 $1 \leqslant \overline{R} \leqslant 15$ 的情况，$\overline{R}$ 也称为比例距离。

炸药在地面爆炸时，由于地面的阻挡，空气冲击波主要向一半无限空间传播，地面对冲击波的反射作用使能量向一个方向增强。图 3.3.6 给出了炸药在有限高度 H 处空中爆炸时，冲击波传播的示意图。有限高度空中爆炸后，冲击波到达地面时发生波反射，形成马赫反射区和正规反射区，反射波后压力得到增强，形成不对称作用。地面爆炸对应了 $H = 0$ 的情况。

当装药在混凝土、岩石类的刚性地面爆炸时，发生全反射，相当于两倍的装药在无限空间爆炸的效应。于是可将 $2W_{TNT}$ 代替超压计算公式 (3.3.1) 根号内的 W_{TNT}，直接得出

$$\Delta p_m = 1.06\left(\frac{\sqrt[3]{W_{TNT}}}{R}\right) + 4.3\left(\frac{\sqrt[3]{W_{TNT}}}{R}\right)^2 + 14\left(\frac{\sqrt[3]{W_{TNT}}}{R}\right)^3 \tag{3.3.5}$$

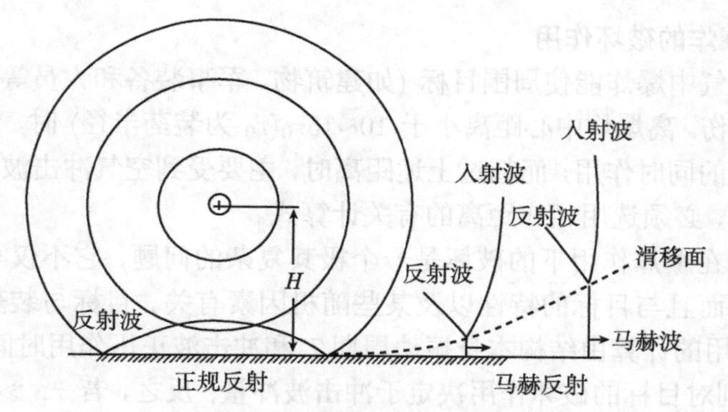

图 3.3.6　空爆时冲击波传播示意图

当装药在普通土壤地面爆炸时，地面土壤受到高温高压爆轰产物的作用发生变形、破坏，甚至抛掷到空中形成一个炸坑，将消耗一部分能量。因此，在这种情况下，地面能量反射系数小于 2，等效装药量一般取为 $(1.7\sim1.8)W_{\mathrm{TNT}}$。当取 $1.8W_{\mathrm{TNT}}$ 时，冲击波峰值超压公式 (3.3.1) 变为

$$\Delta p_{\mathrm{m}}=1.02\left(\frac{\sqrt[3]{W_{\mathrm{TNT}}}}{R}\right)+3.99\left(\frac{\sqrt[3]{W_{\mathrm{TNT}}}}{R}\right)^2+12.6\left(\frac{\sqrt[3]{W_{\mathrm{TNT}}}}{R}\right)^3 \tag{3.3.6}$$

因为空气冲击波以空气为介质，而空气密度随着高度的增加逐渐降低，因而在装药量相同时，冲击波的威力也随高度的增加而下降。考虑超压随爆点高度的增加而降低，对 (3.3.6) 式进行高度影响修正如下

$$\Delta p_{\mathrm{m}}=\frac{0.84}{\overline{R}}\left(\frac{p_H}{p_0}\right)^{1/3}+\frac{2.7}{\overline{R}^2}\left(\frac{p_H}{p_0}\right)^{2/3}+\frac{7.0}{\overline{R}^3}\left(\frac{p_H}{p_0}\right) \tag{3.3.7}$$

式中，p_H 为某爆点高度的空气压力，p_0 为标准大气压 $(1.013\times10^5\mathrm{P}_a)$。因此，对付空中目标时，随着弹目遭遇高度增加，爆破战斗部所需炸药量迅速增加。

2) 正压持续时间 τ_+

球形 TNT 裸装药在无限空中爆炸时，正压持续时间 τ_+ 的计算公式是

$$\tau_+=1.3\times10^{-3}\sqrt[6]{W_{\mathrm{TNT}}}\sqrt{R}(\mathrm{s}) \tag{3.3.8}$$

3) 比冲量 I_+

球形 TNT 裸装药无限空中爆炸产生的比冲量 I 的一个计算公式是

$$I_+=9.807A\frac{W_{\mathrm{TNT}}^{2/3}}{R}\quad(\mathrm{Pa\cdot s}) \tag{3.3.9}$$

式中，A 为与炸药性能有关的系数，对于 TNT，A=30~40。

3. 空中爆炸的破坏作用

装药在空气中爆炸能使周围目标 (如建筑物、军事装备和人员等) 产生不同程度的破坏和损伤。离爆炸中心距离小于 $10\sim15r_0$(r_0 为装药半径) 时，目标受到爆轰产物和冲击波的同时作用，而超过上述距离时，主要受到空气冲击波的作用。因此在进行估算时，必须选用相应距离的有关计算式。

各种目标在爆炸作用下的破坏是一个极其复杂的问题，它不仅与冲击波的作用情况有关，而且与目标的特性以及某些随机因素有关。目标与装药有一定距离时，其破坏作用的计算由结构本身振动周期 T 和冲击波正压作用时间 τ_+ 决定。如果 $\tau_+ \ll T$，则对目标的破坏作用决定于冲击波冲量；反之，若 $\tau_+ \gg T$，则取决于峰值超压。通常，冲击波的作用按冲量计算时，必须满足 $\tau_+/T \leqslant 0.25$；而按峰值压力计算时，必须满足 $\tau_+/T \geqslant 10$。例如，大装药量爆炸和核爆炸时，由于正压区持续时间比较长，主要考虑峰值超压的作用。目标与炸药距离较近时，由于正压区持续时间短，通常按冲量破坏来计算。在上述两个范围之间，无论按冲量还是按峰值超压计算，误差都很大，往往需要同时考虑冲量和超压的作用。

实际上，空气冲击波在传播时遇到的目标往往是有限尺寸的。这时，除了有反射冲击波外，还发生冲击波的环流作用，又称绕流作用。假设平面冲击波垂直作用于一座很坚固的障碍物，这时发生正反射，壁面压力增高 Δp_2。与此同时，入射冲击波沿着墙顶部传播，显然，并不发生反射，其波阵面上压力为 Δp_1。由于 $\Delta p_1 < \Delta p_2$，稀疏波向高压区内传播。在稀疏波作用下，壁面处空气向上运动，但在其运动过程中，由于受到障碍物顶部入射波后运动的空气影响而改变了运动方向，形成顺时针方向运动的旋风，另外又和相邻的入射波一起作用，变成绕流向前传播，如图 3.3.7(a) 所示。环流进一步发展，绕过障碍物顶部沿着障碍物后壁向下运动，如图 3.3.7(b) 所示。这时障碍物后壁受到的压力逐渐增加，而障碍物的正面则由于稀疏波的作用，压力逐渐下降。即使如此，降低后的压力还是要比障碍物后壁受到的压力大。环流波继续沿着障碍物后壁向下运动，经某一时刻到达地面，并从地面发生反射，使压力升高，如图 3.3.7(c) 所示。这和空中爆炸时，冲击波从地面反射的情况类似。绕流波沿着地面运动，大约在离障碍物后 $2H$(H 为障碍物高度) 的地方形成马赫反射，这时冲击波的压力大为加强，如图 3.3.7(d) 所示。因此，这种情况下利用障碍物作防护时，越靠近障碍物内侧越安全。

当冲击波遇到高而窄的障碍物 (如烟囱等) 时，冲击波绕流情况如图 3.3.8 所示。冲击波在墙的两侧同时产生绕流，当两个绕流绕过障碍物继续运动时将发生相互作用现象，作用区的压力骤然升高。当障碍物的高度和宽度都不是很大时，受到冲击波作用后绕流同时产生于障碍物的顶端和两侧，这时在障碍物的后壁某处会出现三个绕流波汇聚作用的合成波区，该处压力很高。因此，在利用障碍物作防护时，必须注意障碍物后某距离处的破坏作用可能比无障碍物时更加严重。

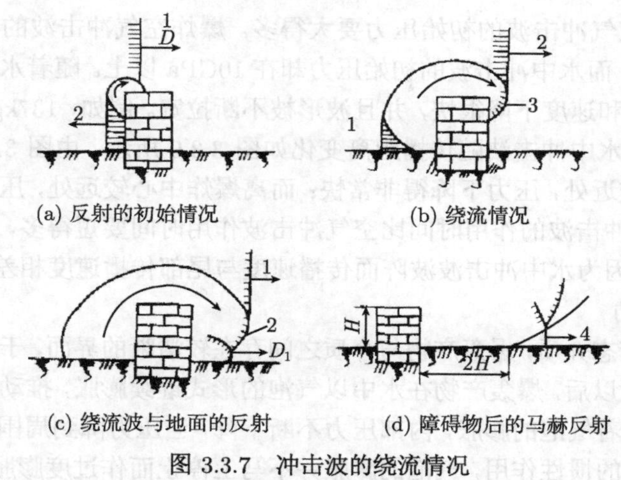

图 3.3.7　冲击波的绕流情况

1. 入射冲击波；2. 反射波；3. 绕流波；4. 马赫波

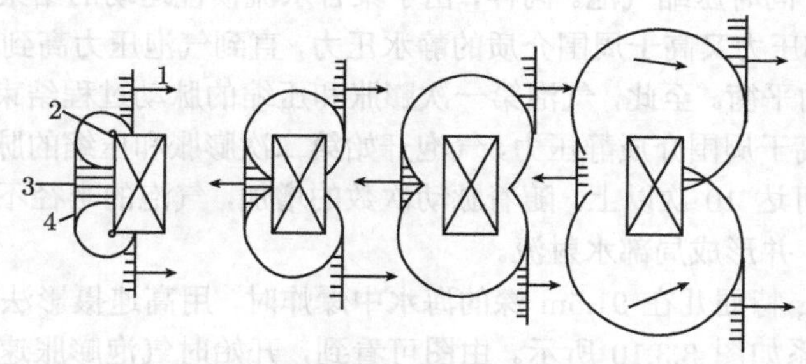

图 3.3.8　冲击波对高而窄建筑物的绕流情况

1. 入射冲击波；2. 绕流波；3. 反射波；4. 稀疏波

二、水中爆炸

1. 水中爆炸现象

常温、常压下，水是液态介质，相对于空气，水的密度大，可压缩性小，因此声速大。由冲击波公式可知，水中冲击波造成的压力会大很多。炸药在水中爆炸形成水中冲击波传播。水中爆炸冲击波的形式与空气中的类似，主要是量级上有差别。同时，爆轰产物被包围在液态的水中形成气泡，气泡的膨胀和压缩引起脉动。气泡的脉动产生后续压力波，通常由于第一次脉动所产生的压力波具有实际意义而受到关注，称为二次压力波。简言之，炸药在水中爆炸的基本现象是形成水中冲击波、气泡脉动和二次压力波。

1) 水中冲击波

装药在无限、均匀和静止的水中爆炸时，首先在水中形成冲击波。水中冲击波的初始压力比空气冲击波的初始压力要大得多。爆炸空气冲击波的初始压力一般在 60~130MPa，而水中冲击波的初始压力却在 10GPa 以上。随着水中冲击波的传播，波阵面压力和速度下降很快，并且波形被不断拉宽。例如，137kg TNT 在水中爆炸时，测得的水中冲击波随传播距离变化如图 3.3.9 所示。由图 3.3.9 可以看出，在离爆炸中心较近处，压力下降得非常快；而离爆炸中心较远处，压力下降较为缓慢。此外，水中冲击波的作用时间比空气冲击波作用时间要短得多，前者约为后者的 1/100，这是因为水中冲击波波阵面传播速度与尾部传播速度相差较小的缘故。

2) 气泡脉动

由于水是液态介质，爆轰产物与介质之间存在较清晰的界面，于是水中冲击波形成并离开界面以后，爆轰产物在水中以气泡的形式继续膨胀，推动周围的水沿径向向外流动。随着气泡的膨胀，内部压力不断下降，当压力降到周围介质的初始压力时，由于水流的惯性作用，气泡的膨胀并不马上停止而作过度膨胀，一直膨胀到最大半径。这时，气泡内的压力低于周围介质的静水压力，周围的水开始反向运动，即向中心聚合，同时压缩气泡。同样，由于聚合水流惯性运动的结果，使气泡被过度压缩，其内部压力又高于周围介质的静水压力，直到气泡压力高到能阻止气泡被压缩，达到新的平衡。至此，气泡第一次膨胀和压缩的脉动过程结束。但是，由于气泡内的压力高于周围介质静压力，气泡开始第二次膨胀和压缩的脉动过程。这种气泡脉动有时可达 10 次以上。随着脉动次数的增加，气泡的半径不断缩小，最后发生气泡溃灭，并形成局部水射流。

例如，250g 特屈儿在 91.5m 深的海水中爆炸时，用高速摄影法测得的气泡半径与时间的关系如图 3.3.10 所示。由图可看到，开始时气泡膨胀速度很大，经过 14ms 后速度下降为零；然后气泡很快被压缩，到 28ms 后达到最大的压缩。在这之后，开始第二次膨胀和压缩的脉动过程。图中虚线表示第一次脉动过程气泡的平衡半径，即气泡内压力与静水压力相等时的半径。第一次脉动的 60%时间内，气泡的压力低于周围水的静压力。另外，由图 3.3.10 还可以看出，随着脉动次数的增加，气泡的半径不断缩小。

在气泡脉动过程中，气泡受浮力作用而不断上升。气泡膨胀时，上升缓慢，几乎原地不动；而气泡受压缩时，则上升较快。爆轰产物所形成的气泡一般呈球形。如果炸药为圆柱状，长径比在 1~6 范围内，则离装药 $25r_0$(r_0 为圆柱装药半径) 处气泡就接近球形了。若存在自由面时，从自由面反射回来的稀疏波与气泡作用，可使气泡变成蘑菇形。气泡到达自由表面，会出现与爆轰产物混在一起的飞溅水柱。如果气泡在开始收缩前到达水面，由于气泡上浮速度小，几乎只作径向飞散，因此水柱按径向喷射出现于水面。若气泡在最大压缩的瞬间到达水面，气泡上升速度很快，这时气泡上方的水都垂直向上喷射，形成的水柱又高又窄。当装药在足够深的水中爆炸时，气泡在到达自由表面以前就被分散和溶解了，因而不出现上述现象。

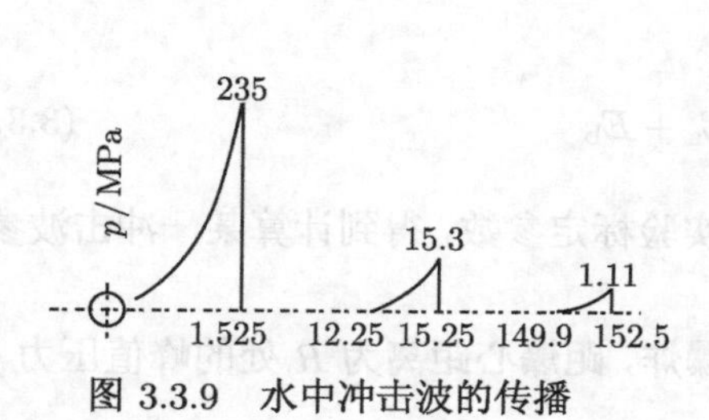

图 3.3.9　水中冲击波的传播

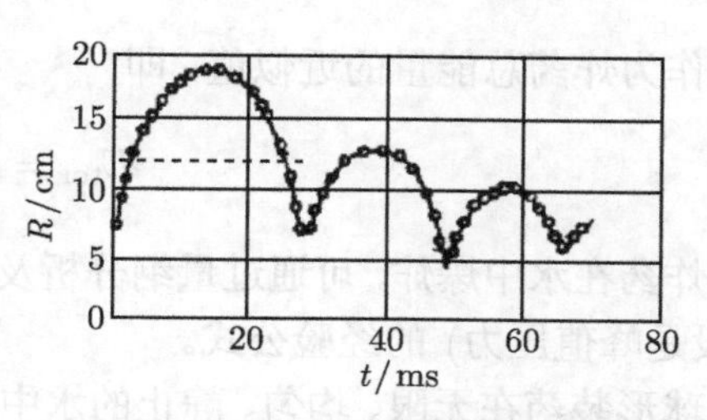

图 3.3.10　气泡半径与时间的关系

水中有障碍物存在时，障碍物对气泡的运动影响较大。气泡膨胀时，接近障碍物处水的径向流动受到阻碍，存在气泡离开障碍物的倾向。但是，当气泡不大且气泡内处于正压的周期不长时，这种效应不大。当气泡受压缩时，接近障碍物处水的流动受阻，而其他方向的水径向聚合流动速度很大，因此使气泡朝着障碍物方向运动，好像气泡被引向障碍物。在气泡与障碍物发生相互作用时，气泡最终溃灭，还将产生水射流。水射流作用于目标可造成局部的冲击和侵彻作用，即使对装甲目标也具有强烈的破坏效应。

3) 二次压力波

气泡脉动时，水中将形成稀疏波和压力 (缩) 波。稀疏波的产生对应于气泡半径最大的情况，而压力波则与气泡最小半径相对应。通常气泡第一次脉动时所形成的压力波 —— 二次压力波具有实际意义。例如，137kg 的 TNT，在水下 15m 深处爆炸时，离爆炸中心 18m 处测得的水中压力与时间的关系如图 3.3.11 所示。

首先到达的是水中冲击波，随后出现二次压力波。许多研究表明，二次压力波的最大压力不超过初次水中冲击波阵面压力的 10%~20%。但是，它的作用时间远远超过初次冲击波的作用时间，因此它的作用冲量可与初次冲击波相比拟，其破坏作用不容忽视。

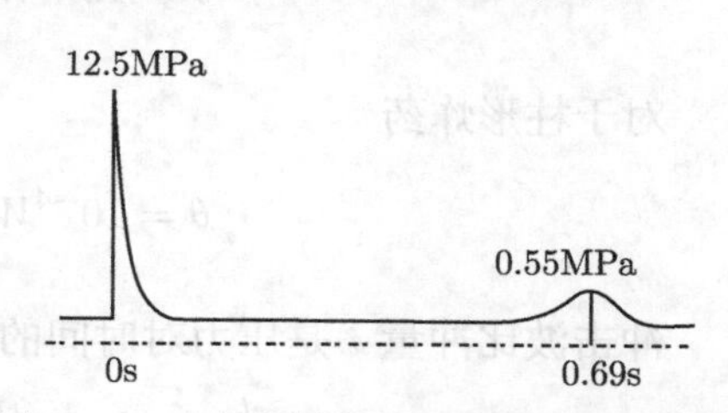

图 3.3.11　水中爆炸的压力与时间的关系

2. 水中冲击波参数

球形炸药在水中爆炸释放出的能量，一部分随水中冲击波传出，称为冲击波能 $E_{\rm s}$；一部分存在于爆轰产物气泡中，称为气泡能 $E_{\rm b}$；冲击波在传播时压缩周围的水，一部分能量以热的形式散逸到水中，称为热损失能 $E_{\rm r}$。炸药释放出的总能量 $E_{\rm tol}$ 为这三部分能量之和，即

$$E_{\rm tol} = E_{\rm s} + E_{\rm b} + E_{\rm r} \tag{3.3.10}$$

其中，冲击波传播过程中损失的能量 $E_{\rm r}$ 无法直接测量，一般认为热损失能与冲击波的强度有关，但在总能量中占的比例不大。$E_{\rm s}$、$E_{\rm b}$ 可实验测量，一般把 $E_{\rm s}$ 和 $E_{\rm b}$

之和作为炸药总能量的近似值，即

$$E_{\mathrm{tol}} = E_{\mathrm{s}} + E_{\mathrm{b}} \tag{3.3.11}$$

炸药在水中爆炸，可通过量纲分析及实验标定参数，得到计算某一冲击波参数(一般是峰值压力) 的经验公式。

球形装药在无限、均匀、静止的水中爆炸，距爆心距离为 R 处的峰值压力 p_{m}，可由爆炸相似律得到经验公式

$$p_{\mathrm{m}} = K_1 \left(\frac{W_{\mathrm{TNT}}^{1/3}}{R} \right)^{A_1} \tag{3.3.12}$$

式中，A_1 和 K_1 为实验标定参数，K_1=52.12，A_1=1.18，W_{TNT} 为炸药的等效 TNT 装药质量 (kg)，R 为离开爆点的距离 (m)，p_{m} 的量纲为 MPa。

水中冲击波的波后压力随时间变化的衰减规律可表示为

$$p(t) = p_{\mathrm{m}} \mathrm{e}^{-\frac{t}{\theta}} \tag{3.3.13}$$

式中，θ 为时间常数，与炸药的种类、重量和距爆炸中心的距离有关，通常表示从峰值压力 p_{m} 衰减到 $p_{\mathrm{m}}/\mathrm{e}(\mathrm{e}=2.718)$ 所用的时间。

对于球形炸药

$$\theta = 10^{-4} W_{\mathrm{TNT}}^{1/3} \left(\frac{R}{W_{\mathrm{TNT}}^{1/3}} \right)^{0.24} \tag{3.3.14}$$

对于柱形炸药

$$\theta = 10^{-4} W_{\mathrm{TNT}}^{1/3} \left(\frac{R}{W_{\mathrm{TNT}}^{1/3}} \right)^{0.41} \tag{3.3.15}$$

冲击波比冲量 i 是压力对时间的积分，其形式为

$$i = \int_0^t p(t) \mathrm{d}t = \int_0^t p_{\mathrm{m}} \mathrm{e}^{-\frac{t}{\theta}} \mathrm{d}t = p_{\mathrm{m}} \theta \left[1 - \mathrm{e}^{-\frac{t}{\theta}} \right] \tag{3.3.16}$$

工程上比冲量也可以用下式拟合

$$i = K_2 W_{\mathrm{TNT}}^{1/3} \left(\frac{W_{\mathrm{TNT}}^{1/3}}{R} \right)^{A_2} \tag{3.3.17}$$

式中，$K_2=6.52\times10^{-3}$，A_2=0.98，i 的量纲为 MPa·s。

3. 二次压力波参数

每次气泡脉动都消耗一部分能量，能量分配情况如表 3.3.1 所示。从表中数据看到，最初有总能量的 59%用于冲击波的形成，剩下的能量分配给爆轰产物。

表 3.3.1　水中爆炸的能量分配

冲击波的形成、气泡脉动	爆炸能量的消耗/%	留给下次脉动的能量/%
用于冲击波的形成	59	41
用于第一次气泡脉动	27	14
用于第二次气泡脉动	6.4	7.6

对于 TNT 炸药，二次压力波的峰值超压计算公式为

$$p_{\mathrm{mb}} - p_h = 72.4\frac{\sqrt[3]{W_{\mathrm{TNT}}}}{R} \tag{3.3.18}$$

式中，p_h 为与装药量同深度处的静水压力。

二次压力波的比冲量为

$$i_b = 6.04\times10^3\frac{(\eta Q_v)^{2/3}}{p_{hn}^{1/6}}\cdot\frac{\sqrt[3]{W_{\mathrm{TNT}}^2}}{R} \tag{3.3.19}$$

式中，Q_v 为炸药的爆热，η 为 $n-1$ 次脉动后留在产物中的能量分数，p_{hn} 为第 n 次脉动开始时，气泡中心所在位置的静压力。

计算第一次气泡脉动周期 T 的经验公式为

$$T = \frac{K_e W_{\mathrm{TNT}}^{1/3}}{(h+10.3)^{5/3}} \tag{3.3.20}$$

式中，h 为炸药浸入水中的深度 (m)，K_e 为炸药特性系数，T 的量纲为 s。几种常用炸药的 K_e 值如表 3.3.2 所示。

表 3.3.2　几种炸药气泡脉动周期计算参数

炸药	粉状特屈儿	压装特屈儿	注装 TNT	喷脱里特
$K_e(\mathrm{s\cdot m^{5/3}\cdot kg^{-1/3}})$	2.18	2.12	2.11	2.10

气泡能可用炸药在水下爆炸时生成的气体产物克服静水压第一次膨胀达到最大值时所做的功来度量，即

$$E_{\mathrm{b}} = \frac{4}{3}\frac{\pi r_{\mathrm{m}}^3 p_h}{W_{\mathrm{TNT}}} \tag{3.3.21}$$

式中，r_{m} 为第一次气泡膨胀到最大时的半径 (m)。

在无限水域中爆轰产物第一次膨胀的最大半径可按照下式计算

$$r_{\mathrm{m}} = 0.5466\frac{p_h^{1/2}}{\rho_{\mathrm{w}}^{1/2}}\times T \tag{3.3.22}$$

将 (3.3.22) 式代入 (3.3.21) 式中，可得单位质量装药的气泡能量为

$$E_{\mathrm{b}} = 0.684\frac{p_h^{5/2}}{\rho_{\mathrm{w}}^{3/2}}\frac{T^3}{W_{\mathrm{TNT}}} \tag{3.3.23}$$

式中，ρ_w 表示水的密度 (kg/m^3)。

4. 水中爆炸的破坏作用

鱼雷、水雷和深水炸弹等水下武器是用来摧毁敌方舰艇的有效手段。装药在水中爆炸时，通常产生冲击波、气泡脉动和二次压力波，三者都能使目标受到一定程度的破坏。对于猛炸药 (高能炸药) 来说，大约有一半以上的能量是以冲击波的形式向外传播的。因此，多数情况下，冲击波的破坏起决定作用。爆炸所形成的冲击波能引起舰体结构的破坏，如舰体局部的破损、机座移位、接缝强烈破坏等。气泡和二次压力波一般引起附加的破坏作用。下面分别讨论接触和非接触水中爆炸对舰艇的破坏作用。

水中接触爆炸时，除了冲击波作用外，爆轰产物 (气泡) 也同时作用于目标，二者的共同作用使舰体壳板遭到严重破坏。当舰体与隔墙之间充填液体时，冲击波可通过液体传到其他部分，增大破坏作用。由于冲击波的作用，可能发生机器与机座的破裂，仪器设备破损，也可能使舰艇着火或弹药爆炸。

水中非接触爆炸按作用距离和对舰艇的破坏程度，大致可分为两种情况：近距离爆炸时 (指装药与目标的距离与气泡的最大半径相当)，冲击波、气泡和二次压力波三者都作用于目标，可能产生舰艇局部性破坏；较远距离爆炸时 (指装药与目标的距离远大于气泡的最大半径)，目标主要受到冲击波的破坏作用，使舰体产生整体变形和裂缝等。在气泡脉动过程中，气泡最终将溃灭并产生水射流，水射流作用于目标可造成局部的冲击和侵彻作用，即使对装甲目标也具有强烈的破坏效应。在水中较远距离非接触爆炸情况下，对舰艇目标的毁伤过程如图 3.3.12 所示，主要分为几个阶段，分别是冲击波作用、爆轰产物作用、气泡脉动作用以及气泡溃灭形成的水射流作用阶段。

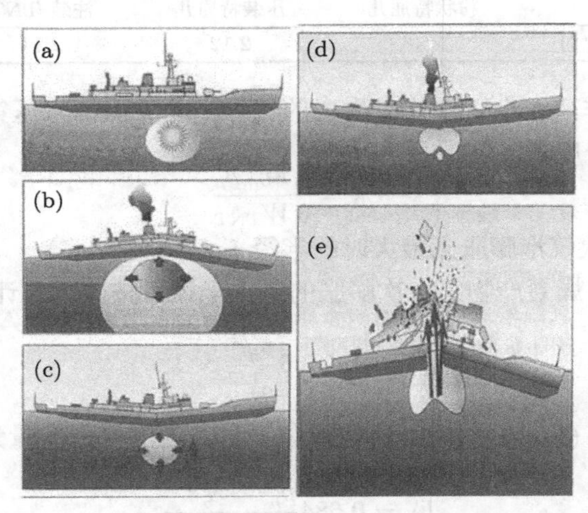

图 3.3.12　水中较远距离非接触爆炸情况下对舰艇目标的毁伤过程

例如，发生在 2010 年的韩国天安舰事件，多国联合调查的最终结果认为，天安舰受鱼雷水下爆炸产生的水中冲击波和气泡溃灭水射流的作用而断成两截，其过程正如图 3.3.12 所示。

三、岩土中爆炸

1. 岩土中爆炸现象

所谓岩土是指岩石和土壤的总称，它由多种矿物质颗粒组成，颗粒与颗粒之间有的相互联系，有的互不联系。岩土的孔隙中还含有水和气体，气体通常是空气。根据颗粒间机械联系的类型、孔隙率和颗粒的大小，岩土可分为以下几类：坚硬岩石和半坚硬岩石、黏性土、非黏性 (松散) 土。

由于岩土是一种很不均匀的介质，颗粒之间存在较大的孔隙，即使同一岩层，各部位岩质的结构构造和力学性能也可能存在很大的差别。因此，与空气中和水中爆炸相比，岩土中的爆炸现象要复杂得多。因此，本书忽略岩土之间的差异，从普遍意义上分别讨论装药在无限岩土和有限岩土介质中爆炸的一些基本现象。

1) 装药在无限均匀岩土介质中爆炸

图 3.3.13 表示一球形炸药爆炸后爆点附近的横截面。当炸药在中心起爆后，爆轰波以相同的速度向各个方向传播，传播速度取决于炸药类型和装药条件。爆轰波传播速度通常大于岩土中应力波的传播速度，因此可假定，爆轰产物的压力同时作用在与炸药相接触的岩土介质的所有点上。由于变形过程的速度极高，可以认为爆轰产物与周围介质之间不进行热交换，过程是绝热的。

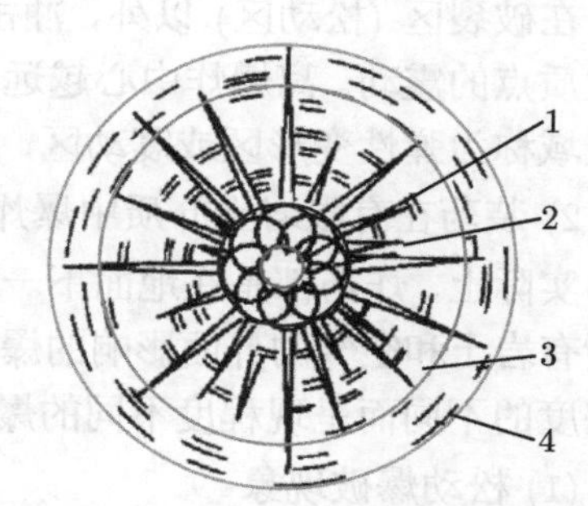

图 3.3.13　装药在无限岩石介质中的爆炸

1. 爆腔; 2. 压碎区; 3. 破裂区; 4. 震动区

爆轰后的瞬间，爆轰产物的压力达几十吉帕，而岩土的抗压强度仅为几百兆帕或更低，因此靠近炸药表面的岩土将被压碎，甚至进入流动状态。被压碎的介质因受爆轰产物的挤压发生径向运动，形成空腔，称为爆腔，如图 3.3.13 中 1 区所示。爆腔的体积约为炸药体积的几十倍。

爆心附近岩土被强烈压碎的区域，称为压碎区，如图 3.3.13 中 2 区所示。若岩土为均匀介质，在这个区域内将形成一组滑移面，表现为细密的裂纹，这些滑移面的切线与自炸药中心引出的射线之间成 45°。在这个区域内，岩土强烈压缩，并朝离开炸药中心的方向运动，于是产生了以超声速传播的冲击波。

随着冲击波离开炸药距离的增加，能量扩散到越来越大的介质体积中，加之能量的耗散，使压力迅速降低。在距炸药一定距离处，压力将低于岩土的强度极限，这时变形特性发生了变化，破碎现象和滑移面消失，岩土保持原来的结构。由于岩土受到冲击波的压缩会发生径向向外运动，这时介质中的每一环层受环向拉伸应力的作用。如果拉伸应力超过了岩土的动态抗拉强度极限，就会产生从爆炸中心向外辐射的径向裂缝。大量的实验研究表明，岩土的抗拉强度极限比抗压强度极限小很多，通常为抗压强度的 2%～10%。因此在压碎区外出现拉伸应力的破坏区，且破坏范围比前者大。随着压力波阵面半径的增大，超压降低，拉伸应力值降低。在某一半径处，拉伸应力将低于岩土的抗拉强度，岩土不再被拉裂。在爆轰产物迅速膨胀的过程中，爆轰产物逸散到周围介质的径向裂缝中去，因而助长了这些裂缝的扩展，并使自身的体积进一步增大。这样，气体的压力和温度进一步降低。由于惯性的缘故，在压力波脱离爆腔之后，岩土的颗粒在一定时间内继续朝离开炸药的方向运动，导致爆轰产物中出现负压，并且在压力波后面传播一个稀疏 (拉伸) 波。由于径向稀疏波的作用，使介质颗粒在达到最大位移后，反向朝炸药方向运动，于是在径向裂缝之间形成许多环向裂缝。这个主要由拉伸应力引起的径向和环向裂缝彼此交织的破坏区域称为破裂区或松动区，如图 3.3.13 中 3 区所示。

在破裂区 (松动区) 以外，冲击波已经很弱，不能引起岩土结构的破坏，只能产生质点的震动。离爆炸中心越远，震动的幅度越小，最后冲击波衰减为声波。这一区域称为弹性变形区或震动区，如图 3.3.13 中 4 区所示。

2) 装药在有限岩土介质中爆炸

实际上，炸药都是在地面下一定深度处爆炸的。所谓有限岩土介质中的爆炸，是指有岩土和空气的界面影响的爆炸情况。装药在有限岩土中爆炸时，根据装药埋设深度的不同而呈现程度不同的爆破现象，典型的有松动爆破和抛掷爆破。

(1) 松动爆破现象

当炸药在地下较深处爆炸时，爆炸冲击波只引起周围介质的松动，而不发生土石向外抛掷的现象。如图 3.3.14 所示，装药爆炸后，压力波由中心向四周传播，当压力波到达自由表面时，介质产生径向运动。与此同时压力波从自由面反射为拉伸波，以当地声速向岩土深处传播。反射拉伸波到达之处，岩土内部受到拉伸应力的作用，造成介质结构的破坏。这种破坏从自由面开始向深处一层层的扩展，而且基本按几何光学或声学的规律进行。可以近似地认为反射拉伸波是从与装药中心成镜像对称的虚拟中心 O' 处所发出的球形波。

如图 3.3.15 所示，松动爆破的破坏由两部分组成：①由爆炸中心到周围基本保持球状的破坏区，称为松动破坏区 I，其特点是岩土介质内的裂缝径向发散，介质颗粒破碎得较细；②自由面反射拉伸波引起的破坏区称为松动破坏区 II，其特点是裂缝大致以虚拟中心发出的球面扩展，介质颗粒破碎得较粗。松动区的形状像一个漏斗，通常称为松动漏斗。

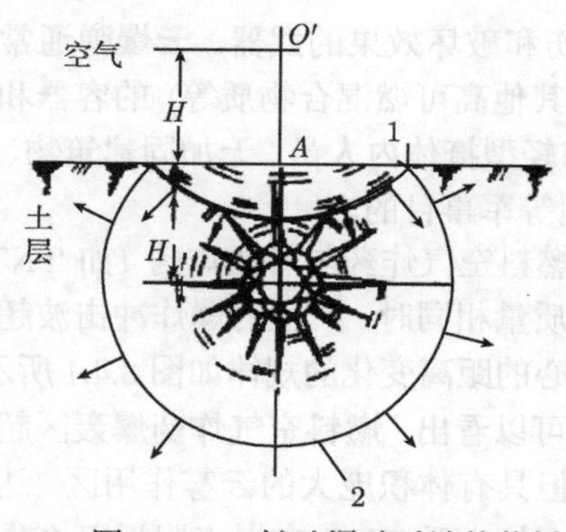

图 3.3.14　松动爆破时波的传播

1. 反射波阵面; 2. 爆炸波阵面

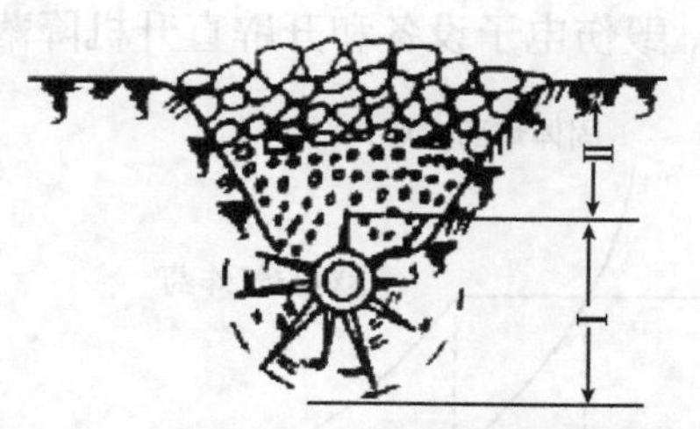

图 3.3.15　松动爆破岩土的破坏情况

(2) 抛掷爆破现象

如图 3.3.16 所示，如果装药与地面进一步接近，或者装药量更多，那么当炸药爆炸的能量超过炸药上方介质的阻碍时，土石将被抛掷，在爆炸中心与地面之间形成一个抛掷漏斗坑，称为抛掷爆破。图 3.3.16 中，装药中心到自由面的垂直距离称为最小抵抗线，用 H 表示。漏斗坑口部半径用 R 表示。漏斗坑口部半径 R 与最小抵抗线 H 之比称为抛掷指数，用 n 表示。抛掷爆破按抛掷指数的大小分成以下几种情况：①$n > 1$ 为加强抛掷爆破，此时，漏斗坑顶角大于 90°；②$n = 1$ 为标准抛掷爆破，此时，漏斗坑顶角等于 90°；③$0.75 < n < 1$ 为减弱抛掷爆破，此时，漏斗坑顶角小于 90°；④$n < 0.75$ 属于松动爆破，此时没有土石抛掷现象。

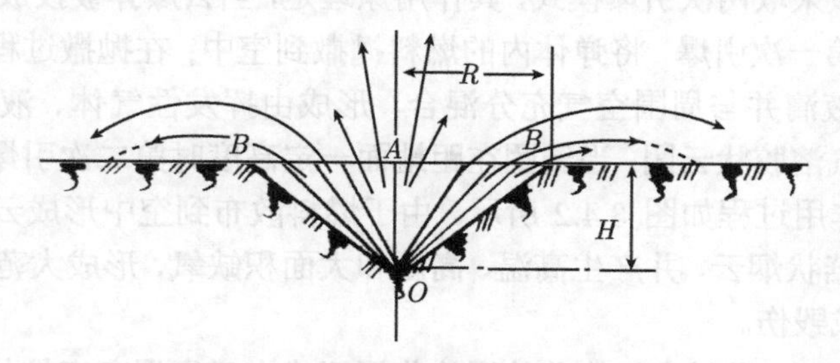

图 3.3.16　抛掷爆破岩土的飞散

3.4　新型大威力毁伤战斗部

3.4.1　云爆弹

一、概述

云爆弹，又称燃料空气弹 (fuel air explosives，FAE)，是以燃料空气炸药在空气中爆炸产生的爆炸冲击效应获得大面积杀伤和破坏效果的武器。云爆弹通常由装填燃料空气炸药 (如环氧乙烷、环氧丙烷或其他高可燃混合物质等) 的容器和定时起爆装置构成。主要用于对付无防护人员和轻型掩体内人员、无加固建筑物、清理雷场、毁伤电子设备和开辟直升机降落场地等军事目的。

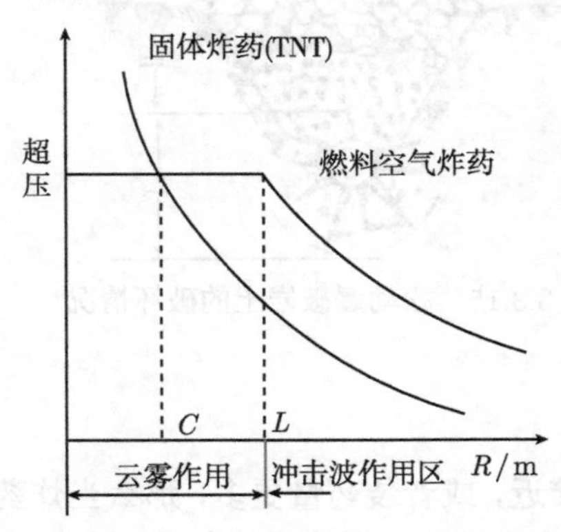

图 3.4.1　超压离炸点距离的变化图

燃料空气炸药与普通炸药 (如 TNT) 在装药质量相同时，产生的爆炸冲击波超压随距爆心的距离变化的规律如图 3.4.1 所示。从图中可以看出，燃料空气炸药爆轰区超压不高，但具有体积庞大的云雾作用区 (达到图中 L 处)；而 TNT 在爆点附近可产生很高的超压，但超压随距爆点距离的增加急剧下降。燃料空气炸药爆炸场超压随传播距离的衰减速率明显缓于 TNT，当距爆心的距离超过某一范围 (图中 C 点) 后，燃料空气炸药的超压将大于 TNT，所以燃料空气炸药的有效作用范围更大。另外，燃料空气炸药的超压随时间的衰减也比普通炸药迟缓很多，即在某处超压相同的情况下，燃料空气炸药超压的作用时间要比普通炸药长。因此，云爆弹比一般传统爆破弹具有更大的杀伤效果。

二、云爆弹作用原理

云爆弹一般采取两次引爆模式，其作用原理是，当云爆弹被投放到目标上空一定高度时进行第一次引爆，将弹体内的燃料抛撒到空中；在抛撒过程中，燃料迅速弥散成雾状小液滴并与周围空气充分混合，形成由挥发性气体、液体或悬浮固体颗粒物组成的气溶胶状云团；当云团在距地面一定高度时第二次引爆，形成云雾爆轰。云爆弹的作用过程如图 3.4.2 所示。由于燃料散布到空中形成云雾状态，云雾爆轰后形成蘑菇状烟云，并产生高温、高压和大面积缺氧，形成大范围的冲击波传播，对目标造成毁伤。

从物理现象看，燃料空气炸药的爆炸作用形式有云雾爆轰直接作用、空气冲击波超压作用、窒息作用。与普通炸药爆炸不同，普通炸药爆轰时靠自身来供氧，而燃料空气炸药爆炸时则充分利用云雾区域大气中的氧气，所以燃料空气炸药比等质量的普通炸药释放的能量要高；同时，由于吸取了云雾区域内的氧气，还能形成大范围缺氧区域，起到使人窒息、发动机熄火的作用；通过冲击波超压的作用，云爆弹既能大面积杀伤有生力量，又能摧毁无防护或只有软防护的武器和电子设备，其威力相当于等质量 TNT 爆炸威力的 5~10 倍。

云爆弹独特的杀伤、爆破效能使之适用于多种作战行动，如杀伤阵地作战人员；破坏机场、码头、车站、油库、弹药库等大型目标；攻击舰艇、雷达站、导弹发射系统等技术装备；在爆炸性障碍物中开辟通路 (如排雷) 等。

云爆弹可采用大口径身管炮和飞机等投射，打击战役战术目标，也可以用导弹运送，打击战略目标。

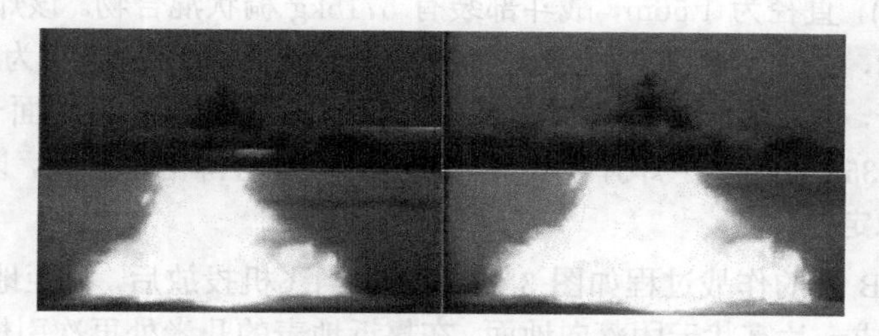

图 3.4.2　燃料空气炸药爆炸过程试验图

三、云爆弹结构

典型的云爆弹结构如图 3.4.3 所示，主要由壳体、燃料空气炸药和引爆序列及控制组件等组成。云爆弹燃料舱通常为薄壁圆柱结构，长径比为 1.2:1～2.5:1，长径比主要影响燃料分散半径及燃料厚度。除了燃料空气炸药以外，云爆弹总体设计的关键是燃料空气炸药的抛撒和引爆技术。抛撒过程通过燃料匹配选择、中心药量设计，舱体长径比优化、壳体预制刻槽等技术，实现形成稳定的云团形状和云雾参数。云爆弹引爆技术包括引爆能量、引爆时间允差、引爆位置范围以及云雾引信飞行轨迹等。通过云雾引信尺寸、位置及中心药量匹配设计，保证云雾引信抛掷速度要求；通过增加引爆药量及设置多个云雾引信的方式，提高引爆可靠性。

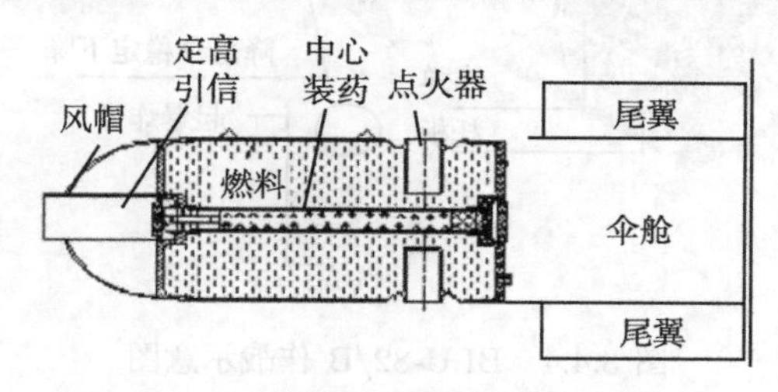

图 3.4.3　云爆弹结构简图

云爆弹引爆技术还需考虑云爆剂的性能，如目前的云爆弹有采用一次引爆的，也有采用二次引爆的。严格地说，二次引爆能实现更大的毁伤效果，但是起爆的可靠性易受影响。因此，最新的云爆弹技术重点发展一次引爆型云爆弹，这时就需要发展新的云爆剂，如特种氟化物加碳氢燃料。一次引爆型云爆弹的效果介于二次引爆云爆弹和高能炸药爆轰之间。

四、典型云爆弹

1. BLU-82/B

BLU-82/B 通用炸弹是 BLU-82 改进型，实际质量达 6750kg，全弹长 5.37m(含探杆长 1.24m)，直径为 1.56m，战斗部装有 5715kg 稠状混合物。该炸弹外形短粗，弹体像大铁桶，内装有 GSX(硝酸铵、铝粉和聚苯乙烯) 炸药，弹头为圆锥形，前端装有一根探杆，探杆的前端装有 M904 引信，用于保证炸弹在距地面一定高度上起爆。弹壁为 6.35mm 钢板。炸弹没有尾翼装置，但装有降落伞系统，以保证炸弹下降时的飞行稳定性。

BLU-82/B 弹的作战过程如图 3.4.4 所示。当飞机投放后，在距地面 30m 处第一次爆炸，形成一片雾状云团落向地面，在靠近地表的几米处再次引爆，发生爆炸，所产生的峰值超压在距爆炸中心 100m 处达 1.32MPa，冲击波以每秒数千米的速度传播。爆炸还能产生 1000~2000°C 的高温，持续时间要比常规炸药高 5~8 倍，可杀伤半径 600m 内的人员，同时还可形成直径约 150~200m 的真空杀伤区。在这个区域内，由于缺乏氧气，即使潜伏在洞穴内的人也会窒息而死。该炸弹爆炸所产生的巨大声响和闪光还能极大地震撼敌军士气，因此，其心理战效果也十分明显。

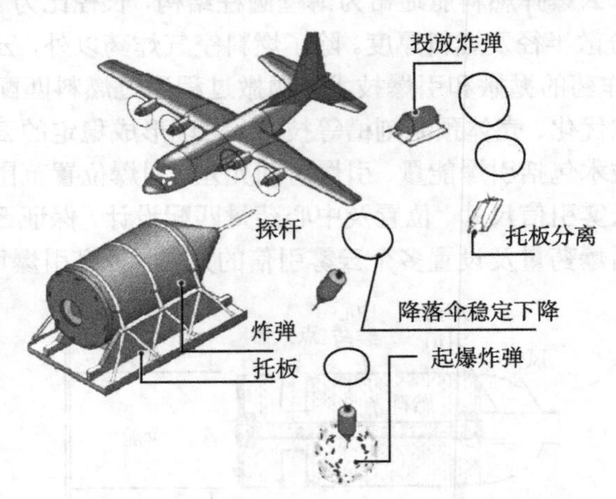

图 3.4.4　BLU-82/B 作战示意图

BLU-82/B 炸弹最早用途是在越南丛林中清理出可供直升机使用的场地或者快速构建炮兵阵地。海湾战争期间，美军曾投放过 11 枚这种炸弹，用于摧毁伊拉克的高炮阵地和布雷区。2001 年以来，美军开始在阿富汗战场上使用这种巨型炸弹。由于该炸弹质量太大，必须由空军特种作战部队的 MC-130 运输机实施投放。为防止 BLU-82/B 的巨大威力伤及载机，飞机投弹时距离地面的高度必须在 1800m 以上，且该弹只能单独投放使用。

2. “炸弹之母”

“炸弹之母” 又称为高威力空中引爆炸弹 (massive ordnance air blast bombs, MOAB)，它是一种由低点火能量的高能燃料装填的特种常规精确制导炸弹，实物如图 3.4.5 所示。“炸弹之母” 采用 GPS/INS 复合制导，可全天候投放使用，圆概率误差小于 13m。该炸弹采用的气动布局和桨叶状栅格尾翼增强了炸弹的滑翔能力，可使炸弹滑翔飞行 69km，同时使炸弹在飞行过程中的可操纵性得到加强。

MOAB 最初采用硝酸铵、铝粉和聚苯乙烯的稠状混合炸药 (与 BLU-82 相同)，采用的起爆方式为二次起爆。作用原理是，当炸药被投放到目标上空时，在距离地面 1.8m 的地方进行高位引爆，容器破裂、释放燃料，与空气混合形成一定浓度的气溶胶云雾，再经第二次引爆，可产生 2500°C 左右的高温火球，并随之产生区域爆轰波，对人员和设施等实施毁伤。目前，已可以将这种新型燃料空气炸弹的两次爆炸过程通过一次爆炸来完成。炸弹爆炸时可形成高强度、长历时空气冲击波，同时爆轰过程会迅速耗费周围空间的氧气，产生大量的二氧化碳和一氧化碳，爆炸现场的氧气含量仅为正常含量的 1/3，而一氧化碳浓度却大大超过允许值，造成局部严重缺氧、空气剧毒。

图 3.4.5　炸弹之母实物图

MOAB 的装备型 GBU-43/B 炸弹装填 H-6 炸药，组分为铝粉、黑索金和梯恩梯，起爆方式将这种新型炸药的两个点火过程结合在一次爆炸中完成，因此，结构更简单，受气候条件影响小。MOAB 的威力性能参数为：炸药装药重量 8200kg，杀伤半径 150m，爆炸中心的温度为 2500°C，威力相当于 11tTNT 当量。MOAB 可由 MC-130 运输机和 B-2 隐形轰炸机投放。

3. 炸弹之父

2007 年俄罗斯成功试验了世界上威力最大的常规炸弹 “炸弹之父”。据报道，“炸弹之父” 装填了一种液态燃料空气炸药，采用了先进的配方和纳米技术 (可能加有纳米铝粉和黑索金)，爆炸威力相当于 44t TNT 炸药爆炸后的效果，是美国 “炸弹之母” 的 4 倍，杀伤半径达到 300m 以上，是 “炸弹之母” 的 2 倍。“炸弹之父” 由图-160 战略轰炸机投放。

“炸弹之父” 采用二次引爆技术，由触感式引信控制第一次引爆的炸高，第一次引爆用于炸开装有燃料的弹体，燃料抛撒后立即挥发，在空中形成炸药云雾；第二次引爆利用延时起爆方式，引爆空气和可燃液体炸药的混合物，形成爆轰火球，利用高温、高强冲击波来毁伤目标。

3.4.2　温压弹

一、概述

温压弹是利用高温和高压造成杀伤效果的弹药，也被称为热压武器。温压弹装填的是温压炸药。温压炸药一般由高能炸药和铝、镁、钛、锆、硼、硅等多种物质粉末混合而成，这些粉末在爆轰作用下被加热引燃，可再次释放出大量能量。因此，温压弹爆炸后产生爆炸冲击波和持续的高温火球，其热效应和纵火效应远高于一般常规武器，并能造成窒息效应。温压弹主要用于杀伤隐蔽于地下或洞穴内的有生力量和生化武器。

温压弹是在云爆弹的基础上研制出来的，与云爆弹具有一些相同点和不同点。相同之处是温压炸药采用了与燃料空气炸药类似的作用原理，都是通过药剂与空气混合生成能够爆炸的云雾；爆炸时都形成强冲击波，对人员、工事、装备可造成严重毁伤；都能因为燃烧而消耗空气中的氧气，造成爆点区暂时缺氧。不同之处是温压弹爆炸物中含有氧化剂，当药剂呈颗粒状在空气中散开后，形成的爆炸可同时产生冲击波的传播和持续高温区；特别是在有限空间中，杀伤力比云爆弹更强，对藏匿于地下的设备和系统能够造成严重损毁；适合于武器的小型化。

二、温压弹的结构及作用原理

温压弹的结构组成主要有弹体、温压炸药、引信、稳定装置等。

温压炸药是温压弹有效毁伤目标的重要组成部分，其中药剂的配方尤为重要。与云爆弹相比，温压弹使用的温压炸药一般呈颗粒状，属于含有氧化剂的富燃料合成物。战斗部炸开后温压炸药以粒子云形式扩散。这种微小的炸药颗粒充满空间，爆炸力极强，其爆炸效果比常规爆炸物和云爆弹更强，释放能量的时间更长，形成的压力波持续时间更长。

引信是温压弹适时起爆和有效发挥作用的重要部件，当温压弹用于对付地下掩体目标时，则要求引信在弹药贯穿混凝土防护掩体之后引爆，以发挥最佳效果。对主要用于侵彻掩体的温压弹来说，要求有较好的弹体外形结构，弹的长细比较大，阻力小，且弹体材料要保证在侵彻目标过程中不发生破坏。

温压弹在地面爆炸时，爆炸后形成三个毁伤区，如图 3.4.6 所示。一区为中心区，区内人员和大部分设备受爆炸超压和高热作用而毁伤；在中心区的外围一定范围内为二区，具有较强爆炸效能，会造成人员烧伤和内脏损伤；在二区外面相当距离内为三区，仍有爆炸冲击效果，兼有破片杀伤区域，会造成人员某些部位的严重损伤和烧伤。温压弹爆炸后产生的高温、高压场向四周扩散，通过目标上尚未关好的各种通道 (如射击孔、炮塔座圈缝隙、通气部位等) 进入目标结构内部，高温可使人员表皮烧伤，高压可造成人员内脏破裂。因此，温压弹更多用来杀伤有限空间内的有生力量。在有限空间中爆炸时，毁伤效果比开阔区域爆炸要高许多。

图 3.4.6　温压弹地面爆炸毁伤机制示意图

温压弹对洞穴内目标的毁伤示意如图 3.4.7 所示。温压弹打击洞穴的投放和爆炸方式有多种。例如，可以垂直投放，在洞穴或地下工事的入口处爆炸或穿透防护工事表层，在洞穴内爆炸。也可以采用延时引信 (一次或两次触发) 的跳弹爆炸，先将其投放在目标附近，然后跳向目标爆炸或穿透防护工事口部，进入洞穴深处爆炸。温压弹还有一个特殊之处在于，它可在隧道或山洞里造成强烈爆炸，杀死内部的有生力量，却不会使山洞坍塌，因为温压炸药的爆轰峰值压力并不高，如图 3.4.1 所示。

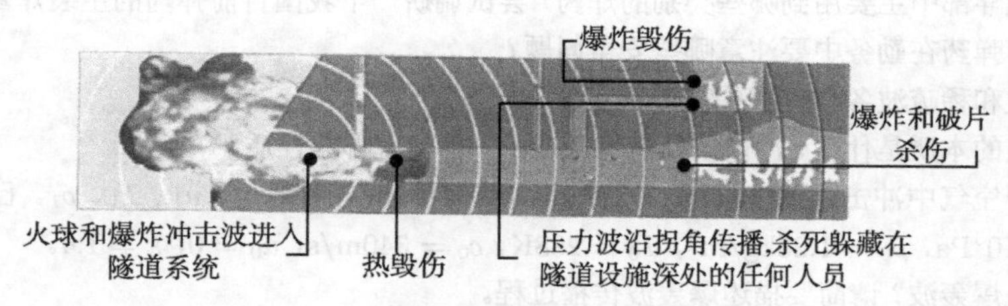

图 3.4.7　温压弹对洞穴目标毁伤机制示意图

三、典型温压弹

BLU-118/B 是一种装有先进温压炸药的温压弹，如图 3.4.8 所示。BLU-118/B 威力参数为：弹重 902kg，弹长 2.5m，弹径为 370mm，壳体厚度为 26.97mm。炸药类型为 PBXIH-135 混合炸药，炸药质量为 227kg，装填系数 0.25，侵彻威力 3.4m 厚的混凝土层。

图 3.4.8　BLU-118/B 温压弹

BLU-118/B 温压弹安装有激光制导系统。内部装填的 PBXIH-135 高能钝感炸药由奥克托今、聚氨酯橡胶和一定比例的铝粉组成，与标准高能炸药相比， 该温压炸药可在较长时间内释放能量。其引信采用 FMU-143J/B，具有 120ms 的延时，可使战斗部穿透地下 3.4m 厚深层坚固工事后起爆。该弹的作用原理是利用高温和压力达到毁伤效果，炸弹在爆炸的瞬间产生大量云雾状的炸药粉末，待其顺着洞穴和隧道弥漫开以后，延时爆炸装置再将其引爆，其作用效果比普通炸弹更强劲、更持久；同时能迅速将洞穴内的空气耗尽，导致有效区域内的人员窒息死亡；并且最终不毁坏洞穴和地道。

BLU-118/B 温压弹可以由 F-15E 战斗部单独投放，既可以投放到洞穴和地道的入口处引爆，也可以垂直贯穿防护层在洞穴和地道内部爆炸。

思考与练习

1. 炸药爆炸三要素是什么？相互关系如何？
2. 炸药按用途分有哪几大类？代表物质是什么？
3. 炸药的标志性参量都有哪些？
4. 什么是炸药的感度？感度主要分哪些类型？TNT 和 RDX 哪个起爆感度高？
5. 请简要说明炸药起爆的过程。
6. 简要阐述热点起爆机理。
7. 常规战斗部中主要用到哪些类别的炸药？尝试调研一下我国目前弹药的主装炸药有哪些？
8. 你认为弹药在勤务中要注意哪些安全问题？
9. 压缩波和稀疏波各自有哪些特点？
10. 冲击波的本质是什么？冲击波是怎样形成的？都具有哪些性质？
11. 若测得空气中冲击波速度 $D = 1000\text{m/s}$，计算冲击波参数 p_1、u_1、T_1、ρ_1。已知，$p_0 = 1.0 \times 10^5\text{Pa}$，$\rho_0 = 1.25\text{kg/m}^3$，$T_0 = 288\text{K}$，$c_0 = 340\text{m/s}$，$u_0 = 0$，$k = 1.4$。
12. 什么是爆轰波？请简要描述爆轰波传播过程。
13. 爆轰波雨贡纽方程与冲击波雨贡纽方程有什么不同？
14. 试说爆轰波与冲击波的异同点。
15. 爆破战斗部结构类型主要有哪些？对目标的作用效果有什么不同？
16. 炸药在空气中爆炸时基本现象是什么？
17. 空气冲击波破坏作用的三个主要参数是什么？
18. 200kg TNT 炸药在刚性地面爆炸，试计算离爆心 30m 处空气冲击波的各参数。
19. 空气冲击波遇到高而窄障碍物时会出现什么现象？障碍物能否起到防护作用，为什么？
20. 水中爆炸的基本特点是什么，与空气中爆炸现象的重要区别是什么？
21. 500kg TNT 炸药在无限水域中爆炸，试计算离爆心 50m 处水中冲击波的比冲量。
22. 在岩土中的爆破威力与哪些因素有关，有什么规律？
23. 请简要说明空中、水中、土中爆炸作用效应的共性和不同之处。
24. 岩土中爆破具有哪些应用？
25. 云爆弹装药与一般爆破弹装药相比有哪些不同？

26. 云爆弹和温压弹的作用过程与一般爆破弹装药相比有哪些特点，带来怎样的效应？
27. 试简述云爆弹概念及其作用机理。
28. 请简述温压弹概念及其作用机理。
29. 试比较云爆弹与温压弹的异同点。

主要参考文献

[1] 卢芳云, 李翔宇, 林玉亮. 战斗部结构与原理. 北京: 科学出版社, 2009.
[2] 王志军, 尹建平. 弹药学. 北京: 北京理工大学出版社, 2005.
[3] 《爆炸及其作用》编写组. 爆炸及其作用 (上、下册). 北京: 国防工业出版社, 1979.
[4] 王儒策, 赵国志, 杨绍卿. 弹药工程. 北京: 北京理工大学出版社, 2002.
[5] 欧育湘. 炸药学. 北京: 北京理工大学出版社, 2006.
[6] 《炸药理论》编写组. 炸药理论. 北京: 国防工业出版社, 1982.
[7] 随树元, 王树山. 终点效应学. 北京: 国防工业出版社, 2000.
[8] 美国陆军装备部. 终点弹道学原理. 王维和, 李惠昌, 译. 北京: 国防工业出版社, 1988.
[9] 张国伟. 终点效应及其应用. 北京: 国防工业出版社, 2006.
[10] 库尔. 水下爆炸. 罗耀杰, 韩润泽, 官信, 等译. 北京: 国防工业出版社, 1960.
[11] 午新民, 王中华. 国外机载武器战斗部手册. 北京: 兵器工业出版社, 2005.
[12] Walters W P, Zukas J A. Fundamentals of shaped charges. New York: John Wiley & Sons Inc, 1989.

第4章　破片战斗部及其毁伤效应

炸药在空气中爆炸时，利用所形成的冲击波超压和爆轰产物对周围介质实施毁伤。根据第 3 章中的冲击波超压公式可知，冲击波超压随距离的增加而迅速衰减，在较远距离上，冲击波超压已经很低，不足以毁伤目标。而爆轰产物当膨胀到 10~15 倍装药半径时，其内部压力衰减至与环境压力基本相当，所以只能对近距离目标发挥毁伤作用。因此，炸药在空气中爆炸的毁伤范围是十分有限的。

一个事实是，同样当量的炸药爆炸后可以推动破片到达更远的距离，通过侵彻毁伤的方式达到同样的毁伤效果，实现了更大的毁伤范围。另外，爆炸作用对重装甲和硬目标的毁伤能力也十分有限。为了充分发挥炸药的作用，也为了满足毁伤不同目标的需要，动能侵彻成为常规武器的另一种毁伤模式。除了破片战斗部以外，采用动能侵彻毁伤的战斗部类型还有破甲战斗部和穿甲战斗部，用于对付重装甲目标和硬目标。

破片战斗部是将爆炸能量转化为破片动能而实施侵彻毁伤的。破片战斗部的原理是，在炸药爆炸作用下金属壳体碎裂并形成大量破片，这些破片在爆轰波及爆轰产物的驱动下达到足够高的速度，以穿透目标并毁伤目标部件。破片战斗部的作用效应包括破片侵彻效应和战斗部爆炸形成的爆炸冲击效应，其中破片侵彻效应占首位。实践证明，破片战斗部用于对付空中、地面活动的低生存力目标 (如轻型装甲目标) 以及有生力量具有良好的杀伤效果，且灵活性较好，是常规战斗部的主要类型。

本章介绍以破片毁伤为主要手段的破片战斗部相关知识。根据破片毁伤的基本原理，介绍破片战斗部的特性参数，主要包括破片初速、破片空间分布、破片质量和数量分布、单枚破片对目标的毁伤特性等。根据破片产生的途径不同，将传统破片战斗部分为自然式、半预制式、预制式破片战斗部，并分别介绍三类破片战斗部的基本结构、形成原理等。基于破片战斗部高效毁伤的要求，介绍几种典型的定向战斗部结构，例如偏心式、破片芯式、可变形式、转向式等结构，并对定向战斗部的相对效能进行简要分析。破片战斗部的发展趋势是提高破片的毁伤效率或增强破片毁伤后效，本章还将简要介绍几种新型的破片战斗部，如活性破片战斗部、横向效应增强型战斗部等。

4.1 破片战斗部基本原理与特性参数

4.1.1 破片战斗部基本概念

破片通常是指战斗部壳体在内部炸药爆炸作用下瞬时解体而产生的一种杀伤元素，其特性参数包括破片数量、破片初速、破片质量分布和空间分布。破片效应则是指这种杀伤元素对有生力量、飞机和车辆等的杀伤破坏作用。一般以破片为主要毁伤元素的战斗部统称为破片战斗部。破片战斗部是现役装备中最主要的战斗部类型之一。其特点是采用爆炸方法产生高速破片群，利用破片对目标的击穿、引燃和引爆作用来杀伤目标，其中击穿和引燃作用是主要的。

当战斗部爆炸时，在几微秒内产生的高压爆轰产物对战斗部金属外壳施加数十万大气压以上的压力，这个压力远远大于战斗部壳体的材料强度，使壳体破裂，产生破片。外壳的结构形式决定了壳体的破裂方式。如果预先在金属外壳上设置削弱结构，使之成为壳体破裂的应力集中源，则可以得到可控制的破片形状和质量。因此，破片战斗部根据破片产生的途径可分为自然、半预制和预制破片战斗部三种结构类型。

(1) 自然破片战斗部。在爆轰产物作用下，壳体膨胀、断裂、破碎而形成破片。壳体既是容器又是毁伤元素，壳体材料利用率较高；一般情况下壳体较厚，爆轰产物泄漏之前驱动加速时间较长，形成的破片初速较高；但破片大小不均匀，形状不规则，在空气中飞行时速度衰减较快。

(2) 半预制破片战斗部。一般采用壳体刻槽、炸药刻槽、壳体区域弱化和圆环叠加焊接等措施，使壳体局部强度减弱，控制爆炸时壳体的破裂位置，形成形状和质量可控制的破片。这样可以避免产生过大和过小的破片，减少了有效破片数量的损失，改善了破片性能，从而提高了战斗部的杀伤效率。

(3) 预制破片战斗部。破片完全采用预先制定的结构和材料，用黏结剂定位于两层壳体之间。破片形状可以是球形、立方体、长方体、杆状等，材料可以不同于壳体。壳体材料一般为薄铝板、薄钢板或玻璃钢板等，用环氧树脂或其他适当材料填充破片间的空隙。

在现有引战配合系统下，破片战斗部几乎对所有目标都具有较强的适应能力，只是针对不同的目标，需要的破片质量和形状不尽相同。例如，攻击地面雷达、防空导弹发射架等目标时，破片质量可以相对小一些；拦截制导弹药时，则需要质量较大的破片。这些需求对破片战斗部的结构设计提出了更多的挑战。全预制破片战斗部由于破片的材料和形状具有更大的选择空间，因此为破片战斗部实现高效毁伤提供了更灵活的设计空间，也成为当今破片战斗部的主要结构形式。

4.1.2 破片战斗部特性参数

破片战斗部特性参数主要有破片飞散速度、破片空间分布、破片质量和数量分布。在一定的着靶速度下，破片产生的杀伤破坏作用还取决于它本身的质量和着靶面积，因此，除了破片速度外，还需要了解具有毁伤能力的破片质量分布和空间分布。

一、破片飞散速度特性

壳体破裂瞬间的膨胀速度称为破片初速，常以 v_0 表示。壳体破碎后形成破片，在爆轰产物作用下将继续加速，直到破片运动所受到的空气阻力与爆轰产物所给予的压力相平衡时，破片速度达到最大值。之后，破片飞散速度随着飞行距离的增加而逐渐衰减。

1. 破片初速

1) 基本假设

破片初速 v_0 是衡量战斗部杀伤作用的重要参数，因此要求尽可能准确地从理论上进行计算。对于真实战斗部而言，影响破片初速 v_0 的因素很多，为了突出主要矛盾并简化问题，作以下几点假设：①假定爆轰是瞬时的；②不考虑爆轰产物沿装药轴向的飞散，爆轰产物的径向流动速度按线性分布；③壳体的壁为等厚的，壳体在爆炸后形成的所有破片具有相同的初速；④忽略壳体的破裂阻力，炸药能量全部转变为壳体动能和爆轰产物动能。

2) 破片初速求解

在上述假设下，破片初速 v_0 可根据能量守恒定律推出

$$E_{\mathrm{c}} + E_{\mathrm{g}} = CE \tag{4.1.1}$$

式中，C 为装药质量，E 为装药比内能，E_{c} 为破片动能，E_{g} 为爆轰产物动能。

下面分别讨论 E_{c} 和 E_{g} 的表达式。

(1) 破片的动能 E_{c}

壳体在爆炸作用之后，形成 N 个破片，以 q_1，q_2，$\cdots$，q_N 代表各破片的质量，对于预制破片战斗部，近似地有 $q_1 = q_2 = \cdots = q_N$。以 v_{01}，v_{02}，$\cdots$，v_{0N} 表示相应破片的初速，根据前面的假设③可知

$$v_{01} = v_{02} = \cdots = v_{0N} = v_0$$

因此，破片的动能

$$E_{\mathrm{c}} = \frac{1}{2}q_1 v_0^2 + \frac{1}{2}q_2 v_0^2 + \cdots + \frac{1}{2}q_N v_0^2$$

设战斗部爆炸时，被爆轰产物推动的壳体质量为 M，则

$$M = q_1 + q_2 + q_3 + \cdots + q_N$$

故破片的动能为

$$E_{\mathrm{c}} = \frac{1}{2} M v_0^2 \tag{4.1.2}$$

(2) 爆轰产物动能 E_{g}

对于圆柱形壳体，爆轰产物的动能表达式可由下面的分析得到。如图 4.1.1 所示，战斗部在爆炸之后，壳体的半径由 r_0 向外膨胀，在破裂时刻壳体半径为 r_{k}。这时，在壳体内部距中心 r 处爆轰产物的径向流动速度为 v，于是爆轰产物的动能为

$$E_{\mathrm{g}} = \int_V \frac{\rho \mathrm{d}V}{2} v^2 \tag{4.1.3}$$

式中，V 为炸药爆轰产物占据的体积，ρ 表示产物的密度。

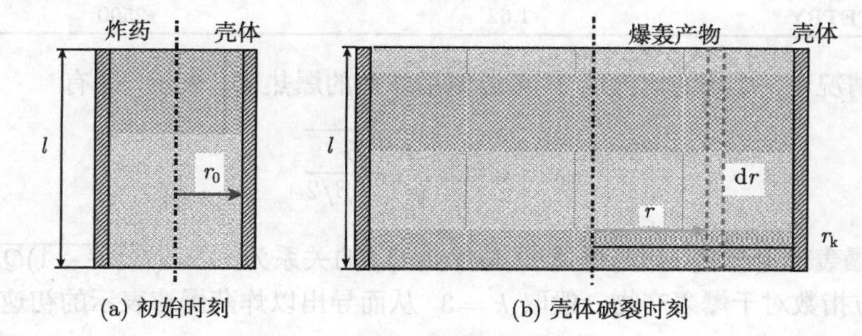

图 4.1.1　圆柱形壳体膨胀示意图

按前面的假设②，爆轰产物的流动速度 v 沿径向成线性分布，同时认为紧贴在壳体内表面的爆轰产物的流动速度与壳体的膨胀速度相等。故可得

$$\frac{v}{v_0} = \frac{r}{r_{\mathrm{k}}}, \text{即} v = \frac{r}{r_{\mathrm{k}}} v_0 \tag{4.1.4}$$

式中，v_0 对应了壳体破裂时刻的膨胀速度，即为破片的初速。上式代入动能计算公式 (4.1.3) 并运用质量守恒原理可得

$$E_{\mathrm{g}} = \int_0^{r_{\mathrm{k}}} \pi r l \rho \left(\frac{r}{r_{\mathrm{k}}} v_0 \right)^2 \mathrm{d}r = \frac{C}{4} v_0^2 \tag{4.1.5}$$

式中，l 为战斗部装药长度。

因此，对于圆柱形装药，装药爆炸后的能量守恒方程 (4.1.1) 式变为

$$\frac{1}{2} M v_0^2 + \frac{C}{4} v_0^2 = CE \tag{4.1.6}$$

若设 $\beta = C/M$，则得到著名的古尼公式

$$v_0 = \sqrt{2E} \sqrt{\frac{\beta}{1 + \beta/2}} \tag{4.1.7}$$

式中，v_0 为破片初速 (m/s)，$\sqrt{2E}$ 为古尼常数 (m/s)，β 为装药质量比，C 为装药质量 (kg)，M 为形成破片的壳体质量 (kg)。几种典型炸药的古尼常数如表 4.1.1 所示。

表 4.1.1　几种典型炸药的古尼常数

炸药种类	密度 $\rho/(\mathrm{g/cm^3})$	古尼常数 $\sqrt{2E}/(\mathrm{m/s})$
TNT	1.63	2370
COMP.B	1.72	2720
RDX	1.77	2930
HMX	1.89	2970
PETN	1.76	2930
TETRY	1.62	2500

一般情况下，炸药的比内能 E 可近似用炸药的爆热 Q_v 表示，即有

$$v_0 = \sqrt{2Q_v}\sqrt{\frac{\beta}{1+\beta/2}} \tag{4.1.8}$$

根据爆轰理论公式，炸药爆速 D 与爆热 Q_v 的关系为 $D=\sqrt{2(k^2-1)Q_v}$，其中 k 表示多方指数对于爆轰产物一般取 $k=3$，从而导出以炸药爆速表示的初速公式为

$$v_0 = \frac{D}{2}\sqrt{\frac{\beta}{2+\beta}} \tag{4.1.9}$$

对于预制破片结构，由于壳体膨胀过程较短，破片速度较低，经过大量试验验证，对古尼公式进行如下修正

$$v_0 = D\sqrt{\frac{\beta}{5(2+\beta)}} \tag{4.1.10}$$

3) 破片初速的影响因素

上述公式只是用于破片初速的初步估算，影响战斗部破片初速的因素非常复杂，下面简单分析几个主要影响因素。

(1) 装药性能

从 (4.1.10) 式看出，破片速度与爆速成正比。提高炸药的爆速对于提高破片速度是有利的。炸药爆速越高，破片速度越高。

(2) 装药质量比

提高装药质量比有利于破片初速的提高。但在常用范围内，质量比成倍增加时，破片初速的增加不到 18%，而且随着质量比的继续增加，初速增量越来越小。

(3) 壳体材料

壳体材料的塑性决定了壳体在爆轰产物作用下的膨胀程度，塑性好的材料壳体膨胀破裂时的相对半径大，可获得比较高的初速，而脆性材料则相反。

(4) 装药长径比

装药长径比对破片初速有重要影响。由于端部效应，使战斗部两端的破片初速低于中间部位破片的初速。不同长径比时，端部效应造成的炸药能量损失的程度不同。装药长径比对破片初速的影响如图 4.1.2 所示。在战斗部总质量不变的情况下，长径比越大，装药能量损失的程度越小，破片初速越高。但长径比大到一定程度，这种影响越来越小。

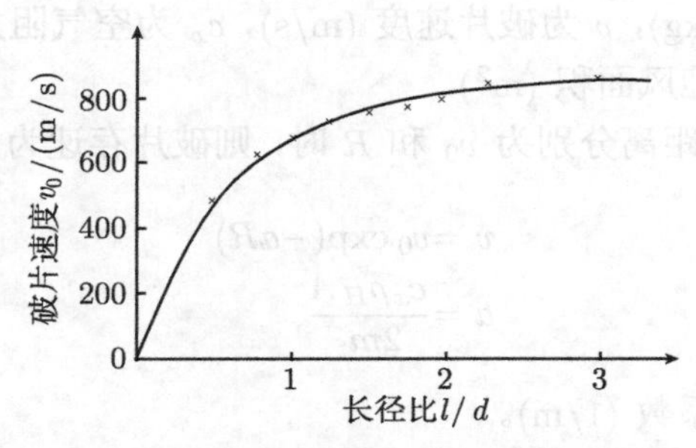

图 4.1.2　装药长径比对破片初速的影响

长径比不同时，破片初速沿轴向的分布也有显著差别。上述 (4.1.7) 式 ~(4.1.10) 式由于没有考虑端部效应，在大长径比时误差小，小长径比时误差大，计算端部破片速度时误差更大。若整体端部无约束，考虑端部效应分别对起爆端和非起爆端做出不同修正后，得到圆柱形战斗部在不同起爆情况下破片初速沿轴向分布的计算公式为

$$v_{0x} = [1 - A\exp(Bx/d)] \times \{1 - C\exp[D(l-x)/d]\} \times \sqrt{2E}\sqrt{\frac{\beta}{1+\beta/2}} \tag{4.1.11}$$

式中，d 和 l 分别为装药直径和长度；x 为所计算破片离基准端面的距离，一端起爆时起爆端面即为基准端面；v_{0x} 为 x 处的破片初速。计算公式中的参数拟合结果如表 4.1.2 所示。

表 4.1.2　参数拟合表

起爆方式	参数拟合			
	A	B	C	D
轴向一端起爆	1	−2.362	0.288	−4.603
轴向中心起爆	0.288	−4.603	0.288	−4.603
轴向两端起爆	1	−2.362	1	−2.362

战斗部端盖的应用在一定程度上能延缓轴向稀疏波的进入，减少装药的能量损失，从而改善长径比的影响，使初速的轴向分布差别缩小。

2. 破片运动

1) 破片运动方程

破片在空气中飞行时，受到重力和空气阻力的作用，在破片速度较高时，由于破片质量较小，空气阻力远远大于重力，可以忽略重力对破片速度的影响，因此破片飞行弹道为直线。根据第 2 章分析，建立运动方程如下

$$m_{\mathrm{f}}\frac{\mathrm{d}v}{\mathrm{d}t}=-\frac{1}{2}c_x\rho_H A v^2$$

式中，m_{f} 为破片质量 (kg)，v 为破片速度 (m/s)，c_x 为空气阻力系数，ρ_H 为空气密度 (kg/m^3)，A 为破片迎风面积 (m^2)。

当破片初速和飞行距离分别为 v_0 和 R 时，则破片存速为

$$v=v_0\exp(-aR) \tag{4.1.12}$$

$$a=\frac{c_x\rho_H A}{2m_{\mathrm{f}}} \tag{4.1.13}$$

式中，a 称为破片衰减系数 (1/m)。

2) 破片速度衰减系数

破片速度衰减系数 a 是表征破片在飞行过程中保存破片速度能力的参数。a 的数值小，则破片在飞行过程中损失小，保存破片速度的能力强；a 的数值大，则破片在飞行过程中损失大，保存破片速度的能力弱。影响破片速度衰减系数的因素主要有以下几种。

(1) 破片迎风阻力系数 c_x

由空气动力学可知，破片的阻力系数随破片形状和飞行速度而变化。风洞试验证明，在破片的飞行马赫数 Ma 大于 3 的速度范围内，不同形状破片的 c_x 值可按如下公式求取

球形破片，$c_x=0.97$；

立方体破片，$c_x=1.2852+1.0536/Ma$；

圆柱形破片，$c_x=0.8058+1.3226/Ma$；

菱形破片，$c_x=1.45-0.0389/Ma$。

(2) 破片的迎风面积

破片迎风面积 A 是破片在飞行方向上的投影面积，对于预制的球形、圆柱体破片可取

$$A=\frac{1}{4}S \tag{4.1.14}$$

式中，S 为破片的表面积。

由于破片在飞行时不断翻滚，因而除球形破片外，迎风面积一般为随机变量，其数值取数学期望值

$$A = \phi m_{\mathrm{f}}^{2/3} \tag{4.1.15}$$

式中，ϕ 为破片形状系数 ($\mathrm{m^2/kg^{2/3}}$)，m_{f} 为单枚破片质量。对于钢质自然破片，粗略计算时可取 $\phi = 0.005$。

(3) 当地空气密度 ρ_H

当地空气密度 ρ_H 是指破片在空中飞行高度处的空气密度，空气密度随离地高度而变化，一般表达式为

$$\rho_H = \rho_0 H(y) \tag{4.1.16}$$

式中，ρ_0 为海平面处的空气密度，$H(y)$ 为距离海平面为 y 处空气密度的修正系数，可查空气动力学的有关论著。

3. 破片初速测试

破片初速的测定在战斗部静爆试验中是非常重要的项目，测定的方法较多，现在广泛使用的有断靶测速法、通靶测速法和高速摄影法。

1) 断靶测速

断靶测速法也称网靶测速法。每一个网靶由金属丝绕成的网组成，网线与测速路线和仪器连接，形成通电回路。当破片穿过网靶时，击断其金属丝，通电回路被断开，仪器将输出一个断靶信号。如果在破片飞行路线上设置多个网靶，形成相互并联靶网，如图 4.1.3 所示，破片穿过时仪器将记录下每一个网靶输出信号的时刻，而网靶间距离是预先设置的，就可以求出破片的初速和速度衰减系数。

通常在一个方向或多个方向上设置多个网靶，然后通过多元回归法算出沿某个方向的破片初速和速度衰减系数。破片速度衰减规律可由 (4.1.12) 式表示，对 (4.1.12) 式取对数得

$$\ln v = \ln v_0 - aR \tag{4.1.17}$$

式中，R 是网靶与战斗部之间的距离。通过多个距离 R_i 的网靶测量可得到一组破片速度 v_i，代入上式得

$$\begin{aligned} \ln v_1 &= \ln v_0 - aR_1 \\ \ln v_2 &= \ln v_0 - aR_2 \\ &\vdots \\ \ln v_n &= \ln v_0 - aR_n \end{aligned}$$

应用多元回归法可以导出破片初速和速度衰减系数的表达式

$$\ln v_0 = \frac{\sum R_i^2 \sum \ln v_i - \sum R_i \sum R_i \ln v_i}{n \sum R_i^2 - \left(\sum R_i\right)^2} \tag{4.1.18}$$

$$a = \frac{\sum R_i \sum \ln v_i - n \sum (R_i \ln v_i)}{n \sum R_i^2 - \left(\sum R_i\right)^2} \tag{4.1.19}$$

式中，n 为测试方向上设置的网靶数量。

网靶测速的优缺点如下：①可以一次测得破片初速 v_0 和速度衰减系数 a；②采用网靶法测定破片速度时，所记录的是在测试方向上一群破片中飞行在最前面的一枚，即最早的信号。由于一个网靶只能接受一个信号，因此网靶法测到的是最大破片初速；③必须是同一个破片连续领先穿过同一方向的各个网靶，才能准确得到破片平均初速 v_0 和速度衰减系数 a 值。但每一枚破片的存速能力不同，因此，一枚破片在飞行过程中并不一定永远在破片群的最前面飞行。如果存在破片有交叉，或者存在质量差异较大的两种或两种以上的破片，或者战斗部爆炸时产生大量非正常破片，而网靶的距离和尺寸又不能保证排除这些非正常破片的干扰，则一般得不到准确的数据。

2) 通靶测速

通常采用的通靶有两种：复合板结构和梳齿结构。图 4.1.4 给出了复合板和梳齿板两种通靶的结构示意图。复合板由三层组成，中间为绝缘层，前后为导电层。把前后导电层接入测速路线中，平时线路中无电流通过。破片穿透通靶过程中同时接触前后导电层的瞬间，线路被接通，仪器即可记录下此信号。破片通过通靶后，线路又恢复到断路状态。当第二个破片穿过通靶时，又可以记录第二个通路信号，如此重复，直到最后一个破片通过。因此，通靶法可以获得通过该方向破片的平均速度。梳齿的测量原理与复合板相同，所不同的是，若破片把某一梳齿打断，则通过该齿片的后续破片的速度将测不到。

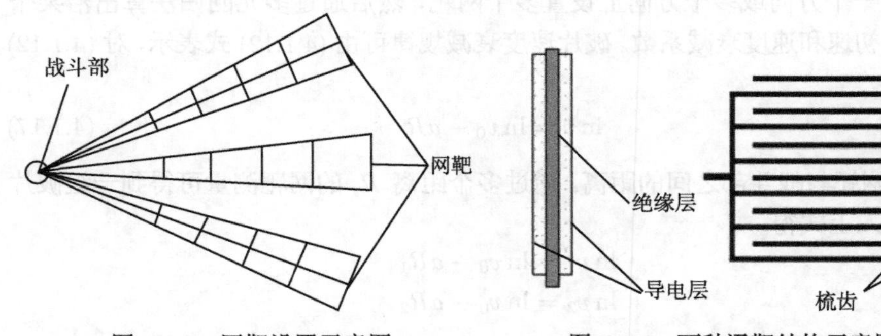

图 4.1.3 网靶设置示意图　　图 4.1.4 两种通靶结构示意图

通靶测速的不足在于：①如有碎片镶嵌于靶板上并接通线路，或者连接靶板的导线被打断，则后续破片的速度将测不到；②难以分辨几乎同时达到靶板的破片速度。

3) 高速摄影测速

高速摄影法是比较先进的测定破片速度的方法。图 4.1.5 是高速摄影测速的布置图，其原理是：高速摄影机拍摄下破片撞击靶板时产生的火花信号，根据胶片上的时间标记，可以计算出从爆炸瞬间留有强闪光信号的某帧胶片到某一幅记录破片撞击靶板产生闪光的胶片的时间。爆心到靶板的距离是已知的，这样就可以求出该幅胶片所代表的一组破片的平均速度，再换算成该组破片的初速。胶片上记录有破片火花信号的画幅数，就是破片速度的分组数。由分组信息可以分析速度的散布情况。

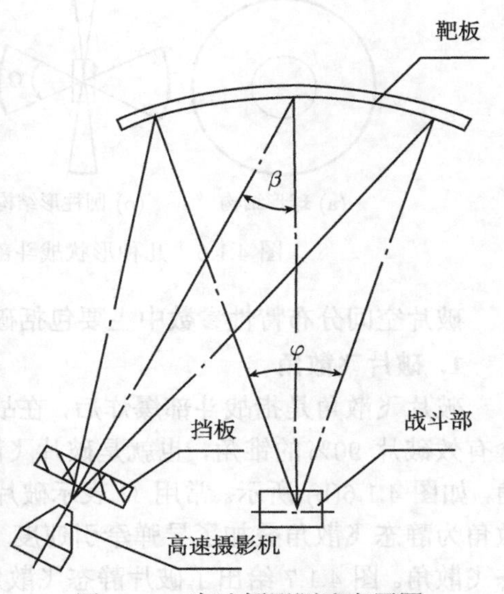

图 4.1.5　高速摄影测速布置图

高速摄影的拍摄速度可根据战斗部破片的速度特别是速度的散布程度来确定，破片速度高，散布小，则拍摄速度应高。如果拍摄速度过低，则记录到有火花的画幅太少，即破片速度的分组数太少，速度分布数据太粗略，也不能充分发挥高速摄影的优点。高速摄影拍摄的范围，在战斗部轴向应包含 100%破片的飞散角，在环向应不小于 20°。胶片上破片撞靶火花的分布即反映了破片的空间分布。

利用高速摄影法进行数据处理，可计算破片飞散区域内全部破片的平均速度。n_i 为任意画面上的有效闪光数，N 为从第 1 画面到第 I 画面的有效闪光数的总和，则飞散角内全部破片的平均速度为

$$N=\sum_{i=1}^{I}n_i,v_0=\sum_{i=1}^{I}\left(\frac{n_i}{N}v_{0i}\right) \tag{4.1.20}$$

从理论上说，只要画面上靶板坐标和闪光信号拍摄得清晰，则高速摄影法可以测定每一个破片的初速，得到速度的散布情况，并可计算出破片飞散区域任意角度内的平均速度。需要指出的是，由于在靶板高度方向战斗部破片飞至靶板的距离是不等的，将给数据处理带来误差。因此，必要时可沿靶板高度分区计算测得数据。

二、破片空间分布特性

战斗部爆炸后，破片在空间的分布与战斗部形状相关，图 4.1.6 给出了几种形状战斗部爆炸后破片在空间分布的示意图。其中球形战斗部的起爆为球心起爆，则破片飞散是一个球面，而且均匀分布。圆柱形战斗部爆炸后的破片 90%飞散方向为侧向。圆台形和圆弧形战斗部起爆后的破片分布情况皆为：多数破片向半径小的方向

飞散。从图 4.1.6 可以看出，除球形战斗部中心起爆外，其余战斗部起爆后，破片在空间的分布都是不均匀的。

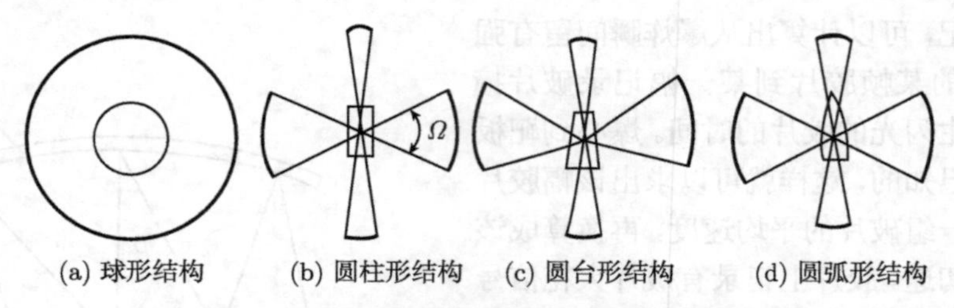

图 4.1.6　几种形状战斗部爆炸后破片飞散分布示意图

破片空间分布特性参数中主要包括破片飞散角和方向角。

1. 破片飞散角

破片飞散角是指战斗部爆炸后，在战斗部轴线平面内，以质心为顶点所作的包含有效破片 90%的锥角，也就是破片飞散图中包含有效破片 90%的两线之间的夹角，如图 4.1.6(b) 所示。常用 Ω 表示破片静态飞散角，Ω_v 表示动态飞散角，动态飞散角为静态飞散角叠加了导弹牵引速度 v_{c} 之后的结果。一般静态飞散角要大于动态飞散角。图 4.1.7 给出了破片静态飞散角和动态飞散角示意图，其中图 4.1.7(b) 叠加了导弹的牵引速度 v_{c}，φ_1、φ_2 分别为破片飞散方向的两个边界与导弹赤道面的夹角，于是破片动态飞散角 $\Omega_v=\varphi_2-\varphi_1$。

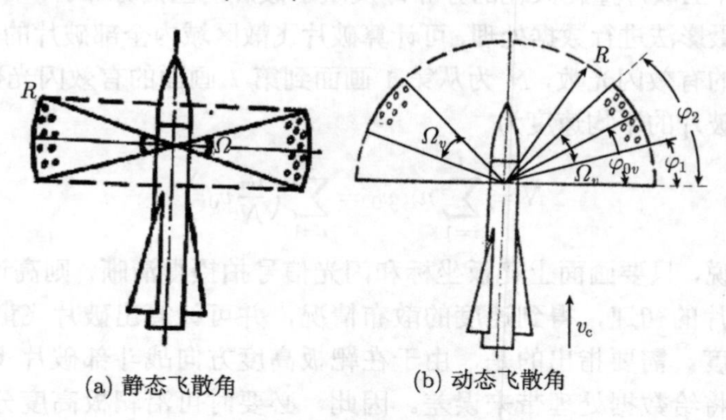

图 4.1.7　破片飞散角示意图

2. 破片方向角

破片方向角是指破片飞散角内破片分布中线 (在其两边各含有 45%的有效破片的分界线) 与通过战斗部质心的赤道平面所夹之角，如图 4.1.8 所示。常用 φ_0 表示静态方向角，φ_{0v} 表示动态方向角。图 4.1.7(b) 中，若假设破片在飞散角内是均匀分布的，则 $\varphi_{0v}=\dfrac{\varphi_2+\varphi_1}{2}$。

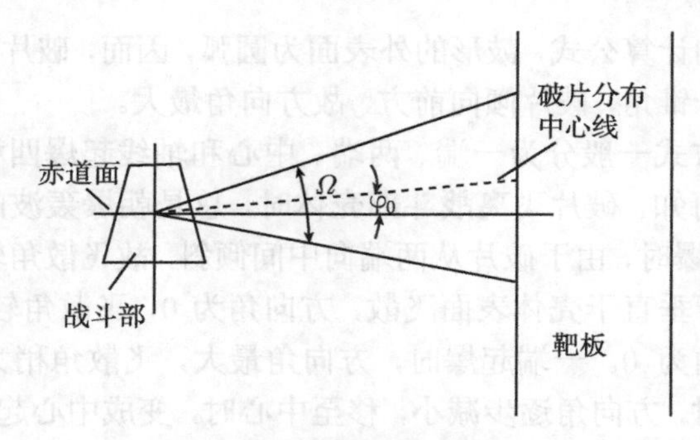

图 4.1.8　静态破片方向角

计算破片飞散方向的经典公式为泰勒公式

$$\sin\delta = \frac{v_0}{2D}\cos a \tag{4.1.21}$$

式中，δ 为所计算微元的飞散方向与该处壳体法线的夹角，a 为起爆点与壳体上该点的连线与壳体之间的夹角，即该点爆轰波阵面的法线与轴线之间的夹角，如图 4.1.9 所示。破片飞散的最大和最小 δ 之差可以与破片静态飞散角 Ω 相对应。

夏皮罗对泰勒公式进行了改进，使之更适用于非圆柱体的情况，公式为

$$\tan\delta = \frac{v_0}{2D}\cos\left(\frac{\pi}{2} + a - \phi\right) \tag{4.1.22}$$

式中，ϕ 为计算点处壳体法线与轴线的夹角，如图 4.1.10 所示。

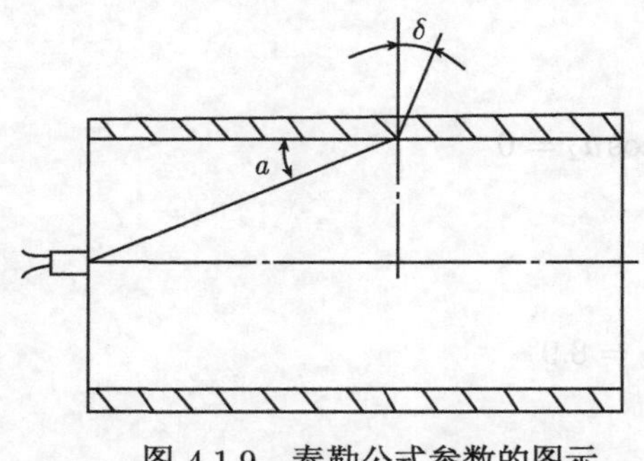

图 4.1.9　泰勒公式参数的图示

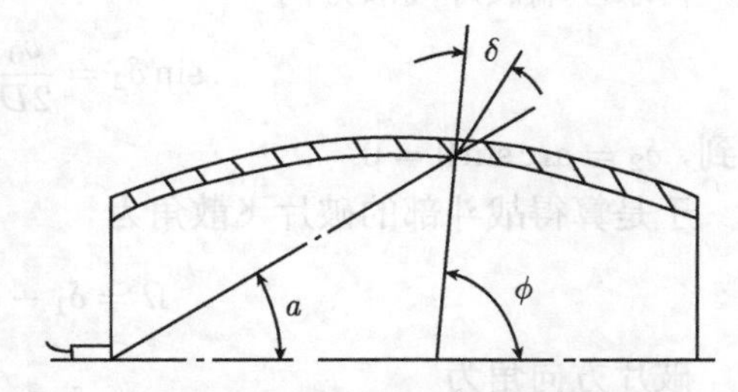

图 4.1.10　夏皮罗公式参数的图示

3. 破片空间分布的影响因素

影响破片飞散角 Ω 和方向角 φ_0 的因素主要是战斗部的结构外形和起爆方式。

图 4.1.11 给出了圆锥形、圆柱形、鼓形三种结构外形的战斗部的破片飞散角和方向角示意图。以鼓形的飞散角为最大，圆锥形、圆柱形的飞散角最小；方向角则以圆锥形为最大，鼓形和圆柱形的方向角均很小。从理论上解释，按照计算壳体上一

点的破片飞散方向的计算公式，鼓形的外表面为圆弧，因而，破片飞散角最大；圆锥形外表面与轴向成一锥角，破片倾向前方，故方向角最大。

战斗部的起爆方式一般分为一端、两端、中心和轴线起爆四种类型，根据泰勒公式和夏皮罗公式可知，破片飞离战斗部壳体时，总是朝爆轰波的前进方向倾斜某一角度 δ。若两端起爆时，由于破片从两端向中间倾斜，故飞散角较小，方向角为 0。轴线起爆时，破片皆垂直于壳体表面飞散，方向角为 0，飞散角较小。中心起爆时，飞散角较大，方向角为 0。一端起爆时，方向角最大，飞散角稍大。当起爆点向战斗部几何中心移动时，方向角逐步减小，移至中心时，变成中心起爆，方向角为 0。

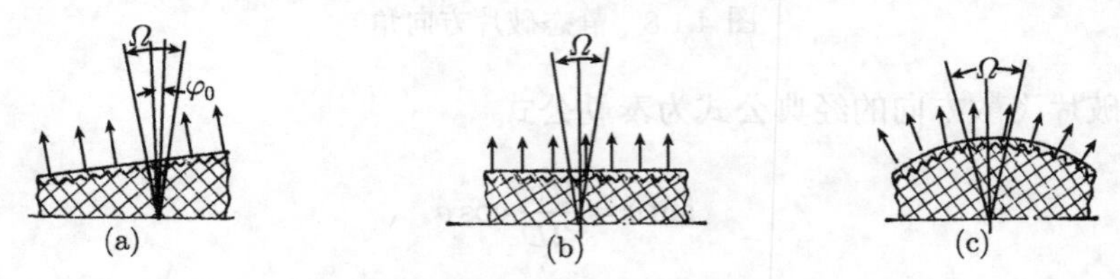

图 4.1.11　不同外形战斗部的破片飞散角和方向角

例 4.1　一圆柱形破片战斗部，其结构参数为弹长 250mm，弹径 200mm，假如左端面中心单点起爆 (参见图 4.1.9)，炸药爆速为 7500m/s，破片初速为 2500m/s，试计算破片飞散角及方向角。

解　先求右端破片飞散方向

$$\sin\delta_1=\frac{v_0}{2D}\cos a=\frac{2500}{2\times7500}\frac{250}{\sqrt{250^2+100^2}}=0.1547$$

得到，$\delta_1=\arcsin 0.1547=8.9°$

再求左端破片飞散方向

$$\sin\delta_2=\frac{v_0}{2D}\cos a_2=0$$

得到，$\delta_2=\arcsin 0=0°$

于是算得战斗部的破片飞散角为

$$\varOmega=\delta_1-\delta_2=8.9°$$

破片方向角为

$$\varphi_0=\frac{\delta_1+\delta_2}{2}=4.45°$$

三、破片质量分布特性

1. 破片平均质量与破片数

如果不采取专门的设计措施来控制破片的尺寸，则炸弹或炮弹的壳体就会产生自然破片飞散现象。通过选择装药质量比、壳体材料及其壁厚，可以在一定程度上预先确定破片的质量分布。

莫特 (Mott) 和林福特 (Linfoot) 提出了关于爆炸条件下战斗部的质量以及能量分布理论。此理论适用于破裂前发生塑性膨胀的壳体。

假定：壳体破裂瞬间形成某一裂纹，壳体壁厚单位面积上所要求的能量 W 为

$$W=\frac{1}{114}\rho_0 v_0^2\frac{l_2^3}{r_{\mathrm{k}}^2} \tag{4.1.23}$$

式中，ρ_0 为壳体材料密度 (g/cm³)；l_2 为裂纹间的距离 (cm)；r_{k} 为壳体破裂瞬间的半径 (cm)；v_0 为壳体破裂瞬间的膨胀速度。于是得到破片宽度

$$l_2=\left[\frac{114r_{\mathrm{k}}^2W}{\rho_0 v_0^2}\right]^{1/3} \tag{4.1.24}$$

根据试验结果可知，对于常用的壳体材料，W 的值大致在 14.7～168J/cm²，目前多采用其下限值，即 14.7J/cm²。

Mott 在后来的研究报告中得出结论说，对于一定的材料，破片的长宽之比是不变的，就钢而言，大致为 $l_2{:}l_1=2.5{:}1$。若令破片厚度为 t，则得破片平均质量

$$\overline{m}_{\mathrm{f}}=l_1 l_2 t\rho_0=2.5l_2^2 t\rho_0=58.7\frac{\rho_0^{1/3}r_{\mathrm{k}}^{4/3}W^{2/3}t}{v_0^{4/3}} \tag{4.1.25}$$

式中，l_1 为破片的长度 (cm)。

若以 r_0 和 t_0 代表弹体在膨胀之前的初始半径和厚度，且假定 $r_{\mathrm{k}}=\varepsilon r_0$($\varepsilon$ 表示弹体膨胀的最大半径与初始半径之比)，根据壳体体积不变定律可求出 t，即

$$(r_{\mathrm{k}}+t)^{\nu+1}-r_{\mathrm{k}}^{\nu+1}=(r_0+t_0)^{\nu+1}-r_0^{\nu+1} \tag{4.1.26}$$

忽略 t 和 t_0 的高阶小量，上式可以得到 $t=t_0/\varepsilon^{\nu}$。ν 是壳体形状参数，对圆柱形壳体 $\nu=1$，对于对球形壳体 $\nu=2$。其中对于钢质壳体，$\varepsilon\approx1.5\sim2$。

可见，在战斗部结构和材料确定的条件下，若已知壳体破裂瞬间的膨胀速度即破片初速度 v_0，便可由 (4.1.25) 式求出破片平均质量，并最后计算出破片总数

$$N_0=\frac{M}{\overline{m}_{\mathrm{f}}} \tag{4.1.27}$$

根据现有实验统计表明，大多数情况下，钢质壳体的破片宽度 l_2 比厚度 t 大 1～3 倍，破片的长度 l_1 比厚度 t 大 3～7 倍。在实际处理时，如取平均值，则破片尺寸比为 $l_1{:}l_2{:}t=5{:}2{:}1$，由此可同样求出破片平均质量乃至破片总数。

2. Mott 破片质量/数目分布

Mott 破片质量分布是基于下面一种形式

$$N(\overline{m}_{\mathrm{f}})=\frac{M}{\overline{m}_{\mathrm{f}}}\mathrm{e}^{-(\overline{m}_{\mathrm{f}}/\mu_i)^{1/i}} \tag{4.1.28}$$

式中，$N(\overline{m}_{\rm f})$ 为质量大于 $\overline{m}_{\rm f}$ 的破片数，M 为战斗部壳体质量，$\overline{m}_{\rm f}$ 为破片平均质量，i 是维数 (1、2、3)，$\mu_i = \dfrac{\overline{m}_{\rm f}}{i!}$ 是与破片平均质量有关的量，称为 Mott 破碎参数。

研究表明，薄壁壳体以二维方式破碎为破片，厚壁壳体以二维或三维两种形式破碎为破片。就壳体以二维破裂而论，如果壳体能够确保以二维破裂一直延续到形成极小的破片时为止，那么，Mott 破片质量/数目分布可以表示为

$$N(\overline{m}_{\rm f}) = \frac{M}{2\mu}{\rm e}^{-(\overline{m}_{\rm f}/\mu)^{1/2}} \tag{4.1.29}$$

式中，2μ 是破片的算术平均质量。值得注意的是，$M/2\mu$ 正是破片总数 N_0，故 (4.1.29) 式可写成

$$N(\overline{m}_{\rm f}) = N_0{\rm e}^{-(\overline{m}_{\rm f}/\mu)^{1/2}} \tag{4.1.30}$$

可见，只要 μ 已知，便可计算出 N_0 和 $N(\overline{m}_{\rm f})$。Mott 给出的比例式是

$$\mu^{1/2} = Kt_0^{5/6}r_0^{1/3}\left(1+\frac{t_0}{r_0}\right) \tag{4.1.31}$$

式中，K 是由炸药决定的常数，如 K=0.145(TNT)，K=0.157(阿玛托 50/50)，K 的单位是 $({\rm g}^{1/2}/{\rm cm}^{7/6})$。

在厚壁壳体条件下，需要进行三维分析，于是有

$$N(\overline{m}_{\rm f}) = N_0{\rm e}^{-(\overline{m}_{\rm f}/\mu')^{1/3}} \tag{4.1.32}$$

其中，

$$\mu' = \rho_0 l_2^3 \tag{4.1.33}$$

对于整体式弹壳产生的自然破片，弹体的破碎与弹体结构、装药种类、弹体材料等因素有直接关系，爆炸时产生的初始裂纹的位置、形状、数量、扩展方向和速度，均与弹体材料的不均匀性等随机因素有密切关系。因此，目前多采用半经验公式计算破片数量，或用试验获得。计算破片数的经验公式较多，各有优缺点，这里就不一一介绍了。

四、单枚破片终点毁伤特性

破片终点毁伤特性主要包括单枚破片对有生力量、轻装甲目标的毁伤。

1. 破片对有生力量的杀伤

破片对有生目标的杀伤，就其本质而言，主要是对活组织的一种机械破坏作用。破片的动能主要消耗在贯穿机体组织及对伤道周围组织的损伤上。研究杀伤机理的基本方法主要有三种：一是战场实际调查统计；二是动物实验研究，选用皮肤强度与人体相近，个体差异小，具有一定可侵彻厚度，便于搬运和长时间观察治疗的动物，

目前常用狗、羊、猪等；三是非生物模拟实验，非生物模拟物常用肥皂、明胶、黏土、新鲜猪牛肉等。

由解剖学可知：狗与人相比在骨骼、肌肉、血管、神经等方面，尽管存在着不少差别，但在组织结构上仍有许多相近之处。因此，可以通过对狗的杀伤机理研究，近似地了解破片的实际作用原理和结果。

破片对狗的致伤所需能量，随着进入肌体部位的不同差别甚大。因此，分析破片能量与杀伤效果的关系，必须根据伤情与性质合理地加以分类。一般分为：软组织伤、脏器伤和骨折。

表 4.1.3~ 表 4.1.5 分别给出了造成狗各类创伤所需的能量、贯穿狗胸腔所需的动能和比动能以及造成狗当场死亡所需的动能和比动能 (单位面积上动能)。

由表中可见，对于同样的创伤，不同形状、质量的破片，造成同等创伤所需的动能有很大差别。一般来说，大破片杀伤需要较大的动能，但各种破片的比动能却非常接近。从表中可知贯穿狗胸腔的致伤比动能大约为 112.8J/cm^2。胸腔为心、肺等器官和大血管的所在部位。从杀伤效果来说，如果弹片贯穿胸腔，即便不能使之当场毙命，其创伤也是严重的。因此这个比动能的值与表 4.1.5 中狗的当场死亡比动能很接近。

表 4.1.3 造成各类创伤的能量

破片形状及质量	软组织伤/J	脏器伤/J	骨折/J	骨折加脏器伤/J
0.5g(方形)	12.65	15.98	18.04	19.22
1.0g(球形)	16.18	19.61	29.51	30.30
1.0g(方形)	27.65	31.19	33.44	36.77
5.0g(方形)	62.13	74.85	97.18	100.03

表 4.1.4 贯穿狗胸腔的动能和比动能

破片形状及质量	动能/J	比动能/(J/cm^2)	破片形状及质量	动能/J	比动能/(J/cm^2)
0.5g(方形)	21.28	111.8	1.0g(方形)	38.54	113.8
1.0g(球形)	35.40	110.8	5.0g(方形)	101.99	114.7

表 4.1.5 造成狗当场死亡的动能和比动能

破片形状及质量	动能/J	比动能/(J/cm^2)
0.5g(方形)	20.2	106
1.0g(球形)	33.2	104
1.0g(方形)	36.6	108
5.0g(方形)	99.0	111

25mm 松木板的强度大致与人体的胸腹腔强度相同，所以实验中也常采用25mm 松木板作为效应靶，表 4.1.6 给出了破片贯穿 25mm 的松木板所需的动能和比动能。

由表可见，5mm 松木板所反映的贯穿比动能与表 4.1.4 中所列值很接近。

表 4.1.6　贯穿 25mm 松木板所需的动能和比动能

破片形状及质量	动能/J	比动能/$(\mathrm{J/cm^2})$
0.5g(方形)	24.3	128
1.0g(球形)	35.3	111
1.0g(方形)	54.0	123
5.0g(方形)	104	117

2. 破片对轻装甲防护目标的毁伤

破片对轻装甲防护目标的毁伤主要包括：击穿要害部件造成机械损伤；引燃油箱造成起火；引爆弹药舱造成爆炸破坏。

1) 击穿概率

根据能量守恒准则，破片作用于目标的动能 E_{im} 应不小于目标材料的平均动态变形功 E 才能造成穿孔，即

$$E_{\mathrm{im}} \geqslant E \tag{4.1.34}$$

式中，$E_{\mathrm{im}} = \dfrac{1}{2}m_{\mathrm{f}}v_{\mathrm{b}}^2$ 为破片撞击目标时的动能，E 为致使目标发生动态破坏时所需要的变形功。目标动态破坏变形功可表示为

$$E = k_1 b \sigma_b A_S \tag{4.1.35}$$

式中，k_1 为比例系数，取决于目标材料的性质和打击速度，对于硬铝，在打击速度不大于 2500m/s 时，$k_1 = 0.92 + 1.023v^2 \times 10^{-6}$。$b$ 为目标材料厚度 (m)；σ_b 为目标材料的强度极限 (Pa)；A_S 为破片与目标遭遇面积 ($\mathrm{m^2}$)。

破片击穿要害部件造成的损伤，通常以击穿单位厚度硬铝目标的比动能 E_b 来衡量，其他材料可用等效硬铝厚度来表示。按照总强度等效的原则，对于厚度为 b 的靶板材料，若靶板材料强度为 σ_b，则其等效硬铝靶的厚度 b_{Al} 为

$$b_{\mathrm{Al}} \approx b\sigma_b/\sigma_{\mathrm{Al}} \tag{4.1.36}$$

其中，σ_{Al} 为硬铝的强度极限。

将 (4.1.36) 式代入 (4.1.35) 式，则等效铝靶的穿靶能量为

$$E = k_1 b_{\mathrm{Al}} \sigma_{\mathrm{Al}} A_S \tag{4.1.37}$$

由于破片在飞行中可能发生旋转、翻滚等姿态改变，A_S 是一个变值，其范围为 $A_{S\min} \leqslant A_S \leqslant A_{S\max}$。因此有时 A_S 采用破片与目标遭遇面积的数学期望值 A 表示。由此可见，一枚破片穿透目标的最小动能与破片和靶板的接触面积有关，结合 (4.1.34) 式和 (4.1.37) 式有

$$\frac{E_{\mathrm{im}}}{A} \geqslant \frac{k_1 b_{\mathrm{Al}} \sigma_{\mathrm{Al}} A_S}{A} \tag{4.1.38}$$

定义 $E_b = \dfrac{E_{\mathrm{im}}}{b_{\mathrm{Al}} A}$ 为破片打击硬铝目标的体积比动能，则破片的着靶比动能为

$$E_b = \frac{m_{\mathrm{f}} v_b^2}{2 b_{\mathrm{Al}} A} \tag{4.1.39}$$

其中，m_{f} 为破片碰靶时的质量 (kg)；v_b 为破片碰靶时的速度 (m/s)。于是，由 (4.1.38) 式得到破片击穿靶板必须满足的条件是

$$E_b \geqslant k_1 \sigma_{\mathrm{Al}} \frac{A_S}{A} \tag{4.1.40}$$

以不同的破片比动能 E_b 值对硬铝作系列试验，研究表明，破片击穿硬铝目标的概率 P_{Me} 与 E_b 的关系式为

$$P_{\mathrm{Me}} = \begin{cases} 0, & (E_b \leqslant 4.41 \times 10^8) \\ 1 + 2.65\mathrm{e}^{3.47\times10^{-9} E_b} - 2.96\mathrm{e}^{-1.43\times10^{-9} E_b}, & (E_b > 4.41 \times 10^8) \end{cases} \tag{4.1.41}$$

其中，E_b 取单位 $\mathrm{J \cdot m^3}$。

2) 引燃概率

破片对飞机油箱的引燃作用主要取决于破片的比冲量、战斗部炸点高度及油箱结构，并常以破片比冲量来度量破片对油箱的引燃效应。下面以破片引燃飞机油箱为例对破片的引燃概率进行简要分析。

破片比冲量表示为

$$i = \frac{m_{\mathrm{f}} v_b}{A_S} \tag{4.1.42}$$

式中，i 为比冲量 $(\mathrm{N \cdot s \cdot m^{-2}})$。

由地面试验得到的单枚破片对普通油箱燃料引燃概率的经验公式为

$$P_{\mathrm{com}} = \begin{cases} 0, & (i \leqslant 1.57 \times 10^4) \\ 1 + 1.083\mathrm{e}^{-4.27\times10^{-5} i} - 1.96\mathrm{e}^{-1.49\times10^{-5} i}, & (i > 1.57 \times 10^4) \end{cases} \tag{4.1.43}$$

引燃概率随炸点高度的增加而减小，这是由于大气的温度和压力随高度的增加而降低，油箱的温度也随之下降，又有高空缺氧的缘故。引燃概率随高度的变化规律为

$$P_{\mathrm{com}}^H = P_{\mathrm{com}} F(H) \tag{4.1.44}$$

式中，P_{com} 为地面上的引燃概率，$F(H)$ 为高度函数。炸点高度小于 16km 时

$$F(H) = 1 - \left[\frac{H(y)}{16}\right]^2 \tag{4.1.45}$$

其中 $H(y)=\dfrac{\rho_H}{\rho_0}$，$\rho_H$、$\rho_0$ 分别为炸点高度处和地面上的空气密度。

3) 引爆概率

引爆作用主要是指由破片对弹药舱内弹药的冲击而引起的爆炸。引起弹药爆炸的因素有很多，例如破片的形状及飞散参数，弹药中炸药参数，壳体结构及材料，弹目交会条件等。由于涉及的因素较多，目前，破片对炸药的引爆问题还没有形成比较统一的计算公式。

破片对飞机弹药的引爆概率的一个经验公式为

$$P_{\text{ex}}=\begin{cases}0, & (10^{-6}A_1\leqslant 6.5+100a_1)\\ 1-3.03\mathrm{e}^{-5.6\frac{10^{-8}A_1-a_1-0.065}{1+3a_1^{2.31}}} & \\ \times\sin\left[0.34+1.84\dfrac{10^{-8}A_1-a_1-0.065}{1+3a_1^{2.31}}\right], & (10^{-6}A_1>6.5+100a_1)\end{cases}\tag{4.1.46}$$

其中

$$\begin{aligned}A_1&=5\times10^{-3}\rho_e m_{\mathrm{f}}^{2/3}v_b^3\\ a_1&=5\times10^{-2}\frac{\rho_{m1}b_1+\rho_{m2}b_2}{m_{\mathrm{f}}^{1/3}}\end{aligned}\tag{4.1.47}$$

式中，ρ_{e} 为炸药的密度 ($\mathrm{g/cm^3}$)；ρ_{m1}、b_1 分别为被引爆物外壳的密度 ($\mathrm{g/cm^3}$) 和厚度 (mm)；ρ_{m2}、b_2 分别为飞机蒙皮金属的密度 ($\mathrm{g/cm^3}$) 和厚度 (mm)。

例 4.2　已知飞机的飞行高度 $H=8\mathrm{km}$，破片质量 $m=10\mathrm{g}$，命中铝制障碍物和油箱时的遭遇速度 $v_b=2500\mathrm{m/s}$。求破片击穿厚度为 50mm 的铝障碍物的概率 P_{Me} 和破片命中油箱后的引燃概率 P_{com}。

解

(1) 击穿概率 P_{Me}

由 (4.1.39) 式计算得到破片比动能 $E_b=\dfrac{m_{\mathrm{f}}v_b^2}{2b_{\mathrm{Al}}A}=2.69\times10^9(\mathrm{J\cdot m^3})$

将 E_b 代入 (4.1.41) 式，得到破片的击穿概率为

$$P_{\text{Me}}=1+2.65\mathrm{e}^{3.47\times10^{-9}E_b}-2.96\mathrm{e}^{-1.43\times10^{-9}E_b}=0.937$$

(2) 引燃概率 P_{com}

根据 (4.1.42) 式计算得到破片比冲量

$$i=\frac{m_{\mathrm{f}}v_b}{A_S}=1.08\times10^5(\mathrm{N\cdot s\cdot m^{-2}})$$

将 i 代入 (4.1.43) 式得破片的引燃概率为

$$P_{\text{com}}=1+1.083\mathrm{e}^{-4.27\times10^{-5}i}-1.96\mathrm{e}^{-1.49\times10^{-5}i}=0.617$$

由于飞机的油箱处于 $H=8\text{km}$ 的高空处，因此由式 (4.1.45) 得到在 8km 高空处的破片引燃概率为

$$P_{\text{com}}^{H}=P_{\text{com}}\left[1-\left(\frac{H}{16}\right)^2\right]=0.617\left[1-\left(\frac{8}{16}\right)^2\right]=0.463$$

4.2　传统破片战斗部结构类型

图 4.2.1 为传统破片战斗部的典型结构，主要由四个部件组成：装药、壳体、端盖和中心孔。其中端盖用来防止爆炸能量在完成作用于战斗部的外壳之前泄漏。装药中可含中心孔，用来放置保险机构和连接杆，或者放置电缆。战斗部的有效重量是炸药和壳体重量之和，其他战斗部组件，如前后端盖、电缆、隔舱、保险连杆等，统称为附加质量。在保证可靠性的前提下，附加质量应尽可能小。

破片战斗部的结构形式决定了破片形成的机制。传统的破片战斗部可分为自然破片战斗部、半预制破片战斗部和预制破片战斗部。其中自然破片为不可控破片，半预制破片和预制破片通称为可控破片。随着战斗部技术的发展，多种新型定向战斗部结构逐渐凸显出潜在的军事价值。本节介绍传统的破片战斗部结构及典型应用。

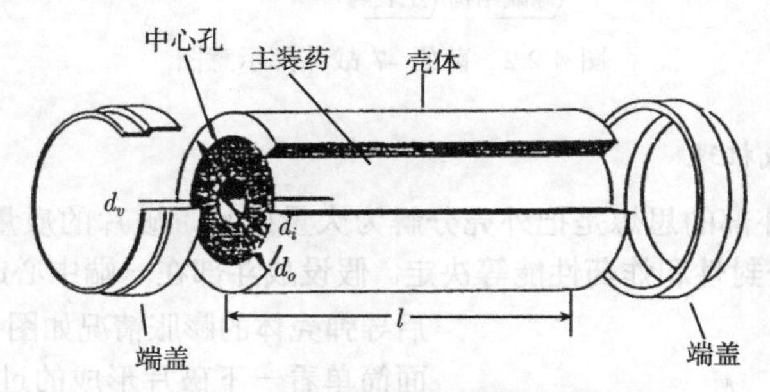

图 4.2.1　典型战斗部结构示意图

4.2.1　自然破片战斗部

一、结构特点

自然破片战斗部的壳体通常是等壁厚的圆柱形钢壳，在环向和轴向都没有预设的薄弱环节。战斗部爆炸后，所形成的破片数量、质量和速度与装药性能、装药质量和壳体质量的比值 (质量比)、壳体材料性能和热处理工艺、起爆方式等有关。提高自然破片战斗部威力性能的主要途径是选择优良的壳体材料并与适当装药性能相匹配，以提高速度和质量都符合要求的破片的比例。与半预制和预制破片战斗部相比，自然破片数量不够稳定，破片质量散布较大，特别是破片形状很不规则，速度衰减快。因此，这种战斗部的破片能量散布很大。

破片能量过小往往不能对目标造成杀伤效应，而能量过大则意味着破片总数的减少或破片密度的降低。因而，这种战斗部的破片特性是不理想的。但是有许多直接命中目标的便携式防空导弹采用了自然破片战斗部，如美国的尾刺、前苏联的萨姆-7 等。

图 4.2.2 是萨姆 -7 战斗部的结构示意图。该战斗部质量为 1.15kg，装药量只有 0.37kg。战斗部直径为 70mm，长度为 104mm。战斗部前端有球缺形结构，装药爆炸后，此球缺结构能够形成速度较高的破片流，用于破坏位于战斗部前方的导引头等弹上设备。从战斗部设计的一般原则看，它主要是设计成破片杀伤式，但由于是直接命中目标，其爆炸冲击波和爆轰产物也能对目标造成相当的破坏。

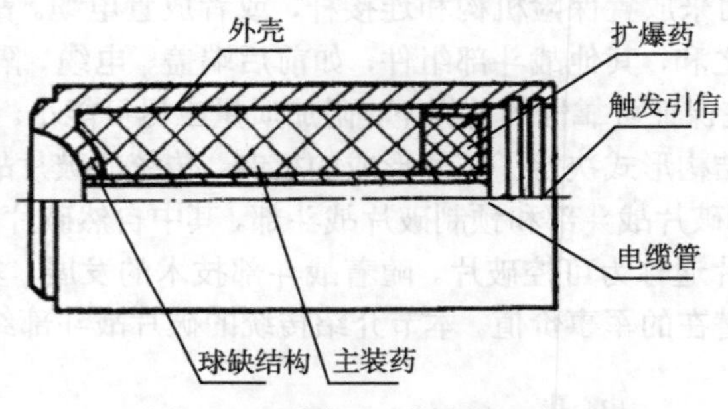

图 4.2.2 萨姆 -7 战斗部示意图

二、破片形成机理

自然破片战斗部的思想是把外壳分解为大量破片，破片的质量由壳体材料特性、壳体厚度、密封性和炸药性能等决定。假设战斗部在一端中心起爆，数十微秒后导弹壳体的膨胀情况如图 4.2.3 所示。下面简单看一下破片形成的过程和机理。自然破片形成过程可以分四步来理解，如图 4.2.4 所示。先是壳体膨胀 [图 4.2.4(a)]；当膨胀变形超过材料强度时，壳体外表面开始裂口 [图 4.2.4(b)]；接着壳体外表面的裂纹开始向内表面发展成裂缝 [图 4.2.4(c)]；爆轰产物从裂缝中流出造成大量爆轰产物飞出 [图 4.2.4(d)]。随后爆炸气体冲出并伴随着破片飞散，同时气体产物开始消散。这时战斗部壳体已经膨胀达到其初始直径的 150%～160%。

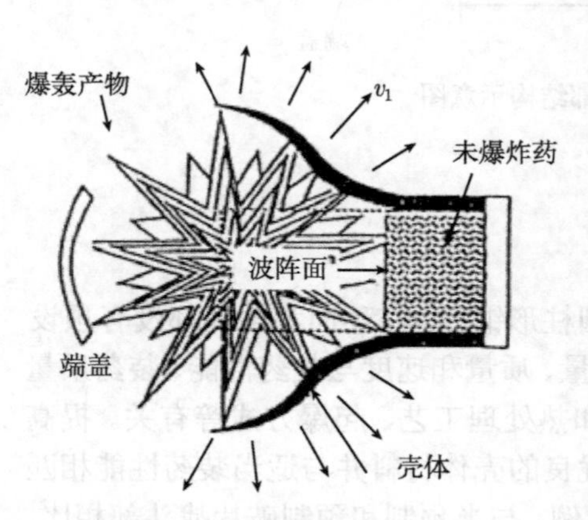

图 4.2.3 导弹壳体膨胀

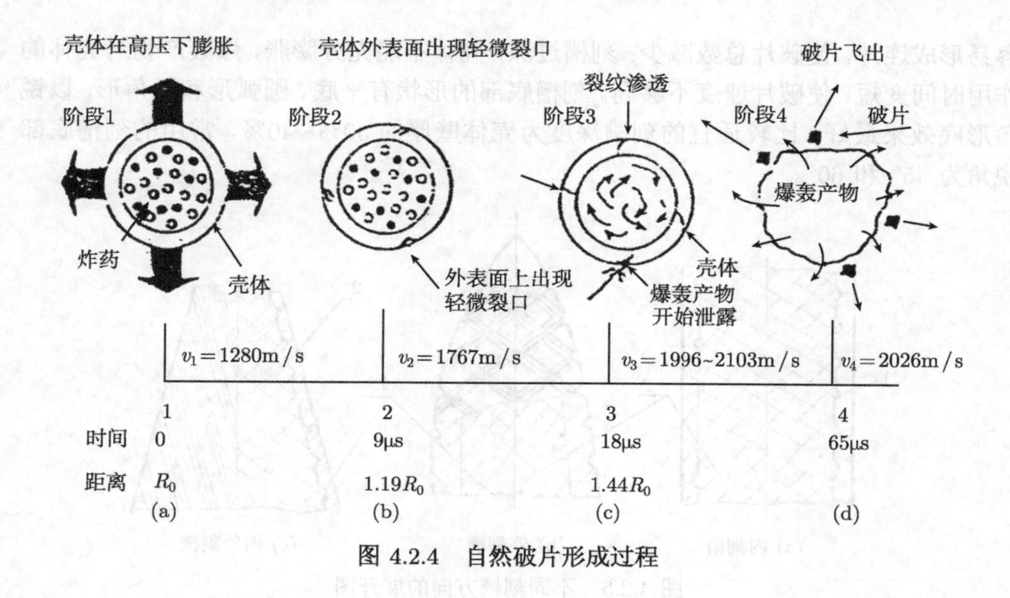

图 4.2.4　自然破片形成过程

4.2.2　半预制破片战斗部

半预制破片战斗部是破片战斗部应用最广泛的形式之一。它采用各种较为有效的方法来控制破片形状和尺寸，避免产生过大和过小的破片，因而减少了壳体质量的损失，显著地改善了战斗部的杀伤性能。根据不同的技术途径，半预制破片可以分为刻槽式、聚能衬套式和叠环式等多种结构形式。

一、刻槽式破片战斗部

刻槽式破片战斗部是在一定厚度的壳体上，按规定的方向和尺寸加工出相互交叉的沟槽，沟槽之间形成菱形、正方形、矩形或平行四边形的小块。刻槽也可以在钢板轧制时直接成型，然后将刻好槽的钢板卷焊成圆柱形或截锥形战斗部壳体，以提高生产效率并降低成本。战斗部装药爆炸后，壳体在爆轰产物的作用下膨胀，并按刻槽造成的薄弱环节破裂，形成较规则的破片。典型的刻槽式结构如图 4.2.5 所示。刻槽的形式可以有：①内表面刻槽，如图 4.2.5(a) 所示；②外表面刻槽，如图 4.2.5(b) 所示；③内外表面刻槽，如图 4.2.5(c) 所示。

实践证明，在其他条件相同的情况下，内刻槽的破片成型性能优于外刻槽，后者容易形成连片。

根据破片数量的需要，刻槽式战斗部的壳体可以是单层，也可以是双层。如果是双层，外层可以采用与内层一样的结构，也可以在内层壳体上缠以刻槽的钢带。钢带很容易控制外层破片的质量，使之与内层破片的质量不同或相同。

刻槽的深度和角度对破片的形成性能和质量损失有重大影响。刻槽过浅，破片容易形成连片，使破片总数减少；刻槽过深，壳体不能充分膨胀，爆轰产物对壳体的作用时间变短，使破片速度不够高。刻槽底部的形状有平底、圆弧形和锐角形，以锐角形底效果最好。比较适宜的刻槽深度为壳体壁厚的 30%～40%，常用的刻槽底部锐角为 45° 和 60°。

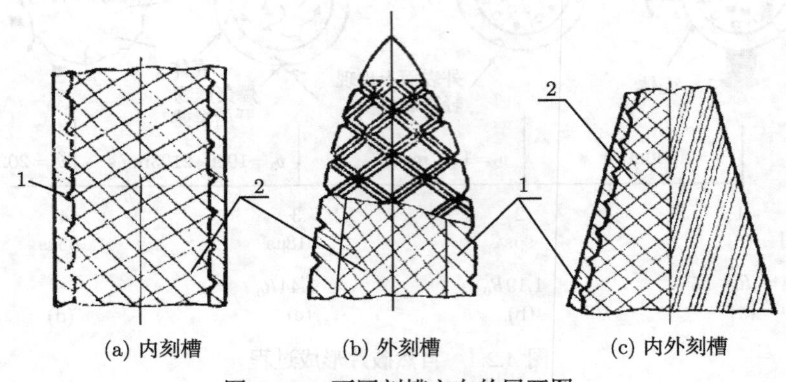

图 4.2.5　不同刻槽方向的展开图

1. 壳体; 2. 装药

刻槽式战斗部应选用韧性钢材而不宜用脆性钢材作为壳体，因为后者不利于破片的正常剪切成型，而容易形成较多的碎片。刻槽式与其他结构相比，在相同的装填比下获得的破片速度最高。

前苏联的萨姆 -2 防空导弹采用了壳体内刻槽式结构，相关参数为：战斗部总质量 190kg，破片数量 3600 块，破片质量为 11.6g，破片初速 2900～3200m/s，破片飞散角 10° ～12°。而 K-5 防空导弹采用了壳体内外表面刻槽式结构，相关参数为：战斗部总质量 13kg，破片数量 620～640 块，破片质量 <3g，破片飞散角 15°。

二、聚能衬套式破片战斗部

聚能衬套式破片战斗部也称药柱刻槽式战斗部。药柱上的槽由特制的带聚能槽的衬套来保证，而不是真正在药柱上刻槽，典型结构如图 4.2.6 所示。战斗部的外壳可以是无缝钢管，衬套上带有特定尺寸的楔形槽。衬套与外壳的内壁紧密相贴，用注装法装药后，装药表面就形成楔形槽。装药爆炸时，楔形槽产生聚能效应，将壳体切割成所设计的破片。

衬套通常采用厚度约为 0.25mm 的醋酸纤维薄板模压制成，应具有一定的耐热性，以保证在装药过程中不变形。楔形槽的尺寸由战斗部外壳的厚度和破片的理论质量来确定。如果壳体的长度和直径已经给出，就可以确定破片总数。由于衬套和楔形槽占去了部分容积，使装药量减少；同时，聚能效应的切割作用使壳体基本未经膨胀就形成破片，所以与尺寸相同而无聚能衬套的战斗部相比，破片速度稍低。

另外，由破片形成特性所决定，这种结构的破片飞散角较小，对圆柱体结构而言，不大于 15°。

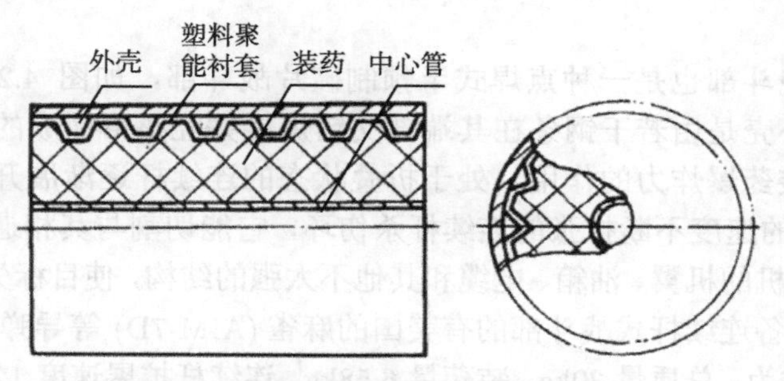

图 4.2.6　聚能衬套式破片战斗部示意图

聚能衬套式破片战斗部的最大优点是生产工艺非常简单，成本低廉，对大批量生产是非常有利的。但由于结构的限制，较宜用于小型战斗部，大型战斗部还是以刻槽式为宜。

采用聚能衬套式破片战斗部的导弹有美国的 AIM-9B 响尾蛇防空导弹。战斗部的主要参数：总质量 11.5kg，直径 127mm，长度 340mm，装药量 5.3kg，壳体壁厚 5mm，90%破片飞散角 13°，破片初速 1800~2200m/s，破片总数约 1200 片，单枚破片质量 3 g。另外，中国的霹雳 2、苏联的 K-13 也采用了聚能衬套式结构。

三、叠环式破片战斗部

叠环式破片战斗部壳体由钢环叠加而成，环与环之间点焊，以形成整体，通常在圆周上均匀分布三个焊点，整个壳体的焊点形成三条等间隔的螺旋线。这种结构示意图如图 4.2.7 所示。装药爆炸后，钢环沿环向膨胀并断裂成长度不太一致的条状破片，对目标造成切割式破坏。

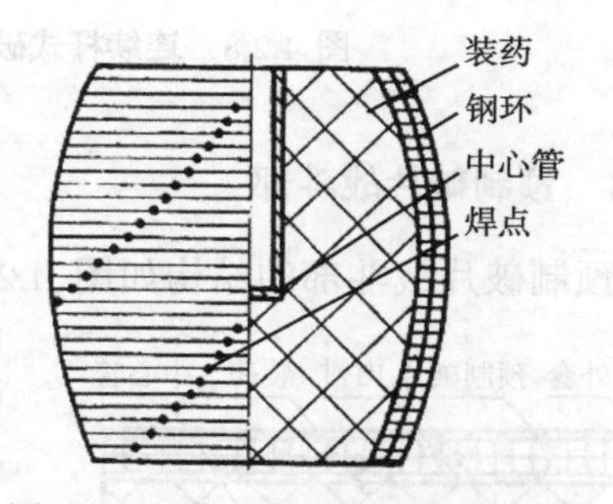

图 4.2.7　叠环式破片战斗部示意图

钢环可以是单层或双层，视所需的破片数而定。钢环的截面形式和尺寸根据毁伤目标所需的破片形状和质量而定。叠环式结构的最大优点是可以根据破片飞散特性的需要，以不同直径的圆环任意组合成不同曲率的鼓形或反鼓形结构。因此，这种结构不仅能设计成大飞散角，还能设计成小飞散角，以获得所需的破片飞散特性。

叠环式结构与质量相当的刻槽式结构相比，其破片速度稍低。这是因为钢环之间有缝隙，装药爆炸后，在环的膨胀过程中，稀疏波的影响较大，使爆炸能量的利用率下降。采用叠环式破片战斗部有法国的马特拉 $R530$ 空空导弹，其主要参数为：战斗部总质量 30kg，装药 Comp.B11.7kg，破片初速 1700m/s，破片飞散角 ±25°，破片总数 2600 块，单枚破片质量 6g，威力半径为 25m 处击穿 4mm 硬度为 80HB 的钢板。

连续杆式战斗部也是一种点焊式半预制破片战斗部，如图 4.2.8 所示，其结构比较独特，外壳是由若干钢条在其端部交错焊接并经整形而成的圆柱体。战斗部起爆后，受装药爆炸力的作用，处于折叠状态的连续杆逐渐展开，形成一个以 1200~1500m/s 的速度不断扩张的连续杆杀伤环，它能切割与其相遇的空中目标的某些构件，如飞机的机翼、油箱、电缆和其他不太强的结构，使目标失去平衡或遭到致命的杀伤。装备连续杆式战斗部的有美国的麻雀 (AIM-7D) 等导弹。其中 AIM-7D 战斗部相关参数为：总质量 30kg，装药量 6.58kg，连续杆扩展速度 1200m/s，杀伤环连续性为 85%，杆条 226 根，杆条总质量 10.32kg，杀伤半径 9m。

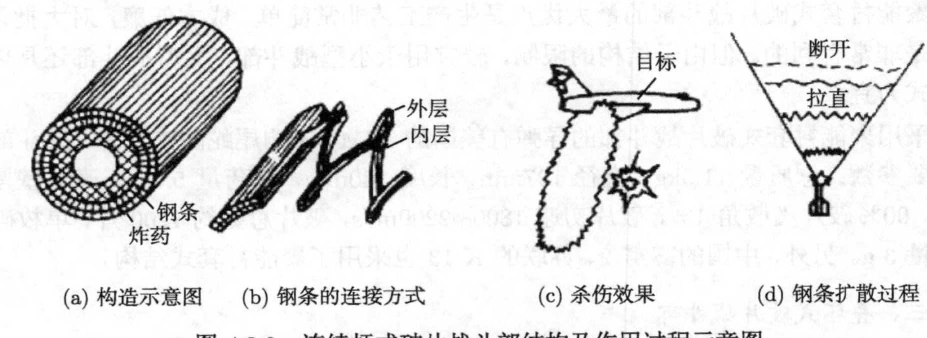

(a) 构造示意图　(b) 钢条的连接方式　(c) 杀伤效果　(d) 钢条扩散过程

图 4.2.8　连续杆式破片战斗部结构及作用过程示意图

4.2.3　预制破片战斗部

预制破片战斗部的结构如图 4.2.9 所示。破片按需要的形状和尺寸，用规定的材料预先制造好，再用黏结剂粘结在装药外的内衬上。内衬可以是薄铝筒、薄钢筒或玻璃钢筒，破片层外面有一外套。球形破片则可直接装入外套和内衬之间，其间隙以环氧树脂或其他适当材料填充。装药爆炸后，预制破片被爆炸作用直接抛出，因此壳体几乎不存在膨胀过程，爆轰产物较早逸出。在各种破片战斗部中，质量比相同的情况下，预制式的破片速度是最低的，与刻槽式相比要低 10%~15%。

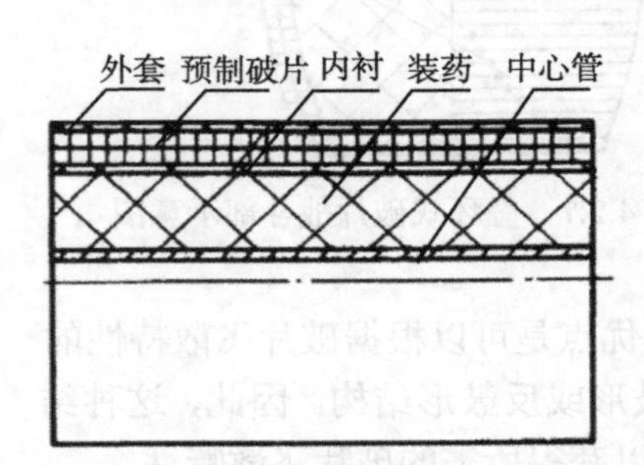

图 4.2.9　预制式破片战斗部示意图

预制破片通常制成立方体或球形，它们的速度衰减性能较好。立方体在排列时，比球形或圆柱形破片更紧密，能较好地利用战斗部的表层空间。如果破片制成适当的扇形体，则排列最紧密，黏结剂用量最少。预制破片在装药爆炸后的质量损失较小，经过调质的钢质球形破片几乎没有什么质量损失，这很大程度上弥补了预制结构附加质量 (如内衬、外套和胶结剂等) 较大的固有缺陷。

预制式结构具有几个重大的优点：①具有比叠环式结构更优良的成型特性，可以把壳体加工成几乎任何需要的形状，以满足各种飞散特性的需要；②破片的速度衰减特性比其他破片战斗部都要好，在保持相同杀伤能量的情况下，预制式结构所需的破片速度或质量可以减小；③预制破片可以加工成特殊的类型，如利用高比重材料作为破片以提高侵彻能力，还可以在破片内部装填不同的填料 (发火剂、燃烧剂等)，以增大破片的杀伤效能，以及调整破片形状等；④在性能上有较为广泛的调整余地，如通过调整破片层数，可以满足破片数量大的要求，也容易实现大小破片的搭配以满足特殊的设计需要。

预制破片更容易适应战斗部在结构上的改变，如采用离散杆形式的破片可以达到球形和立方形破片不易达到的毁伤效果，采用反腰鼓形的外壳结构可以实现破片聚焦的结构效应等。

图 4.2.10 给出了离散杆战斗部结构及其破片飞散示意图。战斗部的破片采用了长条杆形，杆的长度和战斗部长度差不多；战斗部爆炸后，杆条按预控姿态向外飞行，杆条的长轴始终垂直于飞行方向，同时绕长轴的中心慢慢旋转，最终在某一半径处实现杆的首尾相连形成连续的杆环，通过切割作用来提高对目标的杀伤能力。离散杆战斗部的关键技术是控制杆条飞行的初始状态，使其按预定的姿态和轨迹飞行。通过以下两方面的技术措施可以实现对杆条运动的控制：一是使整个杆条在长度方向上获得相同的抛射初速，也就是说，使杆条获得速度的驱动力在长度方向处处相同，这样才能保证飞行过程中杆轴线垂直于飞行轨迹；二是杆条放置时，每根

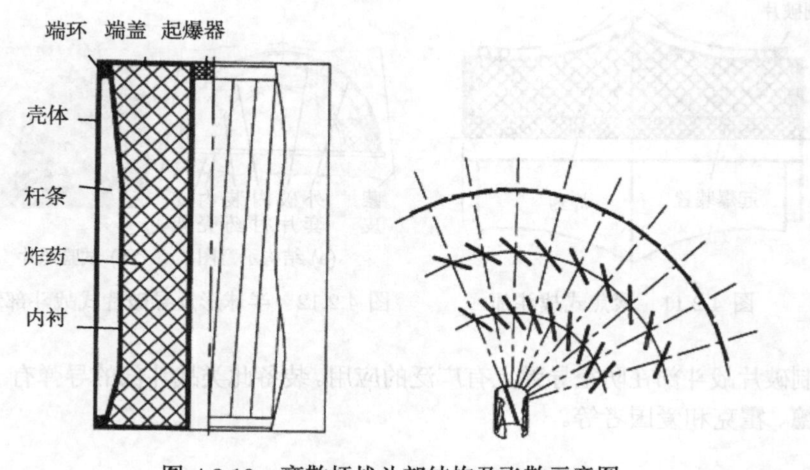

图 4.2.10　离散杆战斗部结构及飞散示意图

杆的轴线和战斗部的轴线保持一个相同的倾角，这个倾角可以使杆以相同的规律低速旋转，通过预置倾角可以控制杆条的旋转速度，从而实现在某一飞行半径处首尾相连。

聚焦式战斗部是一种使轴向能量在一个位置上形成环带汇聚的预制破片战斗部。其结构特点主要是壳体母线外形按对数螺旋曲线加工、向内凹成类似反腰鼓形，如图 4.2.11 所示。利用爆轰波与壳体曲面间的相互作用，使爆轰波推动破片向曲面的聚焦带汇集，形成以弹轴为中心的破片聚焦带。聚焦带处的破片密度大幅度增加，对目标可造成密集的穿孔，所以被称为破片聚焦式战斗部，对目标结构有切割性杀伤作用。聚焦带的宽度、方向以及破片密度由弹体母线的曲率、炸药的起爆方式、起爆位置等因素决定，可根据战斗部的设计要求来确定。聚焦带可以设计成一个或多个，图中的战斗部结构有两个内陷弧面，因而形成两个聚焦带。聚焦式战斗部要求破片之间的速度差应尽可能小，否则在动态情况下破片命中区将拉开，命中密度降低，影响切割作用。聚焦带处破片密度的增加导致了破片带宽度的减小，对目标的命中概率降低，因而该类战斗部适用于制导精度较高的导弹，并且通过引战配合的最佳设计使聚焦带命中目标的关键舱段。

预制破片战斗部能容纳大量破片，并易于做到破片以半球形飞散，形成适当的"破片幕"，有可能实现对战略弹道式导弹的再入弹头实施非核拦截。由于穿透再入弹头结构主要是依靠弹头的再入速度，所以反导战斗部破片不必具有很高的速度，但考虑到必须有足够的爆炸冲量把粘结成一体的多层预制破片完全抛撒开，而不形成破片团，反导破片战斗部也需保持一定的装药质量比。图 4.2.12 给出了一种中空半球形反导破片战斗部结构示意图及其破片飞散 X 射线摄影照片。

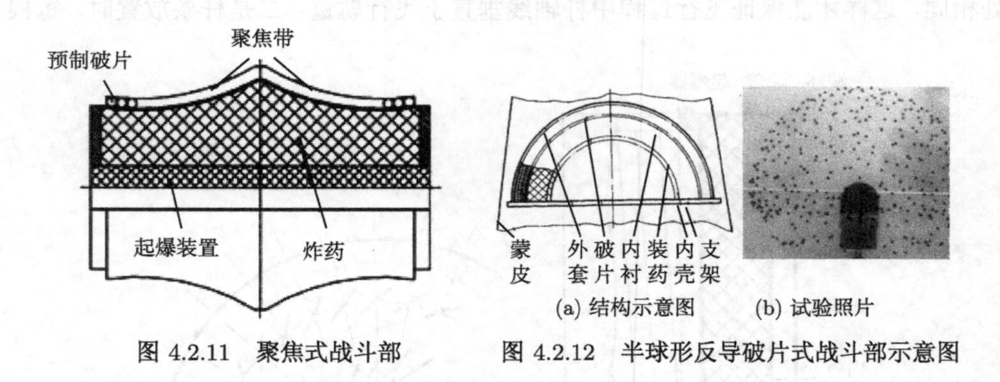

(a) 结构示意图　(b) 试验照片

图 4.2.11　聚焦式战斗部

图 4.2.12　半球形反导破片式战斗部示意图

预制破片战斗部在防空导弹上有广泛的应用。装备此类战斗部的导弹有 RBS-70，阿斯派德、霍克和爱国者等。

4.2.4　几种传统破片战斗部的比较

将几种主要结构的破片战斗部性能在大致相同的条件下做出比较如表 4.2.1 所示，自然破片情况暂未列入。

从高效毁伤的应用角度，破片战斗部的结构设计主要从装药和壳体两方面考虑。装药方面，装填较高密度的高性能炸药，可以在满足破片初速要求的前提下减少装药体积。壳体材料方面，半预制破片结构一般都要利用壳体的充分膨胀来获得较大的破片初速和适当大小的飞散角，并使破片质量损失率尽可能小。一般选用优质低碳钢作为壳体材料，常用的有钢 10#、15#、20#。预制结构的破片通常要进行材料调质，因此常用 35#、45#钢或合金钢。有时也用钨合金或贫铀等高比重合金制造破片，以提高破片的穿透能力。破片层与装药之间，通常有一层薄铝板或玻璃钢制造的内衬，破片层外面则通常有一层玻璃钢，目的是为了降低破片的质量损失。壳体外形方面，战斗部外形主要取决于对飞散角和方向角的要求。对大飞散角战斗部，壳体一般设计成鼓形；对中等飞散角战斗部，壳体可设计成圆柱形；对小飞散角战斗部，壳体可设计成反鼓形，也可以设计成圆柱形，但需采用特殊的起爆方式。

表 4.2.1　不同结构破片战斗部的性能比较

结构类型 / 比较内容	半预制结构			预制破片
	刻槽式	聚能衬套式	叠环式	
破片速度	高	稍低	稍低	较低
破片速度散布	较大	较小	鼓形：较大 反鼓形：较小	鼓形：较大 反鼓形：较小
单枚破片质量损失	大	稍大	较小	小
破片排列层数	1~2 层	1 层	1~2 层	1~ 多层
破片速度存速能力	差	较差	较好	好
破片成型的一致性	较差	较好	较好	好
采用高比重破片的可能性	小	小	小	大
采用多效应破片的可能性	小	小	小	大
实现大飞散角的难易程度	较易	难	易	易
除连接件外的壳体附加质量	无	较少	较少	较多
长期贮存性能	好	较好	稍差	较差
结构强度	好	好	较好	较差
工艺性	较好	好	稍差	稍差
制造成本	较低	低	较高	较高

4.3　定向战斗部技术

4.3.1　概述

传统防空导弹战斗部杀伤元素的静态分布是围绕导弹纵轴沿环向均匀分布

的，有时称之为“环向均匀战斗部”。在轴向，杀伤元素集中在一个或宽 (如大飞散角战斗部) 或窄 (如聚焦破片战斗部和连续杆式战斗部) 的“飞散角”区域内，战斗部的杀伤能量在轴向的分布形式可以根据引战配合等的要求来确定。然而在环向，导弹攻击目标时，破片成圆锥形向四周飞散，而目标只能位于战斗部的一个方位，只占杀伤区的很小一部分，因此只有少量破片飞向目标，绝大部分成为无效破片。如在图 4.3.1 所示的杀伤区横截面中，目标仅占战斗部破片环向空间的若干分之一，破片利用率为 1/12~1/8。脱靶量相同时，目标越小，或同一目标，脱靶量越大，所占环向空间的比例越小。这就是意味着，战斗部杀伤元素的大部分并未得到利用，战斗部炸药能量利用率很低。

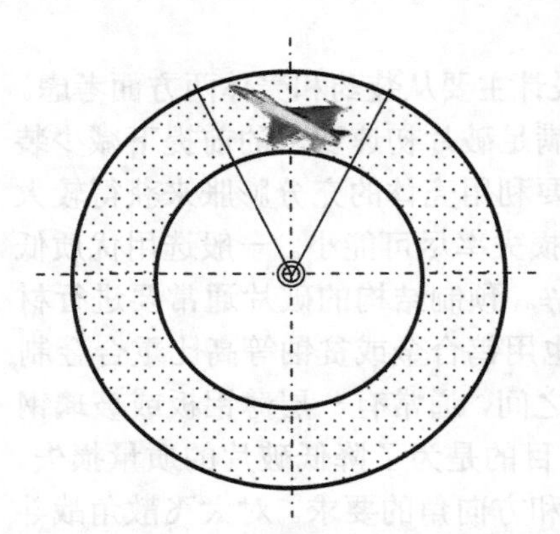

图 4.3.1 空中目标在周向均匀战斗部杀伤区横截面上的径向位置

如果设法调整战斗部在环向的能量分布，增加目标方向的杀伤元素或能量，甚至把杀伤元素或能量全部集中到目标方向上去，将大大提高战斗部对目标的杀伤效率。这种把能量相对集中的战斗部就是定向战斗部。

定向战斗部即通过特殊的结构设计，在破片飞散前运用一些机构适时调整破片攻击方向，使破片在径向一定角度范围内相对集中，并指向目标方位，得到环向不均匀的打击效果。定向战斗部可以提高在给定目标方向上的破片密度、破片速度和杀伤半径，使战斗部对目标的杀伤概率得到很大程度的提高，同时充分利用炸药的能量。因此，定向战斗部的应用将大大提高对目标的杀伤能力，或者在保持一定杀伤能力的条件下，减小战斗部的质量，这对于提高导弹的总体性能具有十分重要的现实意义。

一方面，新一代防空导弹既要求能对付战术弹道导弹等高速目标，又要求能对付巡航导弹、普通飞机等低速目标，因此，对战斗部的杀伤威力或毁伤效率提出了更高的要求。另一方面，在一定的条件下，战斗部的质量标志着战斗部威力，而以增加战斗部质量来提高威力或毁伤效率，势必要增加导弹质量，直接影响导弹的射程和机动能力。因此，在导弹战斗部质量受限的条件下，如何提高战斗部的威力或毁伤效率是战斗部技术发展的焦点之一。

根据战斗部结构特点和方向调整机构的不同，定向战斗部大致可分为偏心起爆式、破片芯式、可变形式和机械转向式等结构的定向战斗部。已有的研究表明，偏心起爆战斗部、破片芯战斗部、可变形战斗部都是可行的。相比而言，爆炸可变形战斗部整体结构简单、反应速度快，兼有定向增益高、时效性好、结构简单、可靠性高等优点。因此，有研究认为，爆炸可变形战斗部将是未来防空武器的一个重要发展方向。本节将简单介绍几种典型的定向战斗部结构原理。

4.3.2　定向战斗部的结构类型

1. 偏心起爆结构

偏心起爆式定向战斗部也称爆轰波控制式战斗部，一般由破片层、安全执行机构、主装药和起爆装置组成，在外形上与环向均匀战斗部没有大的区别，但其内部构造有很大不同。偏心起爆结构在壳体内表面每一个象限都沿母线排列着起爆点，通过选择起爆点来改变爆轰波传播路径从而调整爆轰波形状，使对应目标方向上的破片增速 20%~35%，并使速度方向得到调整，造成破片密度的改变，从而提高打击目标的能量。根据作用原理的不同，又可分为简单偏心起爆结构和壳体弱化偏心起爆结构。

1) 简单偏心起爆结构

简单偏心起爆结构将主装药分成互相隔开的四个象限 (Ⅰ，Ⅱ，Ⅲ，Ⅳ)，四个起爆装置 (1、2、3、4) 偏置于相邻两象限装药之间靠近弹壁的地方，弹轴部位安装安全执行机构。结构的横截面示意图如图 4.3.2 所示。

当导弹与目标遭遇时，弹上的目标方位探测设备测知目标位于导弹环向的某一象限 (如图 4.3.2 中Ⅰ) 内，战斗部通过安全执行机构，使与之相对象限两侧的起爆装置 (如图 4.3.2 中 3、4) 同时起爆。如果目标位于两个象限之间 (如Ⅰ，Ⅱ)，则起爆与之相对方位的起爆装置 (如图 4.3.2 中 4)。由于起爆点在径向偏置，故称偏心起爆。

偏心起爆的作用是改变了爆轰波传播的路径，使破片受力方向发生改变，破片运动偏向一个方向相对集中，增加了该方向的破片质量或密度；也改变了装药质量比 C/M 沿壳体环向的分布，使远离起爆点的壳体破片具有更高的飞散速度。最终改变了破片的杀伤能量在环向均匀分布的局面，使能量向目标方向相对集中。起爆装置的偏置程度对环向能量分布有很大影响，越靠近弹壁，目标方向的能量增量越大。该战斗部在目标定向方向的破片速度增益明显，破片密度增益相对较小。

2) 壳体弱化偏心起爆结构

壳体弱化偏心起爆结构中带有纵肋的隔离层把壳体分成四个象限，隔离层与壳体之间装有能产生高温的铝热剂或其他同类物质。四个象限的铝热剂可分别由位于其中的点火器点燃。这种结构的横截面示意图如图 4.3.3 所示。

当导弹与目标遭遇时，目标所在象限的点火器点燃其中的铝热剂，产生高温，使该象限的壳体强度急剧下降出现“弱化”现象。如果目标处在两个象限的交界处，则此两象限内的点火器同时点燃其中的铝热剂，使此两象限的壳体同时弱化。由于隔离层的存在，所产生的高温在短时间内不会引起主装药的爆轰。数毫秒后战斗部

中心的传爆管起爆，使位于隔离层内的主装药爆轰。由于壳体存在着弱化区，爆炸

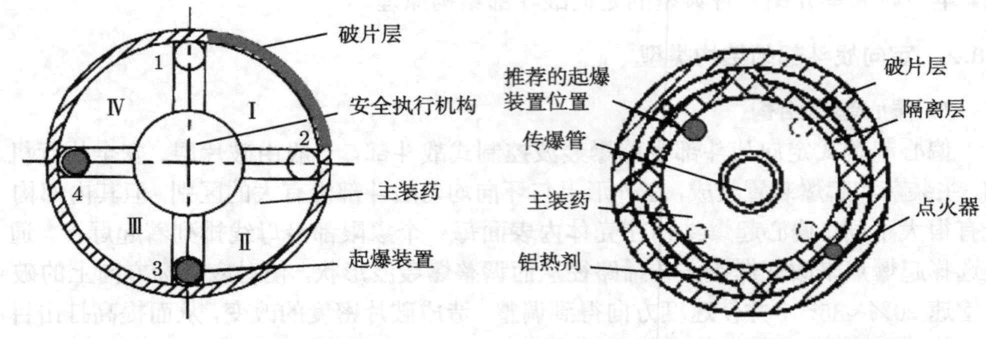

图 4.3.2　简单偏心起爆结构　　图 4.3.3　壳体弱化偏心起爆结构

能量将在朝向目标的弱化区相对集中泄漏，使该方向破片的能量得到提高。如果把起爆点设置在每个象限紧靠隔离层的地方 (如图 4.3.3 中的 "推荐的起爆装置位置")，则实现了偏心起爆，定向效果将进一步提高。

2. 破片芯结构

破片芯结构定向战斗部与 "环向均匀战斗部" 有很大区别，一般由破片芯或厚内壳、主装药、起爆装置、薄外壳 (仅作为装药的容器) 等组成，杀伤元素位于战斗部中心。为了使破片芯产生所需的速度，并推向目标，偏心起爆是不可避免的。

1) 扇形体分区装药结构

扇形体分区结构将装药分成若干个扇形部分，图 4.3.4 给出了由 6 个扇形装药组成的结构及其作用过程示意图。图 4.3.4(a) 为战斗部结构图，各扇形装药间用片状隔离炸药隔开，片状装药与战斗部等长，其端部有聚能槽，用以切开装药外面的金属壳体。战斗部中心位置为预制破片，起爆点偏置。

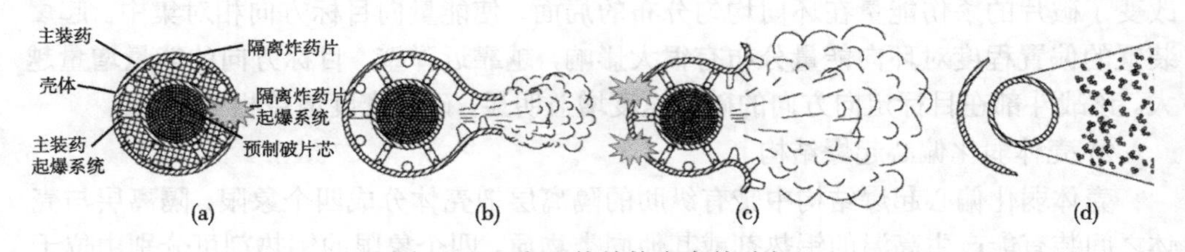

图 4.3.4　扇形体结构定向战斗部

当目标方位确定后，根据导弹给定的信号起爆离目标最近的隔离片状装药，在战斗部全长度上切开外壳，使之向两侧翻开，同时起爆隔离片状装药两侧的主装药，为预制破片打开飞往目标方向的通路，如图 4.3.4(b)、图 4.3.4(c) 所示。随后，与目标方位相对的主装药起爆系统启动，使其余的扇形体装药爆炸，推动破片芯中的全

部破片飞向目标，如图 4.3.4(d) 所示。该战斗部的特点是破片质量利用率高，目标方向的破片密度增益大，但破片速度和炸药能量利用率较低，适用于拦截弹道导弹。

2) 动能杆式装药结构

目前，以扇形体分区结构为基础，破片芯采用动能杆式破片的定向战斗部受到应用方面的关注。动能杆式定向战斗部采用外层式装药，通过逻辑控制不同部分的炸药起爆，实现动能杆的定向飞散。图 4.3.5(a) 给出了外层式装药动能杆定向战斗部典型结构及作用过程示意图。当探测到目标所处方位时，战斗部先抛开与目标相近位置的一块或多块辅助装药 [如图 4.3.5(b)]，为动能杆的飞散打开通道 [图 4.3.5(c)]。一段延时后，起爆与目标相对位置的装药，则动能杆在装药的爆轰驱动下集中地飞向目标 [图 4.3.5(d)]，利用动能杆的切割作用毁伤目标。

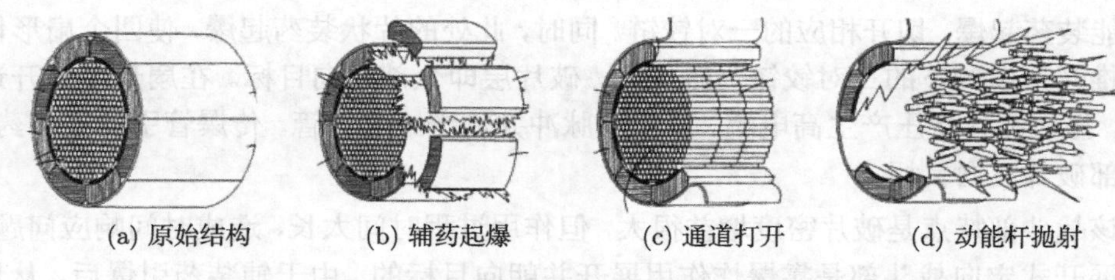
(a) 原始结构　(b) 辅药起爆　(c) 通道打开　(d) 动能杆抛射

图 4.3.5　外层式动能杆定向战斗部结构及作用过程示意图

动能杆式定向战斗部通过在目标方向上抛射出大量的动能杆，形成一个分布密度较大的侵彻杆“云”。当来袭导弹穿透该“云”区时，动能杆以巨大的相对速度侵彻来袭导弹，达到摧毁来袭导弹的目的。抛散的动能杆先穿透导弹加固的蒙皮，然后继续穿透导弹内战斗部的外壳，利用剩余的能量和与主装药的摩擦以及在碰撞过程中所产生的冲击波等引爆主装药；或者在穿透导弹蒙皮之后继续穿透携带有化学生物物质的容器，直接摧毁战术弹道导弹所携带的化学生物物质。该战斗部的特点是动能杆条速度较低，密度很高，主要用于反弹道式导弹。

3. 可变形式结构

1) 机械展开式结构

机械展开式定向战斗部在弹道末段能够将轴对称的战斗部一侧切开并展开，使所有的破片都面向目标，在主装药的爆轰驱动下飞向目标，从而实现高效的定向杀伤效果。机械展开式战斗部的结构及其作用过程示意图如图 4.3.6 所示。战斗部圆柱形部分为四个相互连接的扇形体的组合，预制破片排列在各扇形体的圆弧面上。各扇形体之间用隔离层分隔，隔离层紧靠两个铰链处各有一个小型的聚能装药，靠近中心处有与战斗部等长的片状装药。扇形体两个平面部分的中心各有一个起爆该扇形体主装药的传爆管，两个铰链之间有一个压电晶体。

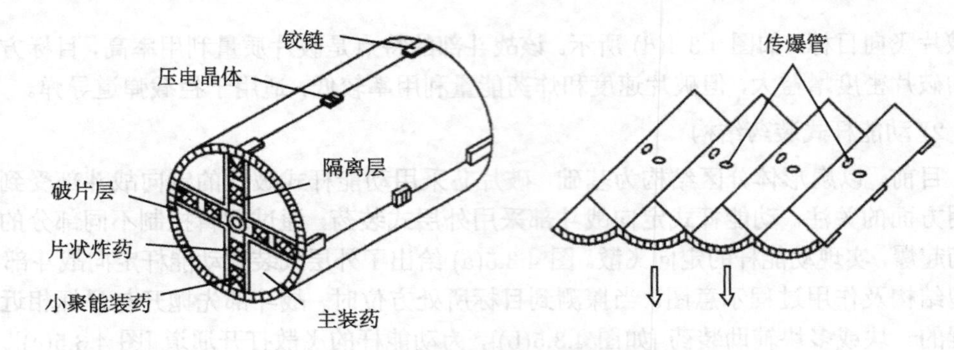

图 4.3.6 机械展开式定向战斗部

机械展开式定向战斗部基本作用原理是，当确知目标方位后，远离目标一侧的小聚能装药起爆，切开相应的一对铰链。同时，此处的片状装药起爆，使四个扇形体相互推开并以剩下的三对铰链为轴展开，破片层即全部朝向目标。在扇形体展开过程中，压电晶体受压产生高电流、高电压脉冲并输送给传爆管，传爆管引爆主装药，使全部破片飞向目标。

该战斗部特点是破片密度增益很大，但作用过程时间太长，造成时间响应问题。机械展开式定向战斗部是靠爆炸作用展开并朝向目标的，由于辅装药引爆后，从切断连接装置到整个战斗部完全展开是机械变形过程，需要 10ms 左右的时间。在这么长的时间内，要使展开的战斗部平面在起爆时正好对准高速飞行的目标是比较困难的，不利于引战配合。因而机械展开式定向战斗部不适合作为防空导弹战斗部，仍适合作为对地攻击导弹战斗部。

2) 爆炸变形式结构

爆炸变形式定向战斗部，一般由主装药、辅装药、壳体、预制破片层、起爆装置、安全执行结构等组成，其典型的结构和作用过程如图 4.3.7 所示。可变形战斗部主要通过提高目标定向方向上的破片密度增益来实现对目标的高效毁伤。

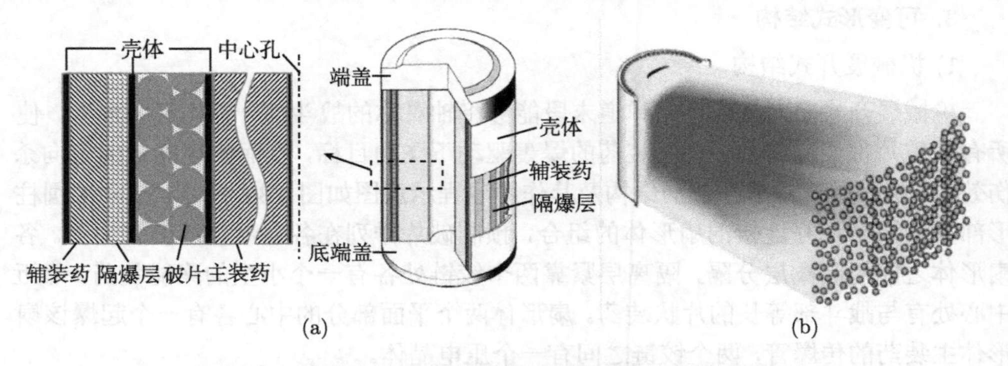

图 4.3.7 爆炸变形式定向战斗部结构和破片飞散效果示意

爆炸变形式定向战斗部作战原理是，当导弹与目标遭遇时，导弹上的目标方位探测设备和引信测知目标的相对方位和运动状态，通过起爆控制系统，确定起爆顺序；起爆网络首先选择引爆目标方向上的一条或几条相邻的辅装药 [如图 4.3.8(b) 所示]，其他辅装药在隔爆设计下不殉爆；弹体在辅装药的爆轰加载下在目标方向上形成一个变形面 [如类似 D 型的结构，如图 4.3.8(c) 所示]；经过短暂延时后在与变形面相对位置处引爆主装药，主装药爆轰驱动破片层运动，使弹体变形面上形成的破片较集中地飞向目标 [图 4.3.8(d)]，达到高效毁伤的目的。

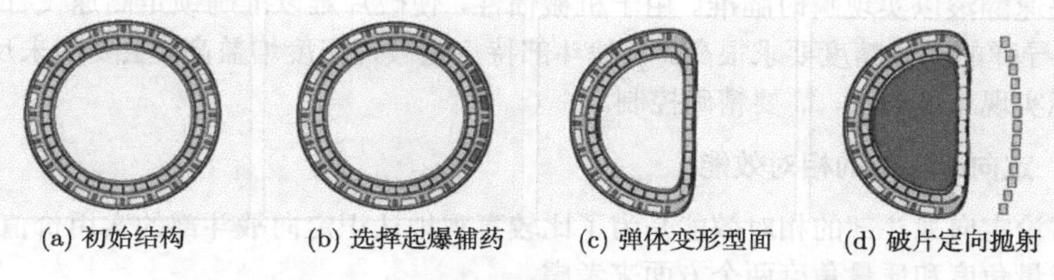

图 4.3.8　爆炸变形式定向战斗部作用过程原理图

与偏心起爆式战斗部相比，爆炸变形式定向战斗部主要提高了目标定向方向上的破片密度，且它的瞄准攻击方式只需要 1ms 以内，利于引战配合。该战斗部特点是结构比较简单，作用时间短，破片密度增益明显，速度略有增益。并且可通过改变装药结构和调整起爆延时等实现不同宽度的定向杀伤区域，使导弹可以根据目标特性进行定向区域的选择，实现不同的毁伤效果，达到既能反飞机又能反导的目的，增强导弹的作战功能。

4. 转向式结构

可控旋转式定向战斗部也称预瞄准定向战斗部，通过特定装置实现预制破片定向飞散，典型结构如图 4.3.9 所示。可控旋转式战斗部壳体可以是圆柱形或半球

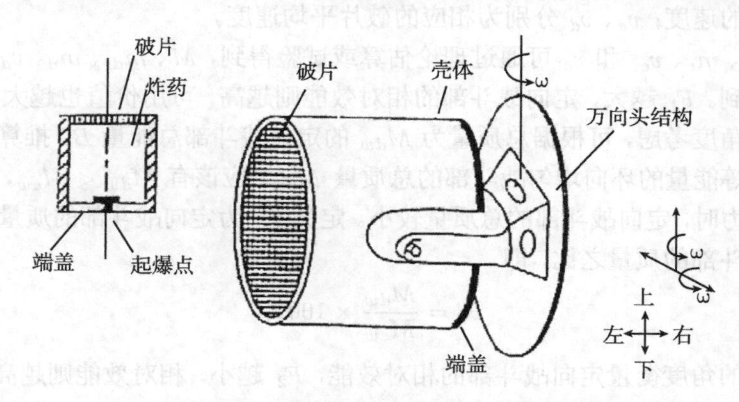

图 4.3.9　可控旋转式定向战斗部结构示意图

形，预制破片位于装置的前端面，装置的后部是一个万向转向机构，可以控制破片的朝向。通过装药型面的张角设计可以控制破片的飞散角度，获得高密度的破片群。

当导弹攻击目标时，通过万向转向机构的旋转控制装置，使战斗部的破片飞散方向对准目标，实现对目标的高效毁伤。就定向性能而言，这种战斗部是一个理想的方案。但困难在于定向瞄准难度较大，无论是采用控制弹体滚动的方法还是采用控制战斗部本身旋转的方法，都需要功率较大的旋转机构来控制弹体或战斗部在遭遇段快速翻滚以实现瞬时瞄准。由于机械惯性，使破片难以准确锁定高速飞行的目标，对导弹的制导精度要求很高。该战斗部特点是破片密度增益高，主要用来反导，但功能实现难度较大，需要精确控制。

4.3.3 定向战斗部的相对效能

讨论定向战斗部的相对效能是为了比较直观地认识定向战斗部的实用价值，可以从能量角度和质量角度两个方面来考虑。

"能量增益" 表示定向战斗部与相同质量的环向均匀战斗部相比的相对效能。设环向均匀战斗部在环向某一角度 (如 45° 或 60°) 内的静态破片总能量为 A，等质量的定向战斗部在目标方向相等角度内的静态破片总能量为 B，定向战斗部在该角度内的能量增益为 F_1，则

$$F_1 = \frac{B-A}{A} \times 100\% \tag{4.3.1}$$

其中 $A = \sum\limits_{i=1}^{N} \frac{1}{2} m_{ei} v_{ei}^2$，或 $A = \frac{1}{2} N m_e v_e^2$，$B = \sum\limits_{i=1}^{M} \frac{1}{2} m_{di} v_{di}^2$，或 $B = \frac{1}{2} M m_d v_d^2$。式中，$N$、$M$ 分别为环向均匀战斗部和定向战斗部在相同角度内的破片数；m_{ei}、m_{di} 分别为环向均匀和定向战斗部在相同角度内每个破片的实际质量；m_e、m_d 分别为相应的单个破片的平均实际质量；v_{ei}、v_{di} 分别为环向均匀和定向战斗部在相同角度内每个破片的速度；v_e、v_d 分别为相应的破片平均速度。

N、m_{ei}、m_e、v_{ei} 和 v_e 可通过理论估算或试验得到，M、m_{di}、m_d、v_{di} 和 v_d 需通过试验得到。F_1 越大，定向战斗部的相对效能则越高，可用价值也越大。

从质量角度考虑，可根据总质量为 M_{dw} 的定向战斗部总能量 B，推算在相同角度内具有相等能量的环向均匀战斗部的总质量 M_{ew}。应该有 $M_{dw} < M_{ew}$，即具有同样的杀伤威力时，定向战斗部的总质量较小。定义 F_2 为定向战斗部的质量与等效的环向均匀战斗部的质量之比，即

$$F_2 = \frac{M_{dw}}{M_{ew}} \times 100\% \tag{4.3.2}$$

从质量的角度衡量定向战斗部的相对效能，F_2 越小，相对效能则越高，可用价值也越大。

应当指出，不是所有的定向战斗部结构都具有实用的前景。如果能量增益甚小，或者考虑到定向战斗部成本较高，结构较复杂，可靠性降低以及导弹系统为适应定向战斗部的使用而必须增加有关功能、提高代价等问题，可能否定某种结构的定向战斗部的使用。

4.4　新型破片战斗部

战场上目标呈现多样性，传统的破片战斗部的毁伤模式有待进一步改进，本节简要介绍反应材料、燃烧型和横向效应增强型等几种新型破片战斗部基本毁伤原理和应用。

4.4.1　反应材料破片战斗部

海湾战争后，美国对“爱国者”反导导弹拦截伊拉克“飞毛腿”导弹的作战效果进行了反思。虽然“爱国者”对部分“飞毛腿”进行了拦截并予以击中，但并没有改变“飞毛腿”的弹道，一些被击中的“飞毛腿”导弹在空中和地面爆炸后，仍使美军造成了很大的损失。针对这种击中而不能摧毁的现象，美国的一些研究机构和研究者提出了“反应材料 (reactive material) 破片”的概念。美海军研究署(office of naval research，ONR) 已完成反应材料破片战斗部的原型演示试验，试验表明其威力半径是普通破片战斗部的两倍。

反应材料可以是类铝热剂、金属间化合物、金属/聚合物的混合物、亚稳态分子间复合物、复合材料等，它通常包含两种或两种以上的非爆炸物质 (铝、镁、钛、钨、钽或铪等金属与含氟聚合物)，通过压制或烧结成高密度固体。这种材料的特点是，在正常情况下，反应材料保持惰性，当受到足够强度的冲击加载时，反应材料会发生燃烧甚至爆炸反应，同时释放出大量的热能，所以国外又称为“撞击引发的含能材料”(impact initiated reactive materials)。目前，研究较多的反应材料为氟聚物基反应材料，其主要组成为高氟含量 (>70%) 的氟聚物和金属颗粒或纤维填料。氟聚物基反应材料的高能、钝感和独特的能量释放特性，使其成为一类极为重要的国防工业新型含能材料。

反应材料相比传统炸药更加稳定，不能被引信起爆，在存储以及运输方面反应材料战斗部都要比传统装药安全可靠。反应材料破片战斗部具有动能侵彻效应和内爆毁伤效应，同时具有引燃、引爆功能，对大幅度提高弹药的杀伤威力有重要的军事应用前景。

反应材料破片战斗部对目标的毁伤过程，主要包含破片对目标外壳的穿透、与目标内部零件的碰撞、反应材料的点火以及随后的各种化学反应与物理变化等等。反应材料破片对目标的毁伤机制主要体现在以下几个方面：①反应材料破片的化学反应，提高了侵彻孔内部的温度；②爆炸引发的冲击波，提高了目标内的作用冲量；③爆炸产生的冲击波超压，加强了破坏效果。

以上的综合作用，可极大增强其对目标的破坏力。反应材料破片对目标的毁伤效应，从技术上来讲，与其材料的物化性能、热力学性能、力学性能、燃烧性能和爆轰性能有关，也与导弹的结构、材料、零部件功能等有关，还与反应材料破片的撞击速度密切相关。

反应材料破片与惰性破片对目标的毁伤效果比较如图 4.4.1(a)、(b) 所示，从图中可看出惰性破片对导弹体造成穿透性破坏，而反应性破片攻击一个同样的部件时造成摧毁性破坏，说明了反应材料破片对目标具有极大的破坏性。图 4.4.1(c) 为美军利用反应材料破片对飞机的静爆试验结果，破片撞上目标后伴随燃烧是其区别于一般材料破片的重要特征。

(a) 惰性破片　(b) 反应材料破片作用　(c) 反应材料破片实验结果

图 4.4.1　反应材料破片与惰性破片毁伤效果

反应材料破片战斗部主要用于反轻型装甲目标，如飞机、雷达、导弹发射架等，除了应用于预制破片战斗部之外，在其他战斗部也有较好的应用前景。ATK 公司已计划将聚能装药或爆炸成型弹丸中标准药型罩改用反应材料替代，达到降低质量同时提高毁伤效果的目的；美国正在进行初步研究，考察反应材料战斗部应用于对硬目标的攻击性能。

4.4.2　燃烧型破片战斗部

第二次世界大战以来的空战实践表明，作战飞机的损失主要是燃烧作用造成的。因此，增大破片的引燃能力，进一步提高对目标的引燃概率，应当成为提高战斗部杀伤能力的重要方面。燃烧型破片的使用就是为了达到这一目的。根据破片的组成和燃烧机理的不同，主要有以下几类燃烧型破片。

第一类是稀土和锆类合金破片。在预制破片战斗部的钢质破片中，加入一部分用易燃金属如稀土合金、锆锡合金和海绵锆等制成的破片，能够提高对目标油料系统的引燃能力。锆类破片常以海绵锆的形式出现，它由微小的锆颗粒压制成型，海绵锆破片在战斗部爆炸后以高速飞出，由于受到爆炸冲击和与空气的剧烈摩擦而自燃，其燃烧温度高达 3000° 左右。显然，它对易燃目标有较大的纵火能力。但锆破片受爆炸冲击后，变成较小的块状物，并在飞行过程中由于猛烈的燃烧作用而使质量逐渐减小，因而它在飞行末段的侵彻能力是比较弱的。要引燃目标，首先就要使破片进入目标。对飞机来说，锆破片必须首先击穿飞机蒙皮和油箱壁，这对海绵锆破片来说是困难的。因此，一般采用复合破片的形式，既能使破片中的锆在规定的飞行距离内保持燃烧状态，又解决了含锆破片在飞行末段的侵彻能力问题。

第二类燃烧型破片是以普通钢破片为弹芯，外面紧紧包裹一层生热金属或生热合金。这种破片受到爆炸冲击和飞行中的气动加热，逐渐升温，并不燃烧，也基本没有质量损失，在穿入目标时，由于发生剧烈挤压和摩擦而发火，从而引燃目标。可用的生热金属有铝、镁和铁等，生热合金有镁钛合金、铝钛合金、铝镁合金等。显然，其中铝或铝合金的成本较低，且工艺性好，因而最具使用价值。

第三类是铝热剂反应材料破片。这是一种利用铝热反应原理，在与目标碰撞时，能同时释放化学能和机械能的破片。破片为铝质，在其上开有盲孔，盲孔中分层压入的铝粉和某些金属氧化物 (如氧化铁、氧化铜、氧化钴和氧化铅等) 的混合物。这种破片受到爆炸冲击的加热时，盲孔中的铝热剂开始反应，铝变成氧化物，金属氧化物还原成金属并放出大量的热，使温度高达 2200°C。其燃烧速率可通过铝热剂的装填密度来调节。破片与目标碰撞时，铝质外壳破裂，剩余的铝热混合物猛烈燃烧，同时释放出化学能和机械能，对目标造成严重的破坏。

4.4.3　横向效应增强型战斗部

横向效应增强型弹药 (penetrator with enhanced lateral efficiency，PELE) 是一种不含高能炸药，不配用引信的多功能新概念弹药，弹体由两种不同密度的材料巧妙组合而成。弹体外部是高密度材料，如钢或钨；弹芯通常由塑料或铝等低密度材料制成，这类材料侵彻性能较弱。在弹体侵彻过程中，弹芯低密度装填材料被挤压，导致内部压力升高；弹体穿过防护层后，在弹芯低密度装填物材料内部压力的作用下，挤压周围的弹体使之膨胀，造成弹体破裂。因此，穿靶后弹体破碎成横向飞散的大量高速破片，可有效对付内部目标。图 4.4.2 为横向效应增强型战斗部作用原理。

PELE 外壳主要有两个作用：凭借其良好的侵彻性能穿甲；穿透靶板后破碎，提供具有一定数量、质量和速度的破片。弹芯的作用主要是将轴向力转化为径向力，提供迫使外壳径向膨胀、靶后破碎及沿径向飞散的能量。而着靶速度是 PELE 穿甲、靶后破碎及径向飞散的能量来源。由此可以判断，外壳材料、弹芯材料及着靶速度是影响 PELE 作用效果的重要因素。图 4.4.3 为横向增强型弹药结构及其实验结果。

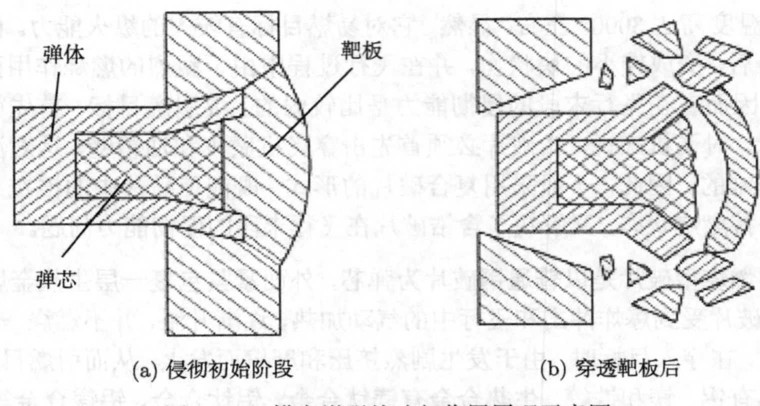

(a) 侵彻初始阶段　　(b) 穿透靶板后

图 4.4.2　横向增强战斗部作用原理示意图

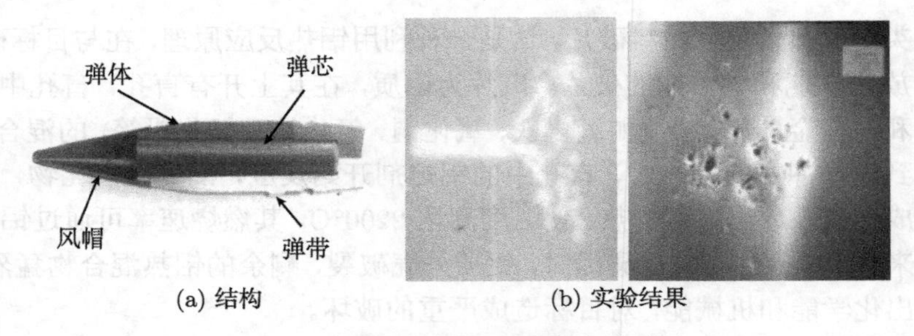

(a) 结构　　(b) 实验结果

图 4.4.3　横向增强战斗部结构与实验结果

PELE 概念可以广泛用于各种型号和不同口径的弹药，尤其适于小口径弹药，应用于防空、反导、反武装直升机、反陆军轻型装甲及水面轻型装甲等。

思考与练习

1. 破片战斗部通常可以分为哪几类？作用原理分别是什么？
2. 破片式战斗部威力性能参数主要有哪些？
3. 若破片战斗部装药爆速为 7000m/s，装填质量比 $\beta=1$，假设预制钢质球形破片质量为 2g，求静爆条件下破片飞行 20m 后的存速。
4. 影响破片初速的因素有哪些？
5. 破片飞散特性参数主要包括什么？可以用什么试验方法测定破片的速度分布？
6. 影响破片初速分布的因素有哪些？破片弹道与炮弹弹道的计算有何不同？
7. 请简要说明破片动态杀伤区与静态杀伤区的区别以及破片初速对动态杀伤区的影响。
8. 有哪些途径可以实现半预制破片结构？
9. 半预制破片战斗部的原理是什么？具体实现的方式主要有哪些？各有什么特点？
10. 预制破片结构有什么优点？如果要实现高效毁伤，传统破片战斗部可以如何改进？

11. 请简要说明连续杆、离散杆战斗部结构原理有何异同。
12. 请简述常见的定向战斗部结构类型。
13. 请简述偏心起爆定向战斗部的作用过程。
14. 请简述破片芯式、动能杆式定向战斗部的作用过程。
15. 可变形式定向战斗部有哪些结构，请举例说明特点。
16. 试分析定向战斗部在作用效能和作用过程上有什么共性的地方？
17. 请简述横向效应增强型战斗部作用原理，它与传统战斗部的本质区别在哪里？
18. 反应材料破片实现高效毁伤的原理是什么？对目标的毁伤机制主要体现在哪些方面？

主要参考文献

[1] 卢芳云, 李翔宇, 林玉亮. 战斗部结构与原理. 北京：科学出版社，2009.
[2] 王志军, 尹建平. 弹药学. 北京：北京理工大学出版社, 2005.
[3] 李向东, 钱建平, 曹兵. 弹药概论. 北京：国防工业出版社, 2004.
[4] 曼. 赫尔德. 曼. 赫尔德博士著作译文集. 张寿齐, 译. 绵阳：中国工程物理研究院, 1997.
[5] 美国陆军装备部编著. 终点弹道学原理. 王维和, 李惠昌, 译. 北京：国防工业出版社, 1988.
[6] Walters W P, Zukas J A. Fundamentals of shaped charges. New York: John Wiley & Sons Inc, 1989.

第 5 章　聚能破甲战斗部及其毁伤效应

坦克是地面部队的主要突击装备，为坦克加装防护装甲是坦克在战场上获得生存力的重要手段之一。自从 1916 年世界上第一辆坦克出现之后，反坦克武器随之诞生，并随着坦克防护能力的增强不断发展。第一次世界大战时期的坦克装甲防护很单薄，钢板只有 4mm~30mm 厚，到 20 世纪 30 年代装甲厚度一般为 30mm~60mm，最厚的达到 80mm，当时主要的反坦克武器是穿甲弹。第二次世界大战时期，装甲制造工艺和技术有了改进，车体前装甲的厚度一般增至 80mm~100mm，由于装甲厚度的增加，在一定程度上限制了穿甲弹的应用。于是，新的反坦克弹药 —— 聚能破甲弹出现了。它是利用空心装药的聚能效应压垮药型罩，形成高速金属射流来击穿装甲的。与穿甲弹相比，破甲弹不需要很高的着靶速度，成为反重装甲目标的一大手段，广泛应用于各种反坦克、反装甲弹药中。

第二次世界大战之后，装甲的防护技术进一步发展，一方面是装甲厚度不断增加，另一方面，装甲结构也不断改进，相继出现了多层装甲、复合装甲、陶瓷装甲、贫铀装甲、反应装甲等多种结构，其抗弹能力大幅度提高。装甲防护能力的增加也对破甲弹提出了更高的要求，促使破甲弹性能不断发展。本章从聚能现象的基本原理出发，重点阐述聚能射流的形成及破甲过程，对影响破甲威力的主要因素进行分析，最后介绍了聚能破甲战斗部的主要结构类型、应用及其发展。

5.1　聚能现象及射流形成过程

5.1.1　聚能现象

1888 年，美国科学家门罗 (Charles E Munroe) 将炸药药块和钢板相接触进行起爆，在炸药装药引爆点的相对面上刻有 “U.S.N”(美国海军) 字样，炸药爆炸后发现在钢板上也出现这些字样。门罗进一步观察到，当在炸药块内形成空穴时，对钢板的侵彻深度增加，即利用较少质量的炸药可以在钢板上形成较深的凹坑。

为了进一步说明这种现象，首先来观察一组实验结果，如图 5.1.1 所示。图中药柱为直径 30mm、长 100mm 的铸装 Comp.B 炸药。若将药柱直接放在钢板上，则在板上炸出一个浅浅的凹坑，如图 5.1.1(a) 所示。若在药柱下端挖一锥形孔，则在板上炸出一个深 6~7mm 的坑，如图 5.1.1(b) 所示。可见，当药柱下有锥形孔时，炸药量虽然减少了，穿孔能力却提高了。如果在锥形孔内放一个钢衬 (称为药型罩)，能炸出 80mm 深的孔，如图 5.1.1(c) 所示。若使带药型罩的药柱在离钢板 70mm 处爆炸，如图 5.1.1(d) 所示，则孔深达 110mm，约为无罩时孔深的 17 倍。

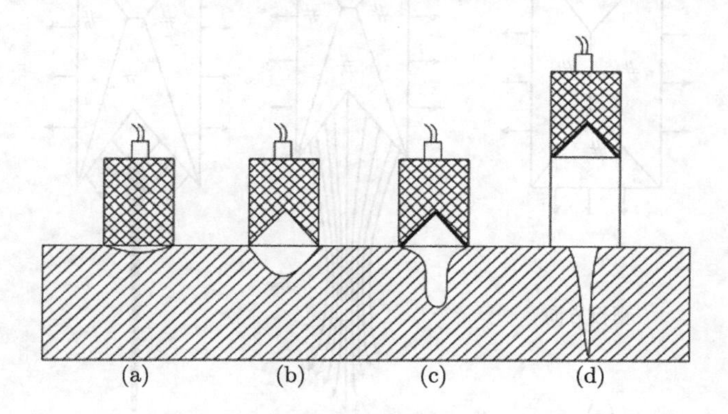

图 5.1.1　不同装药结构的穿孔能力

Neumann M 和 Neumann E 分别于 1911 年、1914 年从理论上分析了炸药装药的这种特殊现象。根据爆轰波理论可知，炸药爆炸时产生的高温、高压爆轰产物，将沿炸药装药表面的法线方向向外飞散。可以通过角平分线方法分析作用在不同方向上的有效装药，如图 5.1.2(a) 所示。圆柱形装药作用在靶板方向上的有效装药仅仅是整个装药的很小部分，而且药柱对靶板的作用面积较大 (装药的底面积)，因而能量密度较小，只能在靶板上炸出很浅的凹坑。然而，当装药带有凹槽后，如图 5.1.2(b) 所示，虽然有凹槽使整个装药量减少，但是按角平分线法重新分配后，朝向靶板方向的有效装药量并不减少，而且凹槽部分的爆轰产物沿装药表面的法线方向向外飞散，在轴线上汇合，相互碰撞、挤压，最终形成一股高压、高速和高密度的气体流。此时，由于气体对靶板的作用面积减小，能量密度提高，所以能炸出较深的坑。在气体流的汇集过程中，总会出现直径最小、能量密度最高的气体流断面，该断面常称为 “焦点” 平面。气体流在焦点平面前后的能量密度都将低于焦点处的能量密度，因而若使靶板处于焦点附近，可以获得更好的侵彻效果。

当锥形凹槽内衬有金属药型罩时，汇聚的爆轰产物压垮药型罩，使其在轴线上闭合并形成能量密度更高的金属射流，如图 5.1.2(c) 所示。相对于聚能气流，金属的可压缩性很小，因此内能增加很少，金属射流获得能量后绝大部分表现为动能形式，避免了高压膨胀引起的能量耗散，使聚能作用大为增强，大大提高了对靶板的侵彻能力。射流形成过程的特点决定了射流存在速度梯度，射流头部速度可达 7000~9000m/s，能量密度可达典型炸药爆轰形成气流的能量密度的 15 倍；尾部速度在 1000m/s 以下，称为杵。当钢板放在离药柱一定距离处时，金属射流在冲击靶板前由于速度梯度的影响进一步拉长，将在靶板中形成更深的穿孔。

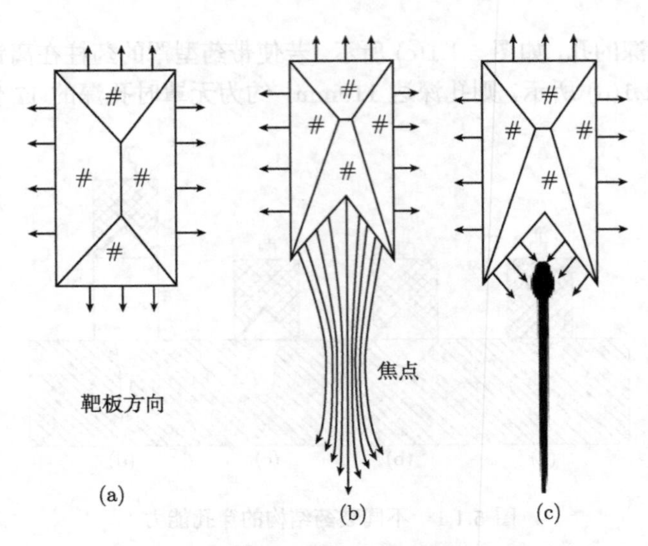

图 5.1.2　爆轰产物飞散及聚能效应

这种利用装药一端的空穴结构来提高局部破坏作用的效应，称为聚能效应，这种现象称为聚能现象。一端有空穴另一端起爆的炸药药柱，通常称为空心装药。当空穴内衬有一薄层金属或其他固体材料制成的衬套时，将形成更深的穿孔，这种空心装药称为成型装药或者聚能装药 (shaped charge)，空穴内的固体材料衬套称为药型罩 (liner)。当装药离靶板有一段距离时，孔洞深度还要增大，装药底部与靶板的距离称为炸高 (stand-off)。若装药几何形状、炸药和药型罩性能满足一定的要求，炸药装药起爆后药型罩将形成射流和杵体。实验表明，对于一定结构的聚能装药，存在一个使侵彻深度最大的炸高，这个炸高称为有利炸高。

聚能破甲战斗部就是利用带金属药型罩的聚能装药爆轰后形成金属射流，侵彻穿透装甲类目标造成破坏效应，其典型结构如图 5.1.3 所示。由图中可知，聚能破甲战斗部主要由装药、药型罩、壳体和起爆装置组成。

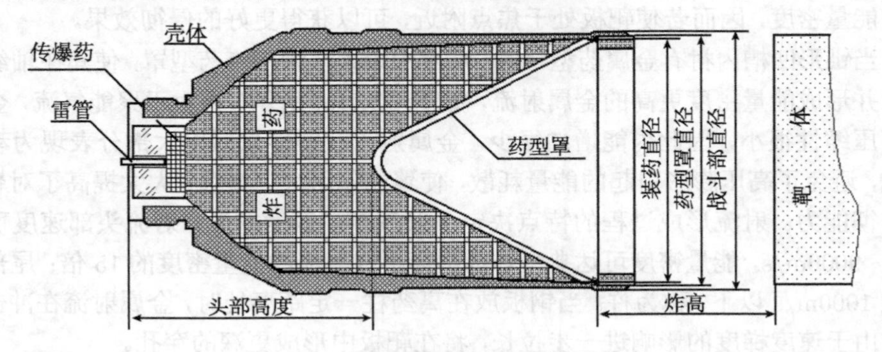

图 5.1.3　聚能破甲战斗部结构示意图

5.1.2　聚能射流形成过程

一、射流形成过程初步分析

脉冲 X 射线照相是研究射流形成过程的重要工具。利用罩和药柱的密度相差很大的特点，可采用脉冲 X 射线摄影系统拍摄药型罩的变形、运动和射流形成过程。控制从聚能装药起爆到脉冲 X 射线闪光的时间间隔，可以拍摄到起爆后不同时刻药型罩和射流的形状。

图 5.1.4 是聚能金属射流形成过程的一组脉冲 X 射线照片。照片右面标注的时间是从起爆到脉冲 X 射线闪光的时间间隔。例如第一张照片为起爆后 1.1μs 时金属罩的变形情况。每一张照片都有爆炸前的静止图像作为对比，显示出药型罩原来的位置和形状。图中 6 幅 X 射线照片给出了药型罩从顶部闭合到射流逐步形成的全过程。从图中看出，药型罩锥顶部分首先闭合，随后罩中间部分向轴线运动。在起爆 7μs 后，药型罩更多部分完成闭合，前面出现了射流，整个药柱爆轰完毕。随后所形成的射流部分不断延伸拉长，头部速度达到 7000m/s，后面粗大部分为杵体，速度很慢，约为 420m/s。

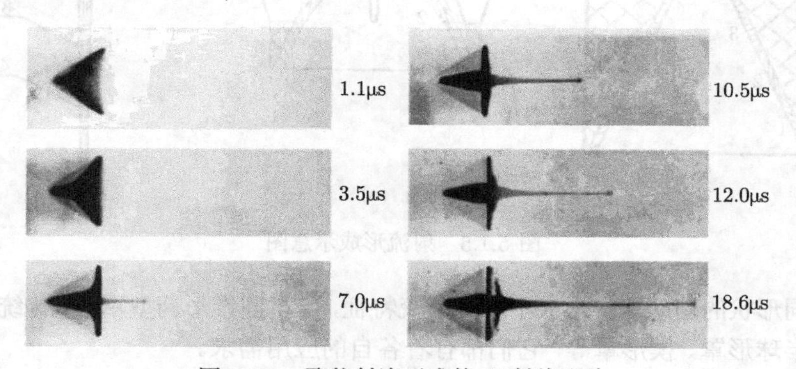

图 5.1.4　聚能射流形成的 X 射线照片

根据上面的实验结果可以对射流形成过程进行分析。图 5.1.5(a) 为聚能装药的初始形状，图中把药型罩分成四个部分，称为罩微元，以不同的剖面线区别开。图 5.1.5(b) 表示爆轰波阵面到达罩微元 2 的末端时，各罩微元在爆轰产物的作用下依次向对称轴运动。其中微元 2 开始向轴线闭合运动，微元 3 有一部分正在轴线处发生碰撞，微元 4 已经在轴线处完成碰撞。微元 4 碰撞后，分成射流和杵两部分，由于两部分速度相差很大 (相差 10 倍以上)，很快分离开来。微元 3 正好接踵而来，填补微元 4 让出来的位置，而且在那里发生碰撞。这样就出现了罩微元不断闭合、不断碰撞、不断形成射流和杵的连续过程。图 5.1.5(c) 表示药型罩的变形过程已经完成，这时药型罩变成射流和杵两大部分。各微元排列的次序，对杵来说，与罩微元爆炸前是一致的，就射流而言，则是倒过来的。

罩微元向轴线闭合运动时，由于同样的金属质量收缩到直径较小的区域，因此罩壁必然要增厚。药型罩在轴线处碰撞时，内壁部分成为射流，外壁部分则成为杵。实验表明，约 14%～22% 的药型罩成为射流，射流从杵的中心拉出去，致使杵出现中空。药型罩除了形成射流和杵以外，还有相当一部分形成碎片，这主要是由锥底部分形成的，因为这部分罩微元受到的炸药能量作用较少。如果罩碰撞时的对称性不好，也会产生偏离轴线的碎片。另外，药型罩碰撞时产生的压力和温度都很高，有时可能产生局部熔化甚至气化现象。

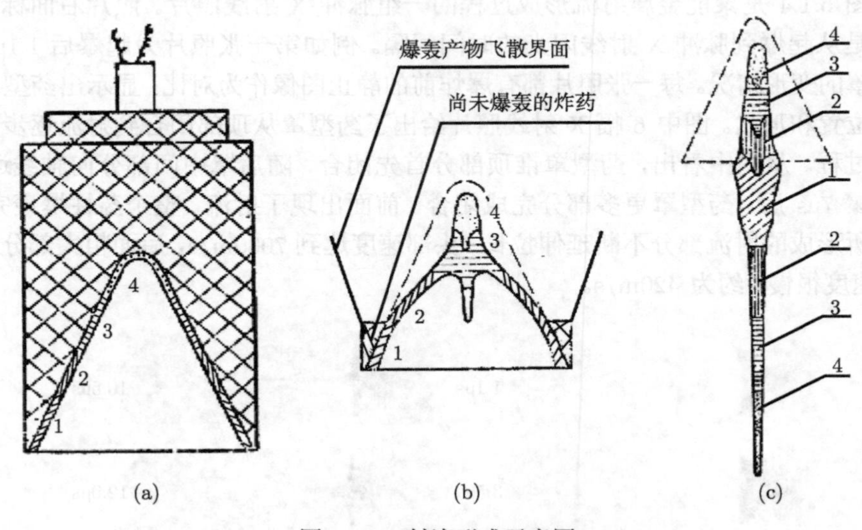

图 5.1.5　射流形成示意图

不同形状的药型罩将形成不同的射流特征，除了圆锥形药型罩外，传统的药型罩还有半球形罩、楔形罩等，它们都有着各自的应用需求。

二、射流在空气中的运动

为了获得最大破甲深度，聚能装药结构一般都设计了炸高。因此，射流从形成到穿靶前需要在空气中运动一段距离，在运动过程中头部与空气发生相互作用，射流将不断地延伸、断裂和分散。

1. 射流的延伸

从射流形成过程脉冲 X 射线照片 (图 5.1.4) 可见，对于锥形罩来说，射流一般延伸到罩母线长的 4～5 倍时，仍保持完整，这比常态下的金属延伸率 (铜为 50%) 大得多，同时，射流的直径随延伸的发展而缩小，射流能像绳子一样摆动扭曲。可见，射流并不是由毫无联系的微粒组成的流体，射流各部分之间表现出一定的强度。研究表明，射流温度接近于金属的熔点而没有达到金属的熔点。这是射流在空气中运动时具有比常温金属大得多的延伸率，同时具有一定强度的原因。射流内部的压力是和周围大气压相等的，因此金属射流的状态属于常压的高温塑性状态。由于存在速度梯度，射流不断伸长。射流头部温度很高，塑性大，容易伸长；射流尾部的温度较低，伸长时消耗的塑性变形功较大，不容易伸长。

2. 射流的断裂

射流在空气中伸长到一定程度后，首先出现颈缩，然后断裂成许多小段，情况类似于金属棒的普通拉伸断裂过程。图 5.1.6 是典型射流断裂过程的脉冲 X 射线照片。从图中可以看出，起爆后 40μs 时射流头部开始出现颈缩 (颈缩是延性材料受拉伸作用发生断裂前特有的力学现象)，但没有断裂；起爆后 44μs 时，射流头部发生断裂，尾部出现颈缩状态；起爆后 116μs 整个射流已断裂成若干小段。断裂后的每一段射流基本上保持颈缩时的形状，而且在以后的运动中形状不变，长度也不变化。通常情况下，射流在头部或接近头部处先断裂，此时射流长度可达药型罩母线长的 6 倍。断裂区域逐渐向后扩展，最后全部射流断裂成小段。断裂后的射流小段在继续运动中发生翻转，偏离轴线，不再呈有秩序的排列。这时破甲能力大大降低，射流翻转后甚至完全不能破甲，着靶时只在靶板表面造成杂乱零散的凹坑。

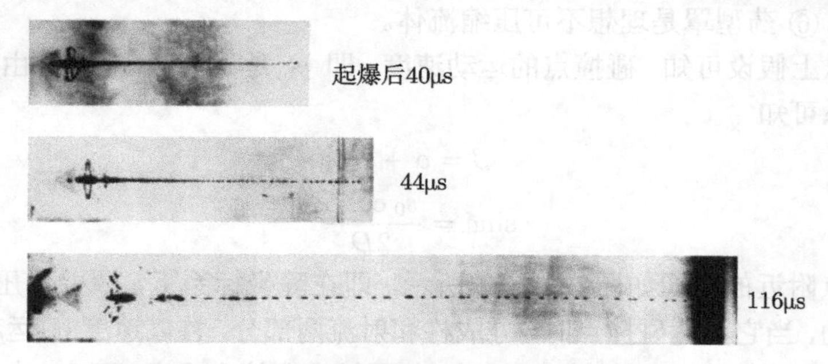

图 5.1.6　典型射流断裂过程的脉冲 X 射线照片

射流在空气中运动时，一方面伸长，有利于提高破甲深度；另一方面有断裂和径向分散的趋势，不利于提高破甲深度，这就是存在有利炸高的原因。

三、射流形成过程的流体力学理论

聚能装药从起爆到射流形成可分为两个阶段，第一阶段为炸药爆轰推动药型罩向轴线运动，这时起作用的是炸药爆轰性能、爆轰波形、稀疏波、药型罩壁厚等因素。第二阶段为药型罩各微元运动到轴线，发生碰撞，分成射流和杵两部分。射流的形成过程是很复杂的，本小节主要通过经典的流体力学理论来揭示射流形成过程的实质，建立计算射流速度和质量的理论模型。

1948 年伯克霍夫 (Birkhoff) 等首次系统地提出了聚能装药射流形成的理论。该理论认为爆轰波到达药型罩壁面的初始压力达几十万大气压，远大于罩材料的强

度 (几千大气压)，使药型罩变形压垮，而罩在运动过程中塑性变形功转化为热能，使罩温度升高，进一步降低了材料强度。因此，只要炸药足够厚，稀疏波不致于迅速降低罩壁面上爆轰产物的压力，就可以忽略材料强度对罩运动的影响，而把药型罩当作 “理想流体” 来处理。药型罩向轴线压合运动时，其体积变化与形状变化相比较也是很小的，可以忽略不计。于是，药型罩金属在射流形成过程中可当作 “理想不可压缩流体”。

图 5.1.7(a) 示出了利用理想不可压缩流体理论分析楔形药型罩的变形过程示意图。图中 OC 为罩壁初始位置，α 为半锥角。爆轰波的传播速度为 D。当爆轰波到达微元 A 点时，A 点开始运动，速度为 v_0 (称为压合速度)，方向与罩表面法线成 δ 角 (称为变形角)。A 点到达轴线时，爆轰波到达 C 点，AC 段运动到了 BC 位置，BC 与轴线的夹角 β 称为压合角或压垮角。在此时间段，罩壁由 AC 变形成 BC，碰撞点由 E 点运动到 B 点，运动速度为 v_1。作如下假设: ① 爆轰波扫过罩壁的速度不变；② 爆轰波到达罩壁后，该微元立即达到压合速度 v_0，并以不变的大小和方向运动；③ 罩壁各微元的压合速度 v_0 和变形角 δ 相等；④ 罩壁微元压合速度 v_0 和变形角 δ 在厚度方向上不存在分布；⑤ 变形过程中罩长度不变，即 $AC = BC$；⑥ 药型罩是理想不可压缩流体。

根据以上假设可知，碰撞点的运动速度，即 v_1 是不变的，同时，由图 5.1.7(a) 中几何关系可知

$$\beta = \alpha + 2\delta \tag{5.1.1}$$

$$\sin\delta = \frac{v_0 \cos\alpha}{2D} \tag{5.1.2}$$

碰撞点附近的图像如图 5.1.7(b) 所示，即在静坐标系下，罩壁以压合速度 v_0 向轴线运动，当它到达碰撞点时，分成杵和射流两部分，杵以速度 v_s 运动，射流以速度 v_j 运动，碰撞点 E 以速度 v_1 运动。如果站在碰撞点观察，可建立如图 5.1.7(c) 所示的动坐标系 (以 v_1 的速度和碰撞点一起运动)，在动坐标系下则可看到罩壁以相对速度 v_2 向碰撞点运动，然后分成两股: 一股向碰撞点左方离去，另一股向碰撞点右方离去。这种运动状况不随时间而变，即为定常过程。

可见，在动坐标系下，罩壁碰撞形成射流和杵的过程可描述成定常流动，罩壁外层向碰撞点左方运动成为杵，罩壁内层向碰撞点右方运动成为射流。根据流体力学理论，定常理想不可压缩流体运动可用伯努利方程描述，即沿流线压力和动能密度的总和为常数。对于罩壁外层上 Q 点和杵的 P 点，可得下式

$$p_P + \frac{1}{2}\rho v_3^2 = p_Q + \frac{1}{2}\rho v_2^2 \tag{5.1.3}$$

式中，p_P 和 p_Q 为流体中 P 点和 Q 点的静压力，ρ 为流体密度，v_2、v_3 分别是 Q 点和 P 点的流体运动速度。取 P 点和 Q 点离碰撞点 E 很远，受碰撞点的影响很

小，则静压力应和周围气体压力相同。由不可压假设知，罩壁密度和杵的密度也是相等的。因此由 (5.1.3) 式可得

$$v_2 = v_3 \tag{5.1.4}$$

若取罩内表面层上一点 W 和射流中一点 K 作同样的分析，也可得到在动坐标系下射流速度和罩壁速度相等的结论。于是，在动坐标系下，罩壁以速度 v_2 流向碰撞点，仍以速度 v_2 分别向左和向右离去，取向右为正，向左为负，则在静坐标中，只要加上一个动坐标系的运动速度 (碰撞点速度)v_1，就得到了射流和杵的速度的表达式

$$v_{\mathrm{j}} = v_1 + v_2 \tag{5.1.5}$$

$$v_{\mathrm{s}} = v_1 - v_2 \tag{5.1.6}$$

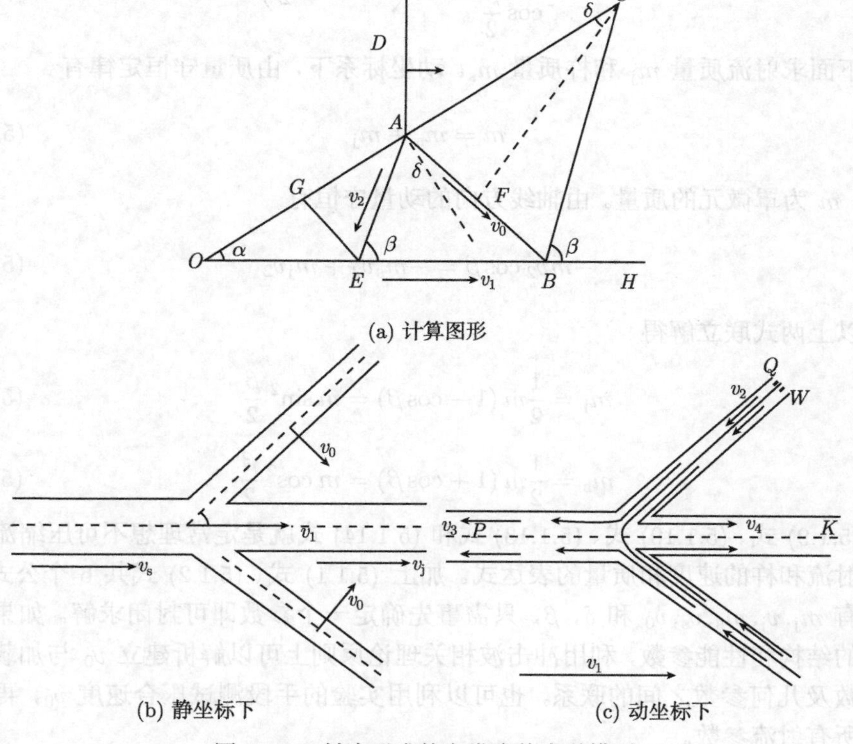

图 5.1.7　射流形成的定常流体力学模型

现在求碰撞点速度 v_1 和罩壁相对速度 v_2 的表达式。由图 5.1.7(a) 可知，在相同的时间内，罩壁上 A 点运动到轴线上 B 点，碰撞点由 E 点运动到 B 点，按照运动的矢量关系有 $\boldsymbol{v}_0 = \boldsymbol{v}_1 + \boldsymbol{v}_2$，于是对三角形 AEB 运用正弦定律有

$$\frac{v_1}{\sin\left[90^\circ-(\beta-\alpha-\delta)\right]}=\frac{v_0}{\sin\beta}=\frac{v_2}{\sin\left[90^\circ-(\alpha+\delta)\right]}$$

得到

$$v_1=v_0\frac{\cos\left(\beta-\alpha-\delta\right)}{\sin\beta} \tag{5.1.7}$$

$$v_2=v_0\frac{\cos\left(\alpha+\delta\right)}{\sin\beta} \tag{5.1.8}$$

代入 (5.1.5) 式、(5.1.6) 式得

$$v_{\rm j}=\frac{1}{\sin\dfrac{\beta}{2}}v_0\cos\left(\frac{\beta}{2}-\alpha-\delta\right) \tag{5.1.9}$$

$$v_{\rm s}=\frac{1}{\cos\dfrac{\beta}{2}}v_0\sin\left(\alpha+\delta-\frac{\beta}{2}\right) \tag{5.1.10}$$

下面求射流质量 $m_{\rm j}$ 和杵质量 $m_{\rm s}$。动坐标系下，由质量守恒定律有

$$m=m_{\rm s}+m_{\rm j} \tag{5.1.11}$$

其中，m 为罩微元的质量。由轴线方向的动量守恒有

$$-mv_2\cos\beta=-m_{\rm s}v_2+m_{\rm j}v_2 \tag{5.1.12}$$

以上两式联立解得

$$m_{\rm j}=\frac{1}{2}m\left(1-\cos\beta\right)=m\sin^2\frac{\beta}{2} \tag{5.1.13}$$

$$m_{\rm s}=\frac{1}{2}m\left(1+\cos\beta\right)=m\cos^2\frac{\beta}{2} \tag{5.1.14}$$

(5.1.9) 式、(5.1.10) 式、(5.1.13) 式和 (5.1.14) 式就是定常理想不可压缩流体假设下射流和杵的速度和质量的表达式。加上 (5.1.1) 式、(5.1.2) 式共 6 个公式，未知数有 $m_{\rm j}, v_{\rm j}, m_{\rm s}, v_{\rm s}, v_0$ 和 δ，β，只需事先确定一个参数即可封闭求解。如果已知装药的结构和性能参数，利用冲击波相关理论原则上可以解析建立 v_0 与加载爆轰波参数及几何参数之间的联系，也可以利用实验的手段测试压合速度 v_0，再由此确定所有射流参数。

在上述定常不可压缩流体模型中，药型罩各单元的质量、压合速度、压合角和变形角四个值相同，导致射流和杵体的速度和质量也没有差别。但事实上，射流具有速度梯度，头部要比尾部速度快得多，因而射流不断拉长，甚至断裂。这显示出定常理论的不足。实际聚能装药结构的罩单元质量从罩顶到罩底一般是越来越大，

同时，不管是平面对称的楔形结构还是轴对称的锥形结构，都是药型罩顶部装药多，而罩底部装药少，因此，压合角、变形角和压合速度也都是随药型罩不同单元而变化的。1952 年，皮尤、艾克尔伯格和罗斯多科等研究了一种准定常理论，后来称之为 PER 理论，除压合速度外，该理论与伯克霍夫的定常理论基于相同的概念。皮尤等认为对于所有药型罩微元来说，药型罩上不同的微元的压合速度是不相同的，其速度变化取决于药型罩微元的最初位置，因此从锥形罩顶部到底部压合速度不断降低，从而使形成的射流具有速度梯度，能产生较大的射流延伸。准定常理论能更真实地反映射流状态，相关推导过程可以参考文献 [8]~[10]。

5.2　射流破甲原理及影响因素

5.2.1　射流破甲的基本现象

射流破甲与普通的穿孔现象有很多不同。将铁钉敲入木中，只能得到和钉子一样粗的孔，且穿孔深度不大于钉子的长度，钉子则留在孔中。而射流穿钢板时，却能打出比自身粗许多的孔，穿孔深度不完全取决于射流长度，还与射流和靶的材料性能相关。射流穿孔后，射流金属依次分散附着在孔壁上。

铜射流对钢靶的破甲过程示意图如图 5.2.1 所示。图 5.2.1(a) 为射流刚接触靶板时刻，然后发生碰撞，自碰撞点开始向靶板和射流中分别传入冲击波。同时在碰撞点产生很高的压力，能达到 200 万大气压，使靶板破孔，温度能升高到绝对温度 5000K。由于射流直径很小，稀疏波迅速传入，使得传入射流中的冲击波不能深入射流很远。射流与靶板碰撞后，速度降低，但不为零，而是等于靶板碰撞点处当地的质点速度，也就是碰撞点的运动速度，称为破甲速度。碰撞后的射流并没有消耗全部能量，剩余的部分能量虽不能进一步破甲，却能扩大孔径。此部分射流在后续射流的推动下，向四周扩张，最终附着在孔壁上。

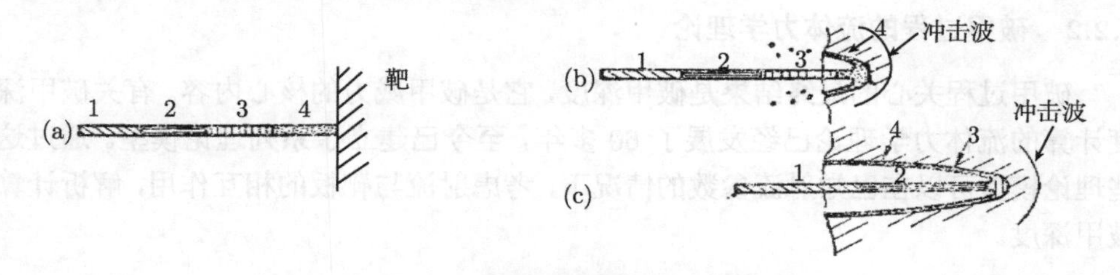

图 5.2.1　聚能射流破甲过程示意图

当后续射流到达碰撞点后，继续破甲，但此时射流所碰到的不再是静止状态的靶板材料，经过冲击波作用后，此部分靶板材料已有了一定的速度，所以碰撞点的压力会小一些，约为 20~30 万大气压，温度也降到 1000K 左右。在碰撞点周围，金属产生高速塑性变形，应变率很大。因此在碰撞点附近有一个高压、高温、高应变率的区域，简称为三高区。后续射流正是与处于三高区状态的靶板金属发生碰撞进行破甲的。图 5.2.1(b) 表示射流 4 正在破甲，在碰撞点周围形成三高区。图 5.2.1(c) 表示射流 4 已附着在孔壁上，有少部分飞溅出去；射流 3 完成破甲作用；射流 2 即将破甲。可见射流残留在孔壁的次序和在原来射流中的次序是相反的。

综上分析，金属射流对靶板的侵彻过程大致可以分为如下三个阶段。

(1) 开坑阶段。开坑阶段也就是射流侵彻破甲的开始阶段。当射流头部撞击静止靶板时，碰撞点的高压和所产生的冲击波使靶板自由面崩裂，并使靶板和射流残渣飞溅，而且在靶板中形成一个高温、高压、高应变率的三高区域。此阶段侵深仅占孔深的很小一部分。

(2) 准定常侵彻阶段。这一阶段射流对处于三高区状态的靶板进行侵彻穿孔。侵彻破甲的大部分破孔深度是在此阶段形成的。由于此阶段中的冲击压力不是很高，射流的能量变化缓慢，破甲参数和破孔的直径变化不大，基本上与破甲时间无关，所以称为准定常阶段。

(3) 终止阶段。终止阶段的情况很复杂。首先，射流速度已相当低，靶板强度的作用越来越明显，不能忽略；其次，由于射流速度降低，不仅破甲速度减小，而且扩孔能力也下降了，后续射流推不开前面已经释放能量的射流残渣，影响了破甲的进行；再者，射流在破甲的后期出现失稳 (颈缩和断裂)，从而影响破甲性能。当射流速度低于可以侵彻靶板的最低速度 (临界速度) 时，已不能继续侵彻穿孔，而是堆积在坑底，使破甲过程结束。

如果射流尾部速度大于临界速度，也可能因射流消耗完毕而终止破甲。对于杵，由于其速度较低，一般不能起到破甲作用，即使在射流穿透靶板的情况下，杵体也往往留存在破甲孔内，称为杵堵。在石油开采领域，解决杵堵问题是提高采油效率的一个关键技术环节。

5.2.2　破甲过程的流体力学理论

破甲过程关心的最终结果是破甲深度，它是破甲威力的核心内容。有关破甲深度计算的流体力学理论已经发展了 60 多年，至今已建立了系列理论模型。通过这些理论模型可以在已知射流参数的情况下，考虑射流与靶板的相互作用，解析计算破甲深度。

一、定常理想不可压缩流体力学理论

设射流速度为 v_{j}，破甲速度为 u。忽略靶和射流的材料强度和可压缩性，把射流和靶板当作理想不可压缩流体来处理。再假定所考察的一段射流的速度 v_{j} 是不变的，则破甲速度 u 也不变。把坐标原点建立在射流与靶板的接触点 A 上，破甲

过程如图 5.2.2 所示。站在 A 点观察，见到射流以速度 $v_\mathrm{j}-u$ 流来，靶材以速度 u 流来。在此动坐标系下，整个过程不随时间而变化，因此是定常的。

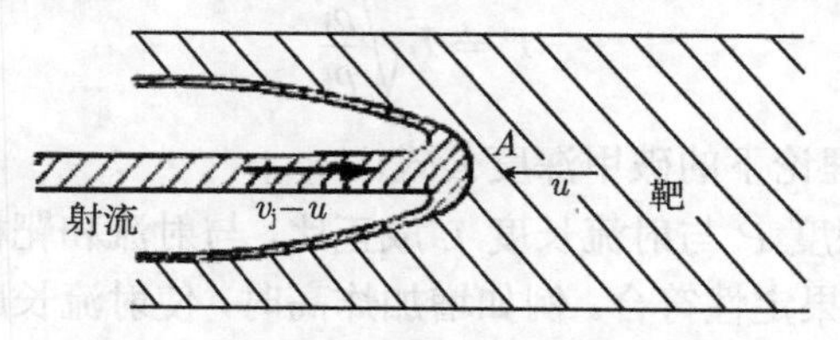

图 5.2.2 破甲过程动坐标示意图

在 t 时间内，速度为 v_j、长度为 L 的射流被消耗掉，获得破甲深度为 P，有如下关系式

$$t=\frac{L}{v_\mathrm{j}-u} \tag{5.2.1}$$

$$P=ut \tag{5.2.2}$$

u 是速度为 v_j 的射流冲击引起的破甲速度，v_j 和 u 的关系可以应用流体力学理论求得。由于在整个时间 t 内，破甲过程是定常理想不可压缩流体力学过程，因此可以运用伯努利公式。在 A 点左侧取远离 A 点的射流中一点，该点处的压力和动能密度的总和与 A 点处的相等，即

$$(p_\mathrm{j})_{-\infty}+\frac{1}{2}\rho_\mathrm{j}\left(v_\mathrm{j}-u\right)^2=(p_\mathrm{j})_A+\frac{1}{2}\rho_\mathrm{j}u_A^2 \tag{5.2.3}$$

式中，$(p_\mathrm{j})_{-\infty}$ 为远离 A 点处射流的静压力，$(p_\mathrm{j})_A$ 为 A 点左侧射流的静压力。同样在 A 点右侧取远离 A 点的靶中一点，对该点和 A 点同样运用伯努利方程可得

$$(p_\mathrm{t})_{\infty}+\frac{1}{2}\rho_\mathrm{t}u^2=(p_\mathrm{t})_A+\frac{1}{2}\rho_\mathrm{t}u_A^2 \tag{5.2.4}$$

式中，$(p_\mathrm{t})_\infty$ 为远离 A 点处靶板的静压力，$(p_\mathrm{j})_A$ 为 A 点右侧靶板的静压力。A 点左右两边压力必相等

$$(p_\mathrm{t})_A=(p_\mathrm{j})_A \tag{5.2.5}$$

合并以上三式，并且在动坐标系下速度 u_A 为 0，得

$$(p_\mathrm{j})_{-\infty}+\frac{1}{2}\rho_\mathrm{j}\left(v_\mathrm{j}-u\right)^2=(p_\mathrm{t})_{\infty}+\frac{1}{2}\rho_\mathrm{t}u^2 \tag{5.2.6}$$

上式中 ρ_j、ρ_t 分别为射流和靶板的密度。忽略远离 A 点的压力 $(p_\mathrm{t})_\infty$ 和 $(p_\mathrm{t})_{-\infty}$ 的差异，则 (5.2.6) 式成为

$$u=\frac{v_\mathrm{j}}{1+\sqrt{\dfrac{\rho_\mathrm{t}}{\rho_\mathrm{j}}}} \tag{5.2.7}$$

(5.2.7) 式即为射流速度与破甲速度的关系。将此式代入 (5.2.1) 式和 (5.2.2) 式，消去 t 得到

$$P = L\sqrt{\frac{\rho_{\mathrm{j}}}{\rho_{\mathrm{t}}}} \tag{5.2.8}$$

式 (5.2.8) 即为定常理论下的破甲深度公式。

公式表明破甲深度 P 与射流长度 L 成正比，与射流和靶板密度之比的平方根成正比，这与实验结果定性符合。例如增加炸高时，使射流长度 L 增加，只要射流不断裂、不分散，能提高破甲深度。铜罩比铝罩的破甲深度大，因为铜罩射流密度大。铝靶比钢靶破甲深度大，因为铝靶密度小。

公式还表明破甲深度仅决定于射流的长度和密度以及靶板的密度，与靶板强度无关，甚至与射流速度无关，这与实际情况不符。由于假设靶板是理想流体，不考虑强度，因此射流速度无论大小都能破孔，这只是一种理论上的假设。就射流头部而言，由于速度很高，忽略强度的影响是可以的，当尾部射流破甲时显然不能忽略靶板强度的影响。另外，定常理论还假定射流速度没有空间分布，而实际上射流存在速度梯度，这也是定常理论不能解释的。因此需要对上式进行修正才能获得更符合实际的破甲公式。

二、准定常理想不可压缩流体力学理论

实际的射流总是头部速度高，尾部速度低，沿射流长度有速度分布。因此和前面假定的恒速射流情况不同，不能直接应用伯努利公式。但是就一小段射流而言，可以认为速度不变，因此仍可以运用伯努利公式，这就是所谓准定常条件。在这种情况下，射流速度与破甲速度的关系 (5.2.7) 式仍适用，关键是要考虑射流的速度沿长度方向的分布。

假设射流速度沿长度方向呈线性分布，建立 $t-x$ 坐标系如图 5.2.3 所示，假定所有射流微元都从图中虚拟点 A 点同时发出，但具有不同的初始速度，并且在以后的运动过程中速度保持不变。A 点的坐标是 (t_a, b)。随着时间的推移，射流微元的运动轨迹在 $t-x$ 图上表现为从 A 点发出的一簇直线，每一直线的斜率就是该射流微元的速度 v_{j}。

若炸高为 H，则 t_0 时刻射流头部在 B 点与靶板相遇，破甲开始。BCD 线是破甲孔随时间加深的曲线，曲线上每一点的斜率就是该点的破甲速度 u，且该破甲速度与对此点进行破甲的射流速度的关系由 (5.2.7) 式给出。由于射流速度越来越慢，破甲速度也呈衰减趋势，因此 BCD 是曲线。破甲到 D 点停止，最大破甲深为 $P_{\max}$。

在图 5.2.3 中 C 点为破甲过程中的任意一点，对应破甲深度为 P，破甲时间为 t，即将进行破甲的射流微元速度为 v_{j}，按照几何关系可写出

$$(t_0+t-t_a)\,v_\mathrm{j}=P+H-b \tag{5.2.9}$$

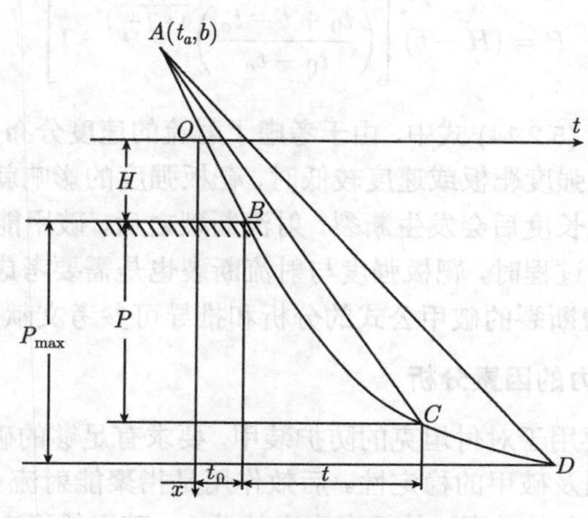

图 5.2.3　准定常模型计算射流破甲过程

(5.2.9) 式对 t 微分，因 $H-b$ 是常数，且 $\dfrac{\mathrm{d}P}{\mathrm{d}t}=u$，可得

$$v_\mathrm{j}+(t_0+t-t_a)\frac{\mathrm{d}v_\mathrm{j}}{\mathrm{d}t}=u \tag{5.2.10}$$

解上式得

$$t_0+t-t_a=(t_0-t_a)\,\mathrm{e}^{-\int_{v_{\mathrm{j}0}}^{v_\mathrm{j}}\frac{\mathrm{d}v_\mathrm{j}}{v_\mathrm{j}-u}} \tag{5.2.11}$$

式中，$v_{\mathrm{j}0}$ 表示射流头部速度，t_0 表示射流头部开始破甲的时间，将上式回代入 (5.2.9) 式得

$$P=(t_0-t_a)v_\mathrm{j}\mathrm{e}^{-\int_{v_{\mathrm{j}0}}^{v_\mathrm{j}}\frac{\mathrm{d}v_\mathrm{j}}{v_\mathrm{j}-u}}-H+b \tag{5.2.12}$$

将 v_j 和 u 的关系式 (5.2.7) 代入上式中的积分，得到 $\mathrm{e}^{-\int_{v_{\mathrm{j}0}}^{v_\mathrm{j}}\frac{\mathrm{d}v_\mathrm{j}}{v_\mathrm{j}-u}}=\left(\dfrac{v_\mathrm{j}}{v_{\mathrm{j}0}}\right)^{-1-\sqrt{\frac{\rho_\mathrm{j}}{\rho_\mathrm{t}}}}$，再代入 (5.2.12) 式，并利用 (5.2.9) 式有 $v_{\mathrm{j}0}=\dfrac{H-b}{t_0-t_a}$，得到破甲深度公式为

$$P=(H-b)\left[\left(\frac{v_{\mathrm{j}0}}{v_\mathrm{j}}\right)^{\sqrt{\frac{\rho_\mathrm{j}}{\rho_\mathrm{t}}}}-1\right] \tag{5.2.13}$$

(5.2.13) 式即为准定常理想不可压缩流体的破甲公式。

由 (5.2.13) 式可以看出，破甲深度与 $H-b$ 成正比，b 很小时，破甲深度与炸高 H 近似成正比；射流头部速度 $v_{\mathrm{j}0}$ 和尾部速度 v_j 的比值越大，P 越大；射流和靶板的密度比越大，P 越大。

进一步，由 (5.2.13) 式还可得出破甲时程曲线

$$P=(H-b)\left[\left(\frac{t_0+t-t_a}{t_0-t_a}\right)^{\frac{1}{1+\sqrt{\frac{\rho_t}{\rho_j}}}}-1\right] \tag{5.2.14}$$

在 (5.2.13) 式和 (5.2.14) 式中，由于考虑了射流的速度分布，更接近实际情况。但是，当射流侵彻高强度靶板或速度较低时，靶板强度的影响就明显表现出来。同时，射流拉伸到一定长度后会发生断裂，射流断裂之后，破甲能力将大为下降。因此，在分析射流破甲过程时，靶板强度与射流断裂也是需要考虑的两个因素。关于考虑靶板强度和射流断裂的破甲公式的分析和推导可参考文献 [8]~[10]。

5.2.3 影响破甲威力的因素分析

聚能破甲弹主要用于对付坦克的防护装甲，要求有足够的破甲威力，其中包括破甲深度、后效作用及破甲的稳定性。后效作用是指聚能射流穿透坦克装甲之后，还有足够的能力破坏坦克内部，使坦克失去战斗力。破甲的稳定性是指命中的破甲弹，破甲能力一致性好。

破甲威力是聚能装药战斗部的最终作用效果。装药结构中所采用的装药、药型罩、炸高、旋转运动以及靶板材料等都对破甲效果有影响。本节讨论几个主要影响因素。

一、装药

1. 炸药性能

理论分析和实验研究都表明，影响破甲威力的主要炸药性能是爆轰压力。随着炸药爆轰压力的增加，破甲深度和孔容积都增加，且与爆轰压力呈线性关系

$$P=a_1+b_1p_{\mathrm{CJ}},\quad V=a_2+b_2p_{\mathrm{CJ}} \tag{5.2.15}$$

式中 P、V 分别为破甲深度和孔容积，p_{CJ} 为爆轰压力；a_1、b_1、a_2、b_2 为与装药结构有关的拟合系数。由试验结果可得图 5.2.4，从中可以看出，孔容积与爆轰压力的线性关系比破甲深度与爆轰压力的线性关系更为明显。以综合参数 $p_{\mathrm{CJ}}(\rho_0Q_v)^{1/2}$ 来衡量炸药破甲能力，有如下的关系

$$P/d=ap_{\mathrm{CJ}}\left(\rho_0Q_v\right)^{1/2}+b \tag{5.2.16}$$

式中，d 为药型罩底径；ρ_0 和 Q_v 分别为炸药的装填密度和爆热；a，b 为与装药结构有关的系数。此式进一步说明，就破甲深度来看，爆轰压力起主要作用，爆热只起次要作用。事实上，药型罩压垮闭合过程很快，主要取决于最初 5~10μs 内的爆轰能量，而爆轰压力反映了最初时刻爆轰能量的大小。

炸药爆轰压力是爆速和装填密度的函数，根据爆轰波理论知

$$p_{\mathrm{CJ}}=\frac{1}{4}\rho_0 D^2$$

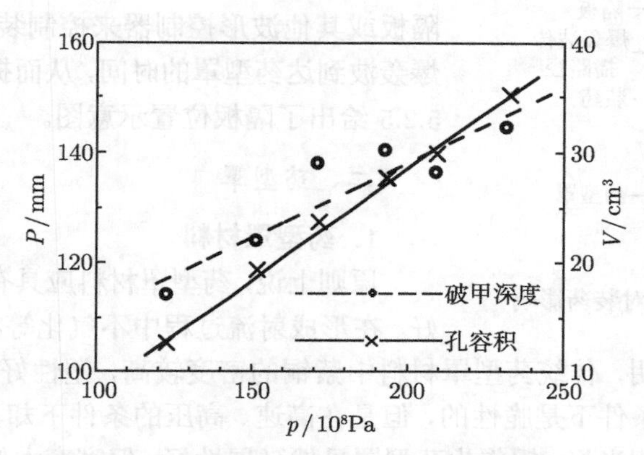

图 5.2.4　破甲深、孔容积与爆轰压力的关系

此外，对于同种炸药来说，爆速和密度间也存在着线性关系，通常可表示为

$$D=D_{1.0}+K\left(\rho-1.0\right)$$

式中，D 为装药密度为 ρ 时的爆速；$D_{1.0}$ 表示装药密度为 1.0g/cm^3 时的爆速；K 为与炸药性质有关的系数，对于多数高能炸药，K 值一般取 3000~4000(m/s)/(g/cm^3)。

因此，为了提高破甲能力，必须尽量选取高爆速的炸药。当炸药选定后，应尽可能提高装药密度。

另外，聚能战斗部对装药的均匀性要求比其他战斗部更为严格，装药中气孔杂质等缺陷的存在将严重影响聚能射流的性能。因此，除了要求装药密度高外，还应尽可能均匀，没有气孔和杂质。

2. 装药形状

聚能装药的破甲深度与装药直径和长度有关，随装药直径和长度增加，破甲深度增加。增加装药直径 (相应地增加药型罩口径) 对提高破甲威力特别有效，破甲深度和孔径都随着装药直径的增加呈线性增加。但是装药直径受弹径的限制，增加装药直径后就要相应增加弹径和弹重，在实际设计中是有限制的。因此，只能在约束的装药直径和重量下，尽量提高聚能装药的破甲威力。

随着装药长度的增加，破甲深度增加，但当药柱长度增加到三倍装药直径以上时，破甲深度不再增加。由于轴向和径向稀疏波的影响，使爆炸产物向后面和侧面飞散，作用在药柱一端的有效装药只占全部装药长度的一部分。理论研究表明，当长径比大于 2.25 时，增加药柱长度，有效装药长度不再增加。因此，盲目增加药柱长度不能达到同比提高破甲深度的目的。

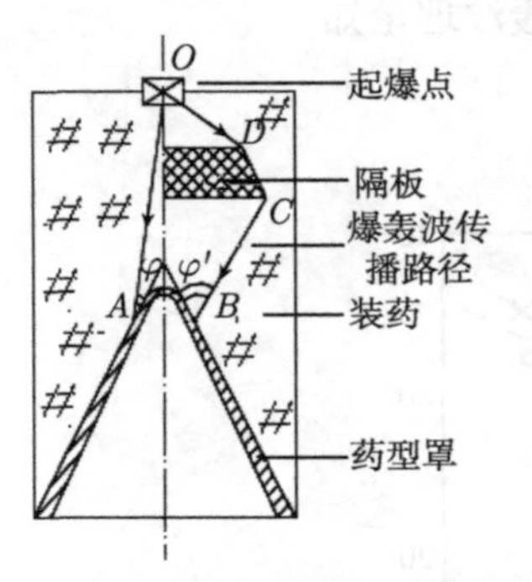

图 5.2.5 隔板对装药影响

聚能装药常带有尾锥，有利于增加装药长度，同时减小装药重量。装药的外壳可以用来减少爆炸能量的侧向损失。另外，还经常在装药中设置隔板或其他波形控制器来控制装药的爆轰云向和爆轰波到达药型罩的时间，从而提高射流性能，图 5.2.5 给出了隔板位置示意图。

二、药型罩

1. 药型罩材料

原则上说，药型罩材料应具有密度大、延展性好、在形成射流过程中不气化等特性。

试验结果表明，传统药型罩材料中紫铜的密度较高，塑性好，破甲效果最好；生铁虽然在通常条件下是脆性的，但是在高速、高压的条件下却具有良好的塑性，所以破甲效果也相当好；铝作为药型罩虽然延展性好，但密度太低；铅作为药型罩虽然延展性好、密度高，但是由于铅的熔点和沸点都很低，在形成射流的过程中易于气化，所以铝罩和铅罩破甲效果都不好，传统的药型罩多用紫铜。目前，随着对破甲能力要求的不断提高，不少新的材料加入到药型罩的选材中来，如钼、锆、镍、贫铀、钨等大比重金属，它们的主要特点都是密度大，延展性好，形成射流的过程中不气化。

2. 药型罩锥角

按照 5.1 节射流形成理论知，射流速度随药型罩锥角的减小而增加，射流质量随药型罩锥角的减小而减小。药型罩锥角低于 30° 时，破甲性能很不稳定。接近 0° 时射流质量极少，基本不能形成连续射流，但可用来作为研究超高速粒子之用。药型罩锥角在 30° ~ 70° 时，射流具有足够的质量和速度。破甲弹药型罩锥角通常在 35° ~ 60° 选取，对于中、小口径战斗部，以选取 35° ~ 44° 为宜，对于中、大口径战斗部，以选取 44° ~ 60° 为宜。

药型罩锥角大于 70° 之后，金属流形成过程发生新的变化，破甲深度下降，但破甲稳定性变好。药型罩锥角达到 90° 以上时，药型罩在变形过程中产生翻转现象，药型罩主体变成翻转弹丸，成为爆炸成型弹丸 (详见 5.3.2)，其破甲深度较小，但孔径很大。这种结构用来对付薄装甲效果极佳，如反坦克车底地雷、反坦克顶装甲破甲弹就是采用这种结构形式。

3. 药型罩壁厚

总的来说，药型罩最佳壁厚随罩材料密度的减小而增加，随罩锥角的增大而增加，随罩口径 d 的增加而增加，随装药外壳的加厚而增加。研究表明，药型罩最佳壁厚与罩半锥角的正弦成比例。一般，最佳药型罩壁厚为底径的 2%~4%，在大炸距情况下较适当的壁厚为底径的 6%。

为了改善射流性能，提高破甲效果，实践中还常采用变壁厚的药型罩。图 5.2.6 表示壁厚变化对破甲效果的影响，其中图 5.2.6(b) 是等壁厚的试验情况 (图中壁厚单位为 mm)。从破甲深度试验结果看，采用顶部厚、底部薄的药型罩，穿孔浅而且成喇叭形 [如图 5.2.6(a)]。采用顶部薄、底部厚的药型罩，只要壁厚变化适当 [如图 5.2.6(c)]，则穿孔进口变小，随之出现鼓肚，且收敛缓慢，能够提高破甲效果。但如壁厚变化不合适，则会降低破甲深度 [如图 5.2.6(d)、(e)]。适当采用顶部薄、底部厚的变壁厚药型罩可以提高破甲深度的原因，主要在于增加了射流头部速度，降低了射流尾部速度，从而增加了射流速度梯度，使射流拉长，提高破甲深度。

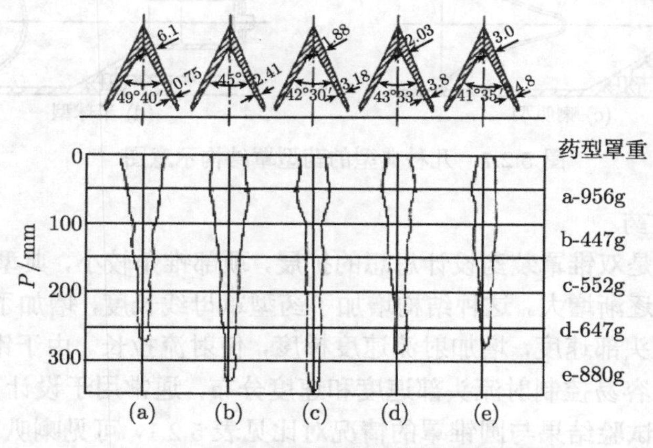

图 5.2.6　各种变壁厚药型罩的破甲孔形

4. 药型罩形状

药型罩形状可以是多种多样的，有锥形、半球形、喇叭形等。反坦克车底地雷采用大锥角罩，反坦克破甲弹通常采用锥角为 35° ~ 60° 的圆锥罩，也有采用喇叭罩的，如法 105mm“G” 型破甲弹、法 “昂塔克” 反坦克导弹等。图 5.2.7 分别给出了采用郁金香罩、双锥罩、喇叭罩、半球罩的聚能装药战斗部结构示意图。从图中几个结构看，除药型罩不同以外，战斗部的其他结构元件可以完全相同，这对于模块化设计思想的实现是非常有利的。下面简单介绍几种药型罩的性能特点。

1) 郁金香罩装药

郁金香罩装药能更有效地利用炸药能量，使罩顶部微元有较长的轴向距离，从而得到比较充分的加速，最终得到高速慢延伸 (速度梯度小) 的射流，以适应大炸高情况。在给定装药量的情况下，该种装药对靶板的侵彻孔直径较大。

2) 双锥罩装药

双锥罩顶部锥角比底部锥角小，可以提高锥形罩顶部区域利用率，产生的射流头部速度高，速度梯度大，速度分布成明显的非线性，具有良好的延伸性，选择适当的炸高，可大幅度地提高侵彻能力。这种装药通过变药型罩壁厚设计，可产生头部速度超过 10 km/s 的射流。

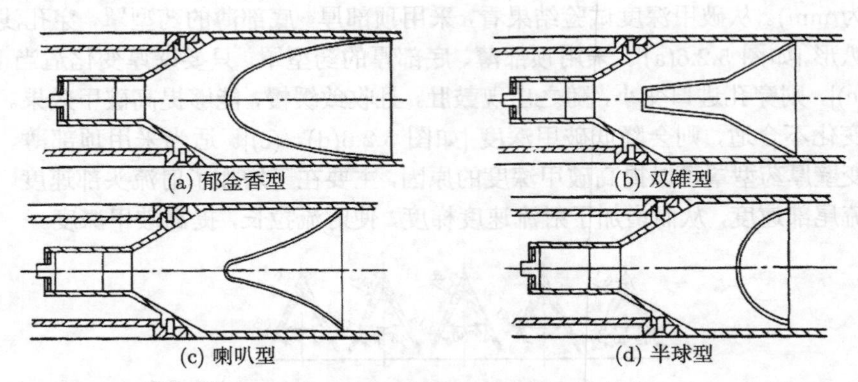

图 5.2.7　几种典型的药型罩结构示意图

3) 喇叭罩装药

喇叭罩装药是双锥罩装药设计思想的扩展，顶部锥角较小，典型的是 30°，从顶部到底部锥角逐渐增大。这种结构增加了药型罩母线长度，增加了炸药装药量，有利于提高射流头部速度，增加射流速度梯度，使射流拉长。由于锥角连续变化，比双锥罩装药更容易控制射流头部速度和速度分布，通常用于设计高速高延伸率的射流。喇叭罩试验结果与圆锥罩的情况对比见表 5.2.1，可见喇叭罩可以明显提高破甲深度。在给定装药量的情况下，这种装药对均质钢甲的侵彻深度最深。

4) 半球罩装药

半球罩装药产生的射流头部速度低 (4~6 km/s)，但质量大，占药型罩质量的 60%~80%。射流和杵体之间没有明显的分界线，射流延伸率低，射流发生断裂时间较晚，适宜于大炸高情况。

表 5.2.1　喇叭罩与圆锥罩对比试验

药型罩	装药量/g		炸高/mm	破甲深度/mm			试验发数
	主药柱	副药柱		平均	最大	最小	
喇叭型	415	65	156~176	383	433	293	7
60° 圆锥罩	365	65	166~176	353	370	268	8

三、炸高

炸高对破甲威力的影响可以从两方面来分析。一方面随炸高的增加，射流伸长，从而提高破甲深度；另一方面，随炸高的增加，射流产生径向分散和摆动，延伸到一定程度后产生断裂现象，使破甲深度降低。因此，对特定的靶板，一定的聚能装药都有一个最佳炸高对应最大破甲深度。图 5.2.8 展示了在不同炸高下的静破甲结果，图中 180mm 即对应了有利炸高。

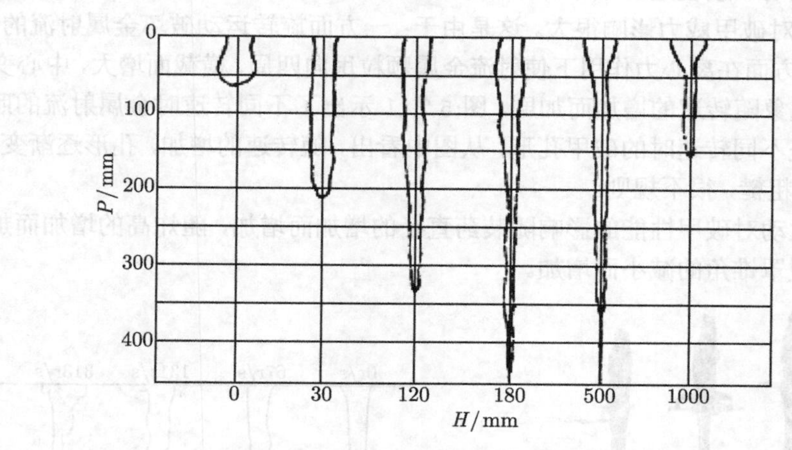

图 5.2.8　不同炸高时的破甲孔形示意图

有利炸高与药型罩锥角、药型罩材料、炸药性能以及有无隔板等都有关系。有利炸高随罩锥角的增加而增加，如图 5.2.9 所描述的。对于一般常用药型罩，有利炸高是罩底径的 1~3 倍。图 5.2.10 表示了罩锥角为 45° 时，不同材料药型罩破甲深度随炸高的变化。从图中看出，铝材料由于延展性好，形成的射流较长，因而有利炸高大，约为罩底径的 6~8 倍，适用于大炸高的场合。

另外，采用高爆速炸药以及增大隔板直径，都能使药型罩所受压力增加，从而增大射流速度，使射流拉长，使有利炸高增加。

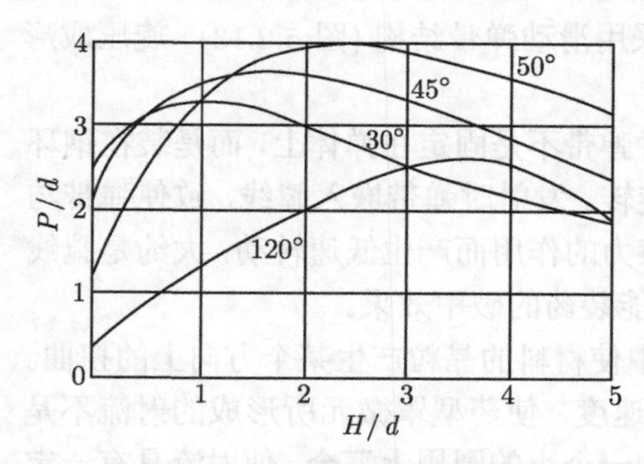

图 5.2.9　不同药型罩锥角时炸高–破甲深度曲线

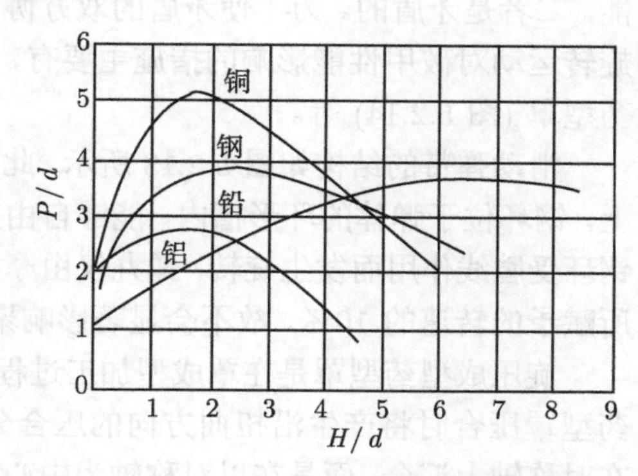

图 5.2.10　不同材料药型罩破甲深度–炸高曲线

四、旋转运动

1. 弹体旋转运动的影响

旋转运动一般在炮射破甲弹中比较常见，当聚能战斗部在作用过程中具有旋转运动时，对破甲威力影响很大。这是由于：一方面旋转运动破坏金属射流的正常形成；另一方面在离心力作用下使射流金属颗粒甩向四周，横截面增大，中心变空。而且这些现象随转速的增加而加剧，图 5.2.11 示出了不同转速时金属射流的照片。图 5.2.12 是不同转速时的破甲孔形，从图中看出，随转速的增加，孔形逐渐变得浅而粗，表面粗糙，很不规则。

旋转运动对破甲性能的影响随装药直径的增加而增加，随炸高的增加而加剧，还随着药型罩锥角的减小而增加。

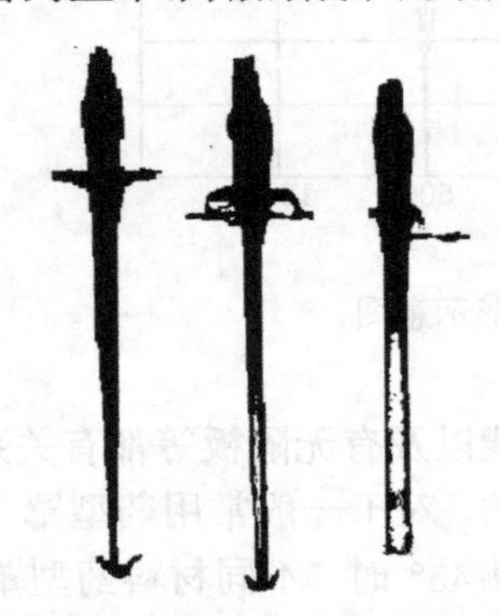

图 5.2.11　不同转速时金属射流照片

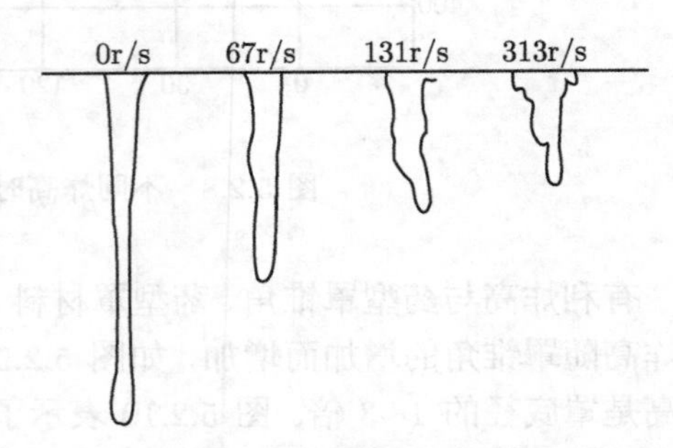

图 5.2.12　不同转速时破甲孔形

2. 消除旋转运动对破甲性能影响的措施

弹丸旋转运动能够提高飞行稳定性和精度，但是旋转运动却大大降低破甲性能，二者是矛盾的。为了使矛盾的双方协调起来，需要采用特殊的结构。目前消除旋转运动对破甲性能影响的措施主要有，采用滑动弹带结构 (图 5.2.13)、旋压成形药型罩 (图 5.2.14) 等。

滑动弹带的结构如图 5.2.13 所示，此种弹带不是固定在弹体上，而是装在钢环上，钢环位于弹体的环形槽内，能够自由旋转。发射时弹带嵌入膛线，致使弹带与钢环受膛线作用而发生旋转，弹丸仅由摩擦力的作用而产生低速转动，大约是膛线所赋予的转速的 10%，故不会显著影响聚能装药的破甲效果。

旋压成型药型罩是在罩成型加工过程中使材料的晶粒产生某个方向上的扭曲。药型罩压合时将产生沿扭曲方向的压合分速度，使药型罩微元所形成的射流不是在对称轴上汇合，而是在以对称轴为中心的一个小的圆周上汇合，使射流具有一定的旋转速度，且与弹丸旋转方向相反，故可抵消一部分弹丸旋转运动的影响，起到抗旋的作用，其抗旋作用如图 5.2.14 所示。旋压罩从材料上加以修正，且工艺比较简单，已成为解决旋转运动对破甲性能影响的一种常用的办法。

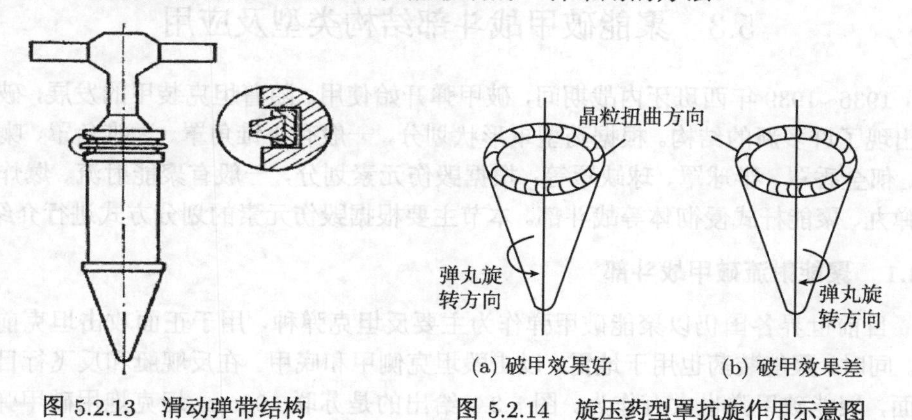

图 5.2.13　滑动弹带结构　　图 5.2.14　旋压药型罩抗旋作用示意图

5.2.4　聚能射流的防护

随着破甲弹性能的不断提高，世界各国都普遍加强了坦克的防护能力，装甲技术取得了快速发展，相继出现了各种各样的装甲目标。

均质装甲是一种传统的装甲，可以通过提高装甲材料的力学性能、增加装甲厚度与法线角来提高抗弹能力。而目前的聚能破甲弹在均质装甲上的破甲深度可以达到装药直径的 8~10 倍，甚至更多，因此仅依靠增加装甲厚度并不足以抵御破甲弹的攻击。同时，增加装甲厚度和倾角必然会增加坦克的自身重量，这势必造成机动性和灵活性的降低。

20 世纪 70 年代后期，苏联 T-72 坦克的复合装甲和英国挑战者坦克的乔巴姆 (Chobham) 装甲问世，并得到迅速发展。进入 20 世纪 80 年代以后，复合装甲已成为现代主战坦克的主要装甲结构形式，也是改造现有老坦克、强化装甲防护的主要技术措施。这种新型装甲结构大大提高了坦克装甲的防护能力。复合装甲一般由两层或多层装甲板之间放置夹层材料的结构组成，夹层可为玻璃纤维板、碳纤维板、尼龙、陶瓷、铬刚玉等。当射流作用于复合装甲时，会出现弯曲、失稳等现象，从而降低破甲深度。

1969 年，Held 在实验中发现采用两层金属板中间夹一层炸药的三明治结构能显著降低射流的侵彻能力，这就是反应装甲的雏形。反应装甲的防护原理是，当弹体或射流撞击在反应装甲上时，炸药起爆，爆炸产物推动前、后钢板相背运动。运动中的钢板以及爆炸产物对弹体或射流产生横向作用，使弹体发生偏转甚至使弹体或射流断裂，从而降低对主装甲的侵彻能力。反应装甲作为附加结构的主要优点是防护效益高、使用灵活方便、重量轻、成本低，但也存在诸如爆炸可能损坏观瞄器材、战场上难以及时更换等缺点。

5.3 聚能破甲战斗部结构类型及应用

1936~1939 年西班牙内战期间，破甲弹开始使用。随着坦克装甲的发展，破甲弹出现了许多新的结构。根据药型罩形状划分，一般有小锥角罩、大锥角罩、喇叭罩、郁金香罩、半球罩、球缺罩等；根据毁伤元素划分，一般有聚能射流、爆炸成型弹丸、聚能杆式侵彻体等战斗部。本节主要根据毁伤元素的划分方式进行介绍。

5.3.1 聚能射流破甲战斗部

目前世界各国仍以聚能破甲弹作为主要反坦克弹种，用于正面攻击坦克前装甲。同时，聚能装药也用于地雷，以击毁坦克侧甲和底甲。在反舰艇和反飞行目标方面，聚能破甲弹也大有作为。图 5.3.1 给出的是苏联 100mm 坦克炮用破甲弹结构图。

用于反坦克的聚能破甲战斗部，必须与目标直接碰撞，由触发引信引爆。炸高不大，仅为装药直径或药型罩罩底直径的几倍，作战时由战斗部的风帽高度来保证所需的炸高。一般一个战斗部只产生一股聚能射流，射流方向与战斗部纵轴重合，主要靠聚能射流的作用来穿透目标。

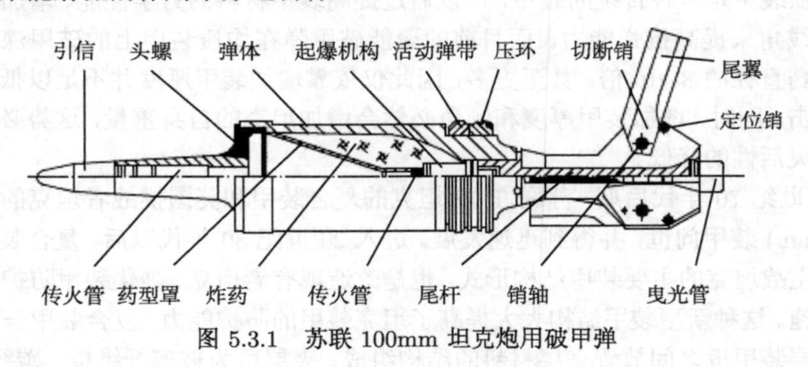

图 5.3.1　苏联 100mm 坦克炮用破甲弹

5.3.2 爆炸成形弹丸战斗部

一般的聚能破甲弹在炸药爆炸后，将形成高速射流和杵体。由于射流速度梯度很大，从而被拉长甚至断裂，因此，破甲弹对炸高很敏感。炸高的大小直接影响了射流的侵彻性能。作为一种改进途径，采用大锥角药型罩、球缺形药型罩等聚能装药，在爆轰波作用下罩压垮、翻转和闭合形成高速弹体，无射流和杵体的区别，整个质量全部可用于侵彻目标。这种方式形成的高速弹体称为爆炸成型弹丸 (explosively formed projectile，EFP)，或自锻破片。图 5.3.2 给出了爆炸成型弹丸战斗部结构原理图及形成的射弹形状。

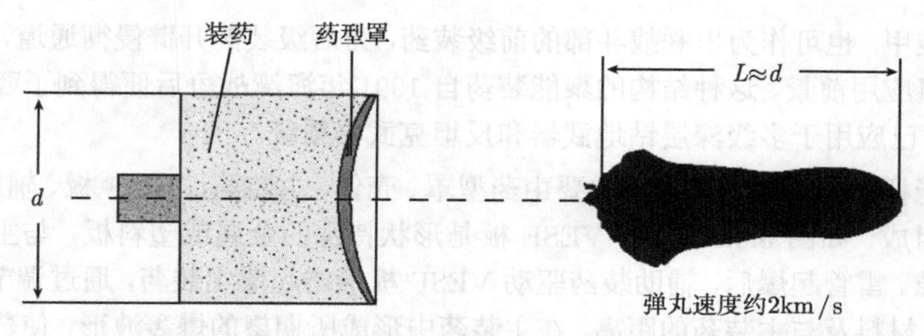

图 5.3.2　爆炸成型弹丸战斗部结构原理图及形成的射弹形状

根据爆炸成型弹丸形成过程的不同，可将其分为翻转弹和杵体弹两种类型。翻转弹是由药型罩被压垮时翻转形成的 EFP，按照翻转程度的不同，翻转弹还可分为柱形翻转弹和碟形翻转弹两种。杵体弹是由药型罩向前压垮形成的射流和杵体的综合体，与普通聚能装药药型罩的变形过程类似。

与普通破甲弹相比，爆炸成形弹丸有三大优点。

(1) 对炸高不敏感。由于爆炸成形弹丸在飞行过程中形状稳定，不像射流容易被拉长或断裂，所以破甲威力对炸高不敏感，在几十倍弹径的炸高下仍能有效作用。

(2) 抗反应装甲能力强。反应装甲爆炸后形成的破片将切割射流，使破甲效果大幅度下降。爆炸成型弹丸速度较低，长度较短，飞行稳定性好。反应装甲被其撞击后有可能不被引爆；即使引爆，形成的破片也难以影响弹丸的状态，对弹丸的运动干扰小，因而对侵彻效果的影响小。

(3) 侵彻后效大。破甲射流在侵彻装甲后只剩少量射流进入坦克内部，破坏作用有限。爆炸成形弹丸侵彻装甲时，70%以上的弹丸进入坦克内部，而且在侵彻的同时造成坦克装甲内侧大面积崩落，崩落部分的重量可达弹丸的数倍，可以形成大量具有杀伤破坏作用的碎片。

5.3.3　聚能杆式侵彻体战斗部

聚能杆式侵彻体 (jetting projectile charge，JPC) 采用新型起爆、传爆系统和新型装药结构以及高密度的重金属合金药型罩，通过改善药型罩的结构形状，产生高速杆式弹丸。既具有射流速度高、侵彻能力强的优势，也具有爆炸成型弹丸药型罩利用率高、直径大、侵彻孔径大、大炸高、破甲稳定性好的优点。该侵彻体具有比 EFP 更高的速度，3~5km/s；其形状类似穿甲弹的外形，在一定的距离内能够稳定飞行；具有很强的侵彻能力，一般穿深在 3~5 倍装药口径，侵彻孔径一般可达装药口径的 45%左右。因而比破甲弹射流具有更大的后效杀伤效果。

由聚能杆式侵彻体组成的战斗部称为 JPC 战斗部。该战斗部集成了破甲战斗部、EFP 战斗部以及穿甲弹的优点于一身，可用于反坦克武器系统，摧毁反应装甲和陶瓷装甲，也可作为串联战斗部的前级装药，为后级装药开辟侵彻通道，具有重要的军事应用前景。这种结构的聚能装药自 1991 年海湾战争后便得到了西方国家的重视，已应用于多级深层钻地武器和反坦克武器系统。

聚能杆式侵彻体装药结构主要由药型罩、壳体、主装药、VESF 板、辅助装药、雷管等组成，如图 5.3.3 所示。VESF 板是形状特殊的金属或塑料板，与主装药有一定间隙。雷管起爆后，辅助装药驱动 VESF 板撞击起爆主装药，通过调节 VESF 板形状、材料及与主装药的距离，在主装药中形成所期望的爆轰波形，使药型罩接近 100%地形成高速杆式弹丸。图 5.3.4 给出了 JPC 装药弹丸成型过程中药型罩压垮变形的几个典型时刻，药型罩受到炸药爆轰压力和爆轰产物的冲击和推动作用，开始被压垮、变形、向前高速运动的过程。

聚能杆式侵彻体本质上是一种杵体小、延伸率低的射流，因此设计聚能杆式侵彻体主要从降低杵体质量、降低射流头部速度和提高侵彻体平均速度三方面进行。依据这个原则，变壁厚球缺型药型罩介于小锥角聚能射流罩和球缺型 EFP 罩之间，具有大的压合角，对形成高速杆式侵彻体很有利。截锥形药型罩也能实现杆式侵彻体。为了减小形成杵体的质量，降低整个侵彻体的速度梯度，还可采用变壁厚的药型罩，如顶部厚、周围薄的药型罩。

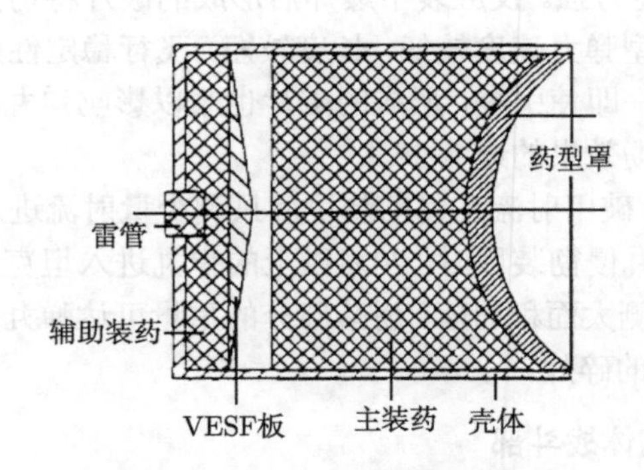

图 5.3.3　JPC 装药结构示意图

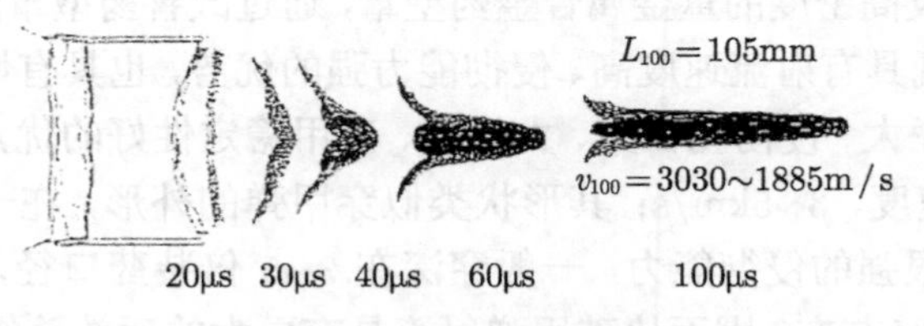

图 5.3.4　JPC 装药侵彻体形成过程

聚能杆式侵彻体战斗部的主要特点如下。

一、与射流战斗部比较

1. 对炸高不敏感

因为射流的头尾速度差很大 (大于 7000m/s)，在运动过程中将发生延伸和断裂，所以，射流战斗部对炸高很敏感。而聚能杆式侵彻体头尾速度差很小 (小于 2000m/s)，飞行过程中变形小。当形状较好时，可以飞行较远的距离，因此，其有效作用范围很大。

2. 药型罩利用率高

一般聚能装药战斗部，药型罩只有 10%~30%的质量形成金属射流，其余 70%~90%的绝大部分罩质量变成了对侵彻靶板作用小、速度低的杵体。而聚能杆式侵彻体装药形成的有效侵彻体的质量约占罩质量的 80%以上。

3. 后效大

一般金属射流的直径很小，为 2~4mm。射流侵彻装甲后，只有少量的剩余金属流进入靶后，破坏作用有限。但聚能杆式侵彻体的直径要大得多，因此它的穿孔直径比较大，进入靶后的金属多，破坏后效作用大。

二、与 EFP 和杆式穿甲弹比较

(1) 聚能杆式侵彻体比 EFP 飞行速度更高，长度更长，断面比动能更大，侵彻能力更强，尤其对于砖墙、钢筋混凝土等坚固工事的侵彻更显优势。

(2) 聚能杆式侵彻体的外形与长杆式穿甲弹弹芯相似，而着靶速度比长杆式穿甲弹高得多，使其侵彻能力相应也得到提高。同时还避免了杆式穿甲弹需要高膛压发射平台的限制，有利于在制导弹药及某些灵巧弹药上的应用，具有更广泛的应用领域。

三、综合比较

射流、EFP 和 JPC 的有关数据对比列在表 5.3.1 中 (表中 d 为装药口径)。从表中可以看出，尽管 JPC 装药形成的聚能杆式侵彻体不能像 EFP 那样在 1000 倍装药口径的距离上保持全程稳定飞行，但由于聚能杆式侵彻体所具有的高初速、大质量和相对大的比动能，它在 50 倍装药口径距离上能够保持稳定飞行并对目标实施有效打击。

表 5.3.1　三种装药结构有关数据对比

	速度/(km/s)	有效作用距离	侵彻深度	侵彻孔径	药型罩利用率
聚能射流	5.0~8.0	3~8d	5~10d	0.2~0.3d	10%~30%
EFP	1.7~2.5	1000d	0.7~1d	0.8d	100%
JPC	3.0~5.0	50d	>4d	0.45d	80%

JPC 结构战斗部还可以通过结构设计形成多模毁伤元，相对其他弹药更具有灵活性。通过战斗部的 VESF 装置，可以在使用之前根据打击目标的性质，来确定战斗部是产生聚能杆式侵彻体还是形成 EFP。聚能杆式侵彻体装药的这些特点显示出，该新型战斗部在掠飞攻顶的导弹和末敏灵巧弹药、智能武器、攻坚弹药、串联钻地弹战斗部前级装药等方面将有很好的应用前景。

5.3.4　多聚能装药战斗部

20 世纪 80 年代以来，为了提高弹丸命中和毁伤装甲目标的概率，美国在战斗部技术方面进行了广泛的分析和研究，提出了多聚能装药，如多爆炸成形弹丸战斗部 (简称 MEFP)。

多聚能装药战斗部是在圆柱形装药侧表面配置若干个聚能装药结构，爆炸后形成的射流或射弹向四周飞散，破坏目标。美国“白星眼”电视制导滑翔炸弹的战斗部结构如图 5.3.5 所示，共有八个楔形装药，楔角为 120°。爆炸后，战斗部形成八股片状金属射流，对周围目标起切割和破坏作用。这种战斗部结构性能比较好，可用于破坏桥梁和车站等目标，也可以攻击坦克和军舰。

整体式多聚能装药战斗部是多聚能装药战斗部的主要结构类型，其典型外形如图 5.3.6 所示。MEFP 战斗部在壳体上镶嵌多个碟形或凹形药型罩，有的甚至是直接在壳体上冲压成需要的凹坑形状，沿壳体的周线围绕战斗部纵轴对称排列。药型罩的材料可以为钽或钢或铜。壳体内的爆轰波使其翻转，内凹底部突出，形成翻转射弹。选择合适的厚度和炸药直径，可使较重的射弹速度达 1600~2200m/s。如果凹形衬套直径相对厚度较小的话，即使爆轰波仅是掠过衬套，也会产生非常理想的射弹。实验结果表明，MEFP 战斗部产生的弹丸外形主要有球状体、椭球体和长杆体等，重量从 5~50g 不等，速度为 500~2500m/s，可在 0.25~100m 距离内有效攻击轻型装甲目标。

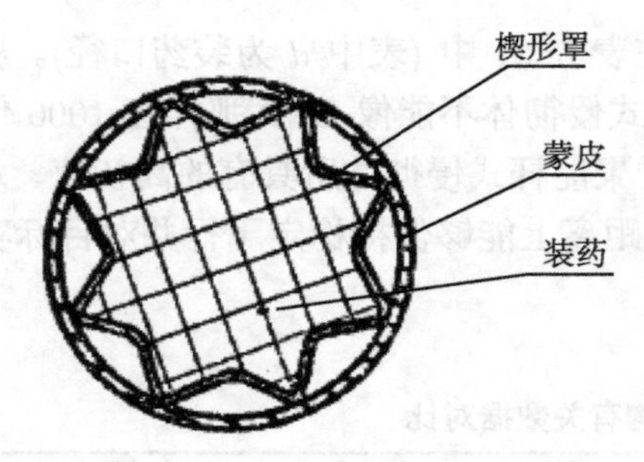

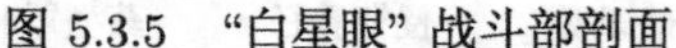
图 5.3.5　“白星眼”战斗部剖面

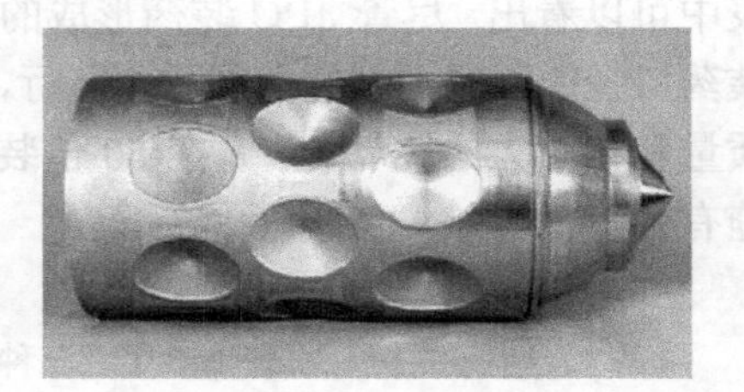
图 5.3.6　整体式多聚能装药战斗部示意图

为了保证在空间形成均匀的杀伤场，在壳体结构上还可采取一定的措施。如上一圈药型罩与下一圈药型罩的位置互相交错，每一圈药型罩的数量相等。战斗部如果是截锥形，则药型罩的直径由上至下逐圈增大。对于制导精度较高的导弹系统，药型罩的直径可取 30~40mm，根据战斗部的直径并考虑药型罩间的合理间隙 (约为 0.1 倍药型罩底径)，确定每一圈的药型罩数；再根据所要求的空间杀伤带宽度，并与给定的战斗部长度相协调，来确定药型罩的圈数。如果需要大而重的射弹，则要求把药型罩做得大些。由于射弹质量和速度都很大，射弹具有很强的穿甲能力，完全可以贯穿或损坏很强的结构，如弹道导弹的战斗部。对钢目标，射弹的穿甲深度可达药型罩直径的 0.5~1 倍。

除作为破甲战斗部的装药以外，聚能装药结构在多个领域有着广泛的应用。比如，聚能装药用作导弹的自毁装置；不带金属罩的楔形穴装药用于破片战斗部的半预制破片结构；线型聚能装药还被用作飞行器的解脱机构，用于打开液体燃料箱，进行运载工具的爆炸分离等。

聚能装药对土层穿孔比对金属穿孔深很多，一般可达 10 倍口径，可用来引爆钻入土层很深的定时炸弹或哑弹。通讯兵在紧急情况下可用聚能装药在地上打孔，迅速埋杆架线。采矿和掘进工程遇到特硬岩层和矿体时，采用聚能装药打孔可以加快掘进速度。线型聚能装药在工程爆破中应用很广，例如在野外切割钢板、钢梁等，在水下打捞沉船时切割船体等。在石油工业方面，采用聚能装药 (石油射孔弹) 进行石油开采，用于井下穿孔引油，其结构类似于一般破甲战斗部。

5.4　复合毁伤效应

5.4.1　串联破甲战斗部

20 世纪 80 年代出现了反应装甲，反应装甲的基本构成是在两层薄金属板之间夹入一层炸药，把这样的单元装在金属盒内，再用螺栓将金属盒固定在坦克需要防护部位的主装甲外，如图 5.4.1 所示。当破甲射流击中反应装甲后，炸药被引爆，利用爆炸后生成的金属碎片和爆轰产物等来干扰和破坏射流，使其不能穿透主装甲。反应装甲可使破甲弹的破甲深度下降 50%~90%。

为了继续保持破甲弹的生命力，出现了串联战斗部。串联战斗部的一个基本形式是在主破甲战斗部前面加装一个小破甲战斗部 [称为前级装药或一级装药，图 5.4.1(a)]。小破甲战斗部率先引爆反应装甲，为主破甲战斗部的破甲射流扫清道路，使其达到穿透主装甲的目的。如图 5.4.1(b) 所示，当前级聚能装药的射流命中目标时，撞击力会引爆置于反应装甲金属盒内部的炸药，炸药的爆炸威力使外层金属壳体向外运动，干扰射流的破甲；在一定的延时之后，后级主装药 (二级装药) 形成的射流在没有干扰的情况下得以顺利侵彻主装甲 [图 5.4.1(c)]。

图 5.4.2 所示的米兰 (MILAN)K115T、霍特 (HOT)3 破甲弹都采用了这种破甲–破甲式的串联结构。

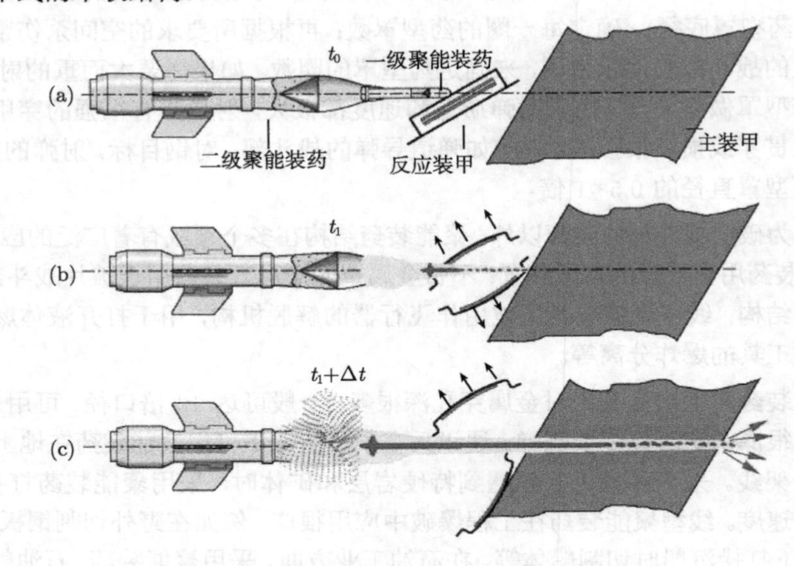

图 5.4.1　串联战斗部攻击反应装甲过程示意图

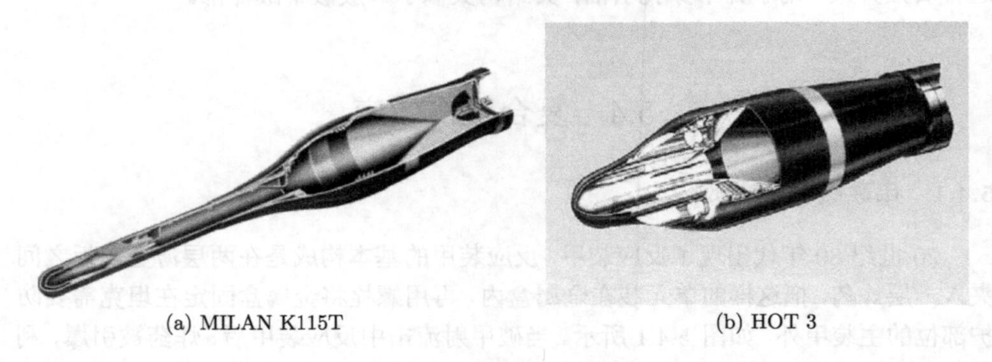

(a) MILAN K115T　　(b) HOT 3

图 5.4.2　破甲–破甲式串联战斗部

串联战斗部并不局限于对付反应装甲，由于它可以具有多种效应的毁伤能力，近年来在反机场跑道、反地下工事、侵彻建筑物和掩体等方面都得到了广泛的应用。例如，串联随进战斗部采用聚能装药作为前级装药，以提高开坑能力。其作用原理是利用第一级聚能装药或自锻弹丸战斗部在目标上打一个孔，第二级随进的爆破杀伤、温压或燃烧战斗部通过这个孔进入目标内部，延时爆炸，达到高效毁伤目标的目的。如图 5.4.3 给出了破甲–爆破式串联战斗部结构示意图。

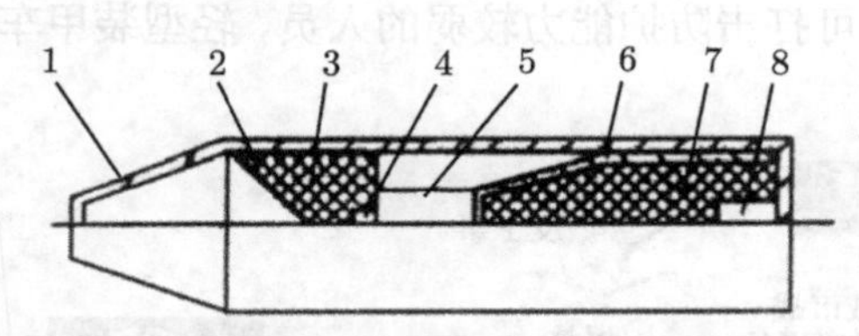

图 5.4.3　破甲–爆破式串联战斗部结构示意图

1. 壳体; 2. 前级药型罩; 3. 前级装药; 4. 前级引信; 5. 隔爆结构; 6. 后级壳体; 7. 后级装药; 8. 后级引信

目前，串联复合侵彻战斗部用于反硬目标和深层目标已经是一个重要的发展趋势，国内外已发展了具有随进破坏能力以及模块化爆炸侵彻的攻坚战斗部，既可对付重、轻型装甲目标，也可对付钢筋混凝土目标，同时具有极大的后效作用。

三级或更多级的串联战斗部，如破甲–穿甲–爆破式或破甲–破甲–爆破式战斗部，也在发展之中，这种结构的战斗部第一级聚能装药主要在目标上形成弹孔，第二级装药用于获得更大的侵彻深度。

5.4.2　多模毁伤战斗部

未来战场要求武器系统能适应信息化、精确化、多功能化的趋势，要求弹药能对付战场中出现的多种目标。多模和综合效应战斗部可使弹药实现一弹多用，适时摧毁战场中出现的多类目标，成为目前战斗部技术发展的一个重要方向。

多模是指根据目标类型而自适应选择不同作用模式，产生不同的毁伤元素，实现不同的毁伤效果。与功能单一的战斗部相比，多模式战斗部采用了独特的结构设计，并结合多种方式的起爆控制，可针对不同类型的目标形成优化的毁伤元素。它通过将弹载传感器探测、识别并分类目标的信息 (确定目标是坦克、装甲人员输送车、直升机、人员还是掩体等) 与攻击信息 (如炸高、攻击角、速度等) 相结合，由弹载计算机选择算法确定最有效的战斗部输出信号，使战斗部以最佳模式起爆，从而有效地对付所选定的目标。典型的多模攻击示意如图 5.4.4 所示，它可以分别产生射流、射弹和爆炸冲击波等多种毁伤元素，实现对装甲目标、城市混凝土结构和地下防御工事等目标的多种模式攻击。美国的低成本自主攻击系统 (LOCASS) 就采用了三模式战斗部，可对人员 (软目标或半硬目标)、轻/重装甲目标进行有效打击。

5.4.3　综合效应毁伤战斗部

综合效应战斗部是指综合集成多种毁伤元素或机制 (如破甲、破片、侵彻等) 对目标实施毁伤的一种新型战斗部，在起爆后可以同时生成两种或两种以上不同的毁伤元素，攻击不同类型的目标。主从射弹战斗部是具有综合毁伤效应的典型代表，如图 5.4.5 所示，其中主射弹可打击重型坦克和装甲车辆，分散的从射弹具有大范围的侵彻能力，可打击防护能力较弱的人员、轻型装甲车辆和砖墙目标，实现对目标的综合毁伤。

图 5.4.4　多模式破甲战斗部示意

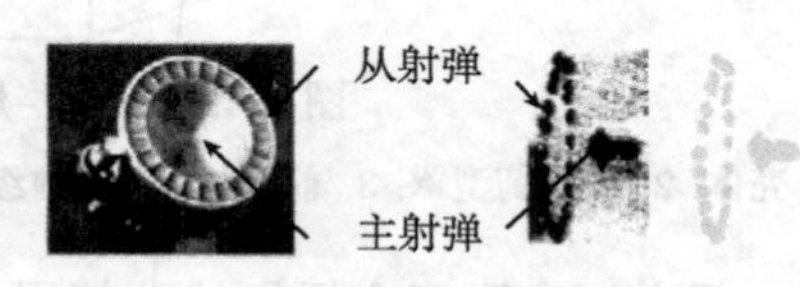

图 5.4.5　综合效应战斗部示意

聚能装药结构仍在持续的发展之中，新材料、新结构的应用不断给聚能装药的发展带来一个又一个新的机遇和新的突破，使聚能装药成为一个经久不衰的研究领域。

思考与练习

1. 聚能射流有哪些特点？
2. 射流为什么会伸长？为什么射流伸长有利于提高破甲深度？
3. 射流为什么会存在速度梯度？
4. 射流断裂为什么会影响破甲？
5. 聚能射流破甲弹为什么会存在有利炸高？
6. 试比较聚能射流、爆炸成型弹丸和聚能杆式侵彻体的优缺点。
7. 用定常理论描述射流的形成过程有哪些不足之处，其原因是什么？
8. 射流形成的定常理论较好地描述了射流形成过程，但无法得到速度梯度这一重要特性，其根本原因在于定常理论假设药型罩各微元的压合速度、压合角和变形角相等，皮尤等发展的准定常理论认为对药型罩上任一微元，可以用定常理论描述，但是压合速度从药型罩顶部到底部不断降低，从而使形成的射流具有速度梯度，能更真实地反映射流状态。试分析：如果已知药型罩顶部微元的压合速度是 v_a，底部微元的压合速度是 v_b，且 $v_a > v_b$，能否可以将 v_a 和 v_b 代入 (5.1.1) 式、(5.1.2) 式和 (5.1.9) 式直接得到射流的头部速度和尾部速度，为什么？
9. 射流破甲的特点是什么？可以分为哪三个阶段？
10. 射流破甲与普通穿甲弹穿甲现象有什么不同？
11. 简述射流破甲的基本过程。
12. 用定常理论如何描述射流的破甲过程，对其结论如何评价？
13. 影响破甲弹破甲威力的主要因素有哪些？
14. 某聚能战斗部，口径为 100mm，壁厚为 2.0mm，锥角为 60°，铜药型罩密度为 8.9g/cm^3，压合速度为 2000m/s，炸药爆速 8000m/s，请用定常理论分别计算射流和杵体的质量和速度。

15. 铜药型罩形成的射流长度为 700mm，试用定常理论计算射流对钢板的破甲深度。已知铜和钢的密度分别为 8.9g/cm^3 和 7.85g/cm^3。
16. 已知 45 号钢靶板材料密度为 $7.85\ \text{g/cm}^3$，炸高 164mm，射流虚拟点源坐标 $b=-6\text{mm}$，射流头部速度 6700m/s，尾部速度 2090 m/s，药型罩材料为紫铜，密度 8.9g/cm^3，试用射流侵彻的准定常不可压缩流体理论求最大破甲深度。
17. 实验表明，当射流速度低于 5000m/s 时，靶板强度对射流侵彻过程有较大的影响，因此，在建立射流侵彻理论时有必要考虑靶板强度的影响。基于考虑速度分布的射流侵彻理论，试分析如何考虑靶板强度的影响，并推导同时考虑速度分布和靶板强度的射流侵彻公式。
18. 对付反应装甲的破甲弹一般采用什么结构?
19. 用于钻地弹的串联战斗部一般采用什么结构?
20. 试对目前国内外破甲弹的性能及应用进行调研和对比分析。

主要参考文献

[1] 卢芳云，李翔宇，林玉亮. 战斗部结构与原理. 北京：科学出版社，2009.
[2] 王志军，尹建平. 弹药学. 北京：北京理工大学出版社，2005.
[3] 李向东，钱建平，曹兵. 弹药概论. 北京：国防工业出版社，2004.
[4] 曼 · 赫尔德. 曼 · 赫尔德博士著作译文集. 张寿齐，译. 绵阳：中国工程物理研究院，1997.
[5] 黄正祥. 聚能杆式侵彻体成型机理研究. 南京理工大学博士学位论文，2003.
[6] 隋树元，王树山. 终点效应学. 北京：国防工业出版社，2000.
[7] 美国陆军装备部编著. 终点弹道学原理. 王维和，李惠昌，译. 北京：国防工业出版社，1988.
[8] 赵文宣. 终点弹道学. 北京：兵器工业出版社，1989.
[9] 张国伟. 终点效应及其应用. 北京：国防工业出版社，2006.
[10] 《爆炸及其作用》编写组. 爆炸及其作用 (上、下册). 北京：国防工业出版社，1979.
[11] Walters W P, Zukas J A. Fundamentals of shaped charges. New York: John Wiley & Sons Inc, 1989.
[12] 李向东. 弹药概论. 北京：国防工业出版社，2004.

第 6 章　动能侵彻战斗部及其毁伤效应

本章讨论的战斗部主要为动能侵彻体，也就是说利用战斗部本身去撞击目标从而实现侵彻破坏的效果，侵彻体从发射到侵彻目标前，其形状基本保持不变，这区别于第 5 章中的聚能破甲战斗部。

侵彻战斗部和穿甲弹都是利用动能侵彻硬或半硬目标 (如坦克、装甲车辆、自行火炮、舰艇及混凝土工事等) 以达到预期毁伤目的的弹药。由弹丸对目标撞击引起的侵彻和破坏作用称为侵彻效应 (或穿甲效应)。就战斗部本身而言，侵彻战斗部和穿甲弹的内部结构和作用原理是相同的，不同的是武器平台。侵彻战斗部的武器平台一般为导弹、航空炸弹、精确制导炸弹，穿甲弹的武器平台一般有炮弹、火箭弹等。由于侵彻/穿甲弹首先靠动能穿透目标，所以也称为动能弹。侵彻/穿甲弹穿透目标以后，其后效一般表现为以弹体破碎产生的灼热高速破片或炸药爆炸来杀伤目标内的有生力量、引爆弹药、引燃燃料、破坏设施等。穿甲与破甲战斗部并列成为对付装甲目标的两种最有效的手段。

本章除了讲述侵彻战斗部和穿甲弹及其毁伤效应外，还将简要介绍一下与此相关的两种新型武器，一种是利用高速碰撞实现毁伤的动能拦截器，另一种是利用侵彻效应打击地下深层硬目标的钻地弹。

6.1　动能穿甲/侵彻效应

6.1.1　穿甲/侵彻战斗部作用原理

一、侵彻相关概念

穿甲弹靠弹丸的撞击侵彻作用穿透装甲，并利用残余弹体、弹体破片和装甲破片的动能或炸药的爆炸作用毁伤装甲后面的有生力量和设施。因此整个作用过程包含侵彻作用、杀伤作用或爆破作用。

这里我们主要参考钱伟长先生所著的《穿甲力学》一书，给出侵彻问题中所涉及的一些基本概念。

(1) 撞击靶体的物体有三种通称名词：弹体、侵彻体、撞击体。弹体 (projectile) 指满足弹道性能的物体，如子弹、炸弹、炮弹等，它们可以是具有特殊性能的子结构。侵彻体 (penetrator) 指纯粹用以侵入或钻进靶体的物体。撞击体 (striker) 是泛指一切从事撞击的物体，它不受功能要求的限制。

(2) 靶体 (target) 为弹体撞击的对象，它不论是功能上或结构上，都是自成一体的最小物体。如穿甲弹的靶体指穿甲弹体所撞击的整个构造物，如坦克等，而不是单纯指弹体射击时打出小孔而穿透的那块靶板。

(3) 靶元 (target element) 指靶体受到弹体撞击的那一部分子结构。本章主要针对靶板类的靶元介绍侵彻和穿甲相关基础知识。

(4) 侵彻 (penetration) 是指侵彻体钻进靶体任一部分的过程。从侵彻的结果来看，主要包括贯穿、嵌埋和跳飞，如图 6.1.1 所示。当高速弹丸碰撞靶板时，有的侵入靶板而没有穿透，这种现象称为嵌埋 (embedment)，有些文献中也称为侵彻；有的完全穿透靶板，这种现象称为贯穿 (perforation)。跳飞 (ricochet) 指弹体既未能穿透靶元，又未能嵌埋在靶元内部，而是被靶元反弹回去了。影响侵彻现象的因素很多，主要可以分为三大类：靶、弹和弹靶交互状态。

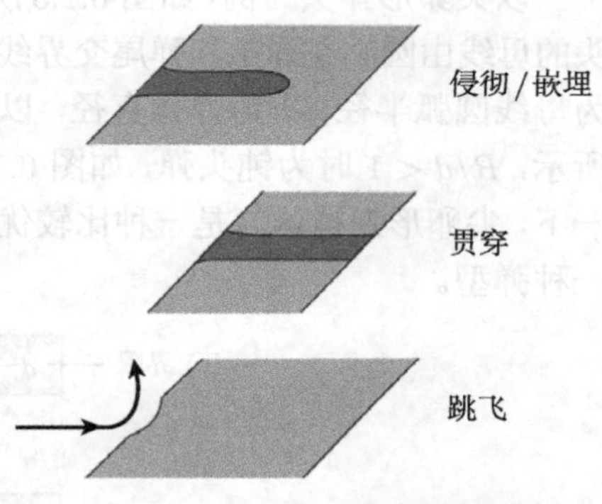

图 6.1.1　侵彻的三种基本结果

1. 靶的分类

按照靶板的厚度来分，大致可分为半无限靶、厚靶和薄靶，如图 6.1.2 所示。其中半无限靶并不是指靶板一定具有无限大的厚度，而是指在整个侵彻过程中，靶板后表面对侵彻过程不产生影响，这里的影响产生于应力波在后表面反射造成的卸载作用和后表面的变形作用。厚靶则是指在侵彻的主要或者大部分过程中，后表面对侵彻过程不产生影响。薄靶是指在整个侵彻过程中后表面都会产生显著的影响。按照靶板的变形特征可以分为塑性靶板和脆性靶板，按照靶板的材料类型可以分为均质靶、非均质靶和复合结构靶板等。

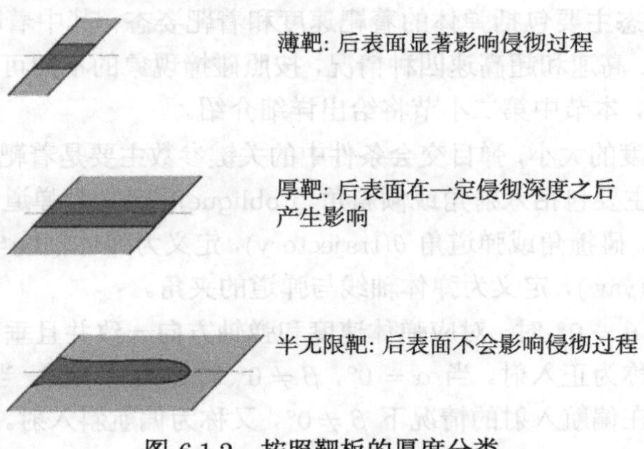

图 6.1.2　按照靶板的厚度分类

2. 弹的分类

类似于靶板的分类方法，弹丸材料也有塑性和脆性之分。除此之外，还可以按照弹头的形状来分，按照弹头的尖锐程度可以分为尖头弹、钝头弹。按照弹头母线形状又可以分为锥形弹、尖卵形弹和平头弹等。通常情况下这些分类方式是可以互相交叉的。

以尖卵形弹头为例，如图 6.1.3 所示为尖卵形弹过轴线的剖面，尖卵形弹特指弹头的母线由圆心在弹头和弹尾交界线上、同时过交界点的圆弧组成 [如图 6.1.3(c)]。R 为母线圆弧半径，d 为弹体直径，以 $R/d=1$ 为尖头与钝头的界限，如图 6.1.3(a) 所示，$R/d<1$ 时为钝头弹，如图 6.1.3(b) 所示，$R/d>1$ 为尖头弹。这里补充说明一下，尖卵形弹被认为是一种比较优化的弹头形状，因此也是侵彻弹中比较常用的一种弹型。

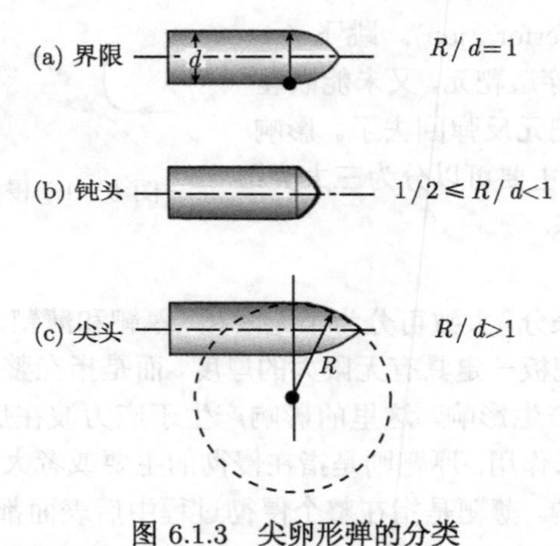

图 6.1.3 尖卵形弹的分类

3. 弹靶交互状态

弹靶交互状态主要包括弹体的着靶速度和着靶姿态，其中着靶速度可以大致分为低速、中速、高速和超高速四种情况，按照碰撞现象的不同可以给出它们之间临界速度的大小，本节中第二小节将给出详细介绍。

除去着靶速度的大小，弹目交会条件中的关键参数主要是着靶姿态，如图 6.1.4 所示。着靶姿态主要包括入射角或倾斜角 β(oblique)，定义为弹道 (或弹速度方向) 与靶法线的夹角。碰撞角或弹道角 θ(trajectory)，定义为弹体轴线与靶法线的夹角。攻角或偏航角 α(yaw)，定义为弹体轴线与弹道的夹角。

当 $\alpha=\beta=\theta=0°$ 时，对应弹体速度和弹轴方向一致并且垂直于靶板表面的情况，这种情况称为正入射。当 $\alpha=0°$，$\beta\neq0°$ 时称为斜入射。当 $\alpha\neq0°$ 时称为偏航入射，如果在偏航入射的情况下 $\beta\neq0°$，又称为偏航斜入射。

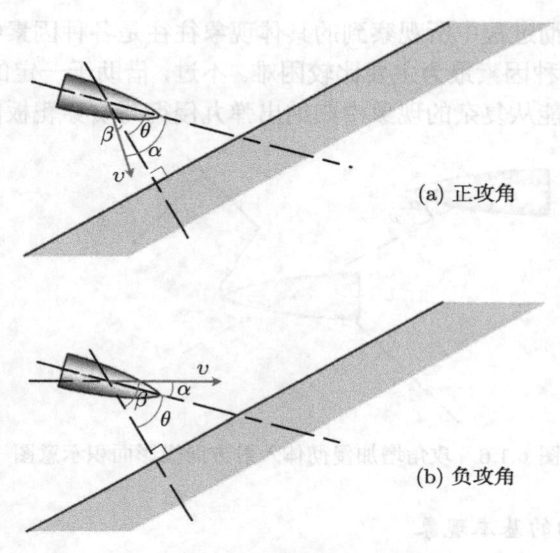

图 6.1.4　着靶姿态示意图

碰撞角 θ 的取值范围为 $0° < \theta < 90°$，如图 6.1.4(a) 所示，如果攻角 α 与碰撞角 θ 位于弹轴的同一侧，则称为正攻角，这种情况下 α 取正值。如果攻角 α 与碰撞角 θ 位于弹轴的两侧，则称为负攻角。入射角、碰撞角和攻角之间并不是完全独立的，通过几何关系可以得出在正攻角的情况下

$$\alpha = \beta + \theta \tag{6.1.1}$$

从侵彻效果来讲，斜入射可以近似认为是增加了侵彻路径 ($l > h$)，如图 6.1.5 所示，所以侵彻能力受到影响；当弹道角大到一定程度时，还有可能发生跳飞。

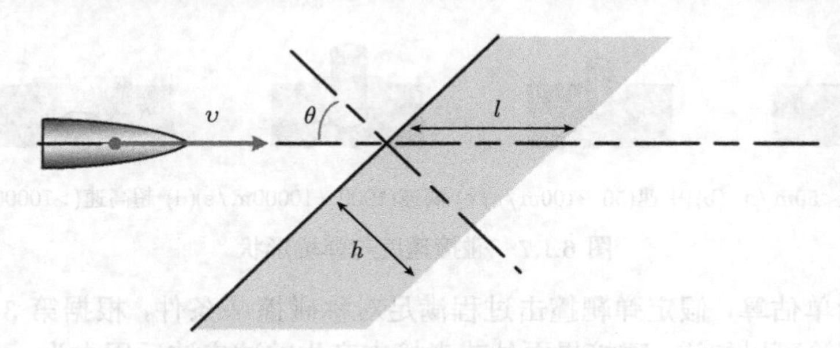

图 6.1.5　斜入射侵彻路径示意图

攻角的存在则可以近似理解为增加了侵彻体在入射方向的投影面积，从而带来侵彻阻力的增加，如图 6.1.6 所示，同样降低了侵彻效果。

总的来讲，侵彻过程中所观察到的具体现象往往是各种因素综合作用的结果，想要从中分清哪一种因素最为主要比较困难。不过，借助于一定的实验手段，并运用理论分析，还是能从复杂的现象中归纳出弹丸侵彻与贯穿靶板的主要规律。

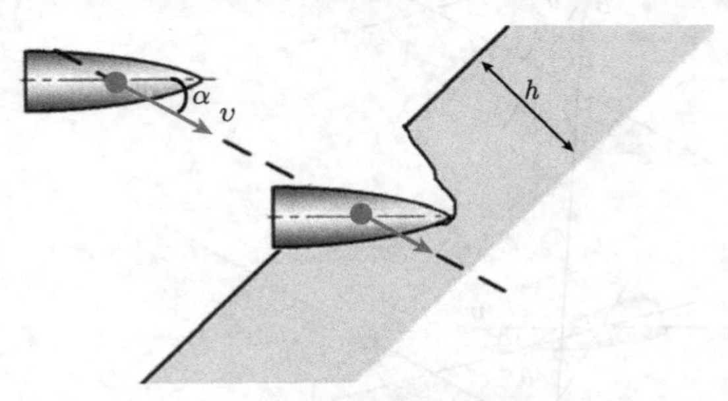

图 6.1.6　攻角增加侵彻体入射方向投影面积示意图

二、靶板侵彻的基本现象

由实验可知，通常情况下，由于弹速的不同，弹丸对无限厚靶板的碰撞侵彻可能出现如图 6.1.7 所示的四种类型的情况。这些图表明了弹坑形状与碰撞速度的关系。下面从理论上对这四种类型现象的产生进行解释，并给出一个速度界限的大致划分方法。

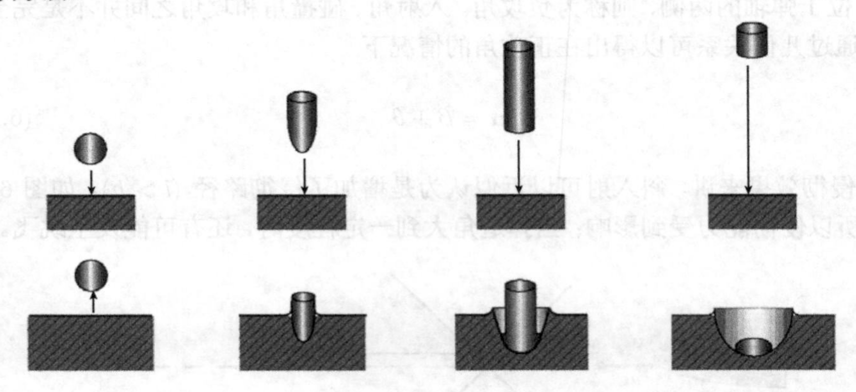

(a) 低速<50m/s　(b) 中速(50～100m/s)(c) 高速(1000～10000m/s)(d) 超高速(>10000m/s)

图 6.1.7　碰撞速度与弹坑形状

作为简单估算，假定弹靶撞击过程满足对称碰撞[①]条件，根据第 3 章中的冲击波基本理论可以知道，碰撞界面处或者撞击产生的冲击波后压力为

$$\sigma=\rho_0C_0u=\frac{1}{2}\rho_0C_0v_i \tag{6.1.2}$$

① 对称碰撞：两个相同材料的物体发生平面碰撞，并产生平面波分别向撞击体和被撞击体中传播，如果初始时刻被撞击体处于静止状态，则波后质点速度为撞击速度的一半。

其中，σ 为波后应力或压力，ρ_0 是弹靶材料初始密度，C_0 为冲击波速度，u 是波后质点速度，v_i 为撞击速度。如果波后压力达到材料的屈服强度，即 σ 等于材料屈服强度 Y，则由 (6.1.2) 式可以得到发生塑性变形的最小撞击速度 v_Y 为

$$v_Y = \frac{2Y}{\rho_0 C_0} \tag{6.1.3}$$

以钢材料为例，取屈服强度 $Y=1.0\times10^9$ Pa，或者记为 1 GPa，密度 $\rho_0\approx8.0\times10^3$ kg/m^3，当冲击波强度较低时，冲击波速度可以近似取为弹性波速度 $C_0 = 5000$ m/s。将以上参数代入 (6.1.3) 式可得 $v_Y = 50$ m/s，即速度小于 50m/s 的对称碰撞情况下，钢材料的弹靶均不会产生塑性变形。这时撞击体和靶板均不能达到材料的塑性屈服点，因此只发生弹性变形，碰撞结束后撞击体被弹回，靶板也不会残余永久变形，对应图 6.1.7(a) 的低速情况。

中速情况下，弹靶撞击产生的撞击压力已经大于材料强度，弹体侵入靶体，并受到侵彻阻力的作用而逐渐减速。此时侵彻阻力主要由弹体克服靶板的变形强度所引起，弹坑形状与侵彻体一致性好，其横截面和弹丸的横截面相近，对应图 6.1.7(b) 的情况。

随着撞击速度的进一步提高，弹体克服靶板材料惯性引起的阻力成为侵彻阻力的主要机制。克服靶板材料惯性引起的阻力又称为惯性力或者流动阻力。惯性力可以通过如图 6.1.8 所示的水流冲击固壁表面所引起的冲击力来理解。当水流冲击固壁时，利用冲量定律可以推知冲击力与单位时间流量 $(A\rho v_i)$ 和流速改变量 (v_i) 的乘积成正比，即正比于 $A\rho v_i^2$，其中 $A=\pi(d/2)^2$。

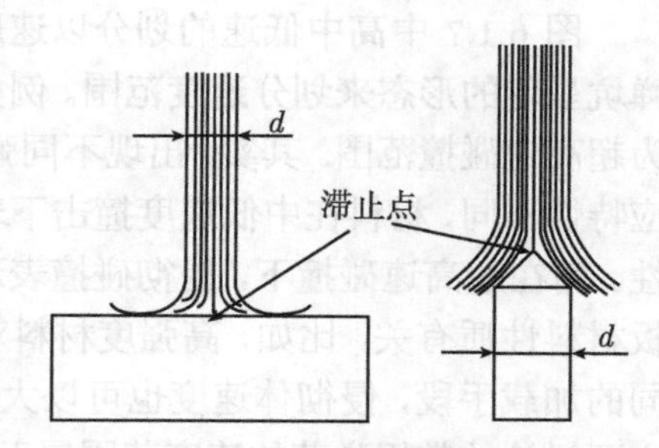

图 6.1.8　惯性力或流动阻力示意图

由伯努利定理也可以求出水流冲击中心点处的压力。若考虑对称碰撞，则撞击界面的运动速度为 $u = v_i/2$，v_i 为撞击速度。此时流动阻力可以理解为使靶板质点在单位时间内速度从 0 增加到 u，或者理解为单位时间内使弹体质点速度从 v_i 降低为 u 的作用力。因此可以估算出对称碰撞问题中流动阻力为 $\rho u^2/2$。以流动阻力在侵彻过程中是否占据主导作用为界限，可以大致求出中速和高速之间的临界速度。当流动阻力与材料强度相当时，即

$$\sigma = \frac{1}{2}\rho_0 u^2 = Y \tag{6.1.4}$$

可以得出

$$v_i = \sqrt{\frac{8Y}{\rho_0}} \tag{6.1.5}$$

将上述钢的材料参数代入 (6.1.5) 式可以求出 $v_i \approx 1000\text{m/s}$。因此，对于钢材料而言，当碰撞速度在大于 50m/s、小于 1000m/s 的速度范围时，可以认为属于中速撞击情况。

高速撞击情况下，流动阻力在侵彻过程中占据主导作用，随着撞击速度的增加，材料的强度相对于流动阻力变得不再重要甚至可以忽略。侵彻过程中弹靶的变形呈现出流体特征，此时，弹坑纵向剖面呈不规则的锥形或钟形，其口部直径明显大于弹丸直径，如图 6.1.7(c) 所示。

随着撞击速度的进一步增高，当撞击产生的冲击波或应力波来不及将撞击能量传递开来时，撞击点处将会沉积大量能量，这部分能量造成局部的气化和膨胀，出现了类似于爆炸开坑的效果，这时属于超高速碰撞的范围。对于金属而言，撞击坑往往呈现出杯子形状，如图 6.1.7(d) 所示。超高速撞击要求波后质点速度 u 满足

$$u \geqslant 1.25C_0 \tag{6.1.6}$$

同理，按照对称碰撞条件，$u = v_i/2$，以上述钢的参数计算，即 $C_0 = 5000\text{ m/s}$，可以求出当 $v_i \geqslant 12500\text{ m/s}$ 时，进入超高速撞击的速度范围。

图 6.1.7 中高中低速的划分以速度来衡量，对一定材料是适用的，也有文献用弹坑呈现的形态来划分速度范围。例如，出现杯形弹坑或半球形弹坑对应的速度称为超高速碰撞范围。其实，出现不同弹坑形状是因为在不同的碰撞速度下材料的响应特性不同，材料在中低速度撞击下表现出强度效应，在高速碰撞下呈流体响应特性。而在超高速碰撞下，侵彻碰撞表现出爆炸成坑的特征。同时，速度划分也与靶板材料性质有关，比如，高强度材料对应的超高速范畴的速度就要高一些。根据不同的加载手段，侵彻体速度也可以大致按照如表 6.1.1 所示的范围进行划分。本章主要讨论的常规弹药的速度范围属于弹速范围内，即弹目交会速度通常在 1500m/s 左右或以下，或者说属于弹速范围以内。超高速碰撞主要发生在太空中，航天器的防护设计和反弹道导弹研究领域比较关心此类问题。

表 6.1.1 侵彻体速度范围与加速手段

速度范围	单位/(m/s)	加速手段
最低速度 (the lowest)	< 25	用落锤或其他实验装置得到的自由落体末端速度
亚弹速 (subordnance)	25～500	用气枪或其他实验装置得到的射弹速度
弹速 (ordnance)	500～1300	用火药燃烧气体推进和常规枪炮发射的弹丸出口速度
高弹速 (ultraordnance)	1300～3000	战斗部破片和特种枪炮发射的子弹或弹丸 (如长杆弹) 的速度
超高速 (hypervelocity)	> 3000	轻气炮、聚能装药得到的粒子速度和射流速度

三、靶板贯穿的基本现象

均质靶板的贯穿破坏可表现为多种形式，如图 6.1.9 所示。

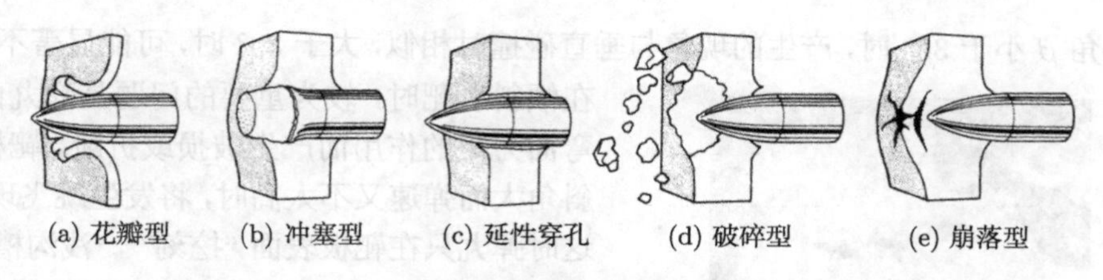

图 6.1.9　靶板的贯穿破坏形式

(1) 花瓣型。靶板薄、弹速低 (一般为 600m/s) 时容易产生花瓣型破坏 [图 6.1.9(a)、图 6.1.10]。当锥角较小的尖头弹和卵形头部弹丸侵彻薄装甲时，弹头很快戳穿薄板。随着弹丸头部向前运动，靶板材料顺着弹头表面扩孔而被挤向四周，穿孔逐步扩大，同时产生径向裂纹，并逐渐向外扩展，形成靶背表面的花瓣型破口。形成花瓣的数量随着靶板厚度和弹速的不同而不同。

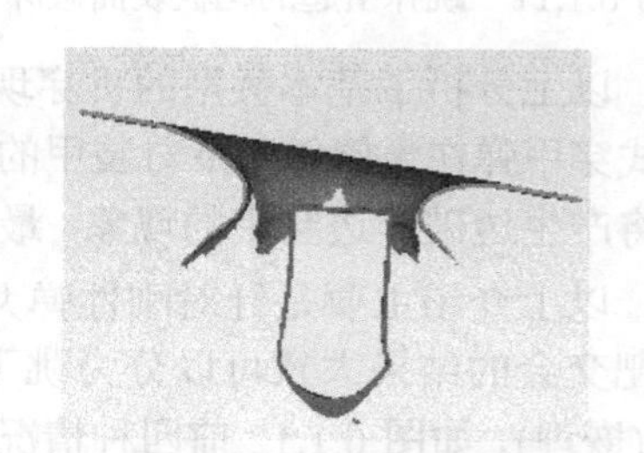

图 6.1.10　侵彻薄板时的花瓣型开孔数值模拟图像

(2) 冲塞型。冲塞型穿甲是指弹丸在侵彻进入靶板一定深度后，在靶板中产生剪切作用，从装甲上冲出一块带有一定锥角的圆柱形塞块 [图 6.1.9(b)]，容易出现在靶板硬度相当高的中等厚度的钢板上。这时板厚 h_0 与弹径 d 之比 h_0/d 对于侵彻机理和弹丸运动是很重要的。当 h_0/d 小于 0.5，或板厚与弹长 L 之比 h_0/L 小于 0.5 时，在弹丸材料强度比较高且不易变形的情况下，装甲破坏形式是冲塞型。钝头弹侵彻中厚板或薄靶时容易造成冲塞型破坏，尖头弹穿透非均质装甲时也可能在装甲上形成冲塞。

(3) 延性穿孔。延性穿孔破坏常见于厚靶板 ($h_0/d > 1$)，当靶板富有延性和韧性时，贯穿后孔被弹丸扩开 [图 6.1.9(c)]。尖头弹容易产生这种破坏形式，当尖头穿甲弹垂直碰击机械强度不高的韧性装甲时，装甲金属向表面流动，然后沿穿孔方向由前向后挤开，装甲上形成圆形穿孔，孔径不小于弹体直径，出口有破裂的凸缘。

(4) 破碎型。靶板相当脆硬时，容易出现破碎型破坏 [图 6.1.9(d)]。例如，弹丸以高着速穿透中等硬度或高硬度钢板、混凝土目标时，靶板背面产生破碎并崩落，大量碎片从靶后喷溅出来。

(5) 崩落型。靶板硬度稍高或质量不太好、有轧制层状组织时，容易产生崩落破坏，而且靶板背面产生的碟形崩落比弹丸直径大。

上述基本破坏形式是对垂直侵彻靶板描述的，当弹丸对靶板倾斜碰撞时，现象有所不同。碰撞倾斜角 β 是指靶板的法线与弹丸飞行 (速度) 方向的夹角。一般当

倾斜角 β 小于 30° 时，产生的现象与垂直碰撞时相似，大于 30° 时，可能显著不同。在倾斜着靶时，较为重要的问题是弹丸由于弯曲力矩的作用而产生破损或折断。靶板倾斜角大而弹速又不太高时，将发生跳飞现象，这时弹丸只在靶板表面 “挖刻” 一浅沟槽，如图 6.1.11 所示。研究发生跳飞和防止跳飞的方法，无论对于装甲的防护还是穿甲弹的设计都具有重要的意义。

图 6.1.11　跳弹引起的靶板表面破坏

以上分析了基本类型的贯穿现象，实际出现的可能是几种形式的综合。例如，杆式穿甲弹在大倾斜角下对装甲的破坏形态，除了撞击表面出现破坏弹坑以外，弹、靶将产生边破碎边穿甲的现象，最后产生冲塞型穿甲。

以上介绍主要是针对刚性弹丸或者弹丸在侵彻过程中变形不大的情况，此时弹靶交会的结果大致可以分为跳飞 (可以细分为漂飞和跃飞两种情况)、贯穿和侵彻 (嵌埋)，如图 6.1.12 前四种情况所示。实际情况中，如果弹体抗压强度小于侵彻阻力或者在斜侵彻时弯折力大于弹体的抗弯强度，则弹体均会发生折断或者弯曲，如图 6.1.12 最后一种情况所示。弹体发生大变形和折断的情况目前还属于相关领域的前沿问题，很多问题还不能给出理想的解答，因此本书中就不再详细论述了。

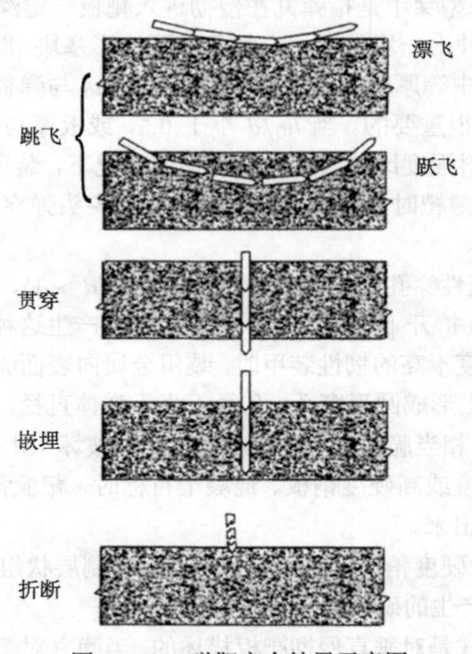

图 6.1.12　弹靶交会结果示意图

6.1.2　穿甲侵彻战斗部威力参数

一、穿甲弹的威力性能

穿甲弹威力是要求弹体在规定射程内从正面击穿装甲目标，并具有一定的后效作用 (在进入目标内部后有一定的杀伤、爆破和燃烧作用)，能有效毁伤目标。

穿甲弹的威力参数首先以穿甲能力来表征。为考核穿甲弹的穿甲威力，一般把实际目标转化为一定厚度和一定倾斜角的均质材料等效靶。对等效靶的侵彻厚度和穿透一定厚度等效靶所需的侵彻速度成为考核侵彻能力的威力参数。这对应了两个方面的侵彻极限概念，一是侵彻极限厚度，另一个是侵彻极限速度。对于无限厚靶还可以用侵彻深度来表示。

1. 侵彻极限厚度

侵彻极限厚度可以用在规定距离 (如 2000m 或 5000m，不同的国家有不同的规范) 处，以不小于 90%(或 50%) 的穿透率，在一定倾斜角下斜侵彻时能穿透均质靶板的厚度来表示。具体表示形式可以写成 δ/β，其中 δ 为靶板厚度，β 为靶板倾斜角。例如，美国标准中，150mm/60° 表示的穿甲能力为可以穿透 2000m 远处斜置 60°、厚度为 150mm 的均质钢靶。通过侵彻极限厚度可以表征弹的侵彻能力。

2. 侵彻极限速度

弹丸侵彻贯穿靶板的能力或靶板抵抗弹丸侵彻贯穿的能力，还可以用侵彻极限速度 (又称弹道极限) 来表示。侵彻极限速度是指弹丸以规定的着靶姿态正好贯穿给定靶板的撞击速度。通常认为侵彻极限速度是以下两种速度的平均值：一是弹丸侵入靶板但不贯穿靶板的最高速度；二是弹丸完全贯穿靶板的最低速度。对于给定质量和特性的弹丸，其侵彻极限速度也反映了在规定条件下弹丸贯穿靶体所需的最小动能。当撞击速度高于侵彻极限速度时，弹丸贯穿靶体后的速度称为剩余速度或残余速度。

要在实际应用中去确定弹道极限，首先需要明确贯穿 (穿透) 的概念，由于不同的目的和使用需求，仍以美军为例，主要采用以下三种定义，如图 6.1.13 所示。

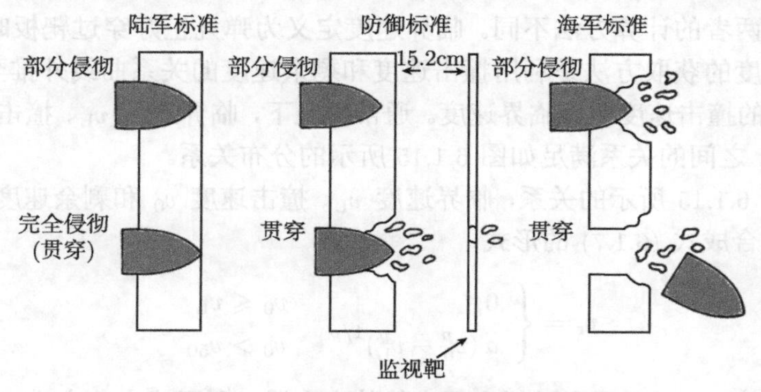

图 6.1.13　美军三种不同的贯穿标准

(1) 陆军标准：最低限度必须从装甲的背面看到弹丸或光线；

(2) 防御标准：指贯穿过程中弹丸或靶板形成的破片仍具有一定的能量，可以穿过一定距离外 (15.2cm) 的薄低碳钢板 (约 0.05cm)；

(3) 海军标准：指弹丸或者弹丸的主要部分穿透装甲。

从实际应用上讲，贯穿或不贯穿是一个随机事件，对于一定结构的弹丸和装甲目标，弹丸的着靶速度越高，穿透的概率就越大。目前多使用 50%或 90%贯穿概率的概念。对于一定的装甲目标，每种弹丸都有着各自的 50%贯穿概率的速度，记为 v_{50}，v_{50} 的标准方差记为 σ_{50}。v_{50} 越小表示穿甲能力越强，σ_{50} 越小表示穿甲性能越稳定。我国对穿甲威力的评价指标使用 90%贯穿概率的速度 v_{90}。图 6.1.14 给出了不同贯穿概率对应的侵彻极限速度的关系示意图，纵坐标表示贯穿概率，横坐标表示撞击速度。

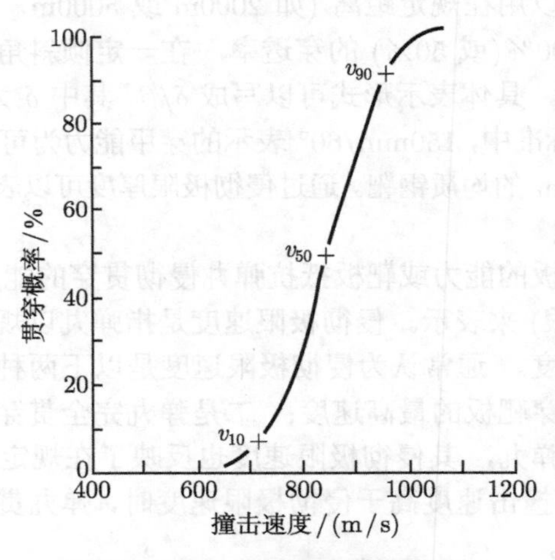

图 6.1.14　穿透概率分布曲线

英国采用临界速度 v_{L} 这一概念来评估穿甲能力，临界速度的概念相当于弹道极限，但是两者的计算方法不同。临界速度定义为弹丸正好穿过靶板时的着靶速度。临界速度的获取方法是利用撞击速度和剩余速度的关系曲线外推至剩余速度为零，对应的撞击速度即为临界速度。通常情况下，临界速度 v_{L}、撞击速度 v_0 和剩余速度 v_{r} 之间的关系满足如图 6.1.15 所示的分布关系。

按照图 6.1.15 所示的关系，临界速度 v_{L}、撞击速度 v_0 和剩余速度 v_{r} 之间的关系可以拟合成式 (6.1.7) 的形式

$$v_{\mathrm{r}}=\begin{cases}0, & v_0\leqslant v_{\mathrm{L}}\\ a\left(v_0^p-v_{\mathrm{L}}^p\right)^{1/p}, & v_0>v_{50}\end{cases}\tag{6.1.7}$$

临界速度 v_{L} 是需要通过拟合得出的待定参数，利用撞击速度 v_0 和剩余速度

v_r 数据拟合函数，即可获得临界速度 v_L。需要注意的是，这一方法在弹丸未发生破碎的情况才具有较好的适用性，否则无法准确地测量剩余速度。

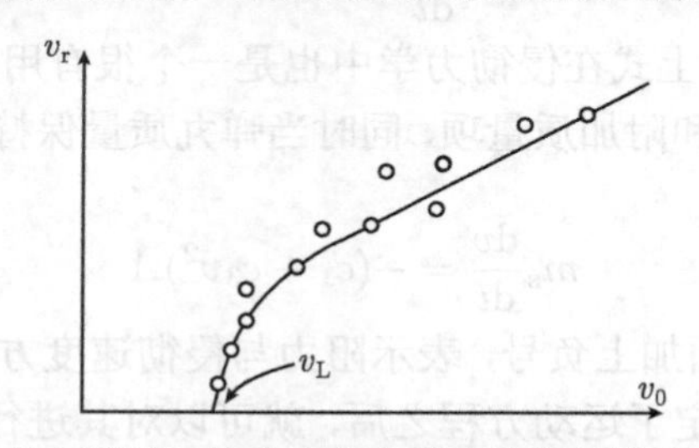

图 6.1.15　临界速度、撞击速度和剩余速度的拟合关系示意图

二、侵彻极限的计算方法

在弹丸和靶板已知的情况下如何计算侵彻深度？1829 年，法国工程师、数学家彭赛勒 (Poncelet J V) 首先科学地研究了这个问题，提出了计算弹丸侵彻深度的阻力公式，并为确定公式中两个参量的具体数值进行了多次试验，最终建立了彭塞勒侵彻深度公式。彭赛勒阻力公式一直沿用至今，其形式上的合理性被不断发展的侵彻理论所验证。彭赛勒对于这方面的研究也被认为是终点弹道学的开端。除此之外，在实际工作中，还发展出了一些其他经验公式，下面介绍三类比较常用的侵彻威力计算公式。

1. 彭赛勒公式

侵彻阻力决定了侵彻体能够侵彻的深度，因此建立准确的侵彻阻力表达式是求得侵彻深度的首要工作。侵彻阻力通常包括四部分，第一部分是靶体材料强度引起的阻力项，这部分力是由于靶体材料抵抗变形而给弹体施加的阻力，相当于把一个钢钉缓慢地压入木板中时所受到的阻力。这部分力的大小与速度无关，只与靶材的强度相关，有兴趣的读者可以参考空腔膨胀模型的相关论著。第二部分是惯性力 (又称为流动阻力)，这部分力由靶板材料的运动惯性所贡献，相当于稳定水流射击到壁面上产生的压力，这部分力的大小与速度的平方成正比。除了以上两个主要因素以外，侵彻阻力还包括靶材的黏性效应和附加质量项。因此侵彻阻力的应力表达式可以写为

$$\sigma = c_1 + c_2 v + c_3 v^2 + c_4 \dot{v} \tag{6.1.8}$$

式中，c_1 对应靶体材料强度引起的阻力项，$c_2 v$ 对应黏性项，$c_3 v^2$ 对应惯性力项，$c_4 \dot{v}$ 对应附加质量项。于是普遍适用的阻力与速度的关系式是

$$F_D = \left(c_1 + c_2 v + c_3 v^2 + c_4 \dot{v}\right) A \tag{6.1.9}$$

式中，A 为弹丸截面积，$c_1 \sim c_4$ 为阻力系数。于是弹丸的运动方程可以写成牛顿

第二定律的形式

$$\frac{\mathrm{d}(m_\mathrm{s}v)}{\mathrm{d}t}=-F_D \tag{6.1.10}$$

式中，m_s 是弹丸质量，上式在侵彻力学中也是一个很有用的公式。通常情况下可以忽略靶材的黏性效应和附加质量项，同时当弹丸质量保持不变时，弹丸的运动方程可以写成

$$m_\mathrm{s}\frac{\mathrm{d}v}{\mathrm{d}t}=-(c_1+c_3v^2)A \tag{6.1.11}$$

(6.1.11) 式中阻力项前面加上负号，表示阻力与侵彻速度方向相反，彭赛勒首先给出了这一表达式。在确定了运动方程之后，就可以对其进行求解，并确定 c_1 和 c_3 的取值。首先对微分变量进行变换，下列式中 x 是侵彻深度。

$$m_\mathrm{s}\frac{\mathrm{d}v}{\mathrm{d}t}=m_\mathrm{s}\frac{\mathrm{d}v}{\mathrm{d}x}\frac{\mathrm{d}x}{\mathrm{d}t}=m_\mathrm{s}v\frac{\mathrm{d}v}{\mathrm{d}x} \tag{6.1.12}$$

运动方程化为

$$m_\mathrm{s}v\frac{\mathrm{d}v}{\mathrm{d}x}=-(c_1+c_3v^2)A \tag{6.1.13}$$

进一步，取 $B=A/m_\mathrm{s}$，得

$$v\frac{\mathrm{d}v}{\mathrm{d}x}=-B(c_1+c_3v^2) \tag{6.1.14}$$

或表示成

$$\frac{v\mathrm{d}v}{c_1+c_3v^2}=-B\mathrm{d}x \tag{6.1.15}$$

对侵彻过程求积分

$$\int\frac{v\mathrm{d}v}{c_1+c_3v^2}=\int-B\mathrm{d}x \tag{6.1.16}$$

得

$$\frac{1}{2c_3}\ln\left(c_3v^2+c_1\right)=-Bx+K \tag{6.1.17}$$

或写成

$$c_1+c_3v^2=K_1\mathrm{e}^{-2c_3Bx} \tag{6.1.18}$$

根据边界条件

$$v(0)=v_0,v(P)=0 \tag{6.1.19}$$

v_0 为弹丸初速，P 为弹丸最终侵彻深度，得

$$K_1=c_3v_0^2+c_1 \tag{6.1.20}$$

代入 (6.1.18) 式可得

$$c_1+c_3v^2(x)=(c_1+c_3v_0^2)\mathrm{e}^{-2c_3Bx} \tag{6.1.21}$$

于是写出

$$v(x)=\sqrt{\frac{(c_1+c_3v_0^2)\mathrm{e}^{-2c_3Bx}-c_1}{c_3}} \tag{6.1.22}$$

当侵彻结束时，有

$$v(P)=\sqrt{\frac{(c_1+c_3v_0^2)\mathrm{e}^{-2c_3BP}-c_1}{c_3}}=0 \tag{6.1.23}$$

推出

$$P=\frac{1}{2c_3B}\ln\left(\frac{c_1+c_3v_0^2}{c_1}\right) \tag{6.1.24}$$

这便是著名的彭赛勒侵彻深度公式，其中 c_1 和 c_3 在工程中一般通过拟合实验结果来获得。

2. 德马耳公式

德马耳公式建立于 1886 年，旨在获得侵彻极限速度。公式假设弹丸只作直线运动，不旋转，在碰撞靶板时不变形，所有的动能都消耗于击穿靶板。同时靶板四周固支，靶板材料是均匀的。消耗动能的机理大致可以分为两种，如图 6.1.16 和图 6.1.17 所示，分别为塑性变形机理和冲塞机理。

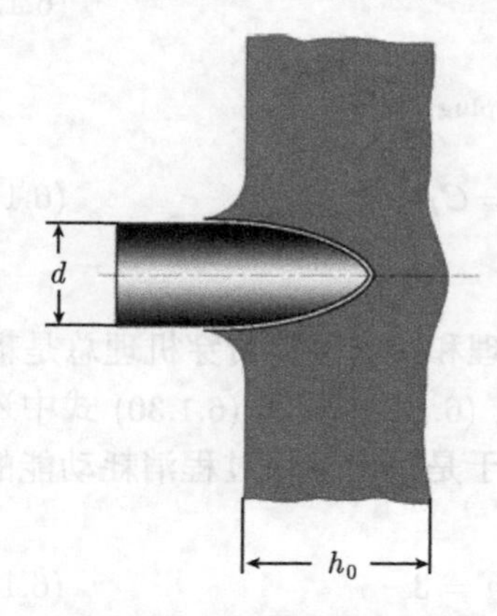

图 6.1.16　塑性变形侵彻机理

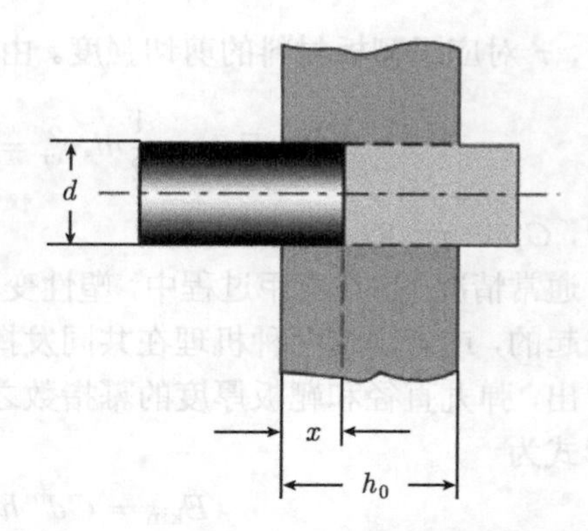

图 6.1.17　冲塞侵彻贯穿机理

塑形变形机理指弹丸克服靶板的强度，使靶板产生塑形变形，侵彻的过程对应了弹丸的动能向靶板变形体积内的塑性功转化的过程，靶板的变形体积 V 通常由弹丸截面积 $\pi d^2/4$ 乘以靶板厚度 h_0(或侵彻深度) 来近似。

假设侵彻动能 E_{kin} 全部转化为塑形变形能，则有

$$E_{\mathrm{kin}}=C_V'\cdot V \tag{6.1.25}$$

其中 V 为靶板的变形体积

$$V = \pi d^2 h_0/4 \tag{6.1.26}$$

C'_V 对应靶板单位体积内耗散的塑形功。贯穿临界速度对应的弹丸动能为

$$E_{\text{kin}} = \frac{1}{2}m_{\text{s}}v_{\text{cr}}^2 \tag{6.1.27}$$

令 $C_V = \dfrac{\pi}{4}C'_V$，可以得到

$$E_{\text{kin}} = \frac{1}{2}m_{\text{s}}v_{\text{cr}}^2 = C_V d^2 h_0 \tag{6.1.28}$$

冲塞机理指的是弹丸克服冲塞靶板时的剪切力，从而实现对靶板的侵彻贯穿，冲塞侵彻过程对应了弹丸的动能向剪切力在侵彻深度方向做功的过程。

由图 6.1.17 可以看出，冲塞是由环形剪切造成的，总的剪切力做功可以写成

$$\begin{aligned} E_{\text{plug}} &= \int_0^{h_0} \mathrm{d}E_{\text{plug}} = \tau d\pi \int_0^{h_0} (h_0 - x)\mathrm{d}x \\ &= \tau d\pi \left(h_0 x - \frac{1}{2}x^2 \right)_0^{h_0} \\ &= \frac{1}{2}\tau d\pi h_0^2 \end{aligned} \tag{6.1.29}$$

式中，τ 对应了靶板材料的剪切强度。由 $E_{\text{kin}} = E_{\text{plug}}$ 可得

$$E_{\text{kin}} = \frac{1}{2}m_{\text{s}}v_{\text{cr}}^2 = \frac{1}{2}\tau d\pi h_0^2 = C_P d h_0^2 \tag{6.1.30}$$

式中，$C_P = \tau\pi/2$。

通常情况下，在穿甲过程中，塑性变形侵彻机理和冲塞侵彻贯穿机理总是耦合在一起的，或者说这两种机理在共同发挥作用。从 (6.1.28) 式和 (6.1.30) 式中还可以看出，弹丸直径和靶板厚度的幂指数之和为 3。于是写出穿甲过程消耗动能的通用形式为

$$E_{\text{kin}} = C d^m h_0^n, \quad m + n = 3 \tag{6.1.31}$$

式中，C 为经验常数。

德马耳公式就是在以上原则上建立起来的。按照能量守恒，有

$$E_{\text{kin}} = \frac{1}{2}m_{\text{s}}v_{\text{cr}}^2 = C d^m h_0^n \tag{6.1.32}$$

假设弹丸在碰撞靶板时不变形，消耗的所有动能都用于击穿靶板上，取

$$m = n = 1.5, \quad K = \sqrt{2C} \tag{6.1.33}$$

由 (6.1.32) 式可以写出弹丸击穿靶板时所必需的侵彻极限速度 v_{b} 公式如下

$$v_{\mathrm{b}} = K\frac{d^{0.75}\cdot h_0^{0.75}}{m_{\mathrm{s}}^{0.5}} \tag{6.1.34}$$

式中，K 是经验系数，由靶板性质而定，工程中一般取 2200~2400，这时采用的单位制为 $[v]$=m/s，$[d]$=$[h]$=dm(分米)，$[m_{\mathrm{s}}]$=kg。(6.1.34) 式中若取 h_0 的指数为 0.7，所得的结果与实验值更接近，这样便得到了德马耳公式的最终形式

$$v_{\mathrm{b}} = K\frac{d^{0.75}\cdot h_0^{0.70}}{m_{\mathrm{s}}^{0.5}} \tag{6.1.35}$$

在斜入射情况下，如图 6.1.5 所示，考虑弹轴和靶板法线间的夹角 θ(倾斜碰撞)对侵彻效果的影响，则 (6.1.35) 式可改写为

$$v_{\mathrm{b},\theta>0} = K\frac{d^{0.75}h_0^{0.7}}{m_{\mathrm{s}}^{0.5}\cos\theta} \tag{6.1.36}$$

根据苏联海军炮兵科学研究院进行的实验研究结果进行侵彻角度修正后，可更为准确地表示 v_{b} 如下

对于非均质钢甲

$$v_{\mathrm{b},\theta>0} = \frac{v_{\mathrm{b},\theta=0}}{\cos(\theta+\lambda)} \tag{6.1.37}$$

对于均质钢甲

$$v_{\mathrm{b},\theta>0} = \frac{v_{\mathrm{b},\theta=0}}{\cos(\theta-\lambda)} \tag{6.1.38}$$

式中，λ 为修正角。

德马耳公式将影响弹丸侵彻威力的几个指标：速度、口径、弹重和靶板厚度联系起来，公式的准确度取决于系数 K 的取值。在弹速不高时，公式的计算结果和实际情况差别不大。

3. 贝尔金公式

贝尔金公式试图将靶板和弹丸材料的力学性能反映到穿甲侵彻极限公式中去，形式为

$$v_{\mathrm{b}} = 215\sqrt{K_2\sigma_{\mathrm{s}}(1+\varphi)}\frac{d^{0.75}h_0^{0.7}}{m_{\mathrm{s}}^{0.5}\cos\theta} \tag{6.1.39}$$

式中，σ_{s} 为钢甲的屈服极限，$\varphi = 6.16m_{\mathrm{s}}/(h_0d^2)$，$K_2$ 为考虑弹丸结构特点和钢甲受力状态的效力系数。用普通穿甲弹侵彻均质钢甲时，在 cm-kg-s 单位制下，效力系数 K_2 的参考取值列于表 6.1.2 中。贝尔金公式与德马耳公式相比，仍以德马耳

公式的应用较为广泛。

表 6.1.2　效力系数 K_2

穿甲弹类型	效力系数	附注
尖头弹 (头部母线半径 =1.5~2.0d)	0.95~1.05	靶板为厚度接近于弹径的均质钢甲
钝头弹 (钝化直径 =0.6~0.7d，头部母线半径 =5~6d)	1.20~1.30	
被帽穿甲弹	0.0~0.95	

6.2　穿甲/侵彻/动能战斗部结构类型

就穿甲弹而言，在装甲与反装甲相互抗衡的发展过程中，穿甲弹已发展到了第四代。第一代是适口径的普通穿甲弹，第二代是次口径超速穿甲弹，第三代是旋转稳定脱壳穿甲弹，第四代是尾翼稳定脱壳穿甲弹 (也称为杆式穿甲弹)。目前通过采用高密度钨 (或贫铀) 合金制作弹体，使穿甲弹的穿甲威力和后效作用大幅度提高。在大、中口径火炮上主要发展了钨 (或贫铀) 合金杆式穿甲弹；在小口径线膛炮上除保留普通穿甲弹外，主要发展了钨、贫铀合金旋转稳定脱壳穿甲弹，并向着威力更大的尾翼稳定杆式穿甲弹发展。

目前，利用动能穿甲/侵彻的概念已经从反坦克目标向反舰船目标，反地下深层目标，甚至反空中/空间目标进行了很大的延伸，其中反深层目标的钻地弹和防空反导的动能武器已经成为武器研究的热点。本节简要介绍典型穿甲弹及其应用，下一节介绍钻地弹相关发展。

6.2.1　普通穿甲弹

普通穿甲弹是早期出现的适口径旋转稳定穿甲弹，其结构特点是弹壁较厚 [壁厚 $t=(1/5\sim1/3)d$]，装填系数较小 ($\alpha=0\%\sim3.0\%$)，弹体采用高强度合金钢。图 6.2.1 所示为普通穿甲弹的典型结构，由风帽、弹体、炸药、弹带、引信、曳光管、引信缓冲垫和密封件等部件组成。当普通穿甲弹直径不大于 37mm 时，通常采用实心结构，并配有曳光管。弹体直径大于 37mm 时都有装填炸药的药室，并配有延期或自动调整延期弹底引信，弹丸穿透钢甲后再爆炸。

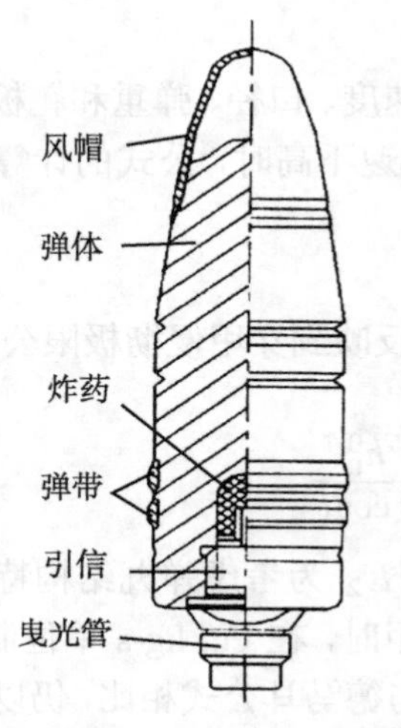

图 6.2.1　普通穿甲弹的结构示意

根据头部形状的不同，普通穿甲弹又可分为尖头穿甲弹、钝头穿甲弹和风帽穿甲弹。

钝头穿甲弹和风帽穿甲弹撞击中等厚度装甲时，由于力矩的方向与尖头弹不同，出现转正力矩，弹丸不易跳飞 (如图 6.2.2 所示)。

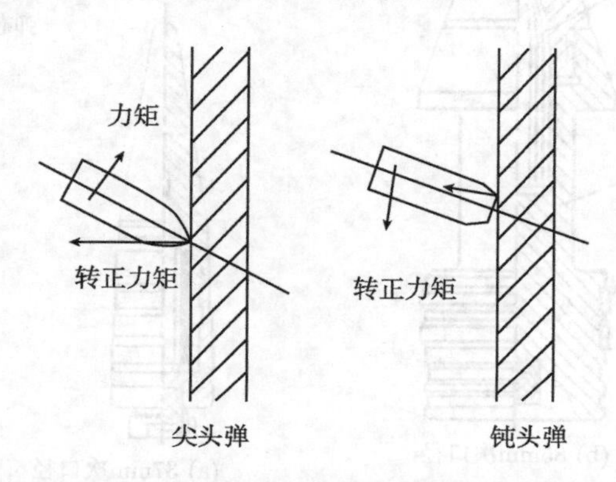

图 6.2.2　尖头弹和钝头弹对钢板的倾斜撞击

6.2.2　次口径超速穿甲弹

第二次世界大战中出现的重型坦克，钢甲厚度达 150~200mm，普通穿甲弹已无能为力。为了击穿这类厚钢甲目标，反坦克火炮增大了口径和初速，并发展了一种装有高密度碳化钨弹芯的次口径穿甲弹。在膛内和飞行时弹丸是适口径的，命中着靶后起穿甲作用的是直径小于口径的碳化钨弹芯 (或硬质钢芯)，弹丸质量轻于适口径穿甲弹，通过显著减轻弹丸质量来获得 1000m/s 以上的高初速，当时称为超速穿甲弹或硬芯穿甲弹。

次口径超速穿甲弹主要由弹芯、弹体、风帽 (或被帽)、弹带和曳光管组成，按外形可分为线轴形 (如图 6.2.3 所示) 和流线形 (如图 6.2.4 所示) 两类。线轴形结构把弹体的上、下定心部之间的金属部分尽量挖去，使弹体形如线轴，目的在于减轻弹重，在近距离 (500~600m) 上能显示出穿甲能力较高的优点，但速度衰减很快，不利于远距离穿甲。流线形结构的弹形较好，但比动能 (单位面积动能) 受到限制。流线形结构目前用在小口径炮弹上，一般采用轻金属 (如铝) 和塑料做弹体来减轻弹重。采用碳化钨弹芯，利用其材料密度大、硬度高且直径小，故比动能大，进一步提高了穿甲威力。

图 6.2.5 给出了次口径超速穿甲弹的穿甲过程示意图，弹芯在穿透装甲后，因突然卸载而产生拉应力，由于碳化钨弹芯抗拉能力弱于抗压能力，因而碎成许多碎块，产生增强的后效作用。

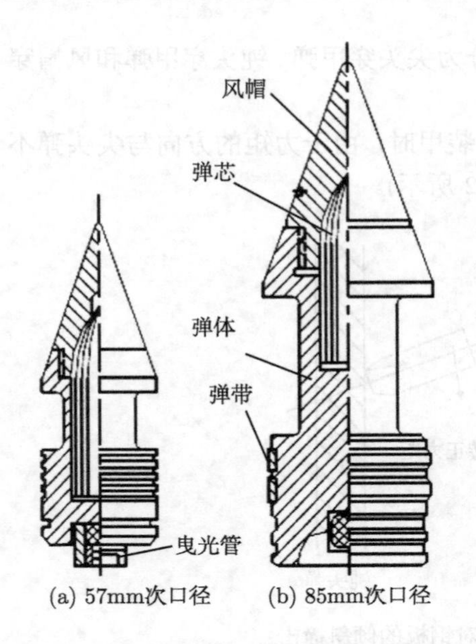

(a) 57mm次口径　(b) 85mm次口径

图 6.2.3　线轴形次口径超速穿甲弹

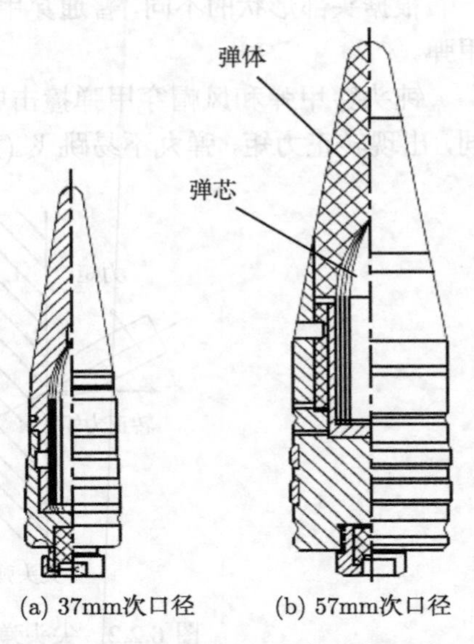

(a) 37mm次口径　(b) 57mm次口径

图 6.2.4　流线形次口径超速穿甲弹

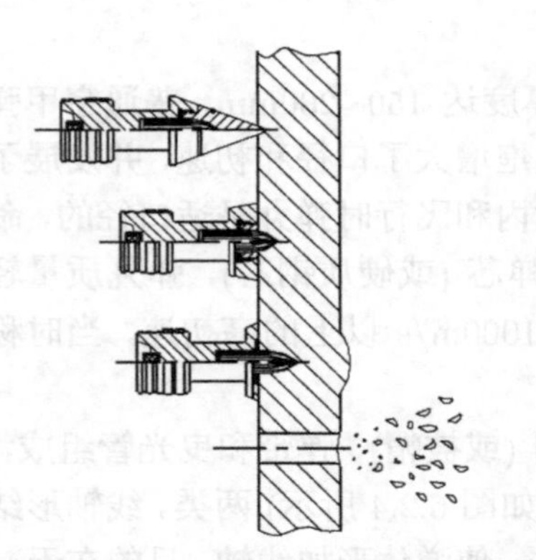

图 6.2.5　次口径超速穿甲弹穿甲过程

次口径超速穿甲弹虽然相对于普通穿甲弹提高了威力，但是仍然存在改进的余地。一方面，考虑到弹体和风帽在侵彻过程中并不发挥实质性作用，但是却会造成飞行过程中速度衰减很快。另一方面，这种穿甲弹在垂直或小弹道角穿甲时，弹丸威力较好，但大倾斜角时，弹芯易受弯矩而折断或跳飞。同时还考虑到弹芯易破碎，因而不能对付间隔装甲，碳化钨弹芯烧结成型后不易切削加工，发射时软钢弹带对炮膛磨损严重等问题，进一步发展了旋转稳定脱壳穿甲弹。

6.2.3　旋转稳定脱壳穿甲弹

工程上提高穿甲威力的主要途径是提高穿甲弹体的单位面积着靶比动能 e_{K}。$e_{\mathrm{K}} = L_{\mathrm{p}}\rho_{\mathrm{p}}v^2$，式中 L_{p} 为弹体长度，ρ_{p} 为弹体密度，v 为弹体着靶速度。脱壳穿甲弹正是通过增加弹体的长度、提高弹体材料密度和着靶速度来获得截面比动能 e_{K} 的提高。提高着速的途径有两条：一是提高初速，二是减小在外弹道上的速度衰减。后者要求弹体有良好的气动外形，提高弹体长径比是一个有效的途径。

图 6.2.6 是口径 100mm 的旋转稳定脱壳穿甲弹的典型结构。100mm 旋转稳定

脱壳穿甲弹弹芯尺寸为 $\Phi40.6\times135$(mm)，采用密度为 14.2g/cm^3 的钨钴合金，为提高倾斜穿甲时的防跳能力，弹体头部装有 40CrNiMo 钢被帽，外部有相同钢材的外套和底座。飞行部分的弹形较好，直射距离为 1667m，穿甲威力为距靶 1000m 远处穿透 312mm/0° 钢甲。与次口径穿甲弹相比，旋转稳定脱壳穿甲弹穿甲威力有较大幅度的提高。

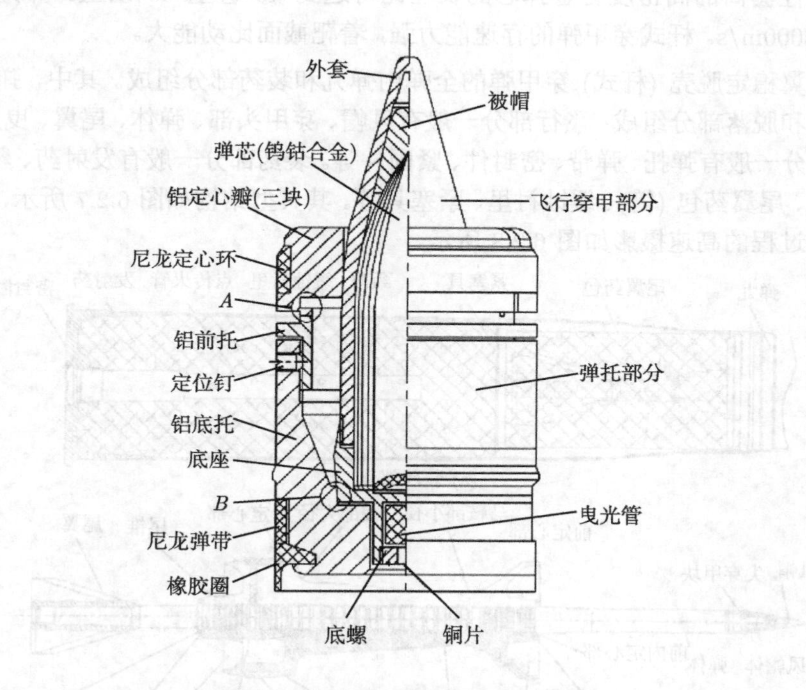

图 6.2.6　100mm 坦克炮用脱壳穿甲弹

该弹弹托由底托和具有三块定心瓣的前托组成，均采用硬铝合金。发射时，定心瓣在惯性力作用下，剪断前托上的薄弱部位 (图中 A)，三个定心瓣相互分离。由于炮膛的限制，尼龙定心环仍将三个卡瓣卡紧箍住弹体，并对弹丸起定心作用。铝底托外部有一环形凸起部，与尼龙弹带一起嵌入膛线使底托旋转，并由摩擦力带动飞行部分一起旋转。为了防止铝材受火药燃气的烧蚀冲刷，在底托后部还嵌装了一个丁腈橡胶闭气环，与可燃药筒口部相结合，在平时保护药筒装药不受潮，发射时密封火药燃气。出炮口后，三个卡瓣在离心力的作用下，撕裂尼龙定心环向外飞散，底托和前托的根部连在一起，在空气阻力作用下与飞行部分分离。该弹托的脱壳性能较好，对弹体的固定以及闭气性能都比较理想，但结构较复杂，零件较多，消极质量较重。

6.2.4 尾翼稳定脱壳 (杆式) 穿甲弹

尾翼稳定脱壳 (杆式) 穿甲弹重点沿着提高初速和减小外弹道速度衰减的思路进一步改进。尾翼稳定脱壳穿甲弹通常称为杆式穿甲弹，其特点是穿甲部分的弹体细长，直径较小。长径比目前可达到 30 左右，仍有向更大长径比发展的趋势。如加刚性套筒的高密度合金弹芯的长径比可达到 40 甚至 60 以上。弹丸初速为 1500~2000m/s。杆式穿甲弹的存速能力强，着靶截面比动能大。

尾翼稳定脱壳 (杆式) 穿甲弹的全弹由弹丸和装药部分组成。其中，弹丸由飞行部分和脱落部分组成；飞行部分一般有风帽、穿甲头部、弹体、尾翼、曳光管等；脱落部分一般有弹托、弹带、密封件、紧固件等。装药部分一般有发射药、药筒、点传火管、尾翼药包 (筒)、缓蚀衬里、紧塞具等。其典型结构如图 6.2.7 所示，其飞行和脱壳过程的高速摄影如图 6.2.8 所示。

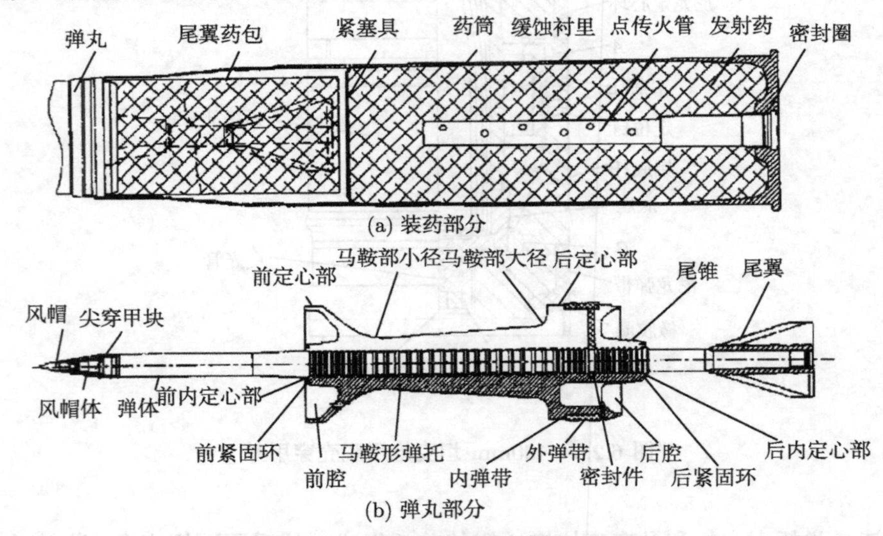

图 6.2.7　尾翼稳定脱壳穿甲弹的典型结构

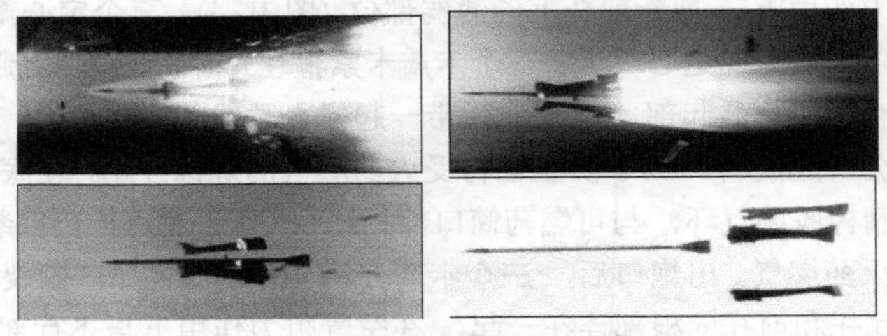

图 6.2.8　尾翼稳定脱壳过程高速摄影

由于弹形上的大为改观，与旋转稳定脱壳穿甲弹相比，尾翼稳定脱壳 (杆式)

穿甲弹的穿甲威力大幅度提高。

从穿甲弹的发展历史来看，图 6.2.9 给出了不同年代不同长径比穿甲弹的侵彻能力及其随速度的变化规律，与理论分析的趋势是一致的。

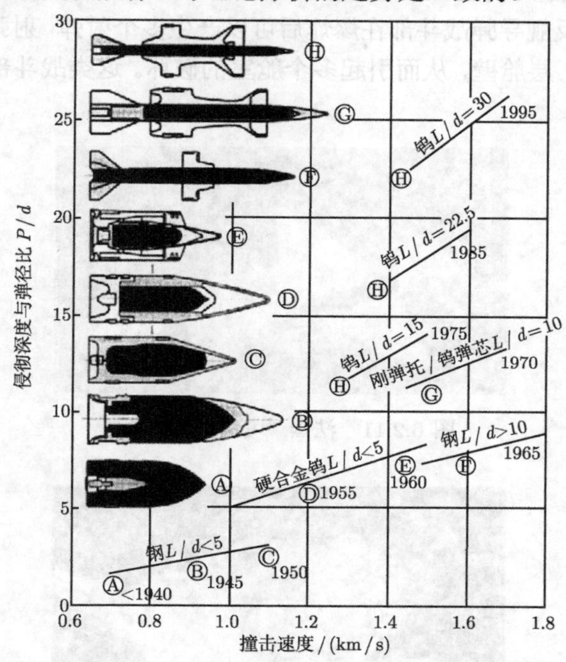

图 6.2.9　穿甲弹材料、速度、结构和侵彻深度的发展历史简图

6.2.5　反舰半穿甲弹

舰船目标的防护也主要以装甲材料为主，半穿甲弹 (semi-pierce warhead) 则是在穿甲弹的基础上发展起来用于对付舰船目标的弹药 (或战斗部)。半穿甲弹针对舰艇目标为多舱室结构，采用先侵彻，进入舰体后再爆炸毁伤，利用爆炸冲击等加强穿甲后效。为了提高穿甲后的爆炸威力，在反舰用的穿甲弹上适当增加了炸药装药量。其结构特点是，有较大的药室，装填炸药量较多，头部大多是钝头或带有被帽，其典型结构如图 6.2.10 所示。大中口径半穿甲弹主要配用在舰炮上。

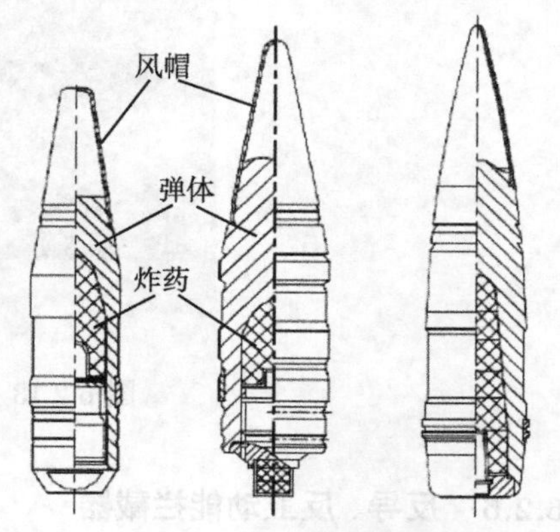

图 6.2.10　半穿甲弹结构示意图

装有半穿甲战斗部的典型反舰导弹有法

国的“飞鱼”导弹，如图 6.2.11 所示。反舰导弹的毁伤效果如图 6.2.12 所示。英阿马岛战争中，阿根廷空军利用“飞鱼”反舰导弹一弹击沉英军的“谢菲尔德”号驱逐舰，显示出了反舰导弹巨大的作战威力。此外，德国的“鸬鹚”也是半穿甲弹的典型代表，“鸬鹚”反舰导弹战斗部在爆炸后可以产生多个射弹，射弹具有约 3000m/s 的速度，可穿透 7 层舱壁，从而引起多个舱室的破坏。这类战斗部的典型结构如图 6.2.13 所示。

图 6.2.11　法国“飞鱼”反舰导弹

图 6.2.12　反舰导弹的毁伤效果

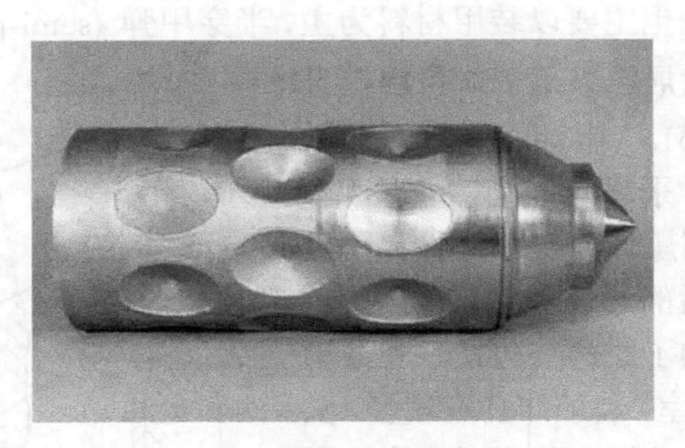

图 6.2.13　典型反舰导弹战斗部

6.2.6　反导、反卫动能拦截器

动能武器特指携带非爆炸弹头 (动能拦截器，kinetic kill vehicle，KKV)，依靠

高速飞行而具有巨大动能，能够以直接碰撞方式拦截并摧毁卫星和导弹弹头等高速飞行目标的高技术武器。近年来空间安全、防空反导对动能武器提出了强烈的需求。动能拦截器的典型结构和拦截效果的数值模拟结果如图 6.2.14 所示。在太空的拦截相对速度往往在 8km/s 以上，由 6.1.1 我们知道，这时碰撞已属于超高速碰撞的速度范围，目标在超高速撞击下产生的碰撞现象可以用爆炸机理来解释，碰撞后发生剧烈爆炸并形成大量的碎片。

动能拦截器采用制导控制技术，通过拦截器外围侧面的微喷发动机点火来进行末端轨道修正，不断调整运动方向，最终实现与来袭目标的精确碰撞。动能武器技术目前在反卫星、反弹道导弹等国防技术领域受到了相当的重视，是美国国家导弹防御系统研究计划中的一个重要支撑技术，现已经基本走向实用化。

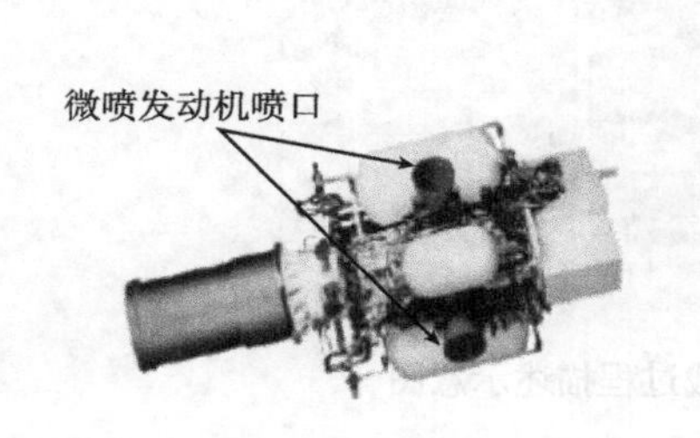

(a) 美国动能拦截器(KKV)

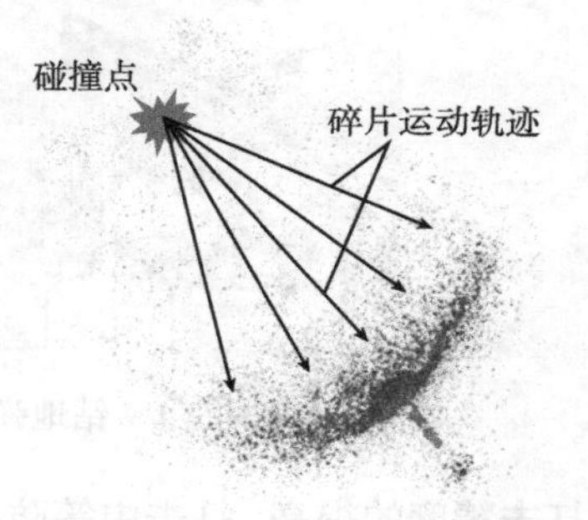

(b) KKV撞击导弹后碎片分布

图 6.2.14　动能弹拦截器及其与导弹碰撞后碎片飞散的数值模拟结果

虽然目前的动能拦截弹主要用于反导弹和反卫星，但是有向其他兵种扩展的趋势。美国陆军在对未来武器系统的要求中提到，要发展多任务、通用的先进动能导弹 (ADKEW)，既可用于打击地面装甲车辆，也可用于攻击飞行目标，并且与各种发射平台兼容。

6.3　钻　地　弹

地下深层硬目标，如地下指挥所、防空袭掩体设施等是强防护目标的突出代表。为此，在穿甲弹的基础上，各国对反深层硬目标侵彻弹——钻地弹的研制给予了高度重视。

钻地弹是携带钻地弹头 (也称为侵彻战斗部)，用于攻击机场跑道、地面加固目标和地下设施等的对地攻击弹药。图 6.3.1 是钻地弹攻击地下指挥控制中心的作战过程描述图。

钻地弹最初用于攻击飞机跑道，由飞机挂载，如德国 MW-2 机载布撒器携带的

“戴维斯”反跑道动能侵彻弹。随着打击对象向诸如指挥中心、地下工事等硬目标扩展，对钻地弹的侵彻能力提出了更高的要求。海湾战争中，美军研制的 GBU-28“掩体破坏者”钻地弹取得了良好的战果，这种钻地弹重约 2100kg，长约 5.84m，直径约 370mm，侵彻深度可达 6.7m 厚钢筋混凝土层或 30m 厚黏土层，其威力引起了各国对钻地武器的关注和跟进研制。

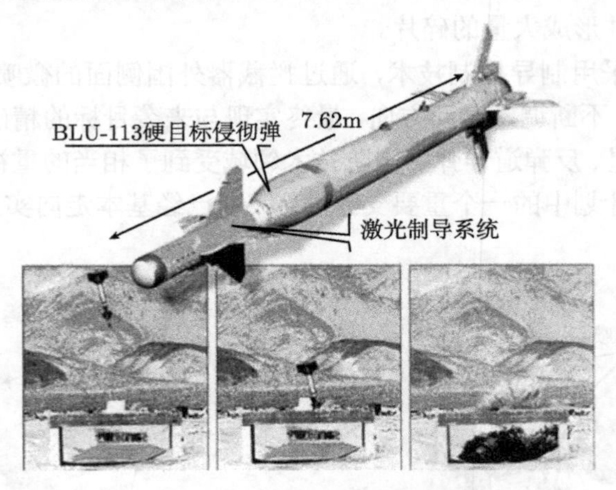

图 6.3.1 钻地弹作战过程描述示意图

随着打击精度的提高，打击中等防护的硬目标多采用小当量侵彻弹，小直径炸弹 (SDB) 就是其中的典型代表。图 6.3.2 是美军安装有“钻石背”剖面翼的小直径炸弹 GBU-39。“钻石背”剖面翼的设计起到气动增程作用，即利用航弹的气动外形设计来增加炸弹的航程，它适用于制导炸弹的滑翔增程。小直径炸弹打击洞库中飞机的毁伤试验照片如图 6.3.3 所示。小直径炸弹由于其体积小，作战效能高，使得隐身战斗机可以在其内埋式弹仓中携带更多弹药，从而在一次飞行任务中可完成对更多目标的打击。也因为当量可控，使之成为低附带毁伤弹药的武器平台。

图 6.3.2 “钻石背”翼小直径炸弹 (SDB)GBU-39

6.3.1 钻地弹结构

钻地弹主要由载体 (携载工具) 和侵彻战斗部组成。载体用于运载侵彻战斗部，并使其在末段达到足够的侵彻速度，主要载体有各种导弹 (包括空射、舰射、潜射和陆射)、航空炸弹和火炮等。侵彻战斗部由侵彻弹头、高爆炸药和引信组成。侵彻弹头壳体材料一般为高强度特种钢或重金属合金，多采用杀伤爆破式战斗部装药，使用延时引信、近炸引信或智能引信 (如计层引信和可编程引信)。为了增加侵彻深度，战斗部的长径比较大，弹体细长。但由于载体的携带能力有限，钻地弹的直径一般不超过 500mm。为了实施精确打击，弹上还可以安装控制和制导机构。

图 6.3.3　SDB 钻地弹打击洞库中目标的试验照片

钻地弹钻入地下爆炸的威力是通过爆炸时向地下介质耦合能量而实现的，其破坏效能比同当量炸药地面爆炸要大 10~30 倍。即使钻入地下不深，其爆炸威力也会远大于普通常规弹药的地面爆炸威力，因此其作战效果十分显著。

钻地弹按载体的不同可分为导弹型钻地弹、航空炸弹型钻地弹 (如 GBU-28 激光制导钻地弹)、炮射钻地弹等。按照功能的不同可分为反跑道、反地面掩体和反地下坚固设施三种类型。根据侵彻战斗部 (弹头) 的不同，又可分为整体动能侵彻战斗部和复合侵彻战斗部。下面分别对整体侵彻和复合侵彻战斗部进行介绍。

整体动能侵彻战斗部利用弹丸飞行时的动能，撞击、钻入掩体内部，然后引爆弹头内的高爆炸药，毁伤目标。典型的此类战斗部有 BLU-109/B，如图 6.3.4 所示，其弹体结构细长 (长约 2.5m，直径约 368mm)，壳体采用优质炮管钢 (4340 合金钢) 一次锻造而成，壳体壁厚约为 26mm，侵彻威力为 1.8~2.4m 厚混凝土或 12.2~30m 厚泥土。由于载体携载能力有限，弹头的体积和重量受到限制，可能会造成这种侵彻战斗部攻击目标时动能不足，影响侵彻深度。目前，提高侵彻战斗部效能 (侵

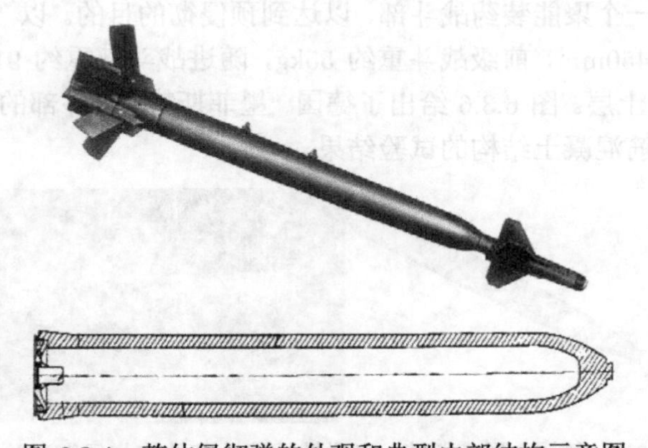

图 6.3.4　整体侵彻弹的外观和典型内部结构示意图

彻深度) 的主要途径，一是选取适当的战斗部长径比，提高对目标单位面积上的压力；二是提高弹头末速度，增大攻击目标时的动能。为了增加末速度，目前已出现了带火箭发动机或其他动力装置的助推型侵彻战斗部，末速度可达 1200m/s。除以上因素外，弹着角和攻角对于侵彻战斗部的效能也有较大影响。弹着角与碰撞角互余，当弹着角为 90° 时对应垂直侵彻，这时的侵彻能力最大，攻角一般控制在 ±5° 以内。

复合侵彻战斗部一般由一个或多个安装在弹体前部的聚能装药弹头和安装在后部的侵彻弹头 (随进弹头) 构成 (如图 6.3.5 所示)。使用时，弹体前部的聚能装药弹头首先对目标进行 “预处理”：即在适当高度起爆聚能装药，沿装药轴线方向产生高速聚能射流或射弹。强大的射流能使混凝土等硬目标产生破碎和发生大变形，并沿弹头方向形成孔道，主侵彻弹头循孔道跟进并钻入目标内部。弹头上的延时或智能引信最终在目标内部的适当位置引爆主装药，毁伤目标。

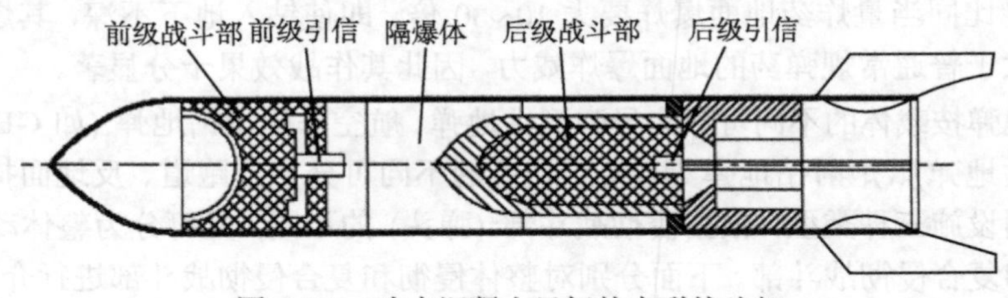

图 6.3.5　攻击混凝土目标的串联战斗部

与动能侵彻战斗部相比，复合侵彻战斗部的效能更高。例如一枚重 35kg、速度为 450m/s 的动能侵彻战斗部的动能约为 3500kJ，而一枚重 6kg、速度为 700m/s 的聚能装药复合侵彻战斗部产生的金属射流的动能却高达 2300kJ，二者对目标的穿透能力相差不大。可见，复合侵彻战斗部是一种更先进的侵彻弹头技术。英国 “布诺奇” 钻地弹和德国的 “墨菲斯特” 战斗部均采用了复合战斗部技术，在传统炸弹前面安装了一个聚能装药战斗部，以达到预侵彻的目的。以 “布诺奇” 战斗部为例，其直径约 450mm，前级战斗重约 55kg，随进战斗部重约 91kg，侵彻威力为 3.4~6.1m 厚混凝土层。图 6.3.6 给出了德国 “墨菲斯特” 战斗部的复合侵彻战斗部结构及其侵彻钢筋混凝土结构的试验结果。

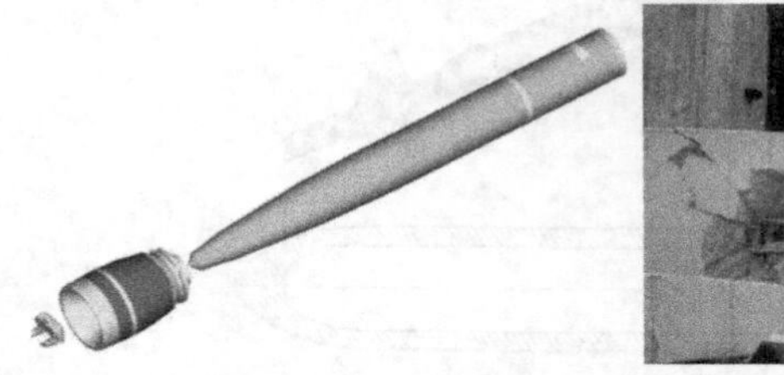

图 6.3.6　德国 “墨菲斯特” 串联钻地战斗部结构与侵彻试验结果

复合侵彻战斗部的侵彻能力主要取决于聚能装药的直径、药量以及随进侵彻弹头的动能。为了提高聚能装药的穿透能力，外军还研究采用多个聚能装药的串联结构。第一级聚能装药主要在目标上形成弹孔，第二级聚能装药主要用于获得更大的侵彻深度。同时设法提高侵彻弹头的速度，以利用侵彻弹头的巨大动能，弥补前级聚能装药穿透能力的不足，增大侵彻深度。复合侵彻战斗部与动能侵彻战斗部相比，减轻了重量，放宽了对弹着角范围的要求 (可达 60°)，但也增加了结构复杂性。

6.3.2　钻地弹的关键技术

钻地弹由美军率先使用，具有代表性的有美国的 GBU-27/28 激光制导新型侵彻炸弹。以 GBU-28 为例，该弹体分为三大部分：制导舱、战斗部舱、尾舱。其中，制导舱主要由激光导引头、探测器、计算机等组成，它和尾舱中的控制尾翼一起，共同控制炸弹命中目标的精度。GBU-28 有智能化多级引信，引信的核心部件是微型固态加速度计。该加速度计可随时将炸弹钻地过程中的有关数据与内装程序进行比较，以确定钻地深度。当炸弹碰到地下掩体时，会自动记录穿过的掩体层数，直到到达指定掩体层后再爆炸。图 6.3.7 给出了 GBU-28 穿透多层混凝土靶的试验照片。

图 6.3.7　GBU-28 侵彻钢筋混凝土靶板试验照片

与普通弹药相比，钻地弹之所以具有钻地的特殊功能，是因为它们有着许多技术上的独特之处。

(1) 弹体设计高强度。钻地弹的作用环境恶劣，要求弹体材料和结构必须具有高强度和高韧性，以保证持续的侵彻能力，以及弹头内电子器件、高能炸药等部件能够在高速侵彻过程形成的高温、高压等极端环境下仍能正常工作。

(2) 攻击速度恰到好处。如果撞击速度太低，会使侵彻深度过小，甚至无法侵彻到达目标；但撞击速度过高，又可能出现弹头大变形，出现蘑菇弹头效应而使侵彻深度降低，所以撞击速度必须恰到好处。当然，新材料的应用，比如自锐性材料的应用，可以一定程度上改善弹头变形问题，也有利于提高攻击速度，达到更大的侵彻深度。新材料仍是一个不断探索的领域，而更高速度侵彻和毁伤的机制也有待深入研究。

(3) 引信日趋智能化。钻地弹的引信通常采用延时引信或智能引信。延时引信可保证弹头侵彻到目标内部后按预定延时引爆炸药。智能引信，例如多级引信，可以实现炸弹触地钻入地下一定深度后，第一级引信引爆炸开一个洞，炸弹循洞继续钻入一定深度，第二级引信引爆再炸开一个洞，以此类推，直至炸弹进入更深的地下找到所要攻击的目标后再引爆主战斗部。

因此，硬目标侵彻战斗部技术主要涉及侵彻能力、引信、装药安全三方面的关键技术。

一、提高侵彻能力

对于动能侵彻，合理选择材料，科学设计外形，选取适当长径比，提高末速度是提高侵彻能力的主要技术途径。大贯穿力的高超音速导弹，最高速度可达 6 倍音速，可较大地提高侵彻能力。除此之外，控制弹着角和攻角也是需要考虑的技术环节。对于复合弹头侵彻，用于前期开坑的聚能装药已从聚能射流发展到自锻破片 (EFP) 和长杆射弹 (JPC) 等多种类型，以获得更大的预先侵彻效果。

在硬目标侵彻过程中，还涉及硬目标 (特别是混凝土及钢筋混凝土) 材料动力学性能研究，结构缓冲吸能材料的研究以及对硬目标 (含多层结构体系) 的侵彻动力学等效实验与数值模拟分析等相关基础问题。

二、硬目标侵彻引信

引信技术是硬目标侵彻技术中的研究热点之一，其发展方向是自适应智能引信。现阶段的总体设计目标是：通用的、多功能、精确的、具有复杂传感和逻辑功能的引信系统。以多事件硬目标引信 (multi-events hard target fuse，MEHTF) 为例，它可以对侵彻过程中获得的冲击信号进行分析，判断是否达到了引信起爆要求。这种引信能精确地感知侵彻介质的层次，最高可达 16 层，计算总侵彻行程达 78m。该类引信的核心是微型固态加速度计，三个轴均可感知 5000~100000g 的加速度。

三、高能低感炸药

高能低感炸药是硬目标侵彻战斗部的核心部件，除了炸药本身的研制以外，炸药安全性研究也是一个关键环节。钻地弹在侵彻硬目标过程中将受到超过 10^5g 的强冲击过载作用，对装药的起爆性能提出了更严格的要求。炸药的低感度高能量是保证钻地弹使用安全和毁伤高效的前提。炸药的响应首先表现为材料的力学响应，即产生变形、破坏等现象，炸药内部出现损伤，而损伤区域一般是热点的诱发区域，出现损伤后的非均质含能材料的起爆感度将提高。如果力学响应造成了炸药分子结构的变化，还会影响炸药的爆轰性能。因此，炸药的安全 (定) 性是合理设计战斗部结构、充分利用炸药能量的基础。也因为如此，低易损性炸药成为钻地弹装药的首选，也是目前含能材料研究的前沿之一。

6.3.3　钻地弹的发展趋势

侵彻武器通过弹头材料和结构的优化设计，利用弹体的动能穿透坚硬目标，达到深侵彻的目的。钻地弹、反舰导弹等都是通过深侵彻设计达到其作战效果的。针对硬目标侵彻武器战斗部应具有功能集成、高效侵彻的要求，目前钻地弹的发展方向是精确命中和智能侵彻，具有高侵彻能力，达到更大的毁伤效果。新型钻地武器表现出以下几个基本特点：

(1) 采用精确制导技术，实现高的命中精度；

(2) 采用高强度的材料和更有效的弹头形状；

(3) 在保证钻地效果的前提下，进一步提高弹头的撞击速度和能量；

(4) 复合弹头侵彻弹的研究与应用；

(5) 智能引信的应用和能量输出的改进。

在深钻地武器方面，发展大动能、整体、巨型钻地弹也是当前国际上的一个明显趋势。例如 2007 年美军推出了 MOP 巨型钻地弹，如图 6.3.8 所示，弹体长 6m，重达 13.6t，设计指标为侵彻厚度达 60m 的混凝土。法国 MBDA 公司 2008 年也推出新型钻地弹 CMP，弹重为 1000kg 级，弹体呈啤酒瓶状，弹头呈牙齿状，如图 6.3.9 所示。

图 6.3.8　美军 MOP 巨型钻地弹

图 6.3.9　法国MBDA公司新型钻地弹CMP

除了早期的杀爆钻地弹以外，新型钻地燃烧武器、温压弹、钻地核弹等开始成为钻地弹的新一族。在核钻地武器方面，研究重点是在提高钻地深度和摧毁目标的同时，如何尽量减小附带毁伤 (包括降低当量、减小放射性沉降以及提高打击精度等)。随着需求的发展以及相关技术的完善，钻地武器的整体性能将得到进一步的提高。

思考与练习

1. 试练习推导彭赛勒侵彻计算公式。

2. 画图说明尖卵形弹的定义，尖卵形弹又可以分为尖头弹和钝头弹，请说明它们的区分方法。
3. 按照厚度来分类，靶板大致可分为半无限靶、厚靶和薄靶，半无限靶的厚度一定是无限大吗？请给出它们的定义。
4. 分别画出正攻角和负攻角情况下穿甲弹的入射角 β、碰撞角 θ 和攻角 α，并写出正攻角情况下它们之间的关系。
5. 正攻角情况下，试分析入射角 β 和攻角 α 对于穿甲效果的影响。
6. 随着碰撞速度的增加，产生的碰撞效应明显不同，请分析产生不同效应的机理，并给出不同效应之间的临界速度计算方法。
7. 已知有机玻璃 (PMMA) 材料中的弹性纵波波速为 2740m/s，试估算 PMMA 在对称撞击时，多高的速度可以划分为超高速撞击。
8. 侵彻威力可以用哪些参数表征？各自是怎样定义的？
9. 试讨论侵彻极限厚度与半无限靶的侵彻深度之间的关系。
10. 美国侵彻极限中对于贯穿的定义有海军、陆军和防御标准，试分析为什么会存在三种不同的标准，它们之间的数值大小关系是什么？
11. 唐代诗人卢纶的《塞下曲》云："林暗草惊风，将军夜引弓。平明寻白羽，没在石棱中。"此诗典出《史记 · 李将军列传》："广出猎，见草中石，以为虎而射之。中石，没镞，视之，石也。因复更射之，终不能复入石矣"。在赞叹飞将军的勇猛时，我们也注意到"因复更射之，终不能复入石矣"，将士们在发现"老虎"原来是石头之后，不论是李广本人还是其他人都不能再次将箭射入石头中。那么撇开文学上的夸张不谈，利用所学的侵彻力学知识，从科学的角度来探讨一下"李广射石"的力学问题，箭能否射入石中？
12. 从本章的原理你设想一下：坦克的防护可采用什么技术途径？
13. 试简述计层引信的作用和基本原理。
14. 对于钻地弹的毁伤效能，是不是撞击速度越高侵彻越深？要考虑哪些影响因素？
15. 目前看来，钻地弹的发展有哪些特点，军事背景如何？
16. 钻地弹结构设计的关键技术有哪些？

主要参考文献

[1] 钱伟长，穿甲力学. 北京：国防工业出版社，1984.
[2] 曼 · 赫尔德. 南京理工大学战斗部讲座课件，2004.
[3] 卢芳云，李翔宇，林玉亮. 战斗部结构与原理. 北京：科学出版社，2009.
[4] 王志军，尹建平. 弹药学. 北京：北京理工大学出版社，2005.
[5] 李向东，钱建平，曹兵. 弹药概论. 北京：国防工业出版社，2004.

第7章 新概念武器及其毁伤效应

海湾战争以来，现代战争形态正由机械化战争向信息化战争转变。武器装备趋向智能化，如攻击武器具有远程打击、精确制导和隐蔽突防能力，各种主要作战平台具有信息传感、目标探测与导引、信息攻击与防护能力等。传统意义的战场已演变为陆、海、空、天、电多维一体化战场。在这种背景下，作为传统武器的有力补充，新概念武器得到了长足的发展，非致命的软杀伤性武器在现代战争中也频繁亮相，在战争中的地位逐渐凸现出来。

新概念武器是相对于传统武器而言的高新技术武器群体，它们在基本原理、破坏机理和作战方式上，与传统武器有显著的不同，投入使用后往往能大幅度提高作战效能与效费比，产生出奇制胜的作战效果。

由于新概念武器包含的范围很广且在不断发展，在毁伤效能上也存在很大的区别，虽然部分已相对成熟，但很多尚处于研制或探索性发展之中。本章将主要介绍发展相对成熟，且在信息化战争条件下有望或已经得到有效应用的几种新概念武器，包括激光武器、微波武器、碳纤维弹以及目前适应多样化军事任务需求，潜在应用前景比较明确的非致命性武器。

7.1 激 光 武 器

7.1.1 激光基本原理

激光的英文名称为 laser，是 light amplification by stimulated emission of radiation 的缩写，意思是受激辐射光放大。受激辐射的概念最早由爱因斯坦在 1917 年提出来，它是指处于高能级上的发光粒子在诱导光子的作用下，跃迁到低能级，同时产生一个与诱导光子完全一样的光子。因此，激光具有单色性好、方向性好、亮度高等优点，成为目前性能最好的光源。本书这里简单介绍激光产生的基本机制。

一、激光产生的基本机制

玻尔在解释氢原子光谱实验规律时，将经典的理论与普朗克的能量量子化概念结合在一起，认为原子中的电子可以在一些特定的轨道上运动，处于定态，并具有一定的能量。这样一来，原子就有了一系列与不同定态对应的能级，各能级间的能量不连续。当原子从某一能级吸收了能量或释放了能量，变成另一能级时，就称它产生了跃迁。凡是吸收能量后从低能级到高能级的跃迁称为吸收跃迁，释放能量后从高能级到低能级的跃迁称辐射跃迁。跃迁时所吸收或释放的能量必须等于发生跃迁的两个能级之间的能量差。如果吸收或辐射的能量都是光能的话，此关系可表示为

$$E_2 - E_1 = h\nu \tag{7.1.1}$$

式中，E_2 与 E_1 分别是两个能级的能量；$h\nu$ 是吸收或释放的光子的能量，h 为普朗克常量，ν 为光子频率。(7.1.1) 式说明，两个能级的能级差决定了光子的频率。

爱因斯坦从辐射与原子相互作用的量子论观点出发提出，这个相互作用包括原子的自发辐射跃迁、受激辐射跃迁和受激吸收跃迁三种过程。在激光器的发光过程中，始终伴随着这三种跃迁过程。下边分别叙述这三种跃迁过程。

1. 自发辐射

处于激发态的原子是不稳定的，在没有任何外界作用下，激发态原子会自发地辐射光子返回基态，这一过程称为自发辐射。如图 7.1.1 所示，处于 E_2 能级的原子自动地从 E_2 返回基态 E_1 而辐射光子，光子能量为 $h\nu=E_2-E_1$。

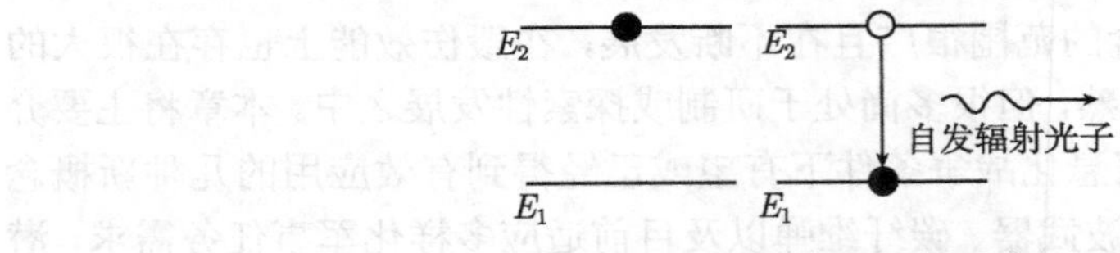

图 7.1.1　原子自发辐射示意图

自发辐射过程是一个随机过程。各原子的辐射是自发地、独立地进行的，因而各个辐射光子的相位、偏振状态、传播方向之间没有确定的关系。对于大量的原子来说，其所处的激发态也不尽相同，因而辐射光子的频率也不同，所以自发辐射的光是不相干的。普通光源发光就属于自发辐射。

2. 受激辐射

受激辐射是指处于激发态的原子，在自发辐射前受到能量为 $h\nu=E_2-E_1$ 的外来光子的刺激作用，可以从高能态 E_2 跃迁到低能态 E_1，同时辐射一个与外来光子的频率、相位、偏振状态以及传播方向都相同的光子，如图 7.1.2 所示。

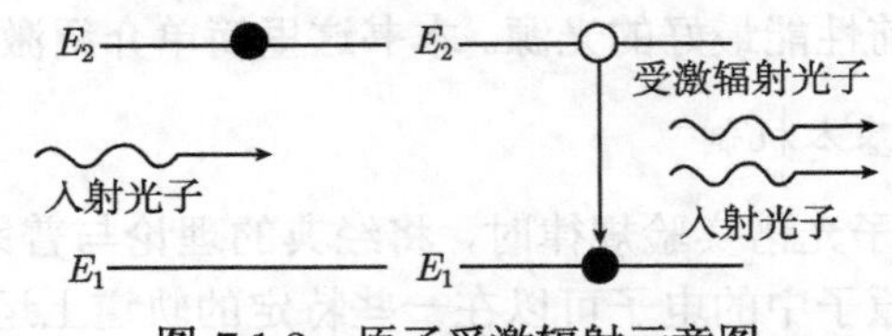

图 7.1.2　原子受激辐射示意图

一个光子入射原子系统后，可以由于受激辐射变为两个状态完全相同的光子，这两个光子又可以去诱发其他发光粒子，产生更多状态相同的光子。这样下去，在

一个入射光子的作用下，原子系统可能获得大量状态特征完全相同的光子，这一现象通称为光放大，即入射光得到了放大。因此，受激辐射过程致使原子系统辐射出与入射光同频率、同相位、同传播方向、同偏振态的大量光子。受激辐射光放大是激光产生的基本机制。

3. 受激吸收

能量为 $h\nu=E_2-E_1$ 的光子入射原子系统时，原子吸收此光子并从低能级 E_1 跃迁到高能级 E_2，这一过程称为受激吸收，或称光吸收，也称原子的光激发，如图 7.1.3 所示。

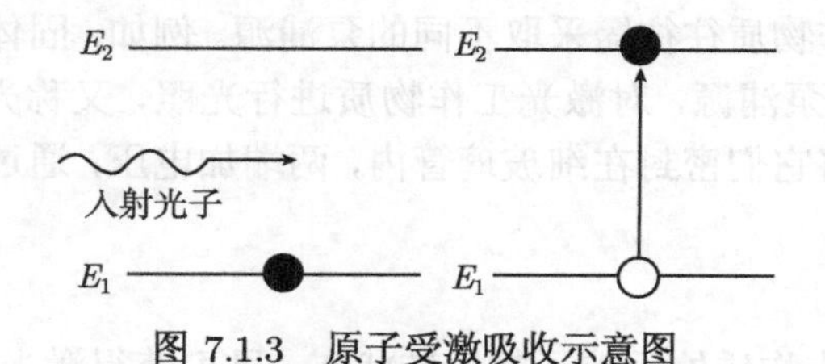

图 7.1.3　原子受激吸收示意图

通常，受激辐射与受激吸收两种跃迁过程是同时存在的，前者使光子数增加，后者使光子数减少。当一束光通过发光物质后，究竟是光强增大还是减弱，要看这两种跃迁过程哪个占优势。在正常条件下，即常温条件以及对发光物质无激发的情况下，发光粒子处于低能级 E_1 的粒子数密度 n_1 大于处在高能级 E_2 的粒子数密度 n_2。此时当有频率 $\nu=(E_2-E_1)/h$ 的一束光通过发光物质时，受激吸收将大于受激辐射，故光强减弱。如果采取诸如用光照、放电等方法从外界不断地向发光物质输入能量，把处在低能级的发光粒子激发到高能级上去，便可使高能级 E_2 的粒子数密度超过低能级 E_1 的粒子数密度，称这种状态为粒子数反转。

只要使发光物质处于粒子数反转的状态，当频率为 ν 的光束通过发光物质时，受激辐射就会大于受激吸收，光强将得到放大。这便是激光放大器的基本原理。即便没有入射光，只要发光物质中有一个频率合适的光子存在，便可像连锁反应一样，迅速激发出大量相同光子态的光子，形成激光。这就是激光振荡器或简称激光器的基本原理。由此可见，形成粒子数反转是产生激光或激光放大的必要条件，为了形成粒子数反转，需要对发光物质输入能量，称这一过程为激励、抽运或泵浦。

二、激光器的组成

为了获得稳定的激光输出，在实际激光器设计中，需要采取必要的手段使得受激辐射在自发辐射、受激辐射和受激吸收三种过程中占据主导地位，从而实现激光的产生。根据激光产生机制的分析可知，一般来说激光器可由激光工作物质、激励能源 (泵浦源) 和光学谐振腔三部分组成。

1. 激光工作物质

为了形成稳定的激光，首先必须要有能够形成粒子数反转的发光粒子，称之为激活粒子。它们可以是分子、原子或离子。这些激活粒子有些可以独立存在，有些则必须依附于某些材料中。为激活粒子提供寄存场所的材料称为基质，它们可以是气体、固体、液体或半导体。基质与激活粒子统称为激光工作物质。

2. 激励能源 (泵浦源)

在热平衡状态下，处于低能级的粒子数目 n_1 总是多于高能级的粒子数目 n_2，为了形成粒子数反转，需要对激光工作物质进行激励，完成这一任务的就是泵浦源。不同的激光工作物质往往需采取不同的泵浦源。例如，固体激光器一般是用普通光源 (如氙灯) 作泵浦源，对激光工作物质进行光照，又称光泵。对于气体激光工作物质，常常是将它们密封在细玻璃管内，两端加电压，通过放电的方法来进行激励。

3. 光学谐振腔

仅仅使激光工作物质处于粒子数反转状态，虽可获得激光，但它的寿命很短，强度也不会太高，并且光波模式多、方向性很差。这样的激光几乎没有什么实用价值。为了得到稳定持续、有一定功率的高质量激光输出，激光器还必须有一个光学谐振腔，以使得某方向和某个频率的信号享有最优权，从而获得方向性、单色性都很好的激光。

光学谐振腔通常由具有一定几何形状和光学反射特性的两块反射镜按特定的方式组合而成，如图 7.1.4 所示。其中一边是全反射镜，另一边是部分反射镜。部分反射镜对受激辐射光波长有一定的透过率，以便让激光通过它透射出去。

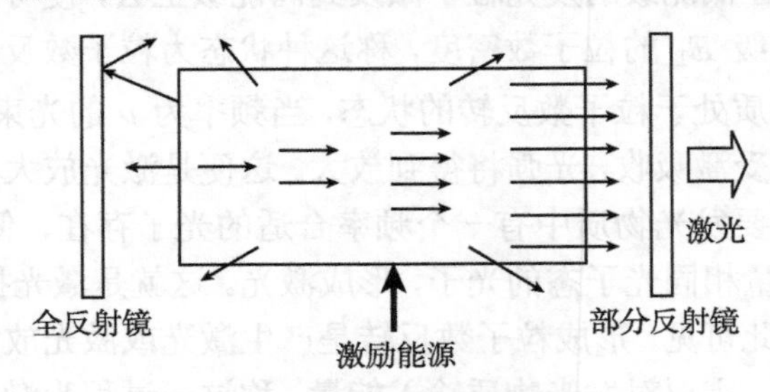

图 7.1.4　光学谐振腔

光学谐振腔有以下三个方面的作用：

(1) 选择激光的方向性。当可实现粒子数反转的激活物质受到外界的激励后，就有许多粒子跃迁到激发态上，激发态的粒子是不稳定的，会纷纷跳回到基态，并发射出自发辐射光子，这些光子射向四面八方，是非相干光。但偏离轴向的光子很快就逸出谐振腔，只有沿着轴向的光子，在谐振腔内由于两端两块反射镜的反射而不至于逸出腔外。这样就实现了对特定方向即轴向受激辐射的选择。

(2) 维持光振荡。沿轴向方向的光子将成为引发受激辐射的外界感应因素，产生再次的轴向受激辐射。受激辐射发射的光子与引发受激辐射的光子有相同的频率、发射方向、偏振状态和相位。它们沿轴线不断往复通过已实现了粒子数反转的工作物质，因而不断引发受激辐射，使轴向行进的光子不断得到放大和振荡，这个过程称为光振荡。这是一种雪崩式的放大过程，使谐振腔内沿轴向的光骤然增强，所以辐射场能量密度大大增加。受激辐射的光将从部分反射镜中输出，它便是激光。

(3) 提高激光的单色性。光学谐振腔除了对光束的方向有选择作用外，还具有选频作用。设有单一频率的平面波沿腔轴方向来回反射，这些反射的平面波之间产生相干叠加，只有形成驻波的光才能造成振荡放大，产生激光。

设光学谐振腔长为 L，物质折射率为 n，波长为 λ，根据驻波条件有

$$nL = k\frac{\lambda}{2},\quad k = 1, 2, 3, \cdots, N(N\text{为整数}) \tag{7.1.2}$$

式 (7.1.2) 称为谐振条件。将 $\lambda = c_0/\nu$ 代入，则得谐振频率为

$$\nu_k = k\frac{c_0}{2nL} \tag{7.1.3}$$

式中，c_0 为真空中的光速。这就是谐振腔的选频作用。可见在激光器中，由于光学谐振腔的存在，可以选出频率间隔为 $\Delta\nu = \dfrac{c_0}{2nL}$ 的许多谐振频率。同时，由于激活物质本身存在一定的光谱频率，谐振腔选取的频率必须在激活物质的光谱频率范围之内。因此，光学谐振腔的作用就是在激活物质的光谱频率宽度之内选取能满足驻波条件的谐振，并使之放大，从而提高了激光的单色性。

三、激光的主要特性

与普通光源相比，激光主要具有以下特性。

1. 单色性好

激光区别于普通光源的一个重要特点是单色性好。首先，激光是由工作物质在特定能级间的受激辐射产生的，因此，相应的激光发射也只能在有限的光谱范围内产生。其次，即使上述光谱范围也只有在激光腔中满足谐振条件形成驻波的光才能振荡放大，产生激光输出，这样就使激光的频率范围大大受到压缩。

对光波进行频谱分析，所得频带宽度 $\Delta\nu$ 即是光源单色性的度量。以具有 mW 级功率输出的 He-Ne 激光器为例，其 $\Delta\nu$ 的理论值可以达到 10^{-4}Hz 的量级。在实际激光器中，由于存在各种不稳定因素，导致谐振频率的波动，使 $\Delta\nu$ 远大于理论值。在采取最严格稳频措施的情况下，曾在 He-Ne 激光器中观察到 2Hz 的带宽，一般典型的单模稳频气体激光器，$\Delta\nu$ 可以达到 $10^3 \sim 10^6$Hz。

普通光源发射的光，其带宽与中心频率具有相同量级，如可见光带宽为 10^{14}Hz。激光发明之前，汞灯的线谱被认为是最好的单色光源，其带宽也在 10^8Hz 以上，是单模稳频气体激光辐射带宽的 10^5 倍。由此可见，单色性好是激光的一大特性。

2. 方向性强

激光的发散角由激光谐振腔结构和工作物质特性决定，发散角越小，方向性越强。作为武器，只需关注激光的远场发散角，其定义为

$$\theta = 1.22\frac{\lambda}{D} \tag{7.1.4}$$

式中，λ 为激光波长，D 为激光器的激光发射口径。由于激光的波长相对于发射口径是一个很小的量，因此激光的远场发散角必然很小。

3. 高亮度

亮度是指光源在传播方向上单位面积、单位立体角内发射的功率。对于激光来说，用 P_ν 表示谱线的功率，它的定义是单位谱线频宽内所发射的功率。谱线亮度的定义为单位面积上、单位立体角内、单位频率范围内的功率。谱线亮度用 B_ν 表示

$$B_\nu = \frac{P_\nu}{A\Delta\Omega\Delta\nu} \tag{7.1.5}$$

式中，A 为光束的截面积，$\Delta\Omega$ 为光束的立体角，$\Delta\nu$ 为激光的谱线宽度。由于激光的方向性强，发散角很小，它发射的能量被限制在很小的立体角内；激光的谱线宽度很窄，能量被压缩在很窄的带宽内。这使得激光的谱线亮度比普通光源提高很多。而在脉冲激光器中，激光发射的能量又被压缩在很短的时间间隔内，因而可以进一步提高谱线的亮度。

四、激光的大气传输效应

激光大气传输效应主要是研究激光束在大气传输过程中，与大气相互作用所产生的一系列效应以及这些效应对激光的影响。

激光束与大气相互作用所产生的效应可分为两大类：线性效应和非线性效应。线性效应主要指激光束的性能发生单方面的变化，大气本身并不因受光束作用而发生改变，激光束性能变化的大小只与大气状况有关。线性效应主要包括：在大气中的气体分子和气溶胶粒子 (液态、固态) 的吸收、散射导致辐射能量损失；大气密度的分布不均匀导致激光光束的折射；大气湍流效应导致光束横截面上能量分布发生起伏、光束发生扩展和漂移等。当激光功率很高时，大气中的分子和气溶胶粒子自身的性质也会发生变化，性质变化后的大气反过来又影响激光束，使激光束的性能变化加剧。这种大气和高功率激光相互影响而产生的效应称为非线性效应。非线性效应主要有：热畸变效应 (热晕)、受激拉曼散射、光学击穿效应等。

由于激光的大气传输效应比较复杂，受影响因素也比较多，本书此处只对一种线性效应——大气吸收，和一种非线性效应——热晕效应，进行简单介绍，其他效应可参考激光传输方面的文献和资料。

1. 大气吸收

大气分子对激光的吸收是由分子吸收光谱特性决定的。大气中各种气体成分，如 N_2、O_2、O_3 及 H_2O 等，由于自身分子结构上的关系分别在不同波长范围内具有许多吸收带。N_2、O_2、O_3 的强吸收带主要在紫外区，地面上之所以观察不到太阳辐射中小于 0.3μm 的辐射能，就是因为这些气体在这个光谱区有强烈的吸收。可见光光谱区的吸收来自伴有振–转结构的电子跃迁，但只有少量分子在本光谱区有吸收线，而且吸收强度都不大。H_2O 在 0.5~0.7μm，O_2 在 0.63μm、0.69μm、0.76μm，O_3 在 0.45~0.74μm 只有很弱的吸收，即可见光区是吸收很少的区域。在红外及微波波段有较强的吸收，如 CO_2 在 2.7μm、4.3μm 和 14.7μm，O_3 在 4.75μm、9.6μm、14.1μm 和 H_2O 在 1.87μm、2.7μm、6.27μm 处具有很强的吸收线。此外在其他波长处还存在许多较弱的吸收线和吸收带。不过在相邻吸收带的某个区域可能存在相对“透明”的“窗口”，辐射透过率较其他区域高，这种区域称为“大气窗口”。最常见的大气窗口是 3~5μm、8~13μm。

当激光束在大气中传输时，随着传输距离的不断增加，激光的能量将不断地被大气吸收，导致激光能量衰减。显然，波长在大气吸收带上的激光传输距离短、衰减快；其他波长的激光传输距离相对较远，衰减慢。图 7.1.5 给出了在传输 1.8km 后，激光大气衰减与波长的关系，从图中可以看出两条虚线之间所指的部分，光透过率比较高。

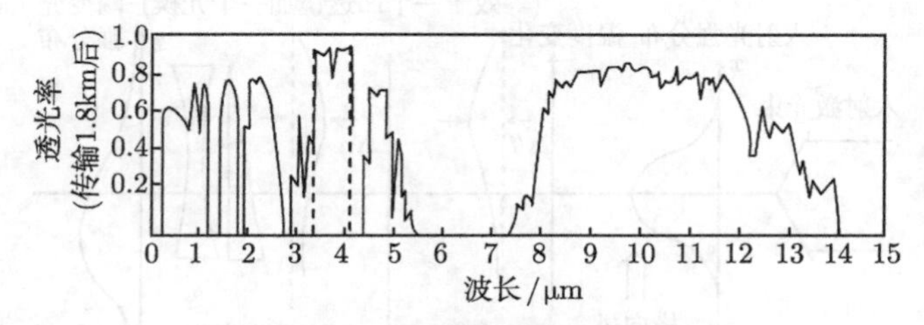

图 7.1.5　大气衰减和波长的关系

2. 热晕效应

强激光在大气中传输，大气中的分子和粒子会吸收激光而被加热膨胀，密度减小，导致局部折射率降低。对于初始强度分布为高斯或类高斯分布的激光束，在光轴上光强最大，局部折射率最小。按折射定律，光束中心区域的光将向周围折射率较大区域折射而发散，产生热散焦，空气类似一个凹透镜。这种因强激光和大气间的非线性作用产生的激光束波前畸变和光束扩展现象称为热晕 (thermal blooming)。

图 7.1.6 给出了大气中热晕效应形成的物理过程。图 7.1.6(a) 是激光的初始光强分布，中心光强大，边缘光强接近于零；这种光强分布的激光在大气传输过程中引起传播路径上大气温度的变化，其温度分布与激光光强分布类似，如图 7.1.6(b) 所示；由于在确定的压力下，热空气的密度低于冷空气的密度，因此大气密度的分布类似于倒置过来的激光强度分布，见图 7.1.6(c)；由于大气折射率与密度近似成正比关系，因此折射率的分布与密度分布类似；光束中心区域的光将向周围折射率较大的区域折射而发散，产生热散焦，激光束的光强分布发生畸变，如图 7.1.6(d) 所示。

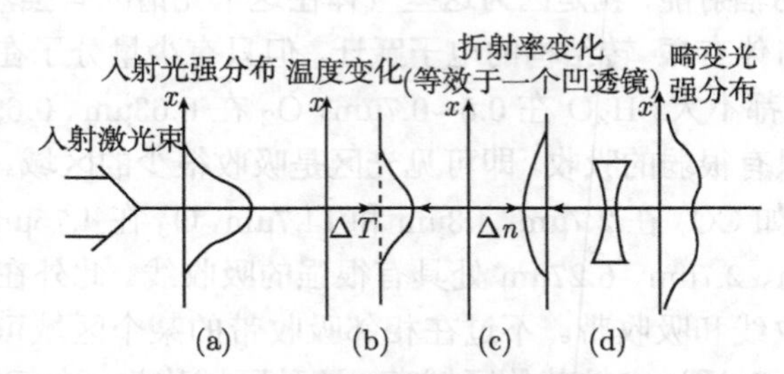

图 7.1.6　热晕效应发生机理示意图

当横向风使大气沿激光束传输的垂直方向运动时，由于风的作用，不断用未被加热的大气取代已被激光束加热的大气，使光束的上风区比下风区[①] 更冷且密度更大，折射率也更大，因此光束会偏向来风方向，产生光弯曲，其物理过程如图 7.1.7 所示。

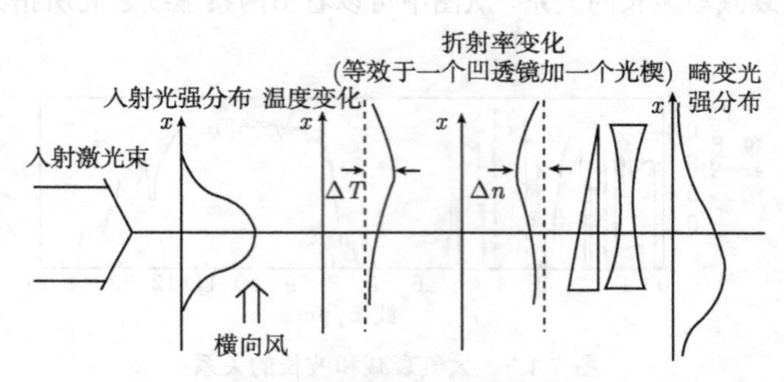

图 7.1.7　风致光弯曲示意图

实际条件下，在激光传输路径上不同位置的风速是不同的，而且热晕效应和热弯曲效应同时发生，在目标上光强分布的最终图像将会极为复杂，如图 7.1.8 所示。可以看出，不仅光斑形状和尺寸发生了改变，而且基本上偏离了预定目标位置。

与激光大气传输过程中其他非线性效应相比，热晕效应所需功率密度的阈值

①相对于光束，上风区是指靠近风来源方向的一侧，下风区是指远离风来源方向的一侧。

相对较低，特别在长距离传输时，即使大气分子或气溶胶对高功率激光吸收很小，也会产生严重的热晕现象，从而限制了高功率激光通过大气传输到达目标上的功率密度。

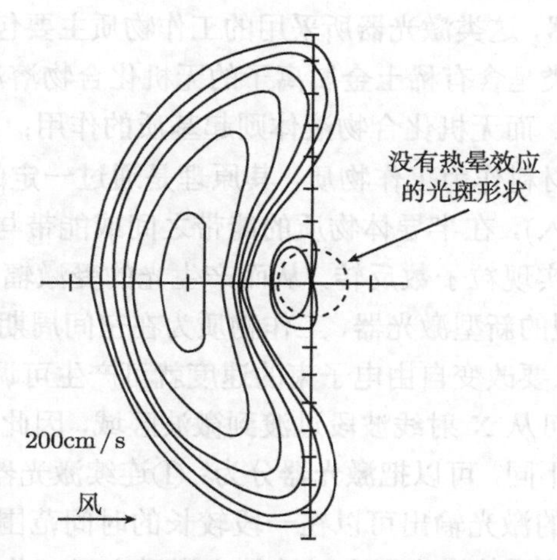

图 7.1.8　热晕和热弯曲同时存在时的光斑强度分布

7.1.2　激光武器的组成

激光武器 (laser weapon) 是一种利用激光束攻击目标的定向能武器，具有快速、灵活、精确和抗电磁干扰等优异性能，在光电对抗、防空和战略防御中可发挥独特作用。激光武器从能量级别上分为低能激光武器和高能激光武器两类。高能激光武器是一种大型的或高效率的激光装置，能发射极高能量的激光，主要用于摧毁敌方的卫星、导弹、飞机等威力较大的军事目标或大型武器装置。低能激光武器，又叫激光轻武器或单兵激光武器。它所发射的激光能量一般都不太高，是一种小型的激光装置。它主要用于射击单个敌人和光电传感设备，致使人员失明或使其衣服着火，或使光电传感设备损坏。本节主要针对高能激光武器进行相关介绍。

高能激光武器是以强激光激光器为核心，配上跟踪瞄准系统和光束控制与发射系统所组成的武器系统。

一、常用的激光器类型

激光器是激光武器的核心组件，它的性能参数直接决定着激光武器的毁伤效能。因此，研制结构紧凑、输出功率高、光束质量高、大气传输性能好、破坏靶材能力强、适于作战使用的高能激光器，是激光武器的关键。

根据工作物质物态的不同，可把激光器分为以下几大类：①固体激光器 (晶体和玻璃)，这类激光器所采用的工作物质是通过把能够产生受激辐射作用的金属离子掺入晶体或玻璃基质中，构成发光中心而制成的；②气体激光器，它们所采用的工作物质是气体，并且根据气体中真正产生受激辐射作用的工作粒子性质的不同，进一步可分为原子气体激光器、离子气体激光器、分子气体激光器、准分子气体激光器等；③液体激光器，这类激光器所采用的工作物质主要包括两类，一类是有机荧光染料溶液，另一类是含有稀土金属离子的无机化合物溶液，其中金属离子 (如 Nd) 起工作粒子作用，而无机化合物液体则起基质的作用；④半导体激光器，这类激光器采用半导体材料作为工作物质，其原理是通过一定的激励方式 (电注入、光泵或高能电子束注入)，在半导体物质的能带之间或能带与杂质能级之间，通过激发非平衡载流子而实现粒子数反转，从而产生光的受激辐射；⑤自由电子激光器，这是一种特殊类型的新型激光器，工作物质为在空间周期变化磁场中高速运动的定向自由电子束，只要改变自由电子束的速度就可产生可调谐的相干电磁辐射，原则上其相干辐射谱可从 X 射线波段过渡到微波区域，因此具有很诱人的前景。

按照运转方式的不同，可以把激光器分为：①连续激光器，其工作特点是，工作物质的激励和相应的激光输出可以在一段较长的时间范围内以连续方式持续进行，以连续光源激励的固体激光器和以连续电激励方式工作的气体激光器及半导体激光器，均属此类，由于连续运转过程中往往不可避免地产生器件的过热效应，因此多数需采取适当的冷却措施；②单次脉冲激光器，对这类激光器而言，工作物质的激励和相应的激光发射，从时间上来说均是一个单次脉冲过程，一般的固体激光器、液体激光器以及某些特殊的气体激光器，均采用此方式运转，此时器件的热效应可以忽略，故可以不采取特殊的冷却措施；③重复脉冲激光器，这类器件的特点是可输出一系列的重复激光脉冲，为此，器件可相应以重复脉冲的方式激励，或以连续方式进行激励但采用一定方式调制激光振荡过程，来获得重复脉冲激光输出。通常也要求对器件采取有效的冷却措施。其他还有调 Q 激光器、锁模激光器、单模和稳频激光器等，具体可以参考激光方面的书籍。

表 7.1.1 给出了几种典型激光器的相关参数。

表 7.1.1　几种典型激光器的相关参数

分类	工作物质	波长/μm	备注
固体激光器	红宝石	0.693	是最早研究成功的激光器，只能以脉冲式运转
	钕 (Nd) 钇铝石榴石 ($Y_3Al_5O_{12}$, 简化为 YAG)	1.064	可脉冲运转，也可连续运转，输出功率和能量不高
	钕玻璃	1.06	荧光寿命长，可制成大能量、大功率的激光器
	钛宝石	0.66～1.18	波长连续可调，为迄今调谐范围最宽和综合性能最好的固体可调谐激光器

续表

分类	工作物质	波长/μm	备注
气体激光器	氦–氖	0.6328	是最早研制成功的气体激光器，可连续运转，结构简单、体积较小、价格低廉
	氩离子	多个波长	需采用大电流弧光放电激发
	二氧化碳	10.6	输出功率大，能量转换效率高，输出波长正好处于大气窗口
	氮气	0.3371	输出紫外光，只能以脉冲式运转
液体激光器	染料	0.33~1.85	可在比较宽的波长范围内连续可调谐输出，可产生极窄光脉冲
半导体激光器	砷化镓	0.85	体积小，使用寿命长，激励方式简单

二、精确跟踪瞄准系统

精确跟踪瞄准系统用来捕获、跟踪高速飞行的目标，导引光束瞄准射击。高能激光武器是靠激光束直接照射目标并停留一定时间而造成破坏的，所以对跟踪瞄准装置的速度和精度要求较高。跟踪不平稳会使光束抖动或能量散失。瞄准跟踪系统一般采用高精度、高分辨率光电传感器驱动快速响应稳定平台，如机载激光武器系统 (airborne laser，ABL) 采用跟踪照射激光器 (TILL) 精确定位目标、信标照射激光器 (BILL) 精确指示目标攻击部位、高分辨红外摄像机精确导引激光炮塔随动平台。

三、光束控制与发射系统

光束控制与发射系统的作用是将激光器产生的激光束定向发射出去，并通过自适应补偿矫正偏差来消除大气效应对激光束的影响，以保证将高质量的激光束聚焦到目标上，达到最佳的破坏效果。该系统主要由变焦望远镜 (包括主镜、变焦次镜) 与自适应光学系统组成。

1. 变焦望远镜

主镜 —— 主镜尺寸决定了激光发散角，主镜大可以获得较小的发散角，但主镜一般由光学材料制成，尺寸大则增加体积和质量，且加工难度增大，激光束质量难以保证。因此，激光发散角与主镜轻质化、光学质量、效率之间存在矛盾。

变焦次镜 —— 其功能是根据目标距离自动调焦，尽量缩小照射在目标上的光斑尺寸，保证杀伤目标所需的能量密度。

2. 自适应光学系统

大气湍流效应① 会使激光束发生畸变，对激光能量传输造成不利影响，自适

①湍流：空气被加热后由于折射率分布极不均匀而产生的快速不规则气流运动。在湍流运动中，各种物理量都是时间和空间的随机变量，需要用统计规律来描述。激光束穿过有湍流的大气时，其振幅、相位以及传输方向等参数也将受到扰动而产生相应的随机变化。

应光学系统的核心部件为波前校正器，用于降低大气湍流效应，避免激光束发生畸变，同时也可有效防止热晕。自适应光学系统原理方面的知识，可参阅激光武器方面的书籍。

7.1.3　激光武器的毁伤效应

与传统的常规武器弹药相比，激光武器所储存的能量要小得多，即使不考虑能量损失，也不足以摧毁一辆坦克、一座桥梁或建筑，因此激光武器只能采取巧妙的方式，针对目标的薄弱环节实施精确打击。一般来说，激光武器的毁伤机制最初仅是激光与目标间的热相互作用，而最终的毁伤机制则与目标特性、热相互作用程度和具体作用时间有关。下面分别介绍激光武器对人员、光电探测器的毁伤机制以及对材料和结构毁伤的热–力学机制。

一、激光对人员的致盲和损伤

激光武器对人员的毁伤主要体现在对眼睛的致盲和对皮肤的灼伤两个方面。

1. 对人眼的损伤

人的眼睛是一个精密的光学系统，如图 7.1.9 所示，激光对人眼的伤害主要发生在视网膜和角膜上，而影响激光对人眼光学系统作用效果的参数主要包括：系统光学增益、波长透过率以及视网膜有效吸收系数等。

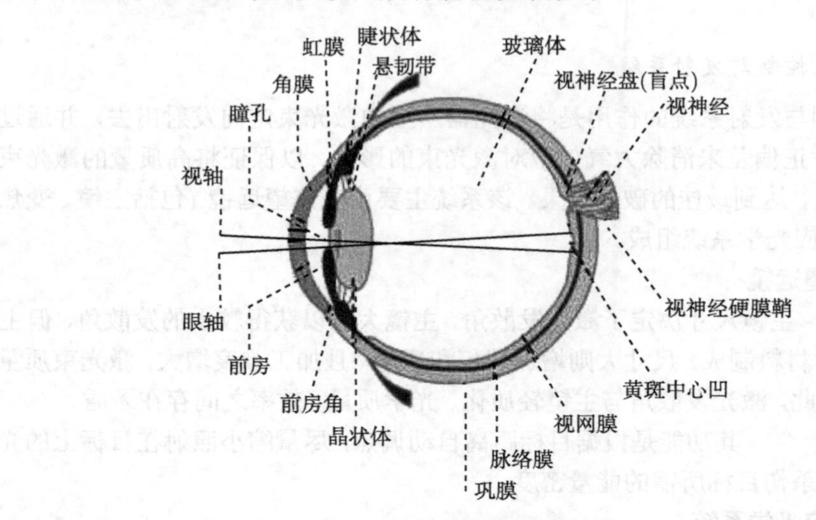

图 7.1.9　眼睛结构图

光学增益 G 表征了光学系统对光功率密度的增益程度，表达式为

$$G = E_1/E_0 \tag{7.1.6}$$

式中，E_0 为入射到光学系统的光功率密度，E_1 为透过光学系统的光功率密度。人眼系统 (主要是晶状体) 的光学增益高达 10^4 以上，例如，致盲激光武器的能量密度一般为几十 μJ/cm^2，此能量经人眼的光学增益后，视网膜上实际的能量密度会达到 1J/cm^2 左右。后者足以对人体任何部分造成损伤，所以人眼容易受到激光致盲。而几十 μJ/cm^2 的能量密度直接作用于人体其他部分不会造成任何损伤。

但并非所有波段的激光都能够穿过眼睛，研究表明，微波、X 射线和 γ 射线可以穿过整个眼睛而很少发生变化，也不会对眼睛造成很大伤害；波长长于 1400nm 的红外辐射和波长短于 315nm 的远紫外射线在角膜的表层被吸收而不能进入眼睛；近紫外辐射 (315~400nm) 则被晶状体表面吸收；只有可见光 (400~700nm) 和波长为 700~1400nm 的近红外辐射，才能够通过角膜和晶状体，被聚焦到视网膜上。人眼系统的透光率 T 与波长之间的关系曲线如图 7.1.10 所示。

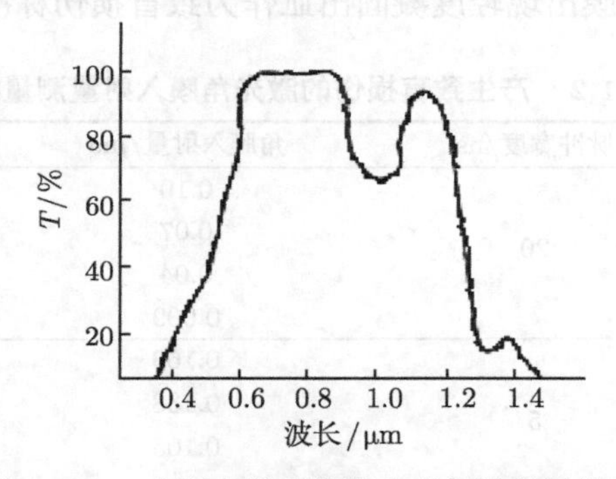

图 7.1.10　人眼光学系统透光率与波长的关系

激光对视网膜的伤害还与视网膜对光的吸收有关，吸收系数 A 越大，对视网膜损伤也越大。所以，视网膜受损程度是由眼睛的光学透过率与视网膜吸收系数的乘积，即视网膜的有效吸收率来决定的。图 7.1.11 为视网膜的有效吸收率 $T \times A$ 与光波波长之间的关系。从中可以看出，Nd: YAG 倍频的 0.53μm 光和 0.69μm 红宝石激光的对应 $T \times A$ 值分别为 65%和 54%，由于眼睛的血红蛋白的吸收峰值为 0.542~0.576μm，所以 0.53μm 的激光对视网膜的损伤最为严重。

激光对人眼系统的伤害不仅体现在视网膜上，如果激光的入射能量足够强，也可以对眼角膜等造成损伤。角膜吸收过量的紫外辐射会引起光致角膜炎，使眼睛疼痛难忍，如果辐射能量进一步加大，则将引起角膜乃至其后晶状体的永久性损伤；中红外和远红外区波段的激光则可以引起角膜发热，引起痛感。但由于没有晶状体的汇聚作用，需要较高能量密度的激光才能够对眼角膜造成损伤，一般的致盲激光武器无法完成这一任务。能够伤害角膜的激光器有 CO_2、CO、HF 和 DF 激光器等。

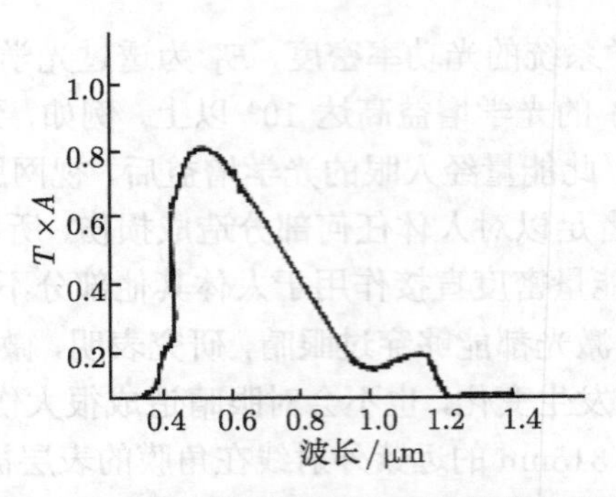

图 7.1.11 视网膜有效吸收率与波长的关系

确定人眼的激光损伤阈值和致盲阀值是一项复杂的工作，本书不做过多阐述。表 7.1.2 给出了以视网膜出现轻度凝固出血作为致盲损伤标准的实验测量结果。

表 7.1.2 产生致盲损伤的激光角膜入射量测量结果

波长/μm	脉冲宽度/ns	角膜入射量/mJ	损伤发生率/%
0.53	20	0.10	97
		0.07	83
		0.04	75
		0.009	9.5
	5	0.169	79
		0.138	85
		0.105	70
		0.07	51
1.06	20	3.9	94
		19	83

2. 对皮肤的损伤

激光对皮肤的损伤主要是烧伤。烧伤通常分为三个等级，Ⅰ度烧伤是指皮肤表层变红，Ⅱ度烧伤产生水泡，Ⅲ度烧伤将使皮肤的整个外层遭到破坏。大致来说，$12W/cm^2$ 的功率密度会引起Ⅰ度烧伤，$24W/cm^2$ 的功率密度会引起Ⅱ度烧伤，$34W/cm^2$ 的功率密度则会引起Ⅲ度烧伤。

皮肤烧伤的阈值依赖于波长和皮肤颜色，深色皮肤会吸收更多的激光能量从而更容易变热。同时，皮肤的反射也起着重要的作用。图 7.1.12 中表示皮肤的光谱反射特性，其中虚线适合白种人的皮肤，而实线适合黑色人种。由图可以看出，两种肤色的反射特性只在可见光和近红外谱区才有明显差异，而在紫外和中-远红外谱区则趋于一致。此外，曲线的形状还表明，皮肤可以反射可见光和近红外谱区的大部分太阳光辐射，从而表明其对自然环境的适应性。即使是图 7.1.12 中较低的一条曲线，也表明在太阳光辐射的峰值范围具有相对高的反射率。在远红外谱区，两种颜色的皮肤反射率都很低，这意味着吸收率将会很高。

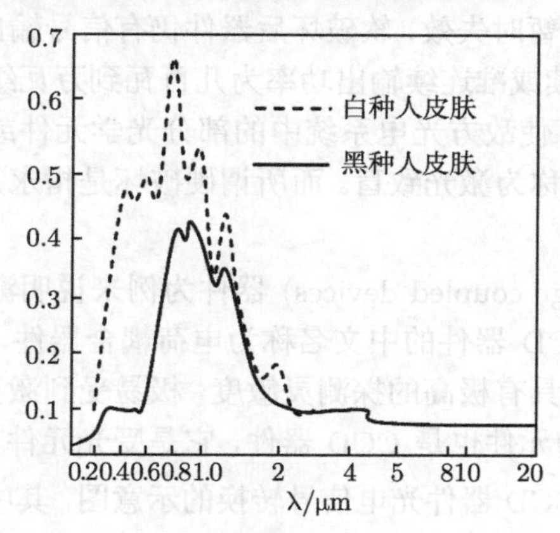

图 7.1.12　人类皮肤对光的反射谱

早在 20 世纪 60 年代，美国军方就对辐射导致皮肤损伤的能量阈值 (一般用单位面积皮肤吸收的能量表示)，或“最小作用剂量”进行了大量研究。结果表明，皮肤损伤能量阈值依赖于激光波长、照射皮肤的方式、照射时间，并与皮肤种类有关。表 7.1.3 给出了部分试验数据，需要指出的是不同工作方式的激光器输出的激光功率密度不一样，一般来说短脉冲激光的功率密度要高一些，同时由于热扩散影响比较小，短脉冲激光的能量损伤阈值要低一些。

表 7.1.3　激光致皮肤的损伤阈值

激光类型	波长/μm	工作方式	照射时间/s	皮肤	损伤阈值/(J/cm^2)
红宝石	0.694	标准脉冲	2.5×10^{-3}	白	11~20
				黑	2.2~6.9
		调 Q 脉冲	75×10^{-9}	白	0.25~0.34
				黑	0.25~0.30
CO_2	10.6	快门脉冲	1.0	白	2.8
				黑	2.8
钕玻璃	1.060	调 Q 脉冲	75×10^{-9}	白	4.2~5.7
				黑	2.6~3.0
Nd:YAG	1.064	快门脉冲	1.0	白	48~78
				黑	46~60

二、激光对光电器件的致盲和损伤

在现代信息化作战条件下，大量的光电器件在各种武器系统中发挥着重要的作用，尤其是各种光电探测器在精确制导武器中得到了广泛应用。随着激光武器的发展，利用激光辐照来破坏光电探测器和光电器件成为激光武器的重要应用之一。

激光对光电探测器的破坏效应可分为软破坏和硬破坏。所谓软破坏是指光电材料或器件的功能性退化或暂时失效，软破坏后器件仍有信号输出，但信噪比会大大降低。例如，当激光的连续或准连续输出功率为几百瓦到万瓦级水平或单脉冲输出能量在 10J 以上时，就可使敌方光电系统中的部分光学元件或光电传感器损坏而致盲失效，这种干扰形式称为激光致盲。而所谓硬破坏是指永久性破坏，被破坏器件无信号输出。

下面以 CCD(charge coupled devices) 器件为例来说明激光辐照对光电探测器所引起的各种效应。CCD 器件的中文名称为电荷耦合器件，是红外成像制导导弹导引头的核心部件，它具有极高的探测灵敏度，极易受到激光的干扰和损伤。数码相机中把光转化为电的元件也是 CCD 器件，它是受光元件 (像素) 的集合体。

图 7.1.13 给出了 CCD 器件光电信号转换的示意图，其中图中的小方块代表像素，点线代表该像素输出的总信号，总信号是热噪声信号和实际输出信号的总和，总信号通过减法器转化为实际输出信号，实际输出信号只有在光照射该像素点的条件下才有信号产生。与实际输出信号不同，热噪声信号的大小仅与该像素点的温度有关，若温度始终大于绝对零度，则热噪声信号总是存在。

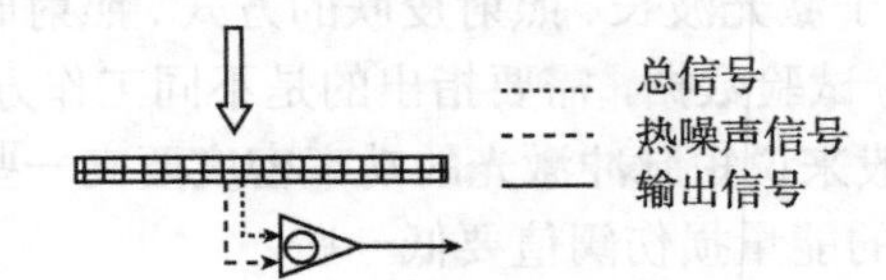

图 7.1.13　CCD 器件光电信号转化示意图

图 7.1.14 给出了激光干扰 CCD 成像原理示意图。在正常工作条件下，CCD 器件主要工作在线性区，即输出信号与光强度成正比，在接收的光强度较弱时，输出信号为黑色，随着接收光强度的增加，输出信号将由黑转白。假设此时所成的像如图 7.1.15(a) 所示。当激光辐照时，由于激光光强度远大于外界物光的光强度，此时将使 CCD 器件工作在饱和区，即无论外界的光强如何变化，该像素点所成的像都是白色，如图 7.1.15(b) 所示，即发生了干扰。当激光强度进一步增加，各个像素点的输出信号将不再保持独立，即周围像素点的输出信号将受到激光所照像素点的影响，这些像素点的输出信号将全为白色，即产生串扰，如图 7.1.15(c) 所示。当光强度再进一步增加，由于光能量在 CCD 器件上不断累积，造成 CCD 器件温度升高，热噪声信号随之增大，最后仅热噪声信号就可以使像素点达到饱和，即进入热饱和区，此时所成的像将会是完全的黑色，无法看到物象的颜色和轮廓，即发生了激光致盲，如图 7.1.15(d) 所示。需要指出的是，此时如果将辐照的激光移开，CCD 耦合器件将恢复到正常状态，即激光没有对 CCD 器件造成永久性损伤。这实际上就是激光干扰的主要内涵。

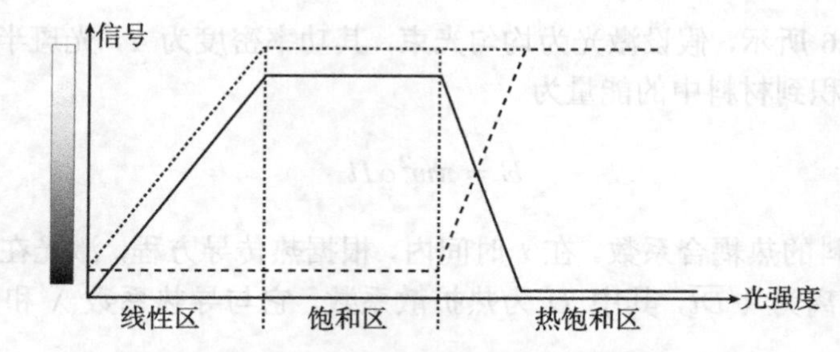

图 7.1.14　激光干扰 CCD 器件成像原理示意图

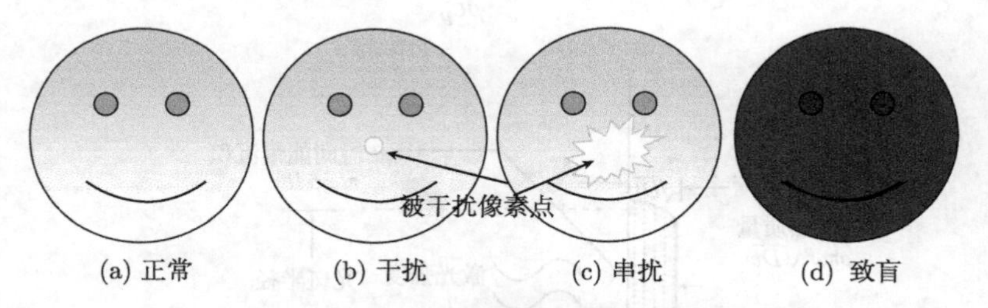

图 7.1.15　CCD 器件成像随激光强度变化的关系

当激光强度进一步增强时，不断沉积的能量将使探测器的温度进一步升高，造成探测器的不可逆热破坏，甚至使探测器材料熔化、气化。光电探测器中的光学材料，如光学镜头等，大多属于脆性材料，由于激光辐照下温度分布的非均匀性，导致各个区域热膨胀的差异，产生应力分布。当产生的热应力较高时，将会使光学材料发生龟裂，变得不透明，热应力较大的条件下甚至使光学材料完全破裂。这一类破坏属于永久性损伤。

三、激光对材料和结构的热–力学损伤

针对激光辐照下材料的主要响应机制，可以将激光对材料的毁伤简单分为热效应和力学效应两大类。其中热效应主要指的是激光辐照下，材料温度升高，使材料软化，强度下降，进而发生熔化甚至气化；力学效应则是由于激光强度较强，使辐照面的材料剧烈气化，由于动量守恒，气化反冲将形成向材料内部传播的应力波，当应力波强度较大时，使材料发生层裂或剪切破坏。

1. 热效应

热效应的关键参数有材料的熔化激光强度阈值、气化激光强度阈值和相应的烧蚀速率。其中，激光强度阈值指的是使材料在单脉冲时间内发生熔化或气化的最小激光强度①。

下面在平面一维假设下，先计算使材料熔化和气化所需激光能量密度的最小

①激光强度由激光器出光功率和光斑面积决定，常用功率密度表示。

值。如图 7.1.16 所示，假设激光为均匀光束，其功率密度为 I，光斑半径为 w，则在 t 时间内沉积到材料中的能量为

$$E = \pi w^2 \alpha I t \tag{7.1.7}$$

其中，α 为材料的热耦合系数。在 t 时间内，根据热传导方程，激光在材料中沉积能量传播的距离为 $\sqrt{Dt}$，其中 D 为热扩散系数，它与导热系数 λ 和定压比热 c_p 之间的关系为

$$D = \frac{\lambda}{\rho c_p} \tag{7.1.8}$$

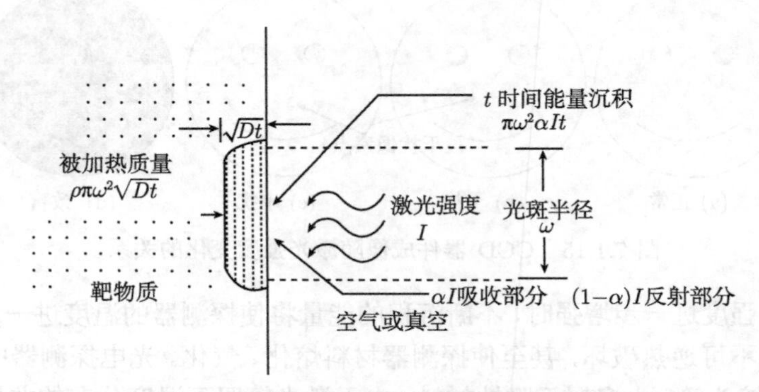

图 7.1.16　平面一维假设下激光束对材料的加热示意图

忽略材料的热膨胀，由此可以得到被加热的材料质量为 $M = \rho\pi w^2\sqrt{Dt}$，假设此时被加热部分材料的温度升高了 ΔT 且温度均匀，根据能量守恒则有

$$M c_p \Delta T = \pi w^2 \alpha I t \tag{7.1.9}$$

如果使材料升温到了熔化温度 T_{m}，则 $\Delta T = T_{\mathrm{m}} - T_0$，$T_0$ 为材料的初始温度。可以求得单脉冲时间 t_p 内，使材料熔化的最小激光强度阈值为

$$I_{\mathrm{m}} = \rho c_p (T_{\mathrm{m}} - T_0)\sqrt{D/t_p}/\alpha \tag{7.1.10}$$

从上式可以看出，热耦合系数 α 在激光与材料相互作用中影响很大。一般条件下，热耦合系数与激光频段和材料性质有很密切的关系，且变化很大。对大多数材料而言，红外波段的激光热耦合系数在百分之几左右，可见光波段的激光热耦合系数在百分之几十左右。

在实际军事应用中，很多时候仅仅使目标达到熔化温度还不足以损伤目标。通常希望在目标辐照面烧蚀出一个孔洞。一旦激光强度超过熔化阈值，形成烧蚀孔洞的时间则是军事中主要关注的问题，通常由烧蚀速率 v_{m} 来描述孔洞发展的快

慢，它表示烧蚀孔深随时间的变化率。如果假设完全熔化后的材料瞬时离开烧蚀孔，则可以计算出烧蚀速率的大小。当烧蚀发生时，在 $\mathrm{d}t$ 时间内，被烧蚀掉的质量为 $\mathrm{d}M = \rho\pi w^2 v_\mathrm{m}\mathrm{d}t$，相应地烧蚀所需的能量为 $\mathrm{d}E = [L_\mathrm{m} + c_p(T_\mathrm{m} - T_0)]\mathrm{d}M$，其中 L_m 为熔化潜热；此时间内所吸收的激光能量为 $\mathrm{d}E = \pi w^2 \alpha I \mathrm{d}t$。当烧蚀速率恒定时，激光所提供的能量和被熔化物质所带走的能量相等，可以求得烧蚀速率

$$v_\mathrm{m} = \alpha I/\rho[L_\mathrm{m} + c_p(T_\mathrm{m} - T_0)] \tag{7.1.11}$$

如果熔化后的材料无法立即离开烧蚀孔，而只能靠所吸收的激光能量将熔融物质气化，使其离开，则采用相同的办法可以计算得到使材料气化的激光强度阈值为

$$I_v = [\rho c_p(T_v - T_0) + \rho(L_\mathrm{m} + L_v)]\sqrt{D/t_p}/\alpha \tag{7.1.12}$$

式中，T_v 和 L_v 分别为材料的气压温度和气化潜热。相应的气化烧蚀速率为

$$v_v = \alpha I/\rho[L_\mathrm{m} + L_v + c_p(T_v - T_0)] \tag{7.1.13}$$

一般情况下，相对于熔化烧蚀，气化烧蚀所需要的激光强度高了近一个数量级，气化烧蚀速率则慢了一个数量级。这也基本反映了材料气化潜热大于熔化潜热一个数量级左右的事实。

2. 力学效应

激光对材料的力学效应主要是由材料气化反冲所形成的反冲冲量的作用所引起的。如果反冲冲量很强，则可以使靶目标变形甚至冲孔。这种情况下并不需要将所有材料完全气化，因而所需激光能量相对较少，但是需要激光具有较高的强度。

描述激光与材料相互作用力学效应的主要参数是比冲量，一般用冲量耦合系数 S^* 表示，它定义为激光辐照下材料气化反冲在靶表面所产生的压力 p 与入射激光强度 I 之比。研究表明，反冲压力 p 近似为

$$p = (kT_v/M)^{1/2}(\alpha I/L_v) \tag{7.1.14}$$

其中，M 为气化物质的相对分子质量，α 为材料的热耦合系数。由此可以得到冲量耦合系数为

$$S^* = p/I = (kT_v/M)^{1/2}(\alpha/L_v) \tag{7.1.15}$$

不难发现，冲量耦合系数仅与具体的材料参数相关，对于大多数材料，冲量耦合系数在 1~10dyn·s/J①。

需要施加多少压力或冲量才能够破坏目标，与材料具体的破坏阈值相关。图 7.1.17 给出了材料发生力学破坏时的示意图。假设材料发生破坏时所需体积应变为 e^*，$e^* = \Delta V/V$，达到该应变所需施加的应力为 p^*，即材料达到破坏应变所需的最

①$1\mathrm{dyn} = 10^{-5}\mathrm{N}$。

小能量密度为 p^*e^*。假设 V 为发生冲孔时被冲孔部分材料的体积，则使这部分材料冲孔所需能量为 Vp^*e^*。

如果这部分材料是无约束的，则激光辐照使辐照面剧烈气化可以使该部分材料获得运动速度。假设激光强度为 I，根据冲量耦合系数的定义，靶表面所受的压力为 $p=S^*I$。辐照时间 t_p 内所施加的冲量为

$$S=\pi w^2pt_p=\pi w^2S^*It_p \tag{7.1.16}$$

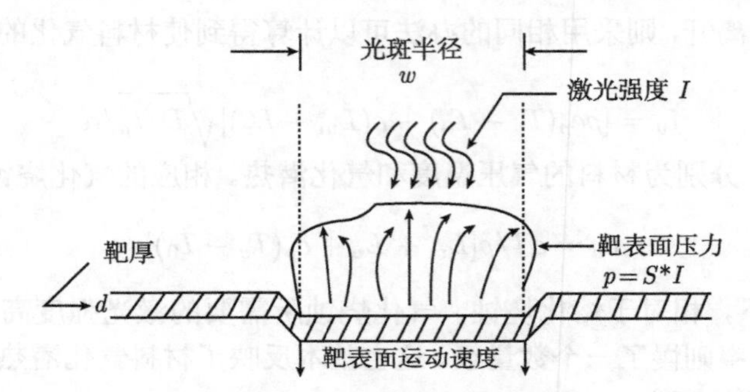

图 7.1.17　激光辐照引起材料冲孔破坏示意图

假设材料厚度为 d，此部分材料的质量 $M=\rho\pi w^2d$，则此部分材料所获的动能为 $S^2/2M$。若要将它从靶目标中冲塞出来，显然必须满足

$$S^2/2M\geqslant Vp^*e^*=\pi w^2dp^*e^* \tag{7.1.17}$$

于是可以求得激光辐照使材料发生力学破坏的阈值条件为

$$It_p\geqslant(2\rho p^*e^*)^{1/2}d/S^* \tag{7.1.18}$$

对于冲量耦合系数为 3dyn·s/J 的材料，图 7.1.18 给出了使靶材发生力学破坏所需激光强度与脉冲时间和靶材厚度的关系。可以看出对于具有一定厚度 (0.1cm 以上) 的靶材发生力学破坏所需激光强度至少为 10^7W/cm^2 和单位面积所需能量为 $10^3\sim10^4\text{J/cm}^2$。

需要指出的是，由于大气传输效应的影响，到达目标表面功率密度的大小并非激光武器系统本身的发射功率密度。同时，由于反射的存在，即使传播到材料表面的激光能量也并非全部被材料吸收，对于表面光泽性良好的金属材料尤其如此。另外，在激光辐照物体的过程中，还可能会产生其他效应，因此，在实际使用过程中，要使材料达到激光破坏，对激光武器的要求将会更高。

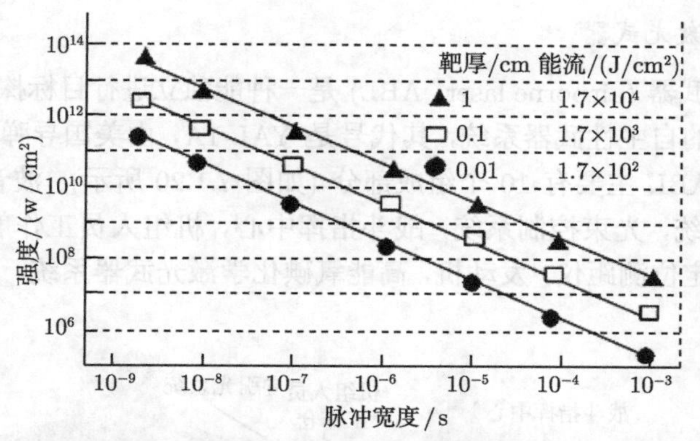

图 7.1.18　力学破坏激光强度阈值与脉冲时间和靶材厚度的关系

7.1.4　典型激光武器系统

激光自问世以来，由于其独特的性质，得到了广泛的应用，而如何将其应用到军事中来，更是受到了各军事强国的重视，也取得了一定的进展。鉴于美军在该领域的绝对优势地位，下面简单介绍一下美军发展的几种激光武器系统。

一、地基激光武器

地基激光武器的优势是其质量和尺寸不受限制，但主要难点在于克服大气湍流导致的激光变形。1979 年，美国首次使用地基氟化氘激光器进行了照射模拟卫星推进系统的破坏效应试验，使洲际导弹上的助推器破裂。1980 ～ 1994 年间，美国陆军使用多种激光器进行了大量的反卫星模拟试验，积累了大量经验。1994 年 8 月，美国国防部将地基激光武器列为重点项目后，进一步加快了研制步伐。1997 年 10 月，美陆军在白沙靶场进行了首次激光反卫星试验。试验的成功标志着美国的地基激光武器已经初步具备了反卫星的实战能力。图 7.1.19 为美军陆基战术激光武器系统。1998 年以来，美国陆军通过一系列试验，进一步提高了地基激光武器跟踪卫星和将激光长时间聚焦在卫星特定部位的能力，目前地基激光武器系统已接近实战化。

图 7.1.19　美军陆基战术激光武器系统

二、机载激光武器

机载激光武器 (airborne laser，ABL) 是一种能独立进行目标探测并实施“外科手术式”攻击的自主性武器系统，其代号是 YAL-1A，由美国导弹防御局管理，美国空军实施。ABL 主要有 10 个组成部分 (如图 7.1.20 所示)：波音 747-400 座机，激光束发射系统，光束控制系统，战斗指挥中心，机组人员工作舱，导引光系统，储备仓，激光定位测距仪，发动机，高能氧碘化学激光武器系统。

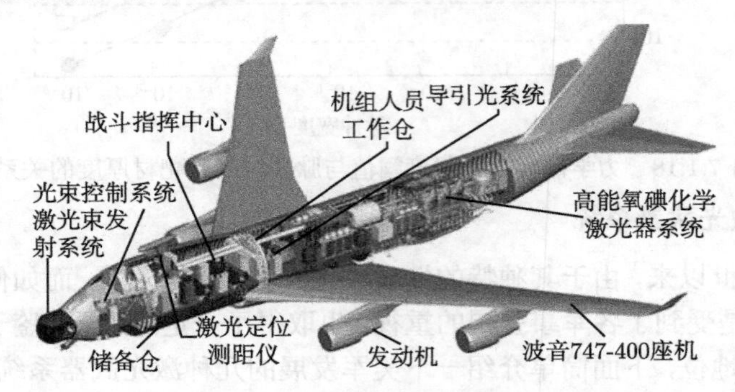

图 7.1.20　ABL 机载激光武器系统组成

ABL 激光武器的主要战技指标为：以波音 747-400F 飞机为作战平台，飞行高度为 12~15km；发射镜直径为 1.5m；发射功率为 2~3MW；可以将 300km 范围内的固体发动机导弹或 600km 范围内的液体发动机导弹彻底击毁；加足一次燃料可发射 30~40 次，每次发射时间为 3~5s；每次攻击间隔时间为 1~2s；目标跟踪与瞄准误差在亚微弧度量级；从目标捕获到摧毁和评估的时间约为 12s。2009 年 2 月 12 日，ABL 激光武器上安装的 MW 级高能化学氧碘激光器成功进行了多次长时间出光，每次发出杀伤激光束的时间长达 3s。

ABL 激光武器系统主要用于拦截助推段飞行的弹道导弹，也具有反巡航导弹、反飞机、反卫星以及飞机自卫的潜力。

三、舰载激光武器

1977 年，美国海军开始实施“海石 (Sea Lite)”计划，其目的是建造更接近实用的舰载高能激光武器。1983 年初，美军在新墨西哥州白沙导弹靶场建立了高能激光武器系统实验装置 (high energy laser systems test facility，HELSTF)，作为舰载高能激光武器的试验平台，其中的主要部件包括氟化氘 (DF) 中波红外化学激光器 (MIRACL，功率 2200kW) 和“海石”光束定向仪 (SLBD，孔径 1.8m) 等 (如图 7.1.21 所示)。

研究表明，MIRACL 高能激光器的 3.8μm 波长激光在沿海环境下热晕效应严重，难以达到预期效果，因而美海军于 1995 年宣布放弃“海石”计划，而启动了高能自由电子激光武器计划，并认定 1.6μm 波长的激光在沿海环境下热晕效应最小。与其他各类激光器相比，自由电子激光器同时具有波长可调、输出功率强和效率高等特点。1996 年海军与能源部签订了联合发展 MW 级舰载自由电子激光器 (FEL) 装置计划，研制成功了一台 3.1μm 的 FEL，平均输出功率为 1.7 kW，脉宽 1ps，重复频率 75MHz。在此基础上，该激光器于 2002 年升级，1～10μm 波长 FEL 平均功率达到 10kW，0.2～1μm 波长 FEL 平均功率超过 1kW，波长调节范围达到 0.2～60μm。

海军舰载自卫激光武器目前尚处在概念研究和试验论证阶段，还存在许多物理、工程和系统问题尚待解决。

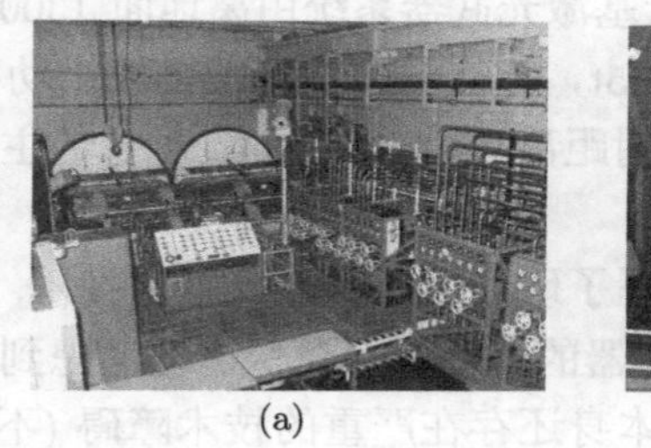
(a)

(b)

图 7.1.21　HELSTF 中的激光器 MIRACL(a) 和光束定向器 SLBD(b)

四、车载激光武器

车载激光武器的重要功能是利用激光对抗火箭弹和炮弹，以反导为目的，旨在弥补陆军中程和远程反导武器系统的不足。

2008 年 8 月，美国雷神公司开发了一款可用于战场的新型激光炮 ——“密集阵” 激光器，用以击落飞行的导弹和迫击炮弹。2009 年 2 月，由美军和波音公司联合开发的 “激光复仇者 (Laser Avenger)” 悍马车载激光武器系统 (如图 7.1.22 所示)，在白沙导弹试验场进行了测试，成功地击落了 3 架无人飞机。传统的防空武器很难对无人机进行有效拦截，因此 “激光复仇者” 系统的出现使得无人机在未来战场面临越来越大的威胁。

(a)

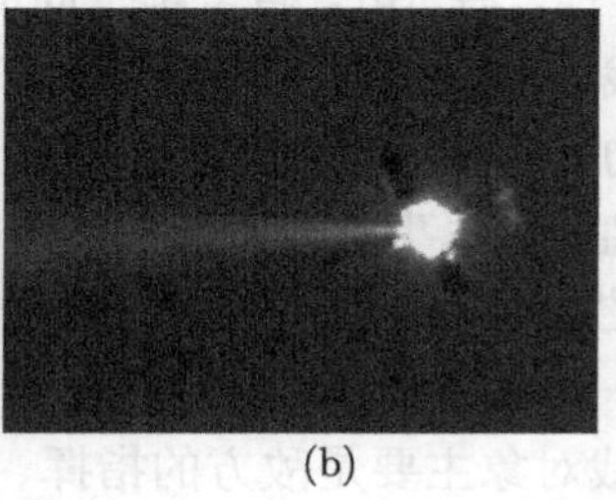
(b)

图 7.1.22　“激光复仇者” 车载激光武器 (a) 和打击无人机瞬间 (b)

“激光复仇者”系统采用的是美国 IPG Photonics 公司的 GaAs 二极管固体激光器。固体激光器采用电力作为动力源，而且体积足够小，可以装备在战斗机、无人机、高机动性多用途轮式车甚至吉普车上，实现机动作战。值得一提的是，在“激光复仇者”系统完成拦截无人机试验后不久，即 2009 年 3 月中旬，诺格公司宣布研制出了一种功率约 100kW 的固态激光器，这种激光器足以用来摧毁火箭弹、迫击炮弹、无人机和巡航导弹等。

五、天基激光武器

同时，美国还在积极发展天基激光武器，美国导弹防御局于 20 世纪 80 年代启动了天基激光武器计划, 其概念是: 天基激光武器系统由离地面 1300km 的 24 颗可发射激光的卫星组成，每颗卫星重约 35t，直径 8m，激光器的输出功率 12~16MW，采用 8~12m 直径的大型发射镜，作用距离可达 4000km，对付的主要目标是洲际弹道导弹。

经过数十年的努力, 美国已经掌握了研制天基激光武器的技术, 并成功进行了 MW 级阿尔法化学激光器与光束定向器的地基综合试验。但考虑到军事需求和国际政治影响, 加之天基激光武器系统本身还存在严重的技术障碍 (不论是空间发射能力，大口径光学部件，还是激光器本身，都存在着严峻的挑战，需要在多方面取得突破)，美国国会在 2002 年 10 月否决了继续为该项目提供资金的申请, 天基激光武器整合飞行试验就此终止, 长达 20 多年的天基激光武器系统研究暂告一段落。然而, 美国导弹防御局表示会继续支持天基激光武器核心技术的发展, 并将天基激光武器项目转变为激光技术发展项目。

7.2 高功率微波武器

进入 21 世纪以来，军用电子系统向综合化、集成化发展，通信、雷达、导航、电子仪器以及各种武器监控、目标识别及定位、军事指挥等方面均广泛地实现了信息化和智能化，这极大地提高了武器系统的综合效能。在未来战争中，信息体系将构筑于空、天、地、海、电、磁全维空间的各个信息节点上，并形成立体战场空间的信息网。对战场敌我双方的任何一方信息节点的破坏、切断，都将引起指挥、通信、控制系统的瘫痪或失灵，从而造成战斗力锐减或丧失。针对武器系统中电子系统的相对脆弱性，各军事大国开始发展电磁脉冲武器。所谓电磁脉冲武器，是指能产生强烈的电磁辐射，并通过短暂的电磁脉冲辐照来破坏雷达、通信、计算机等电磁相关设备的一种武器系统，国外称之为 EMP(electric magnetic pulse) 武器。电磁脉冲武器的作战对象主要是敌方的指挥、通信、信息及武器系统，它能够对较大范围内的各种电子设备的内部关键部件同时实施压制性和摧毁性的杀伤。所以，它是一种性能独特、威力强大、软硬杀伤兼备的信息化作战武器。

电磁脉冲武器分为闪电型、核爆炸型、高功率微波型、超宽带窄脉冲型、广义扩展型 (如光波脉冲) 等多种类型，其中，高功率微波武器 (high power microwave weapon，HPMW) 是与激光武器和粒子束武器同时发展的三大定向能武器之一。本节将重点介绍以高功率微波武器为代表的电磁脉冲武器。

7.2.1　微波概述

微波是一种电磁波 (如图 7.2.1 所示)，具有相对较长的波长和相对较低的频率。一般地，微波指频率在 300MHz~300GHz 之间，波长在 1m(不含 1m) 到 1mm 之间的电磁波，是分米波、厘米波和毫米波的统称。微波的基本性质通常表现为穿透、反射、吸收三个特性。对于玻璃、塑料和瓷器，微波几乎是穿越而不被吸收。对于水和食物等则会吸收微波而使自身发热。对金属类物质，则会反射微波。

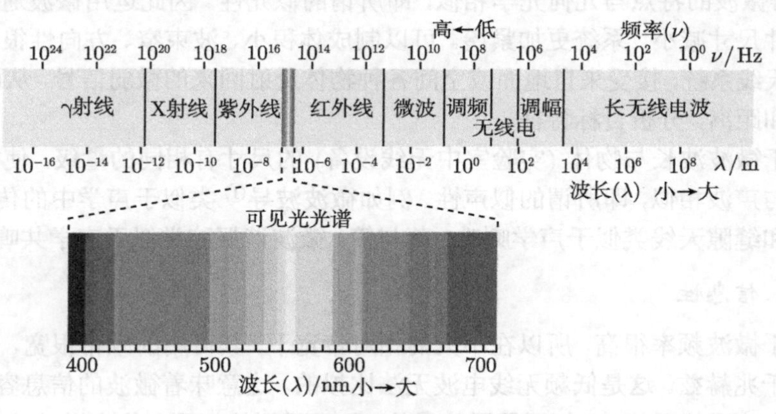

图 7.2.1　电磁波波谱及微波位置

从电子学和物理学来看，微波具有不同于其他波段的重要特点。

一、穿透性

微波比其他用于辐射加热的电磁波，如红外线的波长更长，因此具有更好的穿透性。微波透入介质时，由于介质损耗引起介质温度的升高，使介质材料内部、外部几乎同时加热升温，形成体热源状态，大大缩短了常规加热中的热传导时间。

二、选择性加热

物质吸收微波的能力主要由其介质损耗因数① 决定。介质损耗因数大的物质对微波的吸收能力强，相反，介质损耗因数小的物质吸收微波的能力弱。由于各物

①介质损耗因数又称介质损耗角正切、介电损耗角正切，表征电介质材料在施加电场后介质损耗大小的物理量，以 tgδ 表示，δ 是介电损耗角。该参数表征的是每个周期内介质损耗的能量与其贮存能量之比。

质的损耗因数存在差异，微波加热就表现出选择性加热的特点。例如，水分子属极性分子，介电常数较大，其介质损耗因数也很大，对微波具有强吸收能力。而蛋白质、碳水化合物等的介电常数相对较小，其对微波的吸收能力比水小得多。因此，对于食品来说，含水量的多少决定了加热效果的高低。

三、热惯性小

微波对介质材料的作用特点是瞬时加热升温，能耗低。而且当微波的输出功率随时间调整时，介质温升可无惯性地随之改变，不存在"余热"现象，有利于自动控制。

四、似光性和似声性

与地球上的一般物体 (如飞机、舰船、汽车、建筑物等) 尺寸相比，微波波长很短，使得微波的特点与几何光学相似，即所谓的似光性。因此运用微波通信，能使电路元件尺寸减小，系统更加紧凑。可以制成体积小、波束窄、方向性很强、增益很高的天线系统，接受来自地面或空间各种物体反射回来的微弱信号，从而确定物体方位和距离，分析目标特征。

由于微波波长与物体 (实验室中无线设备) 的尺寸有相同的量级，使得微波的特点又与声波相似，即所谓的似声性。例如微波波导[①] 类似于声学中的传声筒；喇叭天线和缝隙天线类似于声学喇叭、萧与笛；微波谐振腔类似于声学共鸣腔。

五、信息性

由于微波频率很高，所以在不大的相对带宽下，其可用的频带很宽，可达数百甚至上千兆赫兹。这是低频无线电波无法比拟的。这意味着微波的信息容量大，所以现代多路通信系统，包括卫星通信系统，几乎无例外都是工作在微波波段。另外，微波信号还可以提供相位信息、极化信息、多普勒频率信息，在目标检测、遥感目标特征分析中有十分重要的应用，如图 7.2.2 所示。

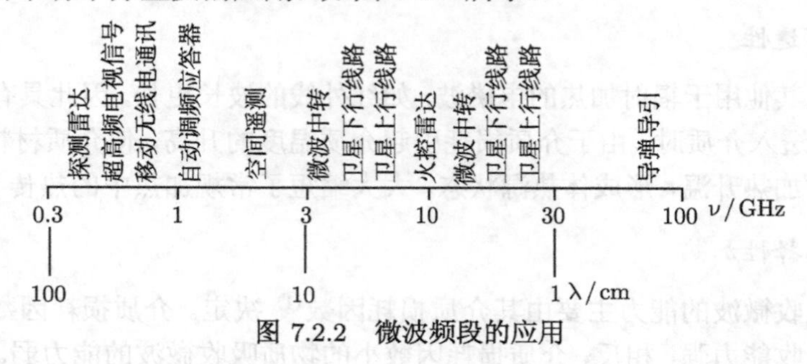

图 7.2.2　微波频段的应用

① 微波波导是微波频段传输电磁波能量的主要元器件。依靠各种截面形状的波导，可完成微波传送，相互连接耦合以及改变传送方向等传输任务。

7.2.2　高功率微波武器 (HPMW)

高功率微波武器是一种利用高功率微波束毁坏和干扰敌方武器系统、信息系统和通信链路中的敏感电子部件以及杀伤作战人员的定向能武器，又称射频武器。这种武器辐射的频率一般在 1GHz~300GHz 范围内，峰值功率超过 100MW。

一、高功率微波武器的组成

微波武器属于一种武器系统，其除了一般武器必备的捕捉、跟踪、瞄准等用的辅助系统外，还包括能源系统、高功率微波产生系统、发射天线。微波武器基本组成如图 7.2.3 所示。

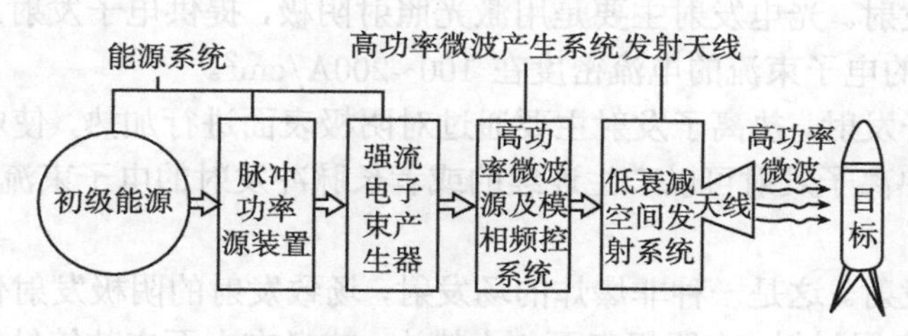

图 7.2.3　高功率微波武器系统的构成

1. 能源系统

能源系统一般包括初级能源、脉冲功率源和强流电子束产生器。微波武器的能源系统，实际上是一种把电能或化学能转换成高功率电能脉冲，并再转换为强流电子束流的能量转换装置。

1) 初级能源

高功率微波武器使用的初级能源可以是多种多样的，电能、化学能或核能等均可以作为初级能源。

2) 脉冲功率源

微波武器之所以能对人员和装备造成杀伤，是因为它所发射的微波束具有很高的能量。产生具有很高功率的微波束，必须首先产生强流电子束，而要产生强流电子束就必须有高电压作保证。产生微波的强流电子束是一种脉冲强流电子束，因此，在微波武器的能源系统中，必须有一个合适的脉冲功率装置，把初级能源转化为脉冲高电压，提供给强流电子束产生装置。

脉冲功率源主要由脉冲储能系统和脉冲形成网络等组成。它通过能量储存设备向脉冲形成网络中放电，将能量压缩成功率高得多的窄脉冲。然后将高功率电能脉冲输送到强流脉冲型加速器，转换成强流电子束流。脉冲功率源主要有电容储能 (脉冲线) 型高功率脉冲电源、电感储能型高功率脉冲电源和直线感应加速器或爆炸磁压缩发生器等类型。

3) 强流电子束产生器

强流电子束产生器主要是各种加速器，如强流脉冲加速器，也可以是射频加速器或感应加速器。这些加速器接受由脉冲功率装置提供的高电压，产生强流电子束提供给高功率微波发生器。

微波武器所发射的高功率微波，其能量来自电子束或电子层中电子的动能。如果发射的高能微波功率在 GW 级，一般在 1~10GW，那么，它所需要的电子束流强度应当是 1kA 到几十 kA，同时，还要求电子束应具备所要求的横截面积和密度。

要想产生高功率微波源所用的电子束，方法有多种，归纳起来主要有四种机制，按发射电流递增的顺序，分别是：

(1) 光电发射。光电发射主要是用激光照射阴极，提供电子发射用的能量，光电发射所产生的电子束流的电流密度在 100~200A/cm^2。

(2) 热离子发射。热离子发射主要通过对阴极表面进行加热，使电子获得能量而逸出，通过热离子发射可以产生连续的或者长脉冲发射的电子束流，电流密度为 140 A/cm^2。

(3) 场致发射。这是一种非爆炸的场发射，场致发射的阴极发射体表面采用石墨、聚合物或金属材料，在阴极表面刻上槽沟，或者在上面安装钨针之类的微针阵列，以便增强电场和引起非爆炸的场发射。场致发射的电子束流的电流密度可达几百 A/cm^2 至几千 A/cm^2。

(4) 爆炸发射。爆炸发射是由电流加热引起爆炸而形成等离子体，再从等离子体阴极发射电子束流。爆炸发射通常在阴极施加外加电场，使阴极表面的电场强度平均超过 100kV/cm，由于阴极的表面固有一些毛刺或 "胡须" 之类的微尖将使电场增强，阴极上的毛刺首先发生场致发射，电流在短时间内迅速增大，通常在几纳秒的时间内，由电流加热引起爆炸而形成等离子体。阴极的各个分立毛刺爆炸形成的等离子体迅速膨胀，在 5~10ns 内合并成一个均匀的 "等离子体阴极"，从这个等离子体阴极就会发射出电流更大 (通常可达 10kA/cm^2) 的电子束流。

由上述论述可见，初级能源、脉冲功率源装置和强流电子束产生器构成一个强流电子束加速器。它的实质是高功率微波产生器的一个能源装置，为产生高功率微波做准备。

2. 高功率微波产生系统

高功率微波源是高功率微波产生系统的核心器件之一，它通过电子束与波的相互作用把电子束的能量转化为高频电磁波的能量。根据束-波相互作用的不同机制，微波武器常用的窄带高功率微波源大致可分为慢波器件、快波器件和空间电荷型器件。慢波器件包含 O 型器件和 M 型器件。O 型器件的典型代表有相对论返波振荡器 (RBWO)、相对论行波管、多波切伦科夫振荡器 (MWCG) 以及相对论衍射发生器 (RDG)、相对论速调管 (relativistic klystron) 等；M 型器件包括磁控

管 (magnetron) 及磁绝缘线振荡器 (MILO) 等；快波器件的典型代表有自由电子激光器 (FEL) 和相对论回旋管 (gyrotron) 等；空间电荷效应器件则主要指各种类型的虚阴极振荡器 (vircator)。上述慢波型微波源器件经过几十年广泛的研究，微波峰值功率已达到 GW 的水平，脉宽在几十纳秒到几百纳秒，频率主要集中在 L 波段到 X 波段，单个微波脉冲的能量为几十至上千焦耳，如 L 波段 MILO；单个脉冲输出功率超过 3GW，脉宽超过 40ns，如 X 波段 RBWO，报道的最高峰值功率为 3.7GW，脉宽约 10ns。而快波型器件，以相对论回旋管为典型代表，输出的功率从最开始的 W 量级到现在 MW 量级的水平，可连续工作，频率主要集中在毫米波段。

在众多的高功率微波源中，虚阴极振荡器具有一些特殊的优点，如结构简单、微波峰值功率高、对电子束质量要求较低等，因而容易发展成体积小、重量轻、使用可靠的实用化紧凑型高功率微波源。因此，虚阴极振荡器的研究吸引了各国科学家，特别是军事技术科学家的广泛重视。下面简单介绍一下虚阴极振荡器，其他器件的详情请参考高功率微波技术方面的相关论著。

虚阴极振荡器是产生高功率微波最有效的器件之一，它是由二极管和漂移管组成的。虚阴极振荡器的概念是 1979 年由沙利文提出的。虚阴极振荡器的工作原理如图 7.2.4 所示。当由高功率脉冲源产生的高压电脉冲加在二极管的阴极 (如图 7.2.4 中 1 所示) 和网状阳极 (如图 7.2.4 中 4 所示) 之间时，阴极爆炸并发射出强流电子束 (如图 7.2.4 中 5 所示)，强流电子束穿过阳极网进入漂移 (或波导) 管 (如图 7.2.4 中 3 所示)。如果进入漂移管的强流电子束流大于空间电荷限制电流 (空间电荷限制电流不是实际存在的电流，而是由电子能量和漂移管几何结构所决定的一个电流限定值) 时，进入的电子束就不能一直向前传播，而是在漂移管轴线上某个位置堆积起来，即在离阳极不远的地方形成一个虚阴极 (如图 7.2.4 中 7 所示)。这个虚阴极不是真实的金属阴极，而是由电子堆积而成的虚设阴极。这个虚阴极随时间周期性地来回振荡，于是就产生了微波发射。从腔的侧面 (如图 7.2.4 中 6 所示) 引出微波，再由高增益天线将微波定向地向目标辐射出去。

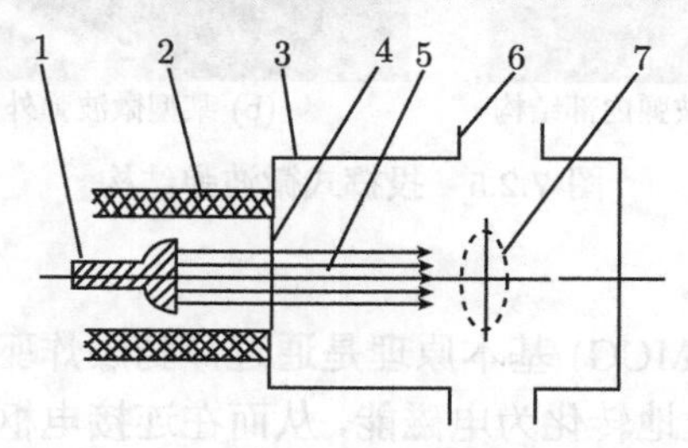

图 7.2.4　虚阴极振荡器工作原理

1. 阴极；2. 绝缘体；3. 波导管；4. 阳极；5. 强流电子束；6. 微波出口；7. 虚阴极

3. 发射天线

天线是高功率微波源和自由空间的界面。与常规天线技术不同，高功率微波定向能武器用的天线具有两个基本的特征：一是高功率，二是短脉冲。同时，为满足定向能武器的需要，天线应满足以下要求：很强的方向性，很大的功率容量，带宽较宽，并具有波束快速扫描的能力，重量、尺寸能满足机动性要求。

二、典型高功率微波武器

按照高功率微波武器的性能和用途，可以把微波武器分为两大类：可重复使用的微波束武器和微波弹。

1. 可重复使用的微波束武器

可重复使用的微波束武器主要是利用定向辐射的高功率微波波束破坏目标。这种微波束武器能全天候作战，可同时破坏几个目标，还完全有可能与雷达形成一体化系统，集探测、跟踪、杀伤功能于一体。虽然产生高功率微波的器件本身不太大，但由于所需的能源设备和辅助设备体积比较大，这种武器在机动性方面受到很大限制，基本上只能用固定阵地来发射。受到微波在大气中传输被吸收和衰减的影响，当攻击远距离目标时，功率和能量会受到很大影响。这里不对可重复使用的微波武器进行详细介绍，有兴趣的读者可参阅相关方面的书籍。

2. 微波弹

微波弹是能投送到很远距离对目标发挥作用的微波武器。微波弹一般可由火炮发射，或由巡航导弹或飞机运载，在目标上空释放高功率微波，对目标构成杀伤，其结构和作战示意图分别如图 7.2.5 和图 7.2.6 所示。微波弹采取了新的能源系统，其特点是体积小，便于弹载机动。目前，微波弹常用的脉冲电源主要有两种：爆磁压缩发生器和脉冲等离子体发电机。

(a) 微波弹内部结构

(b) 某型微波弹外形

图 7.2.5　投掷式微波弹结构

1) 爆磁压缩发生器

爆磁压缩发生器 (EMCG) 基本原理是通过炸药爆炸驱动电枢压缩定子产生磁场，把炸药的化学能有效地转化为电磁能，从而在连接电枢和定子的负载中实现电流和电磁能量的放大。根据回路的形状，可分为螺线管型发生器、同轴形发生器、条形发生器、平板形发生器、圆盘形发生器和圆柱形内爆发生器等，其中螺线管型

爆磁压缩发生器 (HEMCG) 因具有较大的初始电感，能俘获更多的初始磁通量，能量放大倍数比其他类型的 EMCG 大，且体积小、结构紧凑、带负载能力强，因而有着更为广泛的应用。目前微波弹多用螺线管型发生器。

图 7.2.6　微波弹作战示意图

下面以螺线管型爆磁压缩发生器为例，简单说明磁通压缩发生器的工作原理。螺线管型爆磁压缩发生器装置结构如图 7.2.7 所示，其工作过程为：当放电开关闭合时，储能电容器对螺线管、负载和电枢构成的回路放电，该电流作为种子电流；在电流快要达到最大值时，雷管被引爆，继而平面波发生器引爆主炸药，电枢膨胀，撬断开关闭合，螺线管、负载、电枢和撬断开关形成的回路俘获磁通；电枢膨胀形成锥筒自左向右推进，磁通量被压缩。由磁通量守恒可知回路中的电流增大，因此在负载中实现电流和能量的放大。

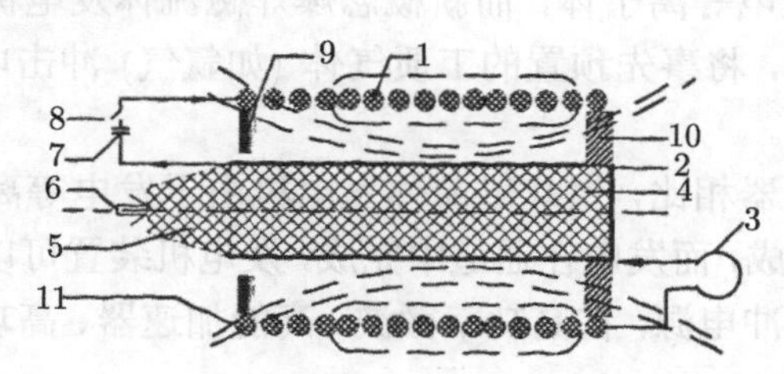

图 7.2.7　HEMCG 装置结构图

1. 螺线管；2. 电枢；3. 负载线圈；4. 主炸药；5. 平面波发生器；6. 雷管；7. 储能电容器；8. 放电开关；9. 撬断开关；10. 绝缘支撑；11. 磁力线

爆磁压缩发生器主要有以下特点。

(1) 输出电流脉冲强度高。目前爆磁压缩发生器输出电流可达 100 MA 量级，这是一般电容器组能源不可能达到的。

(2) 体积小、重量轻。由于炸药储能密度比电容器储能密度高四到五个量级，同时炸药化学能转换为电能的效率也较高 (约 10%)，因而在同等输出能力条件下爆磁压缩发生器的体积、重量比电容器组小得多。

(3) 爆炸性、单次性。由于炸药的破坏性，爆磁压缩发生器只能单次使用，不适合用于产生重复频率脉冲。同时爆磁压缩发生器的输出稳定性、重复性不如电容器组。

2) 脉冲等离子体磁流体发电机

脉冲等离子体磁流体发电机也可称为爆炸磁流体发电机 (MHDG)，由高能炸药、等离子体发生器、磁体、发电通道和测试系统等主要部分组成，其原理如图 7.2.8 所示。通过将高能炸药在专用的爆炸室中爆轰生成高温、高压等离子体，该等离子体在装有电极的通道中膨胀，快速切割通道中的磁场，在电极间感生脉冲电压，接在电极上的负载便可获得高功率电脉冲输出。

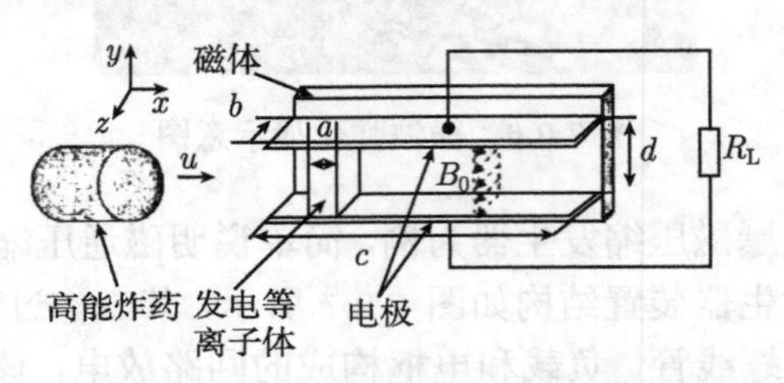

图 7.2.8 爆炸磁流体发电机原理图

爆炸磁流体发电机以产生爆炸等离子体方式的不同而区分为传统型爆炸磁流体发电机和新概念型爆炸磁流体发电机。传统型爆炸磁流体发电机是利用高能炸药的爆轰产物作为发电等离子体，而新概念爆炸磁流体发电机则是利用高能炸药爆轰产生的强冲击波，将事先预置的工质气体 (如氩气) 冲击电离，该电离工质气体作为发电等离子体。

与爆磁压缩发生器相比，爆炸磁流体发电机由于发电等离子体在专用的爆炸等离子体发生器中生成，而发电在通道中完成，发电机装置可以重复使用而成为非常有前途的高功率脉冲电源，在高功率微波、高能加速器、高功率激光等方面均有比较好的应用前景。

图 7.2.9 给出了美国 MK84 联合直接攻击弹药 (JADM) 微波炸弹的内部结构图，其弹长 3.84m，直径 0.46m，总重量 900kg，战斗部包括电池电源、同轴电容器组、二极螺旋形磁通压缩发生器、脉冲形成网络、虚阴极振荡器和微波天线等。其中，主电源是磁通压缩器，虚阴极振荡器是将电能转变成微波能量的装置。

3. 微波武器的特点

与传统的常规武器和核武器相比，高功率微波武器 (HPMW) 在战术应用方面具有以下特点。

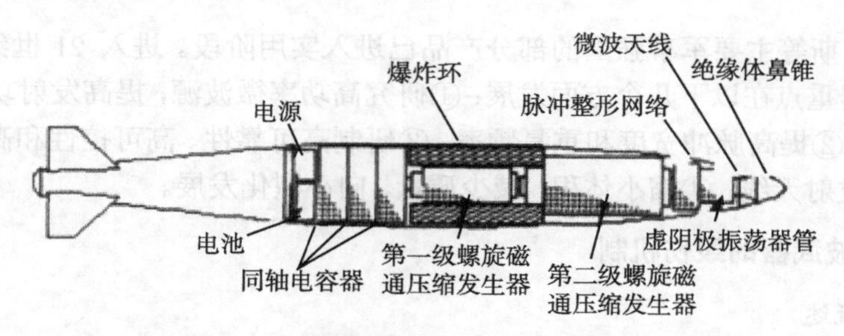

图 7.2.9 高功率微波弹 MK84 内部器件布局图

(1) HPMW 射束以光速抵达目标，不受重力影响。由于 HPMW 射束几乎是瞬时抵达远距离目标，同时，射束不需要考虑质量，可以摆脱重力和空气动力的限制，无需如常规弹药确定弹道轨迹所需的复杂计算，从而可以使跟踪与拦截问题大大简化，同时目标规避攻击的能力也大幅度下降。

(2) HPMW 毁伤效应不同，且可以进行调整。传统的常规武器主要依靠爆炸冲击、动能侵彻等效应来对目标进行毁伤，毁伤效应难以控制，尤其是想获得低程度的损伤比较难。而微波武器使用微波这种无线电波传播能量，虽看不见、摸不着，但对电子设备具有高效的攻击能力，常用于摧毁敌方的指挥自动化系统，破坏各种武器装备的电子控制设备，因此是一种典型的功能性高效毁伤武器。同时，通过调整微波束的发射功率，可以取得致命或非致命干扰或损伤等不同程度的毁伤效果。在本章第四节中将提到的“主动拒止系统”就是利用低功率微波来实现对人员的非致命杀伤。

(3) 使用成本低，可以重复使用。常规火力攻击平台所使用的弹药均是一次性的，效费比很低。而可重复使用的微波武器只需适当的发射平台，大部分装备可以重复利用，使用成本大幅度降低。例如，在进行导弹防御时，每枚拦截器耗资数百万美元，而用微波武器每发只消耗几千美元就能取得相当的杀伤概率。

(4) 杀伤区域可控，并能同时攻击多个目标。为了提高微波武器的作用距离以及在远距离上具有较高的能量，微波武器的天线可以把高能微波汇聚成很细小的微波束，定向攻击目标；也可以将高能微波束向一定的扇面辐射，相对定向地攻击目标。微波弹在目标上空“爆炸”之后，在炸点以下高功率微波辐射的锥面里 (如图 7.2.6 所示)，人员或电子设备均会受到有效毁伤。

(5) 可攻击隐身武器，是隐身武器的克星。由于隐身武器的隐身在很大程度上得益于吸收电磁波的能力强，一旦遭到微波武器辐射，便大量吸收微波能量，产生高温，可使武器烧毁。同时，微波武器可实施撒网式面攻击，在一个区域范围内罩住目标，无论是隐身飞机、隐身导弹、隐身军舰等都难逃微波武器的攻击。

4. 微波武器的发展趋势

从 20 世纪 70 年代起，高功率微波武器经过多年的发展已取得了很大的进展，美国、俄罗斯等主要军事强国的部分产品已进入实用阶段。进入 21 世纪后，高功率微波武器重点在以下几个方面发展：①研究高功率微波源，提高发射功率和能量转换效率；②提高脉冲宽度和重复频率；③研制高可靠性、高可控性和高方向性的微波武器发射天线；④缩小体积，减少质量，向小型化发展。

7.2.3 微波武器的毁伤机制

一、概述

高功率微波的毁伤效应是指高功率微波作用在各种物体和系统上产生的效果。高功率微波与物体和系统相互作用的过程，就其物理机制来讲，可以有以下三种效应，即：电效应、热效应和生物效应。

高功率微波的电效应是指当微波射向目标时，其瞬变磁场会在目标的金属表面或导线上产生感应电流，而且感应电流的强度随着微波强度的增加而增强。这种感应电流将影响电子设备本身的工作，如淹没电子元器件中的各种信号，使器件性能下降，半导体结被击穿等。

高功率微波的热效应是指将微波能量转化为热量，当微波反复穿透物体时，可使物体的极性分子随着微波周期以每秒几十亿次的惊人速度来回摆动、摩擦，从而产生高热，使被照射物体的温度升高。实验证明，当微波照射的能量密度增加到 10~100W/cm^2 时，可以烧坏工作在任何波段的电子器件。

对于人员或其他生物体来说，微波的热效应可以把人和动物烧伤甚至烧死，同时还会产生生物效应，生物效应也可以称作非热效应，是指当微波照射强度较弱时，被照射的人和动物会出现一系列反常的症状，如神经混乱、行为失常，甚至致盲或心肺功能衰竭等。

按效应的持续时间来分，高功率微波效应可分为瞬间效应、暂时效应和永久效应。瞬时效应是指，当高功率微波脉冲存在时其影响存在，而微波消失时其影响随之 (或在极短时间内) 消失的一种效应，如干扰。暂时效应是指在高功率微波信号存在时和过后较长一段时间内仍然存在，但是过一定时间后器件或系统能够自动恢复正常工作的一种效应，其持续时间长短对于不同系统是不同的。永久效应是指在没有人为干预情况下，效应不会自动消失或者效应持续时间足够长，以使设备在特定的时间内不能恢复工作的一种效应。

高功率微波对电子系统、通信系统等的毁伤，当前主要研究的内容包括高功率微波耦合，各种电子元器件和电子设备或系统的干扰、翻转、损伤及相关阈值等；对于有生命的物体，如人类、动物等，主要是研究微波作用的生物效应和热效应。表 7.2.1 给出了不同功率微波对目标的作用效果。

表 7.2.1　微波对目标的作用效果

功率密度/$(\mathrm{W/cm^2})$	作用效果
$0.01\sim1\times10^{-6}$	可触发电子系统产生假干扰信号，干扰雷达、通信、导航和计算机网络等的正常工作或使其过载而失效
$3\sim13\times10^{-3}$	使作战人员神经紊乱、情绪烦躁不安、记忆衰退、行为错误等
$20\sim50\times10^{-3}$	人体出现痉挛或失去知觉
100×10^{-3}	致盲、致聋、心肺功能衰竭
0.5	人体皮肤轻度灼伤
0.01~1	可导致雷达、通信和导航设备的微波器件性能下降或失效，还会使小型计算机芯片失效或被烧毁
20	照射 2s 可使人体皮肤III度烧伤
80	照射 1s 即可造成人员死亡
10~100	辐射形成的电磁场可在金属目标的表面产生感应电流，通过天线、导线、金属开口或隙缝进入设备内部。如果感应电流较大，会使设备内部电路功能产生混乱、出现误码、中断数据或信息传输，抹掉计算机存储或记忆信息等。如果感应电流很大，则会烧毁电路中的元器件，使电子装备和武器系统失效
1000~10000	能在瞬间摧毁目标、引爆炸弹、导弹等武器

二、高功率微波对电子设备或电气装置的毁伤效应

1. 耦合途径

微波能量通过两种耦合方式传播至目标系统内部的电子设备 —— 正面耦合和侧面耦合。

正面耦合是通过人为的电磁能量接收器如天线和传感器等，通过传输线最终到达检测器或接收器上，在有些书籍和文献中也称为前门耦合。

侧面耦合是通过因为其他目的打开的或无意打开的孔径或缝隙进入系统设备。侧面耦合的途径主要包括接缝、裂缝、开口、操作面板、门窗、无屏蔽或屏蔽不当的电线，在有些书籍和文献中也称为后门耦合。

微波可以通过面板缝隙、屏蔽不佳的接口直接耦合到设备内部，是因为这些孔隙很像微波谐振腔的狭缝，它允许微波进入腔内并激发谐振。一般情况下，耦合到内部电路的功率 P 可以用入射功率密度 S 和耦合截面 σ 表示，即

$$P = S\sigma$$

对于正面耦合，σ 通常是开口 (天线或缝隙) 的有效面积。有效面积与频率密切相关，入射角度、结构细节也对进入系统的微波功率有比较大的影响。侧面耦合方式由于存在多个耦合途径的叠加，耦合截面随频率会有比较大的变化。

2. 毁伤效应

微波一旦进入到目标系统内部，目标内部电子设备的微型半导体器件就会受到微波的攻击。当半导体结的温度上升到 600~800K 时，将导致半导体器件出现

故障，甚至材料熔化。因为热能在半导体材料中会发生扩散，所以根据微波脉冲持续时间的不同，存在不同的破坏效应评价方法。如果时间尺度短于热扩散时间，温度的上升与沉积能量成比例。实验结果证实，脉冲持续时间 t 小于 100ns 时，热扩散的影响可以忽略，半导体结的损伤只取决于能量的沉积，这时，破坏功率与 t^{-1} 成正比。当脉冲宽度大于 100ns 时，热扩散可将能量带走一部分，破坏功率可以用 Wunsch-Bell 关系表示，即

$$P \propto \frac{1}{\sqrt{t}} \tag{7.2.1}$$

对于时间长度大于 10μs 的脉冲，会出现热扩散与能量沉积的稳定状态，此时温度与功率成正比，达到破坏的能量阈值与 t 成比例。因此，一般来说，如果可以使输出功率较高的话，使用短脉冲毁伤，由于热扩散影响比较小，有助于将武器的输出能量要求减少到比较低的程度；如果功率受到限制，则需要较长的脉冲持续时间。

上述关系仅考虑了单脉冲过程。如果在连续脉冲之间没有足够的时间扩散热量，会出现能量沉积或热量积累。一般认为，热平衡发生的时间小于 1ms。因此，要出现能量沉积或热量积累要求重复频率大于 1kHz，重复频率的具体数值与目标材料有关。有数据显示，即使在重复频率远低于热量积累所需要的频率时材料也会发生逐渐的劣化，出现渐进性破坏，使材料的破坏阈值降低。因此，在微波武器实际使用中，重复频率工作是非常必要的，累积破坏效应是微波武器的一个很重要的特性。试验发现，微波损坏电子元器件的能量和功率阈值见表 7.2.2。

表 7.2.2　微波损坏电子元器件的能量和功率阈值

器件类型	能量阈值	功率阈值
整流管和齐纳二极管	0.5～1mJ	
高功率晶体管	1mJ	200～2000W
低功率晶体管	0.02～1mJ	10～800W
开关二极管	70～100μJ	30～300W
集成电路	10μJ	1～300W
微波二极管	0.7～12μJ	4～100W
可控硅整流管		200～8000W
锗晶体管		30～5000W

三、高功率微波对生物体的毁伤效应

高功率微波对人和其他生物的损伤作用主要是通过热效应和生物效应起作用的。

1. 热效应

对生物体的热效应类似于微波炉加热原理，它是由高功率微波能量照射引起

的。人体某些部位或器官水分高、不易散热，且比较脆弱，对微波特别敏感，如眼睛的水晶体、中枢神经、睾丸等，过量照射后即会造成危害。血液也是如此，但血液流动性大，总容量多，容易散热，因此受损害较轻。同时，由于微波具有很强的穿透能力，不仅可以使人体皮肤表面被“加热”，而且可以穿过皮肤“加热”人体内部组织。而人体内部组织散热困难，温升速度比表面更快，致使人尚未感到皮肤疼痛，内部组织就已经遭到破坏。表 7.2.3 给出了人体对不同频率电磁场照射下的反应。

有文献报道，雷达工人在 1.5~3GHz 频率，功率密度为 $100mW/cm^2$ 的环境下工作一年后，会发现有两侧性白内障。在高漏电磁场环境下工作的工人，眼睛水晶体比正常人要早老化 5 年。眼睛生成白内障的主要原因是，眼睛的水晶体内为导电液体，容易吸收能量转化为热量，但眼睛不像皮肤那样对热量很敏感，很难感知升温已达到危险程度而主动避开。发热较高会使眼睛水晶体内的蛋白质凝固，影响水晶体的透明度。

表 7.2.3　人体对不同频率电磁场照射下的反应

频率/GHz	波长/cm	受影响器官	主要反应
0.15 以下	200 以上		可以穿过人体不受影响
0.15~1.2	25~200	人体各器官	人体吸收能量，发热，损伤器官
1~3	10~30	眼睛的水晶体，睾丸	热量增高时，眼睛水晶体和睾丸受影响
3~10	3~10	皮肤，眼睛的水晶体	皮肤发热
10 以上	3 以下	皮肤	皮肤发热

美国陆军医学研究实验室所做的强微波照射试验表明：当微波能量密度达到 $0.5W/cm^2$ 时，会造成人体皮肤轻度烧伤；达到 $20\ W/cm^2$ 时，只需照射 2s，即可造成人体皮肤 III 度烧伤；达到 $80\ W/cm^2$ 时，仅 1s 就能使人丧命。

2. 生物效应

微波能量除了能产生使生物体组织发热、烧伤乃至死亡的热效应外，在低能量级时也会产生对生物体造成危害的生物效应。

并不是说低能量级的微波本身不引起组织发热，而是因为它产生的温度不高，马上被周围组织传导散开，或得到生物体固有机能的自动调节。即便如此，低能微波对人的健康也有危害，它能引起神经衰弱和心血管系统机能紊乱。即使极低频的电磁场也能在生物体表面引起电荷和感应电热，刺激肌肉神经。

实验发现，高频电磁场对肌肉神经兴奋性能有影响，即使是用较弱的微波进行照射，也会使神经的输入阻抗减小。有人把青蛙放在弱的短波电磁场中，发现青蛙心动变缓而最终停止，当去掉电磁波后它又恢复跳动。实验表明，在相对低强度的微波中能诱发耳蜗下丘脑的电活动，脑电图出现异常，这被认为是微波作用于生物体的体表感受器，使脑干网状结构的上行系统兴奋，最后作用于大脑皮层。微波对生物体的生物效应，往往能被正常的生物生理机能所调节，不易明显地表现出来，主要会体现在使人头痛、烦躁、神经错乱、记忆减退等方面。

前苏联曾用功率密度为 3~13mW/cm^2 的微波照射猴子，结果猴子的好动性减退，减退程度正比于微波强度和照射时间。如果这种效应出现在炮手、飞行员或其他武器装备操作人员身上，由于生理功能混乱，将会丧失正常的作战能力。

7.2.4　对高功率微波武器攻击的防护

从已有的研究基础来看，对高功率微波武器攻击的防护主要体现在屏蔽、滤波、采用电涌保护器件、时间回避法和电子设备的加固等方面。

一、屏蔽 —— 从空域上防护高功率微波

空域防护是控制微波辐射最有效和最基本的方法，即采取完善和合理的屏蔽将辐射干扰电磁场在空间上与接收器隔离开，使微波在到达接收器时强度降至最低限度，从而达到控制干扰的目的。屏蔽包括将内部辐射电磁能量封闭在金属体内，不让它泄露出去，或者将辐射强度大大削弱；也包括将电子设备及系统屏蔽起来，使屏蔽体外面的电磁场不能进入屏蔽体内，因而不会对接收器或接收系统造成影响，或者使影响大大降低。按屏蔽体结构分类，可以分为完整屏蔽体屏蔽 (屏蔽室、屏蔽机箱、屏蔽盒等)、非完整屏蔽体屏蔽 (带有孔洞、金属网等)。关于屏蔽机理、屏蔽效能的相关内容可查阅高功率微波防护方面的书籍。

二、滤波 —— 从频域上防护高功率微波

微波都具有一定的频谱，即由一定的频谱分量组成。因此，可以通过频域控制的方法来抑制微波辐射的影响，即利用系统的频率特性将需要的频率成分加以接收，而将干扰的频率成分予以剔除，即利用要接收的信号与微波的频域不同，对频域进行防护控制。

滤波是从频域上防护高功率微波的一种常用手段。滤波由滤波器来完成，滤波器可以由电阻、电感、电容一类无源或有源器件组成选择性网络，以阻止有用频带之外的其余成分通过，完成滤波的作用。滤波器有反射滤波器和损耗滤波器两大类。反射滤波器是利用电抗组成的网络，将不需要的频率成分的能量反射掉，只让所需要的频率成分通过，按其频率特性可分为低通、高通、带通和带阻滤波器。损耗滤波器是将不需要的频率成分的能量损耗掉来对微波加以抑制。损耗滤波器可以利用铁氧体做成柱状、管状及环状等不同形式来损耗掉不同频率成分的能量。反射滤波器和损耗滤波器各有优缺点，往往可以联合使用，取长补短，以达到更好的效果。

三、采用电涌保护器件——从能域上防护高功率微波

在一些情况下，如闪电雷击、核爆炸产生的电磁脉冲、强 γ(或 X) 射线打在金属壳体上产生的系统电磁脉冲、静电击穿、传导导线直接和高电压接触、公共电源上相连接的大功率设备开关动作等，都会产生十分强大的瞬间电压或电流的干扰，称为电涌电压或电流。当微波作用在电子设备上时同样会产生这种现象，这种电涌电压 (电流) 具有非常高的能量，如进入设备，不仅会引起干扰，而且会导致设备中的器件、部件、电子元件和线路严重毁伤。

采用电涌保护器件是从能域上防护高功率微波的方法。即在电涌干扰的输入端连接一个电涌保护器件，进行限幅箝位或旁路分流。当电涌电压超过某一阈值时，立即击穿将电位箝住，或让电流从旁路分流泄放掉。该器件是一种非线性器件，目前常用的有两种电涌保护器件：开关型和非开关型。

开关型器件是击穿器件，如充气电火花隙和闸流管。施加到这些器件上的电压超过击穿电压时，电阻就从极高值变成极低值，从而为电涌电流提供一个并联路径。如考虑微波的实际应用，这些装置的电感则是一个重要的限制性因素。

非开关型器件是一些电压箝位器件，如齐纳型、变阻器型、二极管型。这种器件是高度非线性的，当外加电压高于箝位电压时，会产生一个电阻突变。当运行理想时，非开关型器件可将电涌电压限制到箝位电平。

四、时间回避法——从时域上防护高功率微波

时间回避法是从时域上防护高功率微波的方法。在无法采用上述防护措施的地方，如空中导弹、卫星或飞机，则要采用时间回避方法。即利用灵敏度极高的传感器在高强度电磁场到来之前关机，将电源切断，或将信息转移到非挥发性储存器中，待电磁干扰过后再使设备重新接通电源，开机恢复工作，以免信息受到严重干扰或导致损坏。

五、电子设备的高功率微波加固——从自身防护高功率微波

电子设备的高功率微波加固，简单地说就是在电子设备中，综合考虑性能、成本、复杂程度，通过计算、仿真和实验，在极宽的频率范围内发现电子系统中的薄弱环节，采用各种手段使系统免于高功率微波损伤的工作过程。这些手段包括：对所有的关键设备单元、组件，均可以通过一定强度高功率微波环境指标来进行设计；尽量减少暴露部分，以减少接收电磁波的能量；接收天线的设计应具有良好的频段及滤波性，尽量抑制无用的电磁波，并采用滤波插头；广泛采用微波吸收材料填充屏蔽机箱内的空处以吸收微波能量，从而进一步减弱耦合；用微波吸收材料作连接衬垫安装于机箱的接缝处，阻止微波通过接缝进入机箱内。

另外需要指出的是，由于高功率微波所造成的是大面积损伤效应，对它们的防

护是一个复杂的系统工程，不仅要考虑单机 (系统) 的自身防护，还应考虑群机 (系统) 的相互影响。特别是，地面设施间通过回路，包括电源线、地回路、信号传输线，产生着密切联系，整个系统群的电磁防护首先要控制回路，切断可能的联系。因此，对电子系统总的防护原则是，立足单机，着眼整体群机。

7.3 碳纤维弹

供电系统是保证一个国家工农业生产和人民生活必备的重要设施。一般说来，电力从发电厂输送到最终用户需要经过四通八达且十分复杂的传输和变电网络。例如电厂发电机输出的电力电压约为 20kV，然后通过变压器将电压升高至几百千伏，再输入供电网，以提高电力输送效率，减少传输线路上的电力损耗。电力到达最终用户之前，再通过数级变电站和变压器，将高电压降至标准工业或民用电压。

正因为电力输送系统的密布特性，电力系统自然也成了现代战争中的一个致命的薄弱环节，通过撒布导电纤维丝来破坏电网系统的碳纤维弹 (又称石墨炸弹) 是电力系统致命性攻击武器的典型代表，并已在海湾战争和科索沃战争中得到应用。本节简要介绍碳纤维弹的毁伤破坏原理，并探讨相关防护手段。

7.3.1 碳纤维弹简介

一、碳纤维

碳纤维是主要由碳元素组成的一种特种纤维，分子结构界于石墨与金刚石之间，含碳体积分数随种类不同而异，一般在 90% 以上。碳纤维的显著优点是质量轻、纤度好、抗拉强度高，同时具有一般碳材料的特性，如耐高温、耐摩擦、导电、导热、膨胀系数小等。由于碳纤维这些优异的综合性能，使其与树脂、金属、陶瓷等基体复合后形成的碳纤维复合材料，也具有高的比强度① 和比模量，耐疲劳，导热和导电性能优良等特点，在现代工业方面应用非常广泛。

碳纤维按原材料可分为三类：聚丙烯腈 (PAN) 基碳纤维、沥青碳纤维和人造丝碳纤维，它们均由原料纤维高温碳化而成，基本成分都是碳元素。其中，黏胶基碳纤维是最早问世的一种，是宇航工业的关键性材料；而沥青基碳纤维的成品率最高、最经济；聚丙烯腈基碳纤维综合性能最好、应用最广泛，是目前生产规模最大、需求量最大 (占 70%~80%)、发展最快的一种碳纤维。三类碳纤维的主要性能见表 7.3.1。

一般而言，碳纤维具有下列共性。

(1) 强度高、模量高。抗拉强度可达 3500MPa 以上，弹性模量在 230GPa 以上。

①比强度：材料的强度与其密度之比，单位 MPa/(g/cm^3)。

(2) 密度小，比强度高。碳纤维的密度约为钢的 1/4，铝合金的 1/2，其比强度比钢大 16 倍，比铝合金大 12 倍。

(3) 温度特性好。在非氧化环境下，碳纤维可在 2000°C 时使用，且 3000°C 的高温下不熔融软化；在 −180°C 低温下，碳纤维依旧可以保持柔软；热膨胀系数小，导热系数大，可以耐急冷急热。

(4) 导电性能好，电阻率①可达 $10^{-3}\Omega\cdot\text{cm}$。

(5) 耐酸性能好。能耐浓盐酸、磷酸、硫酸、苯、丙酮等介质侵蚀，耐油、耐腐蚀性能也很好。

(6) 耐冲击性能差。剪切模量较低，断后延伸率小，因而耐冲击性能差，同时二次加工较为困难。

表 7.3.1 各种材质碳纤维的主要性能

种类	抗拉强度/MPa	抗拉模量/GPa	密度/(g/cm³)	断后延伸率/%
PAN 碳纤维	大于 3500	大于 230	1.76~1.94	0.6~1.2
沥青碳纤维	1600	379	1.7	1.0
黏胶碳纤维	2100~2800	414~552	2.0	0.7

二、碳纤维弹

碳纤维弹是采用碳纤维丝作为毁伤元素对电力系统进行短路毁伤的一种软杀伤弹药。在碳纤维弹中一般使用含碳量高于 99% 的碳纤维丝，有时也称作石墨纤维， 因此碳纤维弹也称为石墨炸弹。碳纤维弹的战术运用可使敌方发电厂和高压变电站在一段时间内中断供电，导致用电系统，如 C_4I 系统、雷达系统、后勤保障系统等瘫痪或相当程度瘫痪，达到削弱敌方作战能力、瓦解敌方战斗意志和赢得战场主动权的目的。1991 年的海湾战争中， 美国在战斧巡航导弹上首次使用碳纤维子弹破坏了伊拉克的电力系统。随后， 在 1999 年的科索沃战争中，再一次使用了经过改进的碳纤维子弹，并取得了极佳的作战效果。

7.3.2 碳纤维弹毁伤机制

碳纤维弹一般通过子母弹的形式，进行大面积的布撒攻击。图 7.3.1 是美军 BLU-114/B 型碳纤维子弹药，图 7.3.2 是碳纤维弹抛撒、子弹飞行和抛丝的过程示意图。

---

①电阻率：如果将某材料做成长 1cm、截面为 1cm^2 的样品，则该样品的电阻就叫做这种材料的电阻率，单位为 Ω·cm；也可以用长度 1m、截面积 1m^2 的样品电阻表示，单位为 Ω·m。

图 7.3.1 美军 BLU-114/B 型碳纤维弹子弹药实物图

碳纤维弹的工作原理是，通过布撒器或其他运载工具将碳纤维弹运送到目标上空抛下母弹，下降到一定的高度后，母弹解体，释放出 100~200 个小的罐体 (子弹药)。每个小罐均带有一个小降落伞，降落伞打开后使得小罐减速并保持垂直；在设定的时间之后，或到达一定高度处，小罐内的小型爆炸装置起爆，使小罐底部弹开，释放出碳纤维丝团；碳纤维丝在空中展开，互相交织，形成网状。由于碳纤维丝有强导电性，当其搭接在供电线路上时即引起电路系统短路，造成供电设施受损，难以修复。也有的碳纤维弹采用反跳装置，使子弹先触地，再弹起一定高度后撒开纤维丝，形成丝束的合理布设。

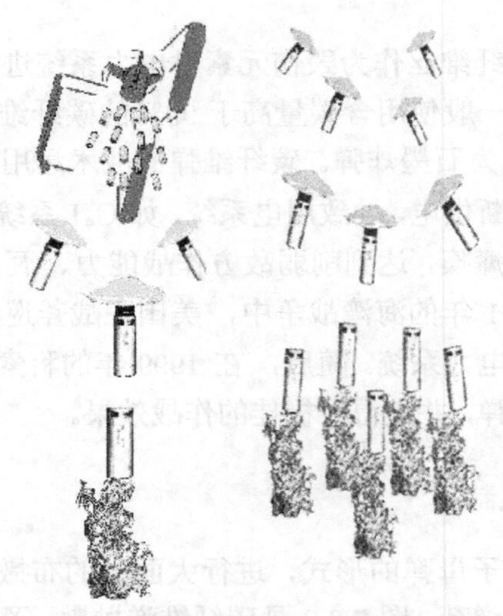

图 7.3.2 碳纤维子弹飞行和弹头散开过程

碳纤维弹对电力系统的破坏主要有以下三种方式。

(1) 相间短路。当纤维子弹中抛撒出来的长纤维直接搭接在电力线路或变压器接线的两相之间时，形成相间短路。这时巨大的短路电流流过导电纤维使纤维气化，产生电弧，导致两相导线表面材料瞬时局部熔化，能量非常高的电弧还会造成导线熔断，使导线落地而形成对地短路。

(2) 单相或多相对地短路。在电力系统中为了使导线和高压线铁塔之间保持绝缘，在架空线路中必须使用绝缘子，但如果有导电纤维黏附在绝缘子上，并使导线和铁塔之间连通时，就会形成单相或多相对地短路。这时在纤维短路瞬间形成的电弧可使绝缘子损坏，失去绝缘功能，成为永久对地短路点。

(3) 空气击穿短路。在电力线路的各相导线及变压器接线的各相上如果悬挂大量导电纤维，虽然这些纤维没有直接使各相之间或相、地之间导通短路，但纤维随风飘荡，使得纤维与临近相导线或高压线铁塔、变压器外壳之间的距离小于安全距离，可引起空气击穿而短路放电。

上述各种短路现象一旦发生，就会产生各种破坏作用。首先，短路点及附近的电力设备流过的短路电流可能达到额定电流的几倍，甚至几十倍，从而引起电力设备的严重发热而损坏甚至引起火灾。同时，在短路刚开始、电流瞬时值达到最大时，电力设备的导体间将受到强大的电动力，如果结构不够坚固，还可能引起导体或线圈变形以至损坏。此外，短路时电力网的电压会突然降低，尤其短路点附近的电压下降得最多，将影响用户用电设备的正常工作。短路故障最严重后果是并行运行的发电机失去同步，引起系统解列①，造成大面积停电。

7.3.3　碳纤维弹的相关防护措施

由近年来碳纤维弹的发展过程来看，碳纤维弹对电力输送系统的破坏程度大小从根本上取决于碳纤维导电性能的好坏。因此，防护碳纤维弹攻击的核心问题是如何降低碳纤维丝的导电率。此外，细小碳纤维本身的极强黏附能力也是碳纤维弹实现破坏威力的一个重要环节，因此如何降低碳纤维丝对输电线路的黏附能力也是防护工作的一个重要方面。对于碳纤维弹的攻击一般可从以下两个技术层面采取相应的防护措施。

一、高空碳纤维固化

高空碳纤维固化的主要目的是在碳纤维子弹自由降落飞行和弹头散开抛丝的初始阶段 (如图 7.3.2 所示) 对碳纤维进行固化处理，使其导电性能降低或彻底丧失，并使其难以形成导电网络。具体过程是，首先借助防空火力将带有泡沫胶条的弹药发射至碳纤维子弹药附近，弹药爆炸后从中喷出的泡沫胶体可将自由飞行中的子弹或者碳纤维丝固化，利用胶体特性来达到降低碳纤维的导电和黏附能力的双重效果。一般使用含交联聚乙烯的泡沫胶体来实现纤维固化功能。

①解列：电力系统或发电设备由于保护或安全自动装置动作或按规定的要求，解开相互连接使其单独运行的操作。

聚乙烯是一种非常重要的工程材料，具有良好的绝缘、隔热性和优良的弹性和挠曲性，被广泛应用于包装、化工和机械等许多领域。交联后的聚乙烯与抗氧剂混合熔融挤出造粒后，便可制成用于高压电气系统的绝缘材料。其高压绝缘性能和填充发泡性能使之成为碳纤维子弹高空绝缘固化的理想材料。作为碳纤维子弹防护中的第一个重要环节，在碳纤维束大面积展开前喷洒交联聚乙烯胶体可迅速包覆在具有高导电性能的碳纤维束表面。固化后在纤维表面形成一个绝缘包覆层，从而达到从根本上破坏 (或显著降低) 碳纤维导电性能的目的。

二、地面高压电缆的绝缘防护

受多种不可预见因素影响，部分没有成功进行高空固化或绝缘包覆的碳纤维仍可能降落在电力输送系统上，搭接在电缆上的碳纤维轻则造成电力系统的短路，重则烧毁线路。因此，地面高压输送电缆防护仍是重点的防护内容。

可从两个角度进行地面高压绝缘电缆的有效防护：一是从降低电缆与石墨导电纤维的黏附能力出发，发展高温绝缘涂料。基于同性电荷排斥原理，这类涂料涂覆在现有高压输送电缆上后将显著降低碳纤维在电缆上的黏附能力，从而有效防止因短路而导致的破坏；二是从提高高压电缆的绝缘性能来进行被动防护，比如在电缆上包覆高压绝缘性能良好的木浆绝缘纸等。

可以预见的是，采取高空快速固化和地面高压电缆绝缘防护后，将破坏 (或大大降低) 碳纤维的导电能力，为后续的飘浮阶段防护和碳纤维清理等相关防护工作赢得宝贵的时间。另外，对发电厂、输变电站等重点部位也可采用建设风幕的方式，吹散来袭的碳纤维丝，以确保供电安全。

7.4 非致命武器

非致命武器 (non lethal weapons) 是指杀伤威力比较低的一类武器，有的资料将其定义为 “低杀伤性武器 (less lethal weapons)”，其作用原理是利用一些物质的独特性能使敌方人员暂时丧失战斗能力或使敌方武器装备、基础设施受到破坏，不能正常工作。非致命武器定位于能使人暂时失去抵抗能力而不会产生致命性的杀伤，也不会留下永久性伤残；能暂时阻止某些车辆装备和设备的正常运行而不至于造成大规模破坏，且对生态环境破坏较小。

非致命武器是一类特种武器，随着军事格局的变化和战略重点的转移，已逐步确立了非致命武器在军事装备发展中的特殊地位。尤其是近年来，小规模局部冲突、恐怖袭击、海盗活动的增加，对非致命性武器提出了更高、更广的需求。

目前世界上的非致命性武器，从使用效果上，可分为使人员丧失战斗力的失能性武器，使基础设施和装备失效的武器和使敌方电子设备失灵的武器三大类；按其作用原理和物质组成，大体上可分成物理型、化学型和生物型三种。其中，物理型非致命武器的研究最为活跃，其次是化学及生物型。而纯生物武器由于可能带来大规模的生态和环境破坏，被国际公约明文禁止，很多国家都秘密地开展相关研究，很少公开报道。本文主要对物理型和化学型非致命武器进行简单介绍。

7.4.1　物理型非致命武器

一、声光武器

在枪、炮弹中加入能产生强光、闪光和巨响等功能，即构成强光弹、强声弹等声光武器。它利用爆炸后产生的高强光、巨响使敌方人员暂时有失明、耳聋、错乱、惊恐等现象，从而丧失活动能力和反抗能力。

1. 声光手榴弹

声光手榴弹主要是利用弹药爆炸瞬间产生的强烈闪光、噪声、冲击波超压，使人员暂时失明、失聪、失去战斗力，同时避免形成大量破片，造成人员的死亡和永久性伤害。图 7.4.1 是我国研制的 98 式闪光手榴弹，由翻板击针机构、弹体、闪光剂三大部分组成。采用延时引信，延迟时间为 2.5s，确保投中目标后爆炸；采用非金属壳体，减小破片毁伤效应。

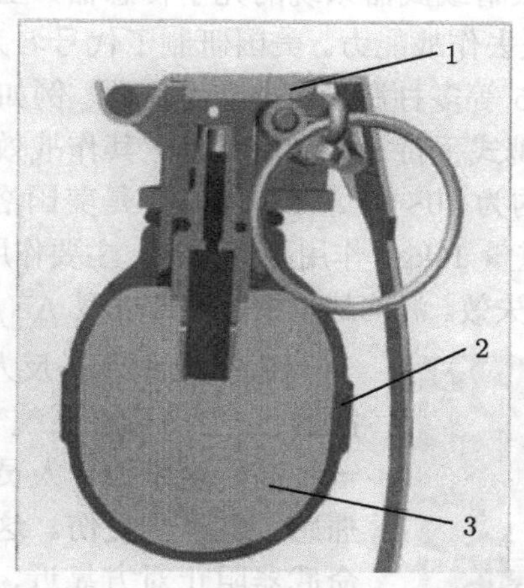

图 7.4.1　98 式闪光手榴弹内部结构

1. 翻板击针机构；2. 弹体；3. 闪光剂

2. 次声武器

次声波的频率低 (0.001~20Hz 之间)，波长长，传播过程中不易被介质吸收，具有很强的穿透力。在军事领域利用人体内脏器官共振频率在次声频率范围内的特点来制造次声武器。

次声武器按效应分类，主要有神经型和器官型两类。神经型次声武器主要影响中枢神经系统功能，使人员丧失战斗力，神经型次声武器的频率为 8~12Hz，与人类大脑的 α 节律接近，产生共振时能强烈刺激大脑，使人神经错乱产生癫狂；内脏器官型次声武器的频率与人体内脏器官固有频率接近，为 4~8Hz，使人脏器产生强烈共振，破坏人的平衡感和方向感，产生恶心、呕吐及强烈不适感，损伤人体内脏器官，如果声强过高，甚至可引起死亡。

目前研究的次声武器有次声弹和次声枪，它们均由次声发射器、动力装置和控制系统组成。研究工作的难点主要有高声强次声发射器的设计、装置的小型化以及定向聚束传播等问题，真正用于实战的次声武器还不多见。

3. 强光手电

强光手电是一种利用强光暂时致盲武器，用闪光灯泡闪光后经光学聚光器聚出一束很强的光束。用它照射眼睛可暂时致盲，并伴随有头脑眩晕、丧失活动能力。一段时间后，眼睛可以恢复视力。

二、定向能非致命武器

本章 7.1、7.2 节提到的激光武器和微波武器等定向能武器在非致命武器方面也有广泛应用。其中，非致命激光束武器是以一种高度定向、高亮度的激光束为毁伤元素，直接攻击人的眼睛或武器系统的光学传感器，主要干扰或破坏人眼的视觉，使之致盲、致眩而失去作战能力。美国研制了代号名为“眩目器”、“高级光学干扰吊舱”和 AN/PLQ-5 等多种激光束非致命武器。例如，“眩目器”是美国联合信号公司研制的一种便携式手持激光致眩武器，其作战效果是造成士兵的眼睛闪光盲，闪光盲持续时间约为 10~60s。AN/PLQ-5 是美国洛克希德 · 桑德斯公司研制的激光对抗装置，总重量 15kg，作用距离 2km，主要作用是攻击武器系统的光电传感器，使之损伤或饱和失效。海湾战争中曾将改进型 AN/PLQ- 5 布置到战场上。

图 7.4.2　美军车载“主动拒止系统”

图 7.4.2 所示是反人员的非致命高功率微波武器：“主动拒止系统”。该武器能定向发射出一种高能毫米波，人员被射中后将产生剧烈灼痛感，但不会受伤。这种武器可以替代传统致命武器阻止对方靠近，因而能够有效避免人员伤亡，保护无辜平民，降低附带毁伤。图 7.4.2 所示的“主动式拒止系统”发射的毫米波频率为 95GHz，利用一根天线将高能波束发射到指定地点。这种毫米波只能进入到人体表层 0.4mm 的地方 (痛感神经的深度)，能在瞬间给人带来无法忍受的烧灼感。当目标离开毫米波传播路线或操作者关掉系统时，这种烧灼感便会消失。表 7.4.1 给出了美军某主动拒止系统的主要性能参数。

表 7.4.1　美军某主动拒止系统主要性能参数表

参数	值
频率	95GHz
波长	3mm
波束的能量最大值	约 8W/cm^2
疼痛极限 (2~8W/cm^2) 时间	1.8 ~0.3 s
疼痛到受伤 (2~8W/cm^2) 的极限时间	5.3 ~ 0.7 s
达到严重受伤 (2~8W/cm^2) 的极限时间	8~ 1.5 s
射程 (束宽和强度一定)	晴朗天气：0.5 ~ 1km 暴雨或者浓雾天气： 小于或等于 100m
天线尺寸	2m(宽)，面积 3.7 m^2

三、电击武器

电击武器主要是用高电压、低电流脉冲来干扰人体的传递系统，使肌肉发生不能控制的收缩，其输出功率很低，远低于人体发生致命伤害的水平，所以电击武器被认为是一种比较安全的非致命性武器。电击武器主要可分为两种：电致晕武器和电致肌肉收缩武器。

1. 电致晕武器

电致晕武器一般使用 7~14W 的电能来干扰被打击目标的感官神经系统中的通信信号，用电干扰来压制神经系统，产生电致晕效应。由于电能的过分刺激使头脑发生眩晕，被打击者一般将失去对自己身体的控制，从而失去反抗能力。

2. 电致肌肉收缩武器

电致肌肉收缩武器指用较高功率的电击，不仅使被打击目标眩晕，还能引起肌肉不能自主控制的收缩反应。这种武器一般要求电击功率在 14W 以上，它不仅干扰大脑和肌肉之间的联系，而且直接引起肌肉收缩，直到目标倒地。

电击警棍即是一种常见的电击武器，还有电击枪发射电弹以及电击手套等。其中，电弹是一种带电的子弹，射入歹徒身上可以挂住，并在较长一段时间内引起疼痛，但无生命危险。美国泰瑟国际公司生产的泰瑟枪就是一种比较典型的电击枪，其气动型可发射两枚高压电导线镖箭，接触到目标后释放高达 5 万 V 的电压，可穿透 5cm 厚的衣服，直接作用于人体，使目标全身痉挛，失去知觉，直至完全丧失行为能力。图 7.4.3 所示是被美国警察部队、特种部队大量使用的 M26 型泰瑟枪，功率为 26W。

图 7.4.3　泰瑟电击休克手枪

四、动能防暴武器

动能防暴武器主要通过发射橡皮弹、塑料弹、木质弹以及催泪弹、烟雾弹等来制服或驱散目标，同时不至于对目标造成致命性的伤害。

1. 防暴枪

防暴枪是一种特殊的单兵武器，主要用来对付近距离目标，制服暴徒或驱散骚乱人群。警用防暴枪由于能发射霰弹、催泪弹、致昏弹等低杀伤性弹药，一直是世界各国警察、治安和执法部门使用的主要防暴装备。图 7.4.4 是我国研制的 97 式 18.4mm 防暴枪。该防暴枪可配用催泪弹、染色弹、防暴动能霰弹、催泪枪榴弹及杀伤霰弹，可用于在 50m 远处制服隐蔽在建筑物内的人员，驱散 35~100m 距离内的人群。

图 7.4.4　我国的 97 式 18.4mm 防暴枪

2. 防暴发射器

防暴发射器可以发射不同类型防暴弹，如环翼形软质橡皮弹、硬质单粒或可分多粒的橡皮弹、塑料弹、木质弹以及各种化学催泪弹、无毒烟雾弹和染色弹等。其中，环翼形软质橡皮弹，靠着旋转弹体对人体擦伤、震荡引起疼痛，对人体皮下组织无破坏作用，几天内可以自愈。塑料弹、木质弹以及硬橡皮弹靠打在地面上反弹的动能打到歹徒身上引起疼痛，不会引起永久性的伤残。但是，这些防暴弹不可直接向人面部射击，否则会引起永久性的伤残或者太近射击可能造成致命性伤害。为此，目前国际上还发展了可调发射压力的防暴发射器，可以针对不同距离的目标发射不同弹速的子弹，以控制杀伤威力。

3. 高压水枪和水炮

高压水枪和水炮是体积较大的非致命性武器。通过装载大量水，靠高压水泵喷出高压水流，可以是连续喷射也可以间歇喷射，或者用泡沫聚乙烯作弹托与水球一起制成水弹，最终击倒人体。水枪和水炮还可以射出染料和催泪液体，起到驱散骚乱人群的作用，但不会引起伤残。

五、障碍、缠绕型武器

障碍、缠绕型武器主要是通过布设钉刺、钉带、蒺藜、障碍等来限制车辆的移动，通过发射缠绕人员或船只推进系统的网来限制目标的活动等。这种类型的武器种类和形式比较多，很多在日常生活或影片中都可以见到，本书在此不过多阐述。

1. 蛛网弹

“蛛网弹”是一种用于缠绕人员、限制其活动的非致命性武器。这种网弹可以被放在一个弹药桶里，由一种特殊的枪发射出去，将正在逃跑的目标缠住，发射距离可达 10m。

2. 汽车逮捕器

美国开发了一种便携式汽车“逮捕器”，它是一种非常坚硬、弹性很强的网，可在瞬间封锁一条道路，让一辆重达 3t、以约 70km/h 行驶的小型载货车停下来，从而轻而易举地控制车里面的人员。

7.4.2　化学型非致命武器

非致命性化学武器的作用原理是利用一些化学物质的独特性能使敌方人员暂时丧失战斗能力，或者使敌方武器装备、基础设施遭受破坏，不能正常工作。化学型非致命性武器种类很多，下面仅就主要的种类进行介绍。

一、腐蚀目标材质的化学武器

腐蚀目标材质类化学武器主要是通过使材料发生化学反应，而破坏或降低材料的性能，达到使敌方武器装备或基础设施不能正常工作的目的，比较典型的有超级腐蚀剂和材料脆化剂。

1. 超级腐蚀剂

超级腐蚀剂指的是强酸或强碱类化合物，如盐酸和硝酸的混合物，这些腐蚀剂的腐蚀能力极强，甚至能溶解大多数稀有金属，也可破坏某些有机材料。这种腐蚀剂主要包括两类：一类是可破坏敌方铁路、桥梁、飞机、坦克等重武器装备，还可破坏沥青路面、掩体顶部和相关光学系统的腐蚀剂；另一类是专门腐蚀、溶化轮胎的腐蚀剂，可使汽车、飞机的轮胎迅速溶化报废。超级腐蚀剂可制成液体、粉末、凝胶或雾状，也可采取两种酸分离运输，在使用时混合的方式，以保证安全。超级腐蚀剂可由飞机投放、也可用炮弹或由士兵施放到地面。

2. 材料脆化剂

材料脆化剂是一些能引起金属材料、高分子材料、光学材料等迅速解体的特殊化学物质。它的作用原理是，金属材料吸收这种脆化剂，可形成类似汞齐① 的金属，致使其强度大大减弱。可对敌方飞机、坦克车辆、舰艇及铁轨、桥梁等基础设施的结构造成严重损伤而使其瘫痪。材料脆化剂可用涂刷、喷洒或泼溅等方式施用。

二、改变燃油性质致使发动机不能正常工作的武器

改变燃油性质类武器主要包括以下几种。

---

①汞齐，各种汞与其他金属，如锡或银等的合金，一般比较脆，强度比较低。

1. 燃油燃烧蚀变剂

燃油燃烧蚀变剂是一种可使发动机熄火的雾状物质，使用时，可由人工投放或空撒，当以云雾状大面积方式播撒在直升飞机航线上时，能使直升机因引擎失灵而坠毁；若播撒于海港上，能使舰船内燃机停止工作；如果播撒在地面上，可使经过的装甲车辆或汽车立即瘫痪。此种技术是借助化学添加剂来改变燃料的特性，致使发动机堵塞熄火。其作用机制可以从下面对柴油的典型分析来认识。

柴油机中柴油的燃烧是一种热自燃现象，其燃烧反应原理是一种高温下的气相氧化链锁反应。气相氧化链锁反应所产生的游离基团是维持燃烧链锁反应的活性基团，它们与燃料分子作用，不断生成新的活性基团和氧化物，同时放出大量的热，以使链锁反应继续进行。若燃油气缸中吸入了能终止其气相氧化链锁反应的负催化剂、高积碳高分子微粒，就会泯灭火焰中的活性基团，使其数量急剧减少，中断或改变燃烧的链锁反应进程，破坏发动机的正常燃烧，致使发动机停转。

2. 爆燃剂

爆燃剂是一种以水和粉状碳化钙为主要装填物的化学战剂。当水和粉状碳化钙接触反应后会产生可燃性气体 —— 乙炔，这种气体与空气混合后遇到火花即可爆炸，环境温度越高，爆炸越猛烈。根据这个原理设计的爆燃弹，弹体有两个单元，一个用于装水，另一个用于装粉状碳化钙。弹体爆炸后，产生的乙炔气体与空气接触，形成的混合物易被发动机吸入缸内，产生大规模爆炸，摧毁发动机。

3. 燃料改性剂

燃烧改性剂可污染燃料或改变燃料的黏滞性。一种是微生物油料凝合剂，可使油料变质凝结成胶状物，主要用以破坏敌方的油库等；一种是阻燃剂，可使发动机熄火。燃料改性剂可由空中投放到机场、战场、港口等上空，若通过进气口进入发动机，发动机将立即停止工作，致使飞机坠毁、车辆不能开动。

三、改变材料黏度而限制目标行动的武器

该类非致命武器主要是利用一些材料的独特性质来破坏或限制敌方武器装备和人员的战斗力。

1. 超级黏结剂

超强黏结剂是一种以聚合物为基础的黏结剂，如化学固化剂和纠缠剂等，直接作用于武器、装备、车辆或设施，使其改变或失去效能。作战时可用飞机播撒，或用炮弹、炸弹投射等方式，将其直接置于道路、飞机跑道、武器装备、车辆或设施上，粘住车辆和装备使之寸步难行。超强黏结剂也可在空中飘浮，用于堵塞内燃机、喷气式发动机的进口，使气缸停止运动。若落在光学仪器的窗口上，将干扰观察、瞄准系统。超级黏结剂可使用改性丙烯酸系列聚合物、改性环氧树脂类黏合剂、聚氨基甲酸乙酯聚合物等制作。

2. 黏性泡沫剂

黏性泡沫剂是最早得到实战应用的非致命性武器之一。美军在索马里维和行动中使用了一种“太妃糖枪”，可以将人员包裹起来并使其失去抵抗能力，其弹药就是黏性泡沫剂。黏性泡沫剂可通过单兵手持和肩扛武器平台进行发射，用于封锁建筑物出口或其他特定区域。将漂浮性黏性泡沫剂制成的泡沫弹，发射到装甲车辆附近，可形成大量泡沫云雾，当装甲车辆的发动机吸入泡沫后，便立即熄火，失去机动能力。这类黏性泡沫剂组成主要有单组分系统和双组分系统。在单组分系统中，聚合物组分和发泡挥发性组分在一定的压力下混合、发泡、释放。在双组分系统中，两种组分被隔开，当泡沫弹爆炸时两种组分接触，聚合反应和发泡过程同时发生。在泡沫材料中加入鳞状金属粉末、石墨粉等材料，还能干扰通信、电磁辐射和红外探测等环境。

3. 超级润滑剂

超级润滑剂是利用反摩擦技术，达到限制人员行动和使运输装备瘫痪的目的。它采用一种类似聚四氟乙烯及其衍生物的物质，这种物质不仅几乎没有摩擦系数而且极难清除。可通过飞机、导弹、炮弹、炸弹等载体施放到飞机跑道、公路、铁路、坡道、楼梯和人行道上，使其表面异常光滑，造成飞机不能起飞、列车无法行使、汽车无法开动及人员行动困难，还可以将其雾化喷到空气里，当坦克、飞机等发动机吸入后，功率骤然下降，甚至熄火，可有效滞缓敌方行动。

四、刺激人员精神、味觉、皮肤的武器

此类武器主要是通过化学试剂、药剂等对人员进行非致命性攻击，这类武器种类比较多，下面仅介绍几种典型的武器。

1. 催泪弹

催泪弹又叫催泪瓦斯，最常出现的成分为苯氯乙酮 (缩写为 CN) 和邻氯苯亚甲基丙二腈 (缩写 CS)，其中 CS 使用更广泛。催泪弹被世界各国警察使用，广泛用于暴乱场合驱散示威聚集者。催泪气体低浓度时，可使人眼睛受刺激、不断流泪、难以张开，也可引起呕吐等副作用。当被攻击者离开催泪瓦斯攻击区，到通风良好的地方后，症状很快就会消失。

2. 化学失能剂

化学失能剂类似于古人所说的“蒙汗药”，可使人员产生躯体功能障碍，听觉、视觉障碍，精神紊乱，麻痹瘫痪，昏迷或呕吐等症状，从而降低或暂时丧失战斗力。失能剂一般分两种：①精神失能剂，主要引起精神活动紊乱、出现幻觉，如毕兹 (BZ)；②躯体失能剂，主要引起运动功能障碍、瘫痪，视听觉失调等，如四氢大麻酚。化学失能剂可通过通风口进入建筑物、车辆和飞机内部作用于里面的人员。

3. 麻醉武器

麻醉武器是将含有麻醉药的针管或麻醉弹，利用发射注射枪或气动注射枪等

方式射入人体肌肉，使其暂时麻醉，失去反抗能力的武器。常用麻醉剂有氯胺酮等。麻醉期间，人的呼吸和心跳都正常，过后基本不产生副作用。麻醉武器一般用来对付单个犯罪嫌疑人。

4. 臭味弹

臭味弹与催泪弹类似，在平息暴乱、骚乱，制止群体械斗，反劫持和反袭击等突发事件中有广泛的应用。它是一种作用于人体嗅觉器官的新型非致命性武器，其作用原理是通过施放令人极度厌恶、无法抗拒的恶臭气味，利用人们对恶臭气味的畏惧心理，使其陷入嗅觉恐慌，丧失抵抗意志，从而达到制服犯罪分子、驱散骚乱人群的目的。美国在研制臭味弹时还设想，在造成生理反应的同时产生心理反应。例如研制出模仿化学毒剂的味道，可使人恐慌；研制出模仿危险气体的气味，如乙炔的气味，会令人担心发生爆炸燃烧；研制出某些动物，如猪肉制品的特殊气味，可对付穆斯林信徒。

随着世界政治军事形势的不断变化，军队将要面临更多种类的任务，如解救人质、反恐与维和、防止武装冲突升级等，要完成这些任务，非致命性武器将发挥越来越关键的作用。

思考与练习

1. 激光武器与常规武器 (枪、炮) 相比有什么区别？有什么优缺点？
2. 激光武器由哪些基本系统组成？各自的作用如何？
3. 人应该如何避免或防止激光致盲武器的攻击？
4. 针对激光武器的特点，试分析未来战场人员、卫星、飞机、坦克等需要采取的防护措施。
5. 对于洲际弹道导弹，在什么阶段采用何种激光武器系统打击最为有效？
6. 设某激光器输出波长为 1.06μm，激光输出口径为 2mm，请计算在 10km 远处光斑直径是多少 (计算时不需要考虑大气传输影响)？
7. 在打击敌方的电子系统时，采用什么武器最为有效？
8. 微波武器的毁伤效应有哪些？可以用于对付什么目标？
9. 试分析对于高功率微波武器，如何避免伤及己方或友邻部队。
10. 针对微波武器的攻击，对于电子设备来说如何做好相关防护工作？
11. 碳纤维弹的毁伤原理是什么？
12. 你认为碳纤维弹要发挥最大攻击威力哪几个环节最重要？
13. 非致命武器可以在哪些方面发挥独特的作用？
14. 试设计一种专门用于抓捕人员的非致命武器，并简述其作用过程。
15. 试分析生物型非致命武器若不限制使用，可能带来什么后果。
16. 调研一类非致命武器的应用和研究现状。

主要参考文献

[1] 俞宽新. 激光原理与激光技术 (修订版). 北京：北京工业大学出版社，2008.

[2] 阎吉祥. 激光武器. 北京：国防工业出版社, 1996.

[3] 徐碣敏, 周淑英, 胡富根, 等. CO_2 激光对角膜损伤阈值的研究. 中国激光,1985, 12(12): 739–741.

[4] 钟海荣, 刘天华, 陆启生, 等. 激光对光电探测器的破坏机理研究综述. 强激光与粒子束, 2000,12(4): 423–424.

[5] 宋扬, 刘赵云. 电磁脉冲武器技术浅析. 飞航导弹,2009,2:24–29.

[6] 阮拥军, 孙兵. 定向神鞭 —— 微波武器. 北京：解放军出版社,2001.

[7] Benford J, Swegle J A, Schamiloglu E. 高功率微波 (第二版). 江伟华, 张弛, 译. 北京：国防工业出版社,2009.

[8] 袁成卫. 新型高功率微波共轴模式转换器及模式转换天线研究. 长沙：国防科学技术大学研究生院, 工学博士学位, 2006.

[9] 张长亮, 高凌云, 赵然, 等. 浅析高功率微波武器的研究与发展. 航天电子对抗,2008,24(6):50–53.

[10] 李希南. 小型爆炸磁流体发电机实验装置研制. 北京：中国科学院电工研究所, 工学博士学位论文, 2006.

[11] 倪国旗, 高本庆. 高功率微波武器系统综述. 火力与指挥控制,2007,32(8):5–9.

[12] 许海龙, 张金华. 高功率微波弹杀伤效能分析. 电子信息对抗技术, 2007, 2:45–48.

[13] 侯民胜, 秦海潮. 高功率微波 (HPM) 武器. 空间电子技术，2008，2:17–22.

[14] 刁振河. 高功率微波防护的相关问题研究. 长沙：国防科学技术大学研究生院, 工程硕士学位论文, 2006.

[15] 刘波. 半导体器件的高功率微波毁伤数值计算研究. 成都：电子科技大学, 硕士学位论文, 2004.

[16] 沈文军, 刘长海. 军用电子设备抗高功率微波技术分析. 雷达与对抗,2006,1:17–20.

[17] 韩雅静, 赵乃勤, 刘永长. 石墨炸弹破坏机理及相关防护对策. 兵器材料科学与工程, 2005, 28(3):57–60.

[18] 张若棋, 赵国民, 江厚满, 等. 碳纤维子母弹. 国防科技参考,2009, 4:35–36.

[19] 冯顺山, 张国伟, 何玉彬, 等. 导电纤维弹关键技术分析. 弹箭与制导学报,2004，24(1):40–44.

[20] 庞维强, 樊学忠. 非致命武器在反恐中的应用进展及发展趋势. 国防技术基础, 2009，3:46–50.

[21] 李绍义. 非致命性武器发展趋势及对警用装备的启示. 武警工程学院学报, 2004，20(2):47–50.

[22] 黄吉金, 黄珊, 胡剑. 未来战场的革命性非致命武器 —— 主动拒止系统浅析. 微波学报,2010, 8: 716–720.

[23] 赵吉祥. 化学型非致命性武器初探. 科学之友,2008, 12:81–82.

第8章 武器毁伤效能分析与评估

毁伤评估无论是在部队作战部门、武器研制的工业部门还是武器验收部门都会经常提到，但是他们对于毁伤评估的侧重点并不完全一样。本章首先对毁伤评估的概念进行阐述，然后从武器使用和评估的角度来讲述毁伤效能分析。主要介绍毁伤评估的内涵；易损性分析在毁伤评估中的作用以及易损性分析的具体步骤；毁伤效能分析中涉及的一些基本数学和仿真方法，如失效树方法、概率计算方法和蒙特卡罗仿真方法。

此外，本章主要是从目标的角度来讲述武器的毁伤效能分析和评估，这也区别于前面几章主要从战斗部的角度来论述其原理和威力。

8.1 毁伤评估的内涵

8.1.1 引言

通常所说的毁伤评估可以分为武器毁伤效能评估 (weapon's damage effectiveness assessment，WDEA) 和战场毁伤效果评估 (battlefield damage assessment，BDA) 两类。

武器毁伤效能评估主要是依靠各类试验数据和仿真结果，通过建立特定目标的毁伤评估指标体系，同时借助数学和力学手段对特定战斗部在特定弹目交会条件下的毁伤过程进行建模、分析和数据处理，得到各个毁伤评估指标的评估结果。武器的毁伤效能评估主要服务于研制、生产和验收阶段的武器威力检验，在这一过程中建立起的相关数学和力学模型同时可以服务于毁伤效能分析。毁伤效能分析是指在战斗部和弹目交会条件均不确定的情况下，必须对某一目标的毁伤效果进行全面预测和分析，从而设计和选择恰当的战斗部参数和交会条件。可见毁伤效能分析和评估的关系非常密切，很多情况下甚至无法给出清晰的界定。

战场毁伤效果评估主要是依据战场侦察手段 (卫星、无人机、谍报人员等) 进行战场毁伤信息的获取、传输、分析和反馈，并给出毁伤状态或程度的评定，通俗地说也就是 “看一看打得怎样”。在外军的有关研究中称之为基于 “归纳法” 的毁伤评估。

简而言之，武器毁伤效能评估通常在试验和仿真条件下完成，主要服务于武器研制和生产阶段的参数设计以及战场打击前的火力规划和打击预测。而战场毁伤效果评估主要是战场条件下的毁伤效果评估，服务于打后评估。

在目前的侦察手段和技术水平下，要想全面获取战场毁伤信息，需要在战场布置大量各种智能传感器才能达到目的，这不论是对我国还是其他军事强国，都仍然是一个非常困难的问题。因此，除了基于“归纳法”的战场毁伤效果评估，基于“演绎法”的战场毁伤效果评估仍然不能忽视。基于“演绎法”的战场毁伤效果评估是指，根据目标易损特性、武器毁伤效能以及先验的毁伤试验信息，进行毁伤效果的预测或推测。基于“演绎法”的战场毁伤效果评估实际上是将试验和仿真条件下的武器毁伤效能评估结果推广到战场条件下，并进行预测，因此其本质仍然是武器毁伤效能评估。

在战场侦察手段有限的情况下，基于“演绎法”的毁伤评估往往是战场毁伤评估的重要辅助手段。考虑到“演绎法”在武器毁伤效能评估和战场毁伤效果评估中均扮演着重要角色，如无特别声明，本章将主要讨论试验和仿真条件下的武器毁伤效能评估。

8.1.2　毁伤效能分析实例和含义

一、毁伤效能分析实例一

首先，举例说明一下毁伤效能分析的意义。当需要对一座钢筋混凝土桥梁进行打击时，目的是对桥梁进行阻断封锁或者摧毁。按照毁伤元素的大类划分，我们可以选择爆炸、侵彻以及复合的方式毁伤目标。如果仅以侵彻的方式对桥梁进行打击，那么造成的毁伤效果如图 8.1.1 所示，结果是仅在桥面形成一个贯穿孔，表现为迎弹面的开坑和出弹面的崩落。这样的毁伤效果显然不能满足对于桥梁的毁伤程度要求。

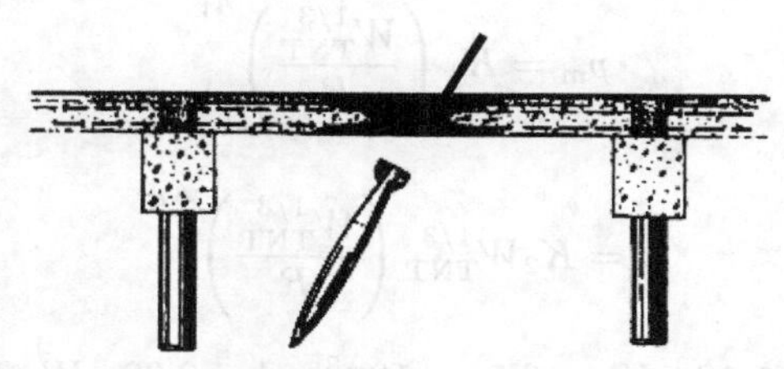

图 8.1.1　侵彻作用对于桥面的开坑和崩落毁伤效果

那么如何才能提高对桥梁的毁伤威力呢？使用爆炸效应。以能够产生爆炸效应的通用炸弹 (总重 300kg，装药 150kg) 为例，这种炸弹通常可以安装两类引信，一类是撞击触发引信，这种引信使得炸弹在接触目标的一瞬间就引爆；另一类是撞击延时引信，这种引信使得炸弹在撞击目标设定时间后引爆。

如果采用撞击触发引信，炸弹在其头部撞击桥面的一瞬间被引爆，如图 8.1.2 所示。由于弹体有一定长度，这种情况下相当于距离桥面一定高度的药包在爆炸时产生对于桥面的冲击作用，此时桥面通常会发生弯曲破坏，如果弯曲程度过大，可以造成桥面的崩塌。不过要造成桥面的崩塌需要的爆炸当量较大，在 150kg 的装药量情况下，通常很难直接造成桥面的崩塌。

如果采用撞击延时引信，炸弹在贯穿桥面后运动一段时间和距离，在桥面以下和水面以上的位置爆炸，如图 8.1.3 所示。此时，爆炸将对桥面和支撑柱同时产生破坏作用，由于桥面在设计中往往是承受上表面向下载荷的能力强于下表面向上的承载能力，因此如果爆心距离下表面的位置与图 8.1.2 中所描述的情况相同的话，桥面的破坏程度比在桥面以上爆炸更为严重。这样我们就得到了一种更高效的破坏模式。那么针对这种目标还有没有更好的破坏模式呢？

图 8.1.2　撞击触发引信炸弹对于桥梁的弯曲破坏效果

图 8.1.3　撞击延时引信炸弹对于桥梁和桥柱的破坏效果

通过第 3 章的内容我们知道，相同当量的炸药，水中爆炸产生的冲击波压力和冲量都远远大于空气中爆炸。(8.1.1) 式和 (8.1.2) 式分别给出了水中爆炸的冲击波峰值压力 p_{m} 和比冲量 i 的一组计算公式

$$p_{\mathrm{m}} = K_1\left(\frac{W_{\mathrm{TNT}}^{1/3}}{R}\right)^{A_1} \tag{8.1.1}$$

$$i = K_2 W_{\mathrm{TNT}}^{1/3}\left(\frac{W_{\mathrm{TNT}}^{1/3}}{R}\right)^{A_2} \tag{8.1.2}$$

式中，K_1=52.12，A_1=1.18，$K_2 = 6.52\times10^{-3}$，A_2=0.98。W_{TNT} 为 TNT 装药质量 (kg)，R 为离开爆点的距离 (m)，p_{m} 的量纲为 MPa(10^6Pa)。当 R=5m，W=150kg 时，可以计算得到 p_{m} =55.9MPa，比冲量 (单位面积冲量)$i = 36.8\times10^{-3}$MPa·s。

空气中爆炸的萨道夫斯基公式为

$$\Delta p_{\mathrm{m}} = 0.84\left(\frac{\sqrt[3]{W_{\mathrm{TNT}}}}{R}\right) + 2.7\left(\frac{\sqrt[3]{W_{\mathrm{TNT}}}}{R}\right)^2 + 7.0\left(\frac{\sqrt[3]{W_{\mathrm{TNT}}}}{R}\right)^3 \tag{8.1.3}$$

式中，超压 Δp_{m} 单位是 10^5Pa；W_{TNT} 为 TNT 装药质量 (kg)；R 为测点到爆心的

距离 (m)。球形 TNT 裸装药无限空中爆炸产生的正压区比冲量 i_+ 的公式采用

$$i_+ = 9.807A\frac{W_{\mathrm{TNT}}^{2/3}}{R}\ (\mathrm{Pa\cdot s}) \tag{8.1.4}$$

式中，A 为与炸药性能有关的系数，对于 TNT，A 的取值为 30~40。注意水中和空气中爆炸计算公式采用的符号和量纲并不完全一致，这是由于不同领域的研究习惯和历史问题，这里我们对量纲统一后的计算结果进行比较。当 R=5m，W_{TNT}=150kg 时，可以得到峰值超压 Δp_{m}=1.2MPa，比冲量 $i_+ = 1.9\times10^{-3}$MPa·s。与水中爆炸结果相比较，可以发现水中爆炸的威力要远远大于空气中爆炸的威力。自然可以联想到，采用水中爆炸的方式对桥面的支撑柱进行破坏将获得更大的毁伤效果。

同样采用撞击延时引信，在炸弹贯穿桥面之后，炸弹运动到水中继而爆炸，水中爆炸产生的冲击波将会对爆点两边的支撑柱产生破坏作用。图 8.1.4 给出了水中爆炸冲击波对桥梁支柱的破坏效果。如果桥面距离水面的高度合适的话，爆炸溅起的水花也有可能对桥面产生从下向上的冲击破坏作用，如图 8.1.5 所示。

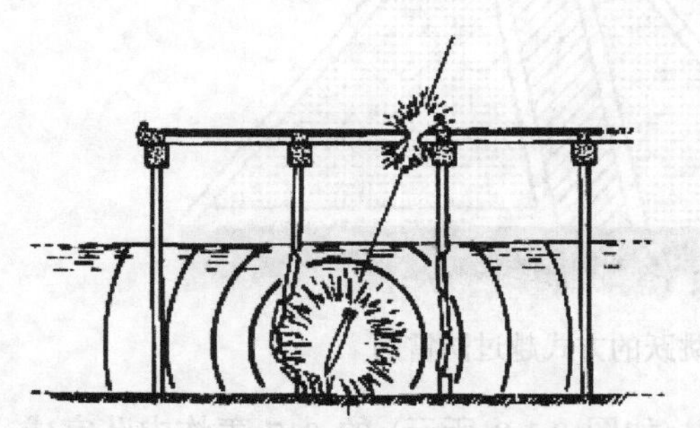

图 8.1.4　水中爆炸冲击波对桥梁支柱的破坏效果

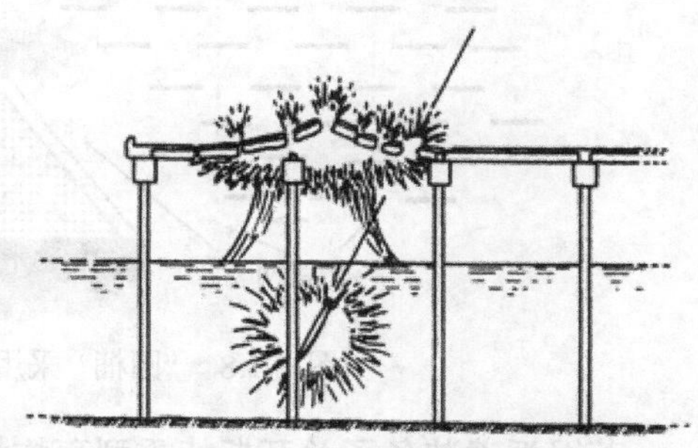

图 8.1.5　爆炸溅起的水柱对桥面产生的破坏效果

二、毁伤效能分析实例二

第二次大战中英国皇家空军对德国鲁尔水坝的轰炸就是把战斗部设计、投射方式和毁伤效能分析完美结合，从而充分发挥了武器毁伤效能的一个经典战例。当时，为了打击德国的军事工业，英军拟对德国的电力来源 —— 水坝进行轰炸，其中鲁尔地区的三个水坝是首要目标。然而德军在鲁尔大坝 (图 8.1.6) 水下设置了多层防雷网，航空鱼雷很难进行有效攻击。为了炸毁大坝，英国军方专门设计了一种特殊的巨型航空炸弹。这种炸弹高 1.6m，直径 1.27m，形状类似一个圆桶，如图 8.1.7 所示，内装有 3t RDX 炸药，总重量 8.325t。

这种 "圆桶" 炸弹是一种跳跃式炸弹。如果将这种炸弹从低空投下，并落在合适的地方，它可以在水面以类似于打水漂的方式跳跃前进，躲过防雷网，接近坝体，如图 8.1.8 所示，实现对坝体的有效打击。

图 8.1.6　轰炸前的德国鲁尔水坝

图 8.1.7　轰炸机下挂装的"圆桶"炸弹

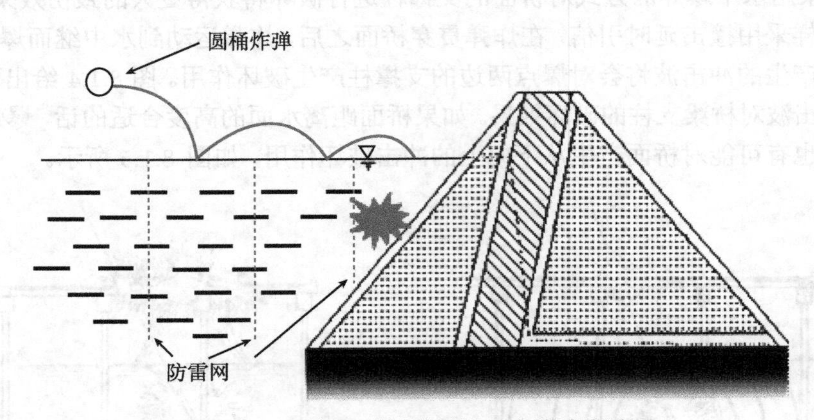

图 8.1.8　"圆桶"采用跳跃的方式越过防雷网

英军派遣装备了兰开斯特重型轰炸机 (如图 8.1.9 所示) 的 617 轰炸中队完成这一任务。在英军打击下，鲁尔水坝被炸出一个巨大的缺口，如图 8.1.10 所示，水坝下游立刻变成一片汪洋。鲁尔地区作为德国重要的工业区，其军火、煤矿、石油生产等都陷入了瘫痪，沉痛地打击了德国法西斯。

图 8.1.9　英国兰开斯特重型轰炸机

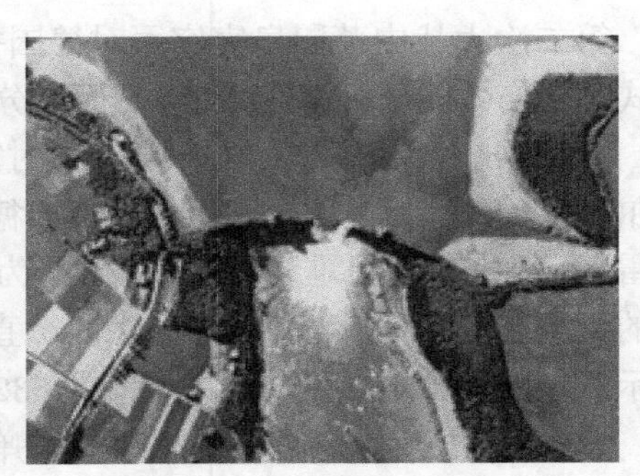

图 8.1.10　轰炸后的鲁尔水坝

三、毁伤效能分析的含义

通过以上两个例子的分析，我们可以认识到，正确的毁伤效能分析可以准确预测毁伤效果，从而最大程度地发挥武器的作战效能。可见武器毁伤效能分析能够对打击效果产生至关重要的影响。从更加严格的角度讲，以上分析属于目标易损性与武器威力 (vulnerability/lethality，V/L) 分析的范畴。因此，武器毁伤效能分析和评估工作主要从两个方面来进行，如图 8.1.11 所示，一是武器的威力，或者说是武器的战术和技术指标，主要包括战斗部特性和投射方式；二是目标的易损性，指目标对破坏的敏感性，反映了目标被一种或多种毁伤元素击中后发生损伤的难易程度。第 1 章中已经提到，威力和易损性体现了武器毁伤效应问题的两个方面，抛开任意一个方面，想要单独说清楚威力或者易损性都是不完整和不恰当的。

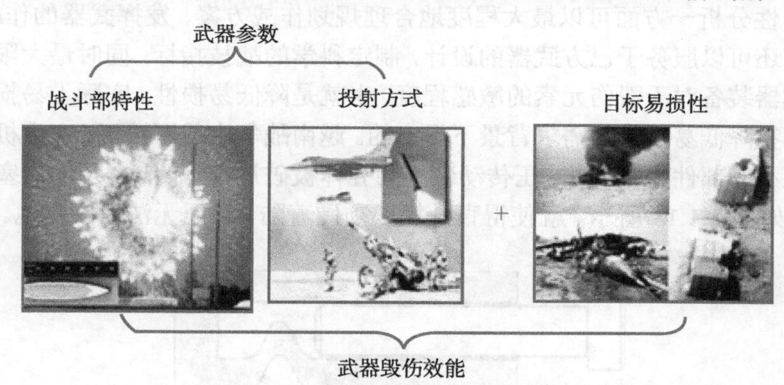

图 8.1.11　武器毁伤效能组成示意图

伴随着战争的出现，人们早已经在战争中自发地进行着威力与易损性分析 (V/L analysis)。无论是赤壁之战中对于曹军战舰的火攻，或是特洛伊战争中对阿喀琉斯之踵[①]的致命一击，都是进行了周密的 V/L 分析的结果，如图 8.1.12(a) 和图 8.1.12(b) 分别给出了普通人的易损区域和阿喀琉斯的易损区域。如前面所述，理论上讲威力与易损性是一个问题的两个方面，它们相互作用、密不可分。然而由于目标系统相对于武器毁伤元素来讲往往更加复杂和多样化，同时易损性主要是从目标的角度来研究，因此易损性分析往往是毁伤效能分析的基础与出发点。

易损性这一概念由美国陆军装备司令部 (Army Materiel Command，AMC) 在 1960 年提出，初期在美国军方和工业部门并没有得到重视和广泛接受，很多人甚至不能完整地拼写出“易损性”的英文单词。然而其重要性很快被认识到，至 1970 年代，各大军火公司基本都成立了 V/L 分析部门和团队。

① 希腊神话中，阿喀琉斯 (Achilles) 是特洛伊战争的英雄，幼年时母亲握住他的脚踝将他浸于冥河中，这样除了脚踝之外，他浑身刀枪不入；特洛伊战争中阿喀琉斯杀死了特洛伊勇士赫克托耳，但后来被帕里斯用箭射中脚踝受伤而死。Achilles’ heel(阿喀琉斯之踵) 在英文中作为成语，指唯一的致命弱点。

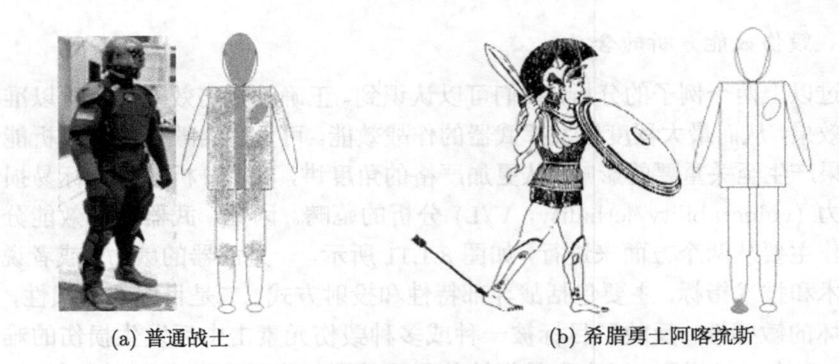

(a) 普通战士　　(b) 希腊勇士阿喀琉斯

图 8.1.12　人员的易损区域示意图

易损性分析一方面可以最大程度地合理规划作战方案，发挥武器的作战效能，另一方面还可以服务于己方武器的设计，制定科学的战技指标，同时最大限度地降低己方武器装备对于毁伤元素的敏感程度，也就是降低易损性。实际上易损性这一概念也是在降低易损性的需求背景下提出的。越南战争中美军发现，直升机可能因为一个很小的部件失效，如液压传动装置的壳体被破片打个凹坑，从而活塞不能前后移动，如图 8.1.13 所示，就使得直升机必须硬着陆，甚至无法返回基地。

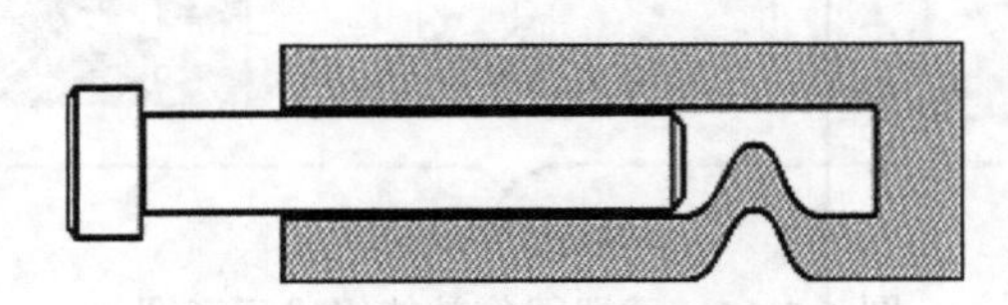

图 8.1.13　活塞失效示意图

通过易损性分析一方面可以建立起毁伤效果和毁伤原因之间的联系，如图 8.1.14 所示；另一方面还可以服务于改进武器毁伤效能，提高武器装备的生命力；最后还可以明确武器威力和发掘武器潜力，为打击和防护提供科学依据。

图 8.1.14　易损性分析建立起初始条件和毁伤效果之间的联系

顺便指出，近年来易损性这一概念被进一步扩展，提出了武器装备生命力的概念。生命力包括易感性、易损性和易修复性三个方面。在不考虑修复的情况下，生命力主要包括易感性和易损性。易感性表示武器装备规避击中 (hit) 的能力，易损性则表示被击中后的承受能力。易感性和易损性共同组成生命力，表示武器装备在不友好的、具有各种威胁的环境中生存下来并且完成作战任务的能力。

8.2　易损性分析的方法和步骤

8.2.1　易损性分析的总体思路

易损性分析的总体思路是通过目标的响应来定量描述毁伤机制或者武器威力。具体可以通过多种方法来进行，这些方法大致分为两类。一类是实弹射击，即对目标进行实弹射击，得到统计规律，目前已经采用这种方法进行了大量的研究。另一类是仿真，当目标不可获取，或者武器不可获取时，运用计算机模拟研究对象，通过仿真计算获取毁伤效果。随着信息化给战争带来的复杂性和技术性，在不少情况下，仅靠实弹进行易损性分析已经是不现实的了，此时必须依赖仿真计算，这也使得后者成为一个日显重要的易损性分析手段。

毁伤效果受到来自战斗部、目标以及弹目交会条件等多方面因素的影响。受成本、试验条件等的限制，真实的毁伤飞行试验非常少，获得的数据十分有限，很难解决普适性的问题。静爆试验① 和数值模拟试验虽然试验次数相对较多，但是其试验条件与实战情况相差较大，数据本身的可推广性并不高。在这种情况下，计算机仿真的方法逐渐受到人们的重视，并且发挥越来越重要的作用。需要注意的是仿真结果的合理性与物理模型的准确性密切相关，如何有效地结合理论分析与实测数据，获取准确的毁伤物理模型，成为制约仿真成败的关键因素。

毁伤评估方法的本质是建立起弹目作战参数与毁伤效果之间的映射关系。Deitz 和 Ozolins 在 20 世纪 80 年代末提出了易损性分析空间的概念，将易损性分析过程划分为四个空间层次，分别对应图 8.2.1 中的四个层面。其中，空间 1 为弹目交会初始参数空间，描述了导弹和目标交会的情况；空间 2 为部件破坏状态，描述了目标遭受打击后各个部件的物理毁伤情况；空间 3 为目标工程性能度量，描述了目标整体功能的降低情况；空间 4 为目标作战性能度量，描述了目标在性能下降之后对于作战任务的不利影响。通过这种分层方法，可以将毁伤评估过程中错综复杂的关系较清晰明确地表示出来。在此基础上，Roach 经过进一步完善，提出了 V/L 分层法 (vulnerability/lethality，易损性/威力)，从而奠定了现代毁伤效能评估的基本研究框架。

空间 1 到空间 2 的转换关系表述了武器弹药的特征参数、所攻击目标的特征参数、所有可能的弹目交会状态量，对目标遭到破坏后的物理状态量的影响。以传统的陆军武器和可能的打击目标为例，图 8.2.2 给出了不同的目标类别以及武器能够产生的毁伤机制和这些机制对应的毁伤元素。易损性空间中，空间 1 到空间 2 的转换就是要建立起毁伤元素和目标破坏程度之间的对应关系。

① 战斗部在静止状态的爆炸威力试验，区别于实弹飞行试验和运动战斗部毁伤威力试验。

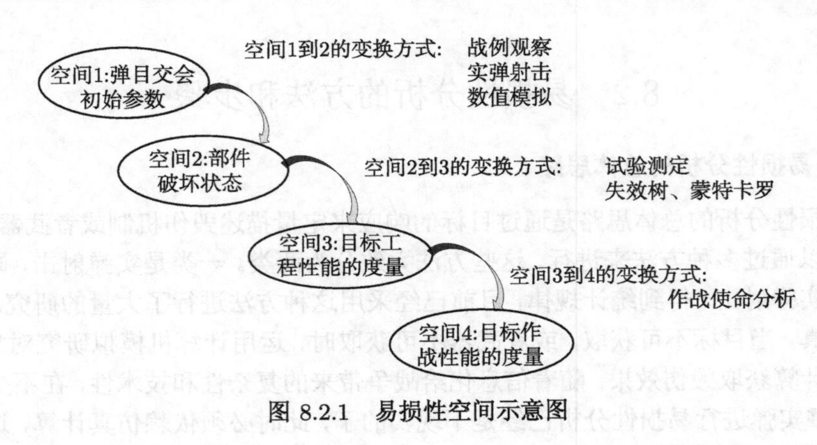

图 8.2.1 易损性空间示意图

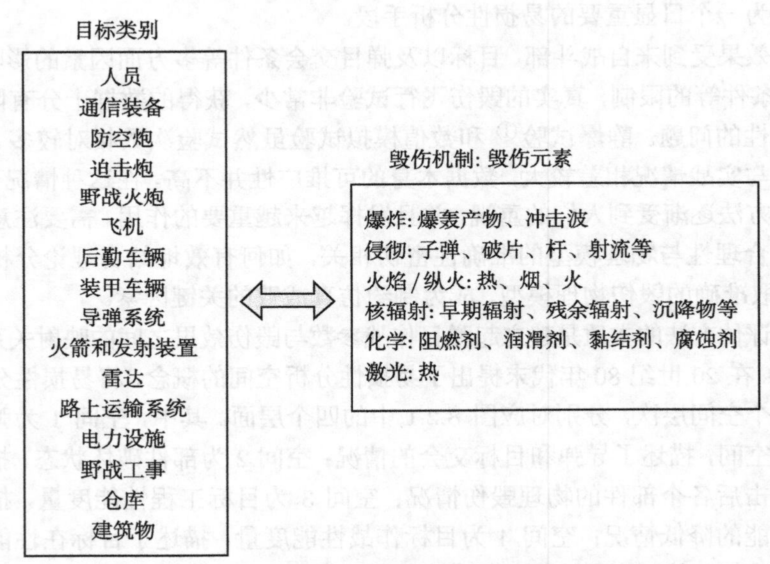

图 8.2.2 传统陆军目标和可能的毁伤机制

毁伤评估的最终目标是获得空间 3(目标的功能毁伤) 和空间 4(目标的作战性能毁伤) 的状态。通常情况下，空间 1 的状态是已知的，如果能找到空间 1 到空间 2、空间 2 到空间 3 或空间 4 之间的变换关系，便可获得空间 3 和空间 4 的状态，从而完成评估的任务。其中空间 2 到空间 3、4 的转换方法包括蒙特卡罗 (Monte Carlo) 仿真、毁伤树分析、布尔逻辑等。

尽管空间 1 到空间 2 的转换关系是整个毁伤效能评估中最基础和关键的环节，然而目前对其的研究仍是不充分的。空间 1 到空间 2 的转换主要由物理力学模型来实现，前几章给出的各种物理力学公式可以服务于这两个空间之间的转换。本章介绍的方法主要用于分析空间 2 到空间 3 之间的转换。

8.2.2　易损性分析的具体步骤

易损性分析的基本步骤大致可以分为五步: ①选定目标; ②进行目标描述; ③建立毁伤或杀伤判据; ④单毁伤机制的条件杀伤概率; ⑤多毁伤元素的目标综合易损性。

下面分别具体进行介绍。

一、选定目标

选定目标就是选择关注的特定目标，或者此类目标中具有代表性的一个。例如，如果选择美军的 M1 坦克为目标，如图 8.2.3 所示，那么首先要做的就是获取 M1 坦克的具体参数信息，以便建立起详细的目标模型 (如图 8.2.4 所示)，并进行下一步的分析。如果没能获取 M1 坦克的具体参数信息，则需要选择一个类似的目标，如选择装甲抗侵彻能力相当的目标，使得这个目标用于分析 M1 坦克的易损性是足够的。

图 8.2.3　美国 M1 坦克

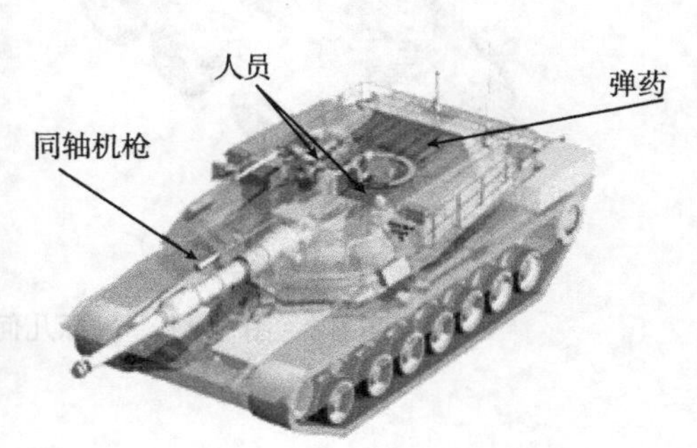

图 8.2.4　包含内部结构信息的 M1 坦克描述

二、进行目标描述

在选定了目标之后，需要根据目标的具体参数信息，对目标进行描述。描述主要从以下几个方面来进行: ①结构与几何尺寸; ②材料属性; ③功能或技战术指标; ④关键部件和潜在易损单元的位置和防护情况。

敌方目标主要通过情报数据来建立，我方装备则可以采用真实结构。描述模型的逼真程度以及与真实目标的一致性则根据分析需要来定。图 8.2.5 给出了几类常见目标的几何描述，通常这些描述是通过计算机建模来实现的。

图 8.2.6 重点给出了包含详细内部结构的 M1 坦克计算机模型。可以看出，建

立详细的目标模型是一个非常复杂的过程。根据分析需要、计算能力和具体情况，通常情况下可以对模型进行适当的简化。

(a) 武装直升机　　(b) 自行加榴炮

(c) 装甲运兵车　　(d) 导弹发射架

图 8.2.5　目标几何描述的计算机实现

图 8.2.6　美军 M1 坦克仿真模型的内部细节

三、建立毁伤或杀伤判据

进行毁伤评估或者毁伤效果预测，首先要建立毁伤 (或杀伤) 判据。通过建立毁伤判据解决毁伤效果的描述问题。毁伤判据一般可以分为以下几种：①毁灭性杀伤 (catastrophic kill)；②机动性失效 (mobility)；③火力失效 (firepower)；④封锁、拦阻 (interdiction)；⑤损耗 (attrition)；⑥迫降 (forced landing)；⑦阻止任务 (mission)；⑧杀伤人员 (personnel)。

毁灭性、机动性和火力杀伤这三种毁伤较为容易理解，对应的这三种毁伤判据通常在装甲战斗车辆 (armored fighting vehicle，AFV) 中使用。封锁毁伤是指给敌人造成的以时间为度量的损失，通常用修复时间或者替换时间来描述。机场、港口、道路等目标通常采用封锁毁伤来描述。其他毁伤判据可以顾名思义，不再逐一介绍。

以坦克为例，坦克作为一种典型的 AFV，具有火力猛、机动性强、装甲防护好的特点。在实际战斗中一举摧毁坦克是比较困难的，因此要求使其达到某种毁伤程度即可，通常按照下列标准来衡量坦克或 AFV 的毁伤：

"M"(mobility) 级失效 (运动失效)：车辆完全或部分失去运动能力；

"F"(fire) 级失效 (火力失效)：主炮 (或武器) 和机枪完全或部分丧失射击能力；

"K"(kill) 级失效：车辆被歼毁。

目前我国常用的地面装甲目标毁伤评估表法就是结合以上毁伤判据建立起来的一种评估方法。毁伤评估表法是一种方便而有效的目标毁伤评估方法。这种方法是通过一定的试验建立一套标准资料，反映各要害部件的毁伤所造成的装甲车辆的破坏程度。由于整体装甲车辆的毁伤评估表非常复杂，本书仅以首上装甲为例给出参考文献中的一个毁伤评估表，见表 8.2.1。表中数值代表对于坦克整体毁伤程度的贡献，0 表示无毁伤，1 表示完全毁伤，0 到 1 之间的数值越大表示毁伤程度越严重。动能弹命中首上装甲可能产生的破坏事件为：①击穿首上装甲；②击伤驾驶员；③使驾驶员用通信设备失灵；④使同轴机枪弹药失效；⑤使方向机失灵；⑥使高低机失灵。通过查取某型坦克的毁伤评估表 8.2.1，可以看出导致机动性失效的主要部件有首上装甲 (击穿)，驾驶员 (丧失驾驶能力)，驾驶员用通信设备 (当场无法修复)。其他各组件破坏对坦克整体毁伤的贡献不尽相同。

表 8.2.1　某型坦克毁伤评估表

毁伤的要害部件	对坦克的破坏程度		
	M 级	F 级	K 级
首上装甲 (击穿)	0.5	0.5	0.5
驾驶员 (丧失驾驶能力)	0.5	0.2	0.0
驾驶员用通信设备 (当场无法修复)	0.3	0.0	0.0
同轴机枪弹药 (无法使用)	0.0	0.1	0.0
方向机 (当场无法修复)	0.0	0.1	0.0
高低机 (当场无法修复)	0.0	0.1	0.0

上述对于装甲车辆的毁伤评估方法描述了从易损性空间 2 到空间 3 的转换。从这个例子可以看出，进行功能级和系统级的毁伤效能评估需要考虑目标的详细功能，是一件非常复杂的工作，需要根据目标的结构和功能具体问题具体分析，本书将在 8.3 节给出基本的分析方法。

四、单构件 (或单毁伤机制) 的条件杀伤概率

在建立了毁伤判据之后，下一步的工作就是确定在特定毁伤机制作用下目标组元或构件的毁伤概率，即目标被命中后被毁伤的条件杀伤概率，记为 $P_{\mathrm{K/H}}$。某一特定构件往往对应多种毁伤元素和毁伤机制，这里以军用卡车受破片打击作用为例，考察其车轮构件，其中包括轮胎和轮辋，如图 8.2.7 所示。在 10g 破片的作用下，通过统计平均不同方向射击结果，得到车轮的杀伤概率 $P_{\mathrm{K/H}}$ 如图 8.2.8 所示，可以表示如下

$$\begin{cases} v < 360\mathrm{m/s} & \text{无破坏} \\ 360\mathrm{m/s} < v < 1200\mathrm{m/s} & \text{杀伤概率逐渐增加并趋于1} \end{cases} \tag{8.2.1}$$

式中，v 表示破片速度，其他构件的杀伤概率也可以采用类似的方法获得。

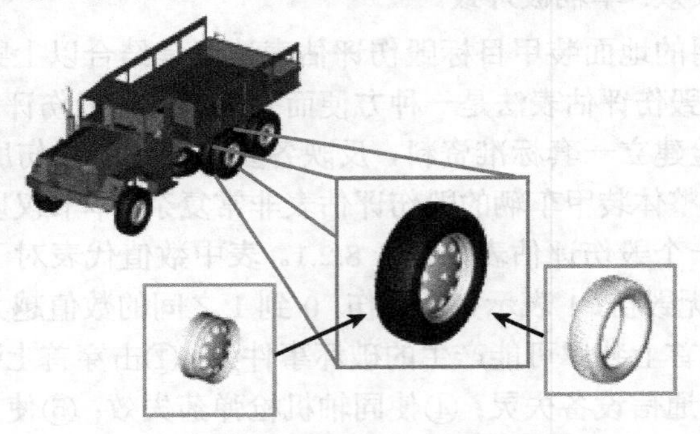

图 8.2.7　军用卡车的车轮构件

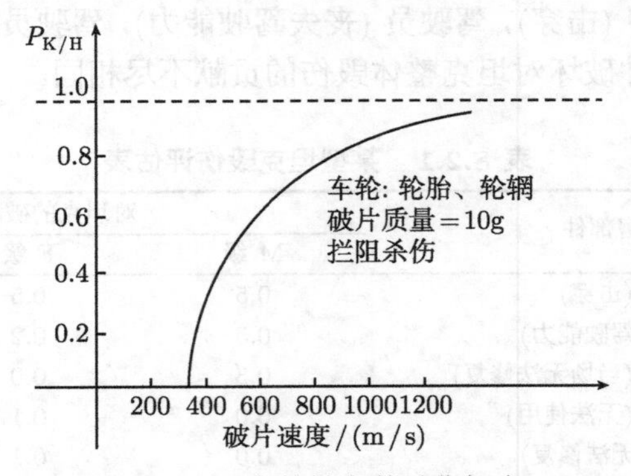

图 8.2.8　车轮的条件杀伤概率

五、目标的综合易损性 (多毁伤机制)

通常的目标往往是由多个组元或构件组成的，针对不同的组元，可以分别建立易损性分析模型，如爆炸冲击模型、射击线模型、机动性分析模型、人员杀伤、燃烧纵火模型等。以图 8.2.9 所示为例，如果穿甲弹的能力足够强，穿甲路径上可能毁伤坦克的多个构件，这些构件的毁伤可能会引起坦克的多种毁伤判据意义下的失效，因此在分析时需要根据多种毁伤机制分别采用对应的分析模型。根据分析需要，这些模型可以单独构成易损性分析程序的一部分或者分析程序整体。在进行综合评估时则需要根据构件之间的依赖和逻辑关系进行计算，计算方法将在 8.3 节介绍。

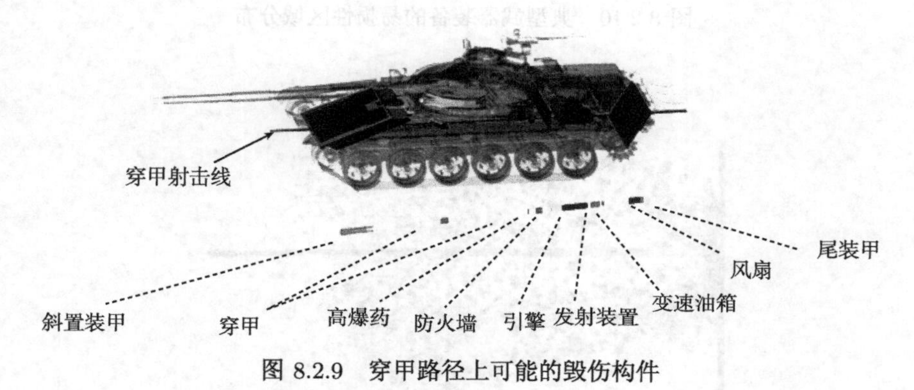

图 8.2.9　穿甲路径上可能的毁伤构件

从以上分析可以看出，目标本身的复杂性决定了综合易损性分析的复杂性。当然，实际分析中往往需要对目标进行简化，如果一味追求毁伤因素的全面性也会导致分析的复杂性。因此在工程应用中，可以根据对目标的掌握程度以及分析结果，对模型进行合理简化。

六、小结

通过以上五步分析，可以给出目标的易损性分析结果。易损性分析结果的表示方法主要有易损区域、脱靶距离、条件杀伤概率等。通过在仿真计算中改变不同的弹目交会参数，可以到某型号装甲车辆的易损区域分布如图 8.2.10(a) 所示，战斗机的易损区域分布如图 8.2.10(b) 所示，图中用不同颜色反映了不同区域易损性的差别，表示该区域在被命中后造成目标整体失效的概率。

易损性分析结果的准确性很大程度上依赖于毁伤模型的准确性。以破甲弹毁伤装甲目标为例，金属射流在穿透装甲后，在装甲的背面同时存在射流和装甲的破裂碎片，它们对于坦克内部的组件都具有很强的破坏能力，如图 8.2.11 所示。因此描述这一过程的物理模型中，除了射流本身以外，还需要考虑装甲的破碎机制，并能反映碎片的质量、速度、空间分布，这样才能给出相对准确的毁伤效果预测。而这些模型的建立需要通过爆炸力学的相关知识和实验来不断地总结和积累，才能满足易损性分析的需求。

(a) 装甲车辆 (b) 现代战斗机

图 8.2.10 典型武器装备的易损性区域分布

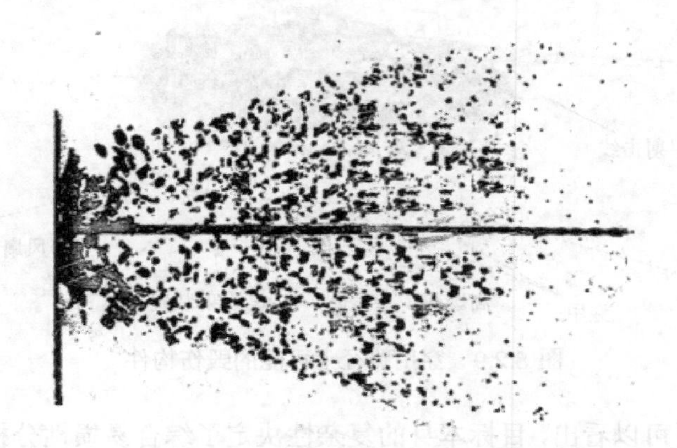

图 8.2.11 金属射流穿甲后效示意图

8.3 毁伤效能分析中的仿真计算

8.3.1 目标毁伤的概率计算

由于弹目参数和交会条件的不确定性，毁伤与否往往是一个概率。因此，在毁伤效能的分析过程中，概率扮演着重要角色。

这里首先给出一些基本定义。P_{K} 为目标的总杀伤概率，表示目标在战场环境下被毁伤的整体概率；P_{D} 为目标被发现的概率，描述了目标侦察问题；$P_{\mathrm{H/D}}$ 为目标被发现后的击中概率，描述了投射精度问题；$P_{\mathrm{K/H}}$ 为目标被击中后的杀伤概率，描述了目标易损性问题。上述基本定义中符号缩写的含义为，K 表示 kill，D 表示 detect，H 表示 hit。那么目标的总杀伤概率可以写成

$$P_{\mathrm{K}} = P_{\mathrm{D}} P_{\mathrm{H/D}} P_{\mathrm{K/H}} \tag{8.3.1}$$

下面结合两个特殊的例子来说明一下 (8.3.1) 式的应用。

例 8.1　重机枪对人员的杀伤概率计算。

分析：这是一个威力与易损性之间过匹配的问题 (overmatched)。常说的大炮打蚊子就是这种情况，这时目标的易损性不再是中心问题。这种情况下，通常假设 $P_{\rm K/H}=1$。于是 (8.3.1) 式可以写成

$$P_{\rm K}=P_{\rm D}P_{\rm H/D} \tag{8.3.2}$$

从 (8.3.2) 式可以看出。总的杀伤概率就等于发现概率以及发现之后的击中概率。我们通常说的“命中即毁伤”就是这种情况。

例 8.2　核导弹攻击普通目标 (不考虑被拦截的情况) 的毁伤概率计算。

分析：这同样是一个威力与易损性之间过匹配的问题，同时由于核武器毁伤半径足够大，以至于不需要考虑投射精度。这种情况下，可以假设 $P_{\rm H/D}=1$，$P_{\rm K/H}=1$。于是 (8.3.1) 式可以写成

$$P_{\rm K}=P_{\rm D} \tag{8.3.3}$$

从 (8.3.3) 式可以看出，总的杀伤概率就等于发现概率。这种情况就是我们通常所说的“发现即毁伤”。

上面只是通过两个比较特殊的例子来说明毁伤概率公式的意义，实际情况下，$P_{\rm D}$、$P_{\rm H/D}$、$P_{\rm K/H}$ 需要详细计算才能得到。

下面给出毁伤概率计算中的一个基本关系式。如果一个目标由多个独立组元构成，它们之中任意一个失效都不会影响到其他组元正常工作的能力。同时，它们中任意一个的失效都会造成整个系统的失效。那么整个系统失效的概率为

$$P_{\rm K}=1-\prod_{i=1}^{N}(1-P_{{\rm K}i}) \tag{8.3.4}$$

式中，$P_{{\rm K}i}$ 为第 i 个组元的杀伤概率，$1-P_{{\rm K}i}$ 则表示第 i 个组元没有被杀伤的概率，N 表示系统由 N 个组元构成。利用概率论的知识，我们知道 i 个组元同时没有被杀伤的概率就是 $(1-P_{\rm K1})(1-P_{\rm K2})(1-P_{\rm K3})\cdots(1-P_{{\rm K}i})$，从而可以得到系统的失效概率为 (8.3.4) 式。

实际情况中，目标组元或构件往往不是完全独立的，表面上看，(8.3.4) 式的使用具有很大的局限性，然而通过下面介绍的失效树分析方法，我们可以将这个公式应用到构件之间存在相互依赖关系的复杂目标系统中去。

8.3.2　目标毁伤的失效树分析方法

失效树分析方法 (fault tree analysis，FTA)，在 1961 年由美国贝尔实验室的沃森 (Watson) 等在“民兵”导弹发射控制系统中最早开始应用，其后波音公司对

FTA 作了修改使其能用计算机进行处理。FTA 现已成为分析各种复杂系统可靠性的重要方法之一。

FTA 法是一种图形演绎和逻辑推理相结合的分析方法。这种方法不仅能够对系统可靠性作分析，还可以分析系统的各种失效状态。应用 FTA 法的分析的过程，也是对系统更深入认识的过程。

一、失效树基本结构和组成

失效树分析是把系统不希望发生的失效状态作为失效分析的目标，这一目标在失效树分析中被定义为顶事件。在分析中要求寻找出导致系统失效状态发生的所有可能的直接原因，这些原因在失效树分析中称之为中间事件。再寻根索迹找出导致每一个中间事件发生的所有可能的原因，循序渐进，直至追踪到对被分析对象来说是一种基本原因为止。这种基本原因，失效树分析中定义为底事件。顶事件、中间事件和底事件的分布如图 8.3.1 所示。

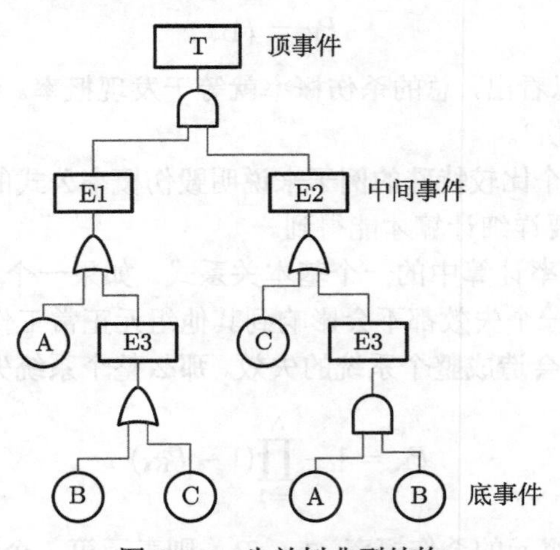

图 8.3.1　失效树典型结构

FTA 中使用的符号可以分为事件符号和逻辑门符号两类，下面仅介绍几种主要的并且常用的符号，如图 8.3.2 所示。

逻辑“与门”表示输出事件由输入事件的逻辑积产生，即全部输入事件都同时发生时，输出事件才发生，这在逻辑关系中称为事件“交”。表示为“AND”或“∩”或“·”，本书采用最后一种表示方法。

逻辑“或门”表示输出事件由输入事件的逻辑和产生，即至少一个输入事件发生，输出事件就会发生，这在逻辑关系中称为事件“并”，表示为“OR”或“∪”或“+”，本书采用最后一种表示方法。

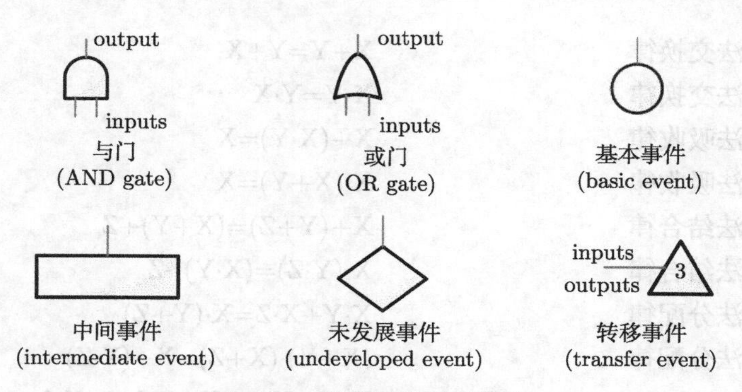

图 8.3.2　事件和逻辑门符号

圆形符号表示基本事件或者底事件，基本事件在 FTA 中不再进一步向失效树的底部发展。它是系统中所分析的最小单元而且相互独立。基本事件只能作为逻辑门的输入而不能作为输出。矩形符号表示中间事件或者顶事件。本书不涉及未发展事件和转移事件的相关内容，感兴趣的读者可以参考可靠性分析相关书籍。

这里给出一个简单示例。图 8.3.3 所示为一个失效树结构，对该失效树结构进行逐层分析可以写出如下的逻辑运算关系。

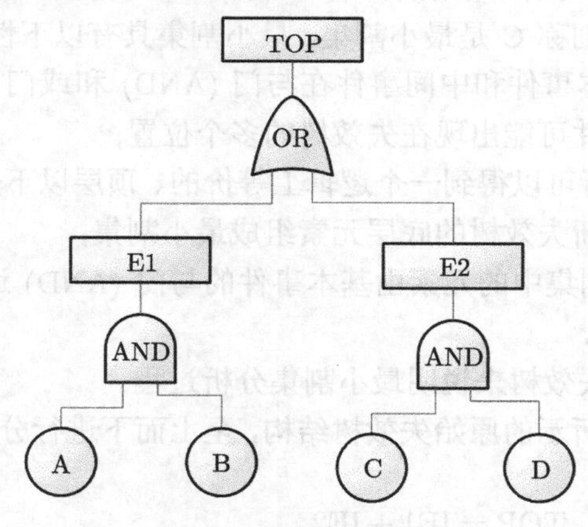

图 8.3.3　失效树例子

$$\begin{aligned} E1 &= A \cdot B \\ E2 &= C \cdot D \\ TOP &= E1 + E2 = A \cdot B + C \cdot D \end{aligned} \tag{8.3.5}$$

下面列出失效树分析中一些常用的布尔代数运算所满足逻辑运算法则。

幂等律　　$X+X=X;\quad X \cdot X=X$

加法交换律	X+Y=Y+X
乘法交换律	X·Y=Y·X
加法吸收律	X+(X·Y)=X
乘法吸收律	X·(X+Y)=X
加法结合律	X+(Y+Z)=(X+Y)+Z
乘法结合律	X·(Y·Z)=(X·Y) ·Z
加法分配律	X·Y+X·Z=X·(Y+Z)
乘法分配律	(X+Y)·(X+Z)=X+(Y·Z)
常数运算定理	X+0=X；　X+I=I；　X·0=0；　X·I=X 其中 I 表示全部底事件的逻辑和

二、最小割集分析

为了简化失效树结构，人们进一步引入了最小割集 (minimal cut sets，MCS) 分析。最小割集分析能够使我们更加清楚地认识到哪些事件对整个系统的失效起到关键影响作用。设失效树由 n 个基本事件 $x_1,x_2,\cdots,x_n$ 组成，$\mathrm{B}_i=\{x_{i1},x_{i2},\cdots,x_{ik}\}$ 是一个失效事件集合，若集合中每个事件 $x_{i1},x_{i2},\cdots,x_{ik}$ 都发生时，顶事件 T 也发生，则称 B_i 为失效树的一个割集。若 C 是其中一个割集，而 C 中任意去掉一个事件后就不是割集，则称 C 是最小割集。最小割集具有以下性质：

(1) 失效树由基本事件和中间事件在与门 (AND) 和或门 (OR) 连接下组成多层结构，某些基本事件可能出现在失效树的多个位置；

(2) 最小割集分析可以得到一个逻辑上等价的、顶层以下全部由或门 (OR) 组成的新失效树，这个新失效树的底层元素组成最小割集；

(3) 每一个最小割集中的元素由基本事件的与门 (AND) 运算组成，对于 TOP 事件是必要和充分的。

以图 8.3.4 中的失效树来说明最小割集分析过程。

根据图 8.3.4(a) 所示的原始失效树结构，至上而下进行分析，可以写出如下关系式

$$\begin{aligned}\mathrm{TOP}&=\mathrm{IE1}+\mathrm{IE2}\\&=(\mathrm{A}\cdot\mathrm{B})+(\mathrm{A}+\mathrm{IE3})\\&=\mathrm{A}\cdot\mathrm{B}+\mathrm{A}+(\mathrm{C}\cdot\mathrm{D}\cdot\mathrm{IE4})\\&=\mathrm{A}\cdot\mathrm{B}+\mathrm{A}+(\mathrm{C}\cdot\mathrm{D}\cdot\mathrm{D}\cdot\mathrm{B})\\&=\mathrm{A}+\mathrm{A}\cdot\mathrm{B}+\mathrm{B}\cdot\mathrm{C}\cdot\mathrm{D}\cdot\mathrm{D}=①\end{aligned}\tag{8.3.6}$$

利用幂等律有 $\mathrm{D}\cdot\mathrm{D}=\mathrm{D}$，可得

$$①=\mathrm{A}+\mathrm{A}\cdot\mathrm{B}+\mathrm{B}\cdot\mathrm{C}\cdot\ \mathrm{D}=②\tag{8.3.7}$$

利用加法吸收律有 $A + A \cdot B = A$，可得

$$②= A + B \cdot C \cdot D \tag{8.3.8}$$

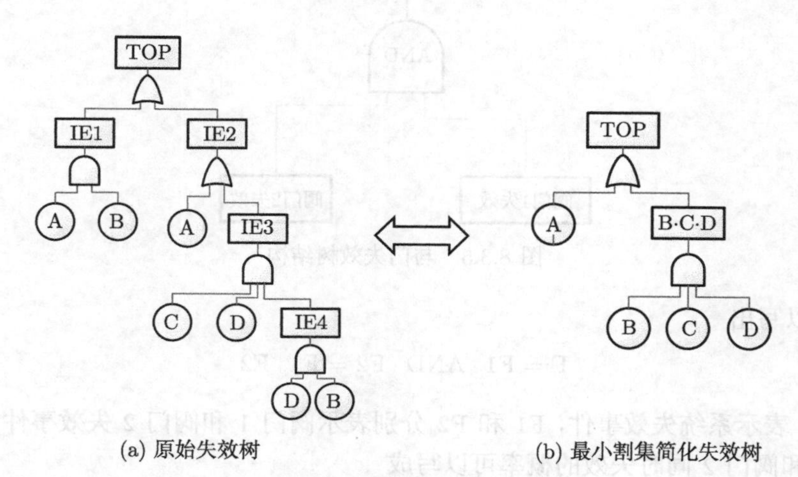

(a) 原始失效树　　(b) 最小割集简化失效树

图 8.3.4　最小割集分析示例

通过上述分析，可以得出最小割集为两个，分别为:CS1=A；CS2=B· C· D，也就是说，TOP 事件由 A 事件或 (B · C · D) 联合事件发生引起，从而可以画出图 8.3.4(b) 所示的新的简化失效树。这个例子中包含的因素并不是很多，想象一下，如果失效树中每一层都包含上千个事件，最小割集分析可以帮助我们找出那些最有可能发生失效的情况。

中间事件选择有时对于分析过程的影响很大，选择不同的中间事件可能带来不同的失效树结构。对于复杂问题，失效树结构可能会非常复杂，给分析带来困难，合理选择中间事件可以在一定程度上简化分析过程。

总之，FTA 本身不是量化分析，但是可以辅助量化分析。通过最小割集分析，可以得到一个逻辑上等价的、顶层以下全部由或门 (OR) 组成的新失效树，因此可以把多个依存关系事件转化为独立事件概率，从而方便计算。

三、概率计算方法

针对与门和或门两个最主要的逻辑运算，下面给出与事件和或事件的概率计算方法。

首先考察与事件的概率计算方法，对于一个由两个阀门并联组成的供水系统，其中任意一个阀门失效，而另一个正常工作的话，都能保证供水系统不失效。只有两个阀门同时失效才能使得供水系统失效，那么显然这是一个逻辑交的关系，可以画出图 8.3.5 所示的失效树结构。

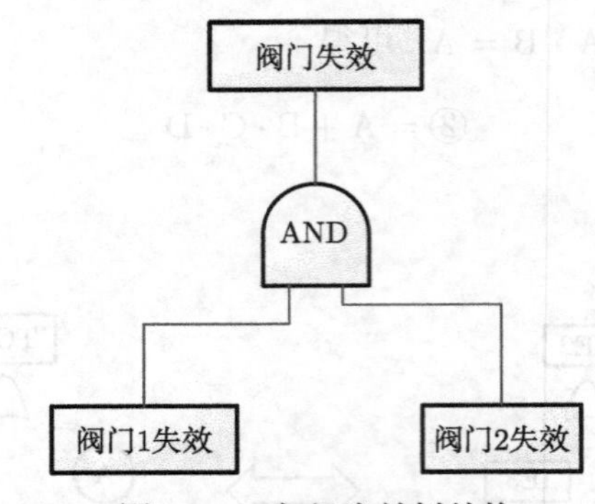

图 8.3.5 与门失效树结构

可以写出

$$F = F1 \cdot AND \cdot F2 = F1 \cdot F2 \tag{8.3.9}$$

式中，F 表示系统失效事件，F1 和 F2 分别表示阀门 1 和阀门 2 失效事件。显然，阀门 1 和阀门 2 同时失效的概率可以写成

$$P(F) = P(F1 \cdot F2) = P(F1)P(F2) \tag{8.3.10}$$

如果已知阀门 1 失效的概率是 0.1，阀门 2 失效概率是 0.2，那么整个供水系统的失效概率即为 0.02。

其次，我们考察或事件的概率计算方法，对于如图 8.3.6 所示失效树结构，表示 F1 或 F2 事件的发生均会引起系统的失效 F，那么根据或门 (OR) 运算，可以写出

$$F = F1 \cdot OR \cdot F2 = F1 + F2 \tag{8.3.11}$$

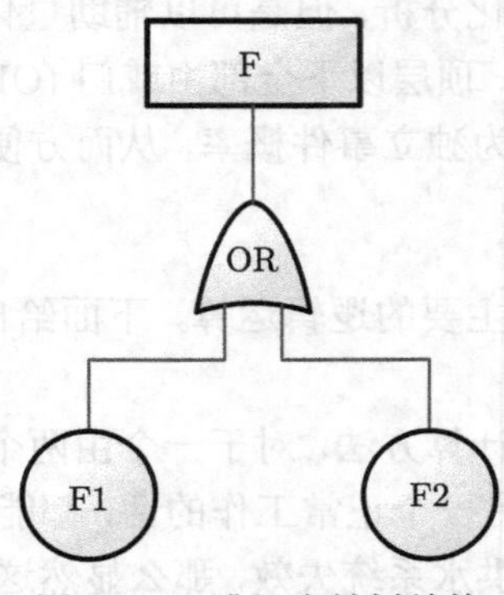

图 8.3.6 或门失效树结构

根据 (8.3.4) 式可以得到 F 事件发生的概率 $P(\mathrm{F})$ 为

$$\begin{aligned} P(\mathrm{F}) &= P(\mathrm{F1}+\mathrm{F2}) = 1-(1-P(\mathrm{F1}))(1-P(\mathrm{F2})) \\ &= P(\mathrm{F1})+P(\mathrm{F2})-P(\mathrm{F1})P(\mathrm{F2}) \end{aligned} \tag{8.3.12}$$

即

$$P(\mathrm{F1}+\mathrm{F2}) = P(\mathrm{F1})+P(\mathrm{F2})-P(\mathrm{F1})P(\mathrm{F2}) \tag{8.3.13}$$

从 (8.3.13) 式可以看出，或事件的概率并不等于两个事件概率的和，只有在 F1 事件和 F2 事件的概率很小 (如 $\leqslant 0.1$) 的情况下，(8.3.14) 式才近似成立。

$$P(\mathrm{F1}+\mathrm{F2}) = P(\mathrm{F1})+P(\mathrm{F2}) \tag{8.3.14}$$

例 8.3　考虑一个由 1 传递和 2 传递串联组成的两级传递结构，任意一级失效，整个传递系统就会失效，其失效树结构如图 8.3.7 所示。那么如果已知 1 传递失效的概率是 0.1，2 传递的失效概率是 0.2，那么整个传递系统的失效概率是多少? 分析: F 表示系统失效事件，F1 和 F2 分别表示传递 1 和传递 2 失效事件。根据 (8.3.13) 式，可以得出

$$\begin{aligned} P(\mathrm{F1}+\mathrm{F2}) &= P(\mathrm{F1})+P(\mathrm{F2})-P(\mathrm{F1})P(\mathrm{F2}) \\ &= 0.1+0.2-0.1\times 0.2 = 0.28 \end{aligned} \tag{8.3.15}$$

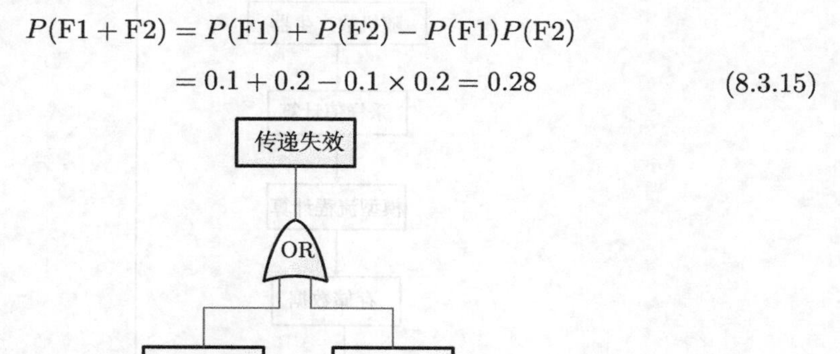

图 8.3.7　简单传递系统的失效树

对于武器毁伤效能评估来讲，目标系统的整体毁伤概率可以通过本节介绍的失效树来分析获取，而计算中所需基本事件的失效概率通常通过对目标进行蒙特卡罗仿真来获取。

8.3.3　毁伤仿真中的蒙特卡罗方法

蒙特卡罗 (Monte Carlo) 法也称为随机模拟方法或随机抽样方法。蒙特卡罗法由波兰籍科学家 Ulam① 在 1946 年提出。基本思想是：首先建立一个随机过程模

① Stanislaw Ulam，波兰数学家，第二次世界大战中，参与了美国研制原子弹的曼哈顿计划。Ulam 与 E.Teller 在 1951 共同提出了 Teller-Ulam 氢弹设计方案。他在 1946 年考虑一种纸牌游戏的获胜概率时提出了蒙特卡罗 (Monte Carlo) 方法。

型，使它的参数等于问题的解，然后通过对随机过程模型的抽样试验，计算所求参数的统计特征，获得问题的概率，最后给出所求解的近似值。

蒙特卡罗仿真是计算机仿真中的一种工程方法，对于蒙特卡罗方法中所涉及的数学方法和理论本书不做过多讨论，感谢兴趣的读者可以参考相关的数学书籍。

一、蒙特卡罗仿真的基本过程

由于武器与目标参数均具有一定分散性，即便是特定弹靶和特定交会条件下，目标的毁伤与否并不是一个确定值，需要采用概率的方法进行描述。对于具有复杂几何结构和逻辑功能的目标系统来讲，想要分析得到目标的易损区域和毁伤概率，解析表达式已经无法胜任，必须按照 8.2.2 节给出的易损性分析步骤，并借助计算机仿真来完成。此时，在仿真中主要采用蒙特卡罗方法进行数值试验，获得问题的概率分析。基本流程如图 8.3.8 所示。

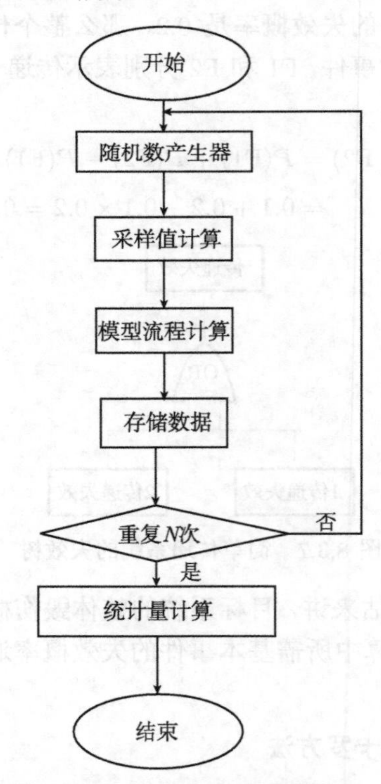

图 8.3.8　蒙特卡罗仿真的基本流程

下面以破片弹打击战斗机为例，给出蒙特卡罗仿真的基本流程：

第 1 步，按照破片弹的制导精度和引信参数计算其爆点空间散布的分布规律，按照爆点的分布规律随机生成爆点；

第 2 步，根据破片弹战斗部参数 (装药量、破片质量和数量、壳体形状等) 生成初始破片场，并根据破片弹的初速计算所有破片的飞行弹道，如图 8.3.9 所示；

第 3 步，根据弹目交会条件，计算每一枚破片与目标的交会情况，并根据单个破片与目标局部的交会角度、速度和物理侵彻模型 (如第 6 章中的德马耳公式)，计算单个破片能否击穿目标的局部表面结构 (如飞机蒙皮)；

第 4 步，根据单个破片的剩余速度和飞机构件的条件杀伤概率曲线 $P_{\mathrm{K/H}}(v)$，得到每一个被击中构件的 $P_{\mathrm{K/H}}$，如穿透概率。

第 5 步，根据 FTA 方法和概率计算方法获取飞机整体毁伤概率。

至此，完成了单次打靶的仿真过程，并输出此次打靶的毁伤概率。接下来，重复第 1 步到第 5 步，保存每一个循环的计算结果，最终可以得到如图 8.3.10 所示的不同爆点位置对于目标的毁伤概率在空间上的分布，图中用不同灰度表示不同的毁伤概率。在明确毁伤概率要求的情况下，按照此分布可以得出这种导弹对于飞机的脱靶距离。

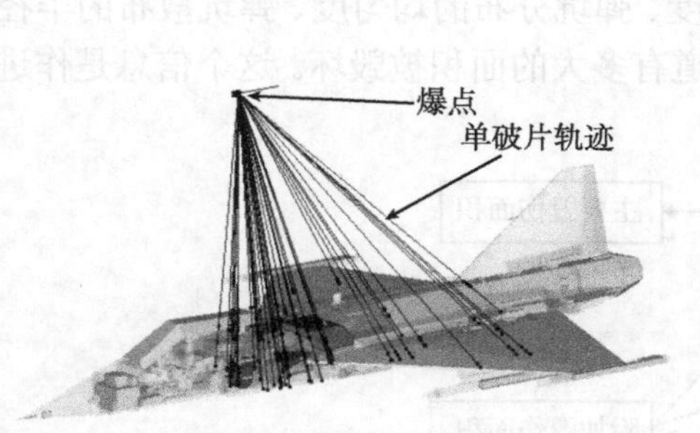

图 8.3.9　单发破片弹与飞机的作用仿真

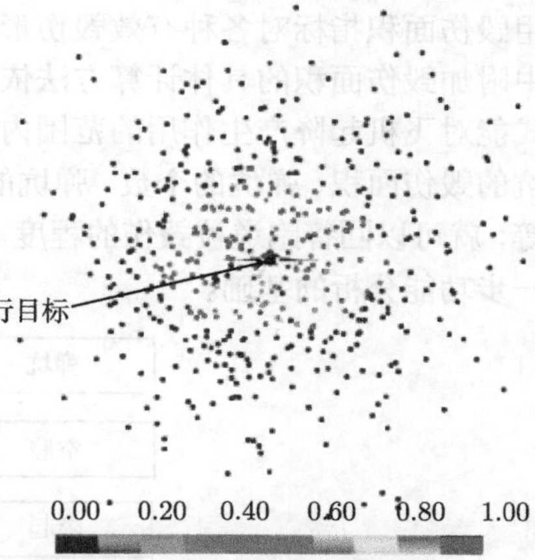

飞行目标

0.00　0.20　0.40　0.60　0.80　1.00

图 8.3.10　毁伤概率空间分布

二、反机场跑道的蒙特卡罗仿真

对于机场跑道的打击主要从封锁毁伤的角度来考虑，打击方式为子母式侵彻弹爆炸开坑。根据易损性空间理论，机场跑道的毁伤判据可以分为物理毁伤、功能毁伤和系统毁伤三个层次。

从物理毁伤层次看，考虑到飞机能否起降主要取决于跑道遭受打击以后其表面被破坏的情况，因此物理毁伤指标主要用于描述跑道表面的破坏情况。侵彻封锁子母弹打击机场跑道后，众多的子弹侵入跑道内部一定深度后爆炸，在跑道上产生一定数量和大小的空腔、隆起、错台和裂缝等毁伤形式，如图 8.3.11 所示，影响飞机的起降。由于裂纹、空腔等毁伤形式的影响可等效为弹坑的影响，因此衡量跑道局部物理毁伤情况的指标主要有：弹坑的等效大小、弹坑的深度、弹坑的个数、弹坑的密集度、弹坑分布的均匀度、弹坑散布的半径等。

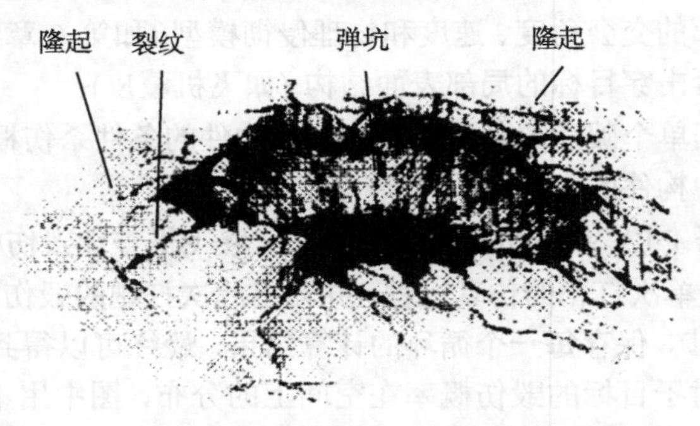

图 8.3.11　以弹坑为主并伴随其他毁伤形式的示意图

考虑到子母弹侵彻战斗部的作战目的是对机场跑道进行面积毁伤，因此可以用毁伤面积指标对各种有效毁伤形式进行量化，其量化思路如图 8.3.12 所示。其中附加毁伤面积的具体计算方法依赖于上述有效毁伤形式的确定，在有效毁伤形式能对飞机起降产生作用的范围内所形成的面积均为附加毁伤面积。综合每个弹坑的毁伤面积、弹坑的个数、弹坑的密集度、弹坑分布的均匀度、弹坑散布的半径等，就可以回答跑道被毁伤的程度，即跑道有多大的面积被毁坏。这个信息是作进一步功能分析的基础。

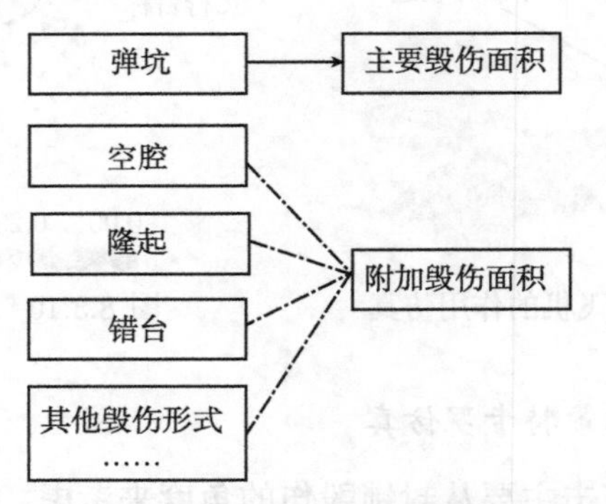

图 8.3.12　有效毁伤形式统一定量描述示意图

从功能毁伤层次来看，侵彻封锁子母弹战斗部的主要打击对象为机场跑道，机场跑道的主要功能在于提供飞机起降的场所，因此子母弹对机场跑道打击的目的是实现对跑道的封锁，以使机场失去起降飞机的功能。机场跑道遭到子母战斗部的攻击后，飞机会在跑道上寻找一块任何可能起降的合适地面，即起降窗口，进行起降。飞机的起降模式有两种：一种为沿机场长度方向起降，另一种为飞行方向与跑道长度方向成一定夹角起降，如图 8.3.13 所示。对于功能毁伤主要考察机场无法正常起降飞机的情况，一是对机场的封锁，二是封锁的时间。通过对跑道物理毁伤情况进行起降窗口的搜索，确认是否存在起降窗口而得到封锁与否的结论。因此，衡量跑道作战功能毁伤情况的指标是：①是否可以达到封锁机场的目的，在多大概率意义上可实现封锁机场；②封锁时间能维持多长。于是，将跑道被封锁的概率及封锁时间作为毁伤评估的综合指标 (最终的指标)。

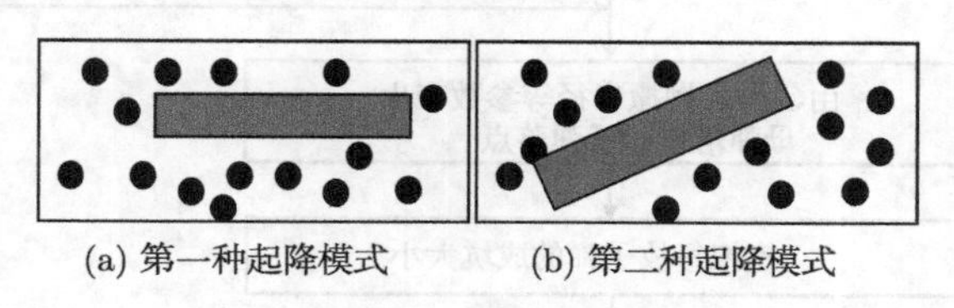

(a) 第一种起降模式　(b) 第二种起降模式

图 8.3.13　飞机起降模式

从系统毁伤层次看，对于子母弹打击机场跑道，因只考虑跑道这一作战目标，尚不能构成一个系统，因此可以不考虑系统毁伤的评估指标。若考虑整个机场目标，涉及由跑道、航站楼、机库、掩体、油库等构成的系统，则需要建立其系统级毁伤评估指标。

这样，对于子母弹封锁机场跑道，其作战性能指标主要包括封锁概率和封锁时间，其中封锁概率是指对跑道进行打击后，跑道不能安全起降飞机的概率，即不存在最小起降窗口的概率。封锁时间是指封锁跑道使飞机不能起降所能持续的时间。

注意到，封锁概率是基于跑道物理毁伤情况，通过起降窗口的搜索，确认是否存在起降窗口而得到封锁与否的结论，再进行随机模拟得到封锁概率的。其中，如前所述，跑道物理毁伤 (跑道被毁伤的程度) 分析必须综合考虑每个弹坑的毁伤面积以及弹坑个数、弹坑散布情况等，而弹坑情况与子弹上靶率密切相关。上靶率是指子母弹中命中跑道的子弹数占抛撒子弹数的比例，反映了子母弹的一个战技指标。

为了最终得到对子母弹打击机场跑道毁伤效能的评估，需要从弹的战技指标出发，对毁伤效果进行预测。即除了子母弹的相关弹药参数和精度参数外，还要考虑上靶率等因素，最终获得封锁概率和封锁时间的计算。采用解析法计算上靶率、封锁概率和封锁时间很难解决计算中的随机因素问题，通常采用蒙特卡罗仿真方法来计算这三个指标，具体流程如图 8.3.14 所示。

通过上述过程可以给出，在给定打击策略下，达到一定封锁时间的要求时，对于机场跑道的封锁概率。

8.3.4　小结

武器毁伤效应分析与效能评估不仅是武器设计和防护设计的基础，也是制定毁伤准则、打击方案的重要依据；不仅是军事工程技术和作战指挥不可或缺的重要组成部分，也是信息化精确打击与联合火力打击中的重要环节；不仅是一支军队科学运用武器实现高效毁伤的重要能力体现，更是其现代化、信息化的一个重要标志。

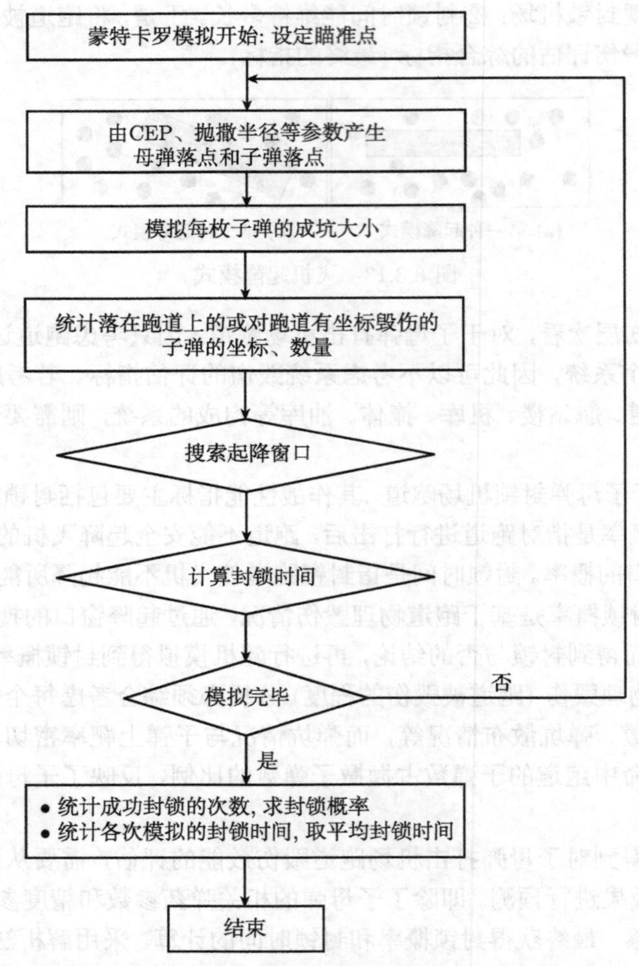

图 8.3.14　机场跑道的封锁概率与封锁时间的计算流程

总体来说，本书只给出了目前常用方法中涉及的一些基本理论方法。从学科和科学内涵来讲，武器毁伤力学涉及爆炸力学、断裂力学、材料力学、结构动力学、计算力学等多个方面，毁伤效能评估则还会进一步涉及仿真科学、概率统计、可靠性分析、试验设计等多个方面。因此，对于复杂目标的易损性分析和毁伤评估问题是极其繁杂和困难的，这方面的研究有待不断地发展和完善。

思考与练习

1. 请简述武器毁伤效能的概念。
2. 试说明试验条件下的毁伤评估、战场条件下的毁伤评估以及毁伤效能分析之间的关系。
3. 简述武器装备生命力的概念。
4. 目标易损性和武器毁伤威力之间是什么关系?
5. 目标易损性分析的重要性可以如何理解?特别是在实际的作战运用中?
6. 可以如何进行易损性分析?
7. 你认为在信息化战争条件下,毁伤效能分析有怎样的作用,如何才能实现其作用?
8. 如何通过作战方案的制定来充分发挥出武器的威力效能?
9. 怎样进行火力规划才能实现武器威力效能的最大化?
10. 蒙特卡罗方法的原理是什么?有什么作用?你还知道它的其他哪些应用呢?
11. 举例说明你对易损性空间层次化划分方法的理解。
12. 试利用目标的总杀伤概率计算公式,说明“命中即毁伤”和“发现即毁伤”的含义。
13. 试画出如下图所示注水系统的失效树。基本事件:阀门 A、阀门 B、水泵 P。

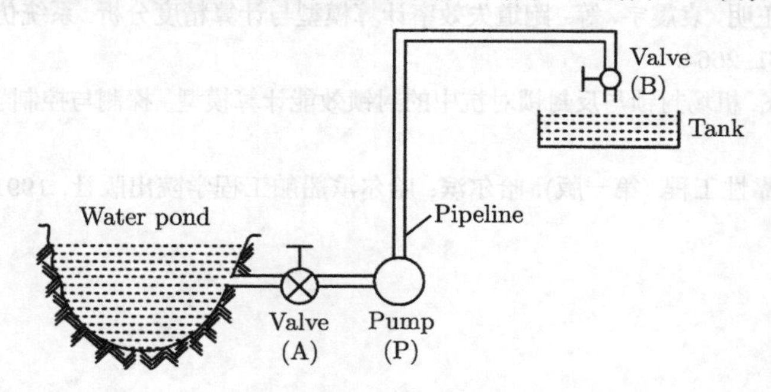

14. 已知下图所示的失效树结构,试对其进行最小割集分析。

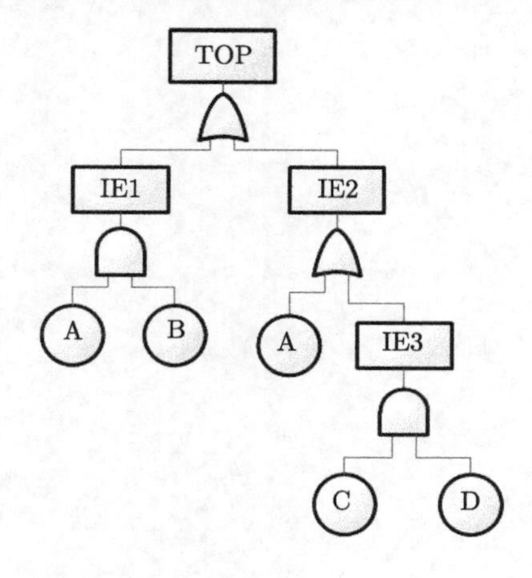

主要参考文献

[1] James G D, Charles E S. Battle damage assessment the ground truth. Joint Force Quarterly, 2005, (37)：59–64.

[2] 谢美华，李明山，田占东. 基于数值模拟的机场跑道毁伤评估指标计算. 弹道学报，2008，20(2)：70–73.

[3] 隋树元，王树山. 终点效应学. 北京：国防工业出版社，2000.

[4] Deitz P H, Ozolins A. Computer simulations of the abrams live-fire field testing. BRL-MR-3755, 1989.

[5] Roach L K. A Methodology for battle damage repair (BDR) analysis. Army Research Laboratory, ARL-TR-330, 1994.

[6] Walbert J N. The mathematical structure of the vulnerability spaces. Army Research Laboratory, ARL-TR-634, 1994.

[7] 王海福，卢湘江，冯顺山. 降阶态易损性分析方法及其实施. 北京理工大学学报，2002，2(2)：214–216.

[8] 黄寒砚，王正明，袁震宇，等. 跑道失效率计算模型与计算精度分析. 系统仿真学报，2007，19(12)：2661–2664.

[9] 梁敏，杨骅飞. 机场封锁与反封锁对抗中的封锁效能计算模型. 探测与控制学报，2003，25(2)：50–54.

[10] 李守仁. 可靠性工程 (第一版). 哈尔滨：哈尔滨船舶工程学院出版社, 1991.

索　引